笔起笔落笔录恩师谆谆教诲殊足珍贵字字都是金不换

记诚记笔记下学子孜孜以求积微成著篇篇皆为好文章

同窗田国英《国英笔记》出版

宋春华撰联以贺

二〇一五年三月

序　笔耕心田，风采国英！

▲　俗话讲：雁过留声，人过留名。没错，人活一辈子总会有点声息痕迹。曾《自嘲》"廿载寒窗苦读书，百战考场未曾输。"的田国英又要赢了——他要出书而且是一气呵成三本书！！我想他用此举留声、留名、留芳……这可能要比他的留嘱：百年后骨灰由女儿们抛撒到北京四个景点以及定兴、天津、邯郸、西安等一共八处风水宝地更要高明和现实。

▲　岁月如刀，光阴似箭。古稀回眸，往事历历：一个人从呱呱坠地到暴暴升天，从牙牙学语到喋喋不休，真是瞬间刹那。我们这伙曾经风华正茂、年少气盛的清华建五同学竟然也都七老八十、行将就木了，趁一息尚存还能自言自语，狂言自诩"咱们老九依旧是国家宝贝"恐怕也不为过。我们这辈对起名字的学问颇有讲究，光是咱们班上带国字号的大名就可以数一、数二、数三……瞧！M国馨（温馨芬芳）、C国梁（砥柱栋梁）、当然还有T国英（花朵放香）。国人姓名不仅是一种符号、称道、标识，而且还富涵寓义、祈望、缘分。记得刚进清华的"硬结"谜语："大不列颠耕地"（打一同学姓名·卷帘格）让我与田国英结识投缘。时光流水，君子之交也淡如水，而近年有幸陆上同行、旅栈同居、苦乐同甘、诗联同吟、顺风同车……才发现田兄是一个极其勤快的人，几乎一刻不停地在勤勉工作、勤奋思索、勤俭生活、勤力开拓……不信？！那从头讲起吧——

▲ 1. 脑勤。即使前些年患结肠癌痛得死去活来，还不时追忆搜索其先人卒龄病因，而在开刀、化疗、灌药、调养时又发明推算自己72.7岁终寿的公式。（可惜杜撰离谱，否则……）2. 手勤。国英一向信奉"好记性不如烂笔头"，永葆清贫学生本色，外出除手机相机外，纸和笔从不离身，信手拈来又记又画，锲而不休，病也不息。还自立：每周一诗、一文、一书、一画的硬性指标，抛开尘世一〇八种烦恼，要画述出古今中外一〇八处建筑胜迹……（仍在挣扎进行之中！）

3. 口勤。北京爷们儿一口京片子。他极善于讲述表白娓娓道来，事无巨细前因后果来龙去脉派生支节都不胜其繁清晰交代，我俩曾同舍下榻入夜互聊，通常是他紧握话语权不放，口若悬河抑扬顿挫一片苦口婆心，能把俺送进酣然梦境……（胜似安神催眠药）

4. 眼勤。国英慧眼识美，眼观六路极目八方，即使一处毫不起眼的犄角旮旯他也能发现美景妙处，见多识广胸有成竹，天长日久练就一双火眼金睛，辨识善恶，判断真伪，看清是非，见怪不怪，仿佛闭目养神时他的瞳仁还在审视天地万象、人间百态。（慧眼法眼，还好田兄从不目中无人！）

5. 腿勤。读万卷书，或许没差几本！行万里路，国英早超额完成！学驾汽车驱游，在建五人中他最快、最"牛"，进西藏时间、次数，他最早、最多；拔腿携助男女同学踏青揽胜，他最诚、最痴……（腿太勤了，活该当苦力"被役使"！）

6. 杂勤……。空穴来风道听途说有关咱田兄罗曼蒂克、风花雪月的小道八卦、勤快逸事，就算事出有因查没实据，也都是无稽之谈。所以此处一并省略了！（国字号英才的光辉形象岂容受损？）

▲ 所以，若无田兄持之(志)以恒(狠)的勤，也就没有

今天我们看到的国英笔记、国英论文、国英书画等作品。尤其浏览拜读他年逾不惑当研究生时所汇集的讲义笔记，那一页页田体行书里的笔划字句，他所谱写的不仅仅是授业导师的教材、知识、学问、经验，似乎还蕴含有长辈尊者的风格人品、音容、语境；甚至还能感受到那特定时段、空间的气场、情绪、氛围、背景。

▲田国英手书集著尤如当年黑白无声字幕的实况录像，会把读者带回到那个苦读求学奋发上进的峥嵘岁月。若借用歌唱可分"美声""民族""通俗"……的说法，国英兄的三本书就可谓"原生态"的出版物！他那秀丽流畅的硬笔手书是宝贵真迹、是实地采风的优雅音符，慢慢看、细细听、好好品，别具一格不同凡响!! 绝無今日大批量"考研、读博"难免滥竽充数、作秀假唱走过场之嫌。

▲ 国英自谦"拙匠门下"，凡事低调不思张扬，在下屡屡怂恿激将、诚挚盼望，终于始闻大作书香。尽管夕阳西下，古稀回眸并非一切都是过眼烟云、空寂虚无，至少国英这三本书是实实在在的，国英这个人是认认真真的，国英同窗们是亲亲热热的。

俺想要说的还有很多很多，干脆打油一则，结束饶舌。

勤奋读书娃，
四中晋清华。
田家有国英，
难得一奇葩。
出书三大本，
心血没白花！

（应朝 2014.6.21）

目录

1959－1965年

清华大学建筑学专业笔记

清華大學建五

田國英

62.9.6

1959——1965年

西方古代建筑史

陈志华先生

Architecture history 陈志华

世界建筑创作的过程。人民大会堂是建筑史上的創举，但也是在前人经验的基础上建造的。人类文化的积累是非常艰苦的事情，向前辈人学习经验，必须理解它，才能掌握它。历史上的任一种构图手法都不是永恒的，产生、发展和衰退的过程。敏锐的观察能力和审美能力。建筑形式美的背后有一种社会和阶级的内容。金字塔是稳定的几何形，现代建筑容易理解，远古的建筑就需要花一番功夫。

人不仅要继承，更重要的是创造，没有创造就没有历史了。敢於创造，表现自己时代的精神。美术馆等建造的大型板材的建筑。建筑技术的革命。社会主义革命，在创造的过程仍然要借鉴历史。建筑家从历史上寻找論据。每个建筑师都应该有自己的鲜明的理论观点。阻碍创造的人也在历史上找根据。

建筑物不仅是物质财富而且是精神财富，服务於社会斗争，建筑是一种艺术，密切地反映了每一个历史时期的特点，放在历史和阶级的范畴之内。古希腊的雕刻对我们仍然很有意义。主要是建筑艺术的发展史。

12周末。

内容：十九世纪末叶之前的外国建筑，十九世纪末叶发生了新建筑运动；

中国的古代建筑（到1840年为止）、

外国近代现代建筑。

中国近代现代建筑。

保留到现在的伟大建筑，都是统治者的私有财产，反映了当时的最高成就，是劳动人民的杰出的创造。民居随时代的改变并不显着，地方上很闭塞，浙江民居，令人可喜的。外国建筑以西欧为主，经过的社会比较典型。奴隶制，封建，资本主义，发展的比较快，侵略别人，印度，俄罗斯，叙利亚，波斯，埃及，伊斯兰教的建筑，多加些建筑对西方建筑的影响。

建筑的艺术风格要多讲一些。

学习态度和方法，科学的和严肃的，需要掌握大量的资料，是发展的科学、对历史不能全盘肯定也不能全盘否定。学历史主要是占有资料，主要是归纳的方法，不能立竿見影，学一辈子，师傅只能引進门。批判和学习的态度。

原始社会的建筑世界上大同小異。

奴隶社会的建筑：

奴隶和奴隶主的矛盾，较之原始社会是一大进步，生产力较高，一个人的劳动除了养活自己，还有剩余，所以有人从事建筑，建立了奴隶制的国家，手里集中成千上万的奴隶。封建社会较之奴隶社会建筑进步不甚显著，资本主义较之封建社会也是如此，而奴隶社会对原始社会，建筑是一次飞跃，从无到有。

各地的奴隶制社会特点各不相同，中央集权式的皇帝；奴隶主和自由民的民主。大量的自由民——手工业者，商人，小农，自由民可以变为债务奴隶。有的地區自由民可以参加管理，奴隶只能通过战争向國外掠夺。自由民是战争的主要力量。奴隶被进行公开的暴力的鎮压，艺术是用来教育，影响，说服，麻痺自由民，建築經常反映奴隶主和自由民的矛盾。

埃及，西亞，罗马，希腊——石材建筑，中国木构架不能保存，印度缺乏力而且，奴隶和封建混淆不清，还有印第安人。希腊很复杂，最有代表性的是民主制的雅典。罗马两個时期，共和，帝國。

埃及，中央集权，四千年以上，变化不大，比较停滞，建筑风格的一贯性，唯一可以接触就是叙利亚，石头，烂泥，芦苇纸草；相信多神教，什么都是神秘的，山岩崇拜，动物，沙漠，太阳，很崇拜祖先，相信人不死，人死了比活着还有权力，快活，找坟地，木乃伊。肖像雕刻非常发達，建筑装飾浮雕很好，达到顶峯，艺术并一定与當社会和生产力的发展而提高。

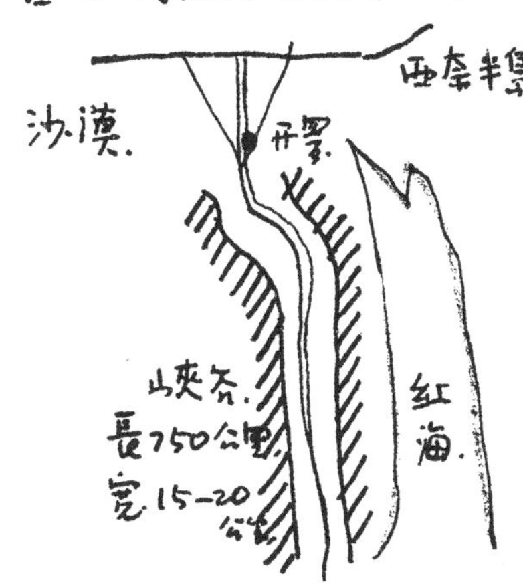

早期的皇宫.也用木材.烂泥.芦苇.纸草.坟墓是永恒的。水缸箱都是石頭雕成的.傢具也都是石造的。經常和尼罗河进行斗争.灌溉渠道.几何学.測量学都很发达,运输.起重.劳动力的组织。雨量很小。檐平屋頂。

在生产劳动中积累本領,才有可能建造金字塔,——皇帝的陵墓,纪念性建筑風格的形成过程,根據住宅的样子来造,极乐世界是現实世界的模拟。住宅建筑已經具有經驗。乡下人想慈禧太后的腐化生活.是进门.出门拿一大包糖。

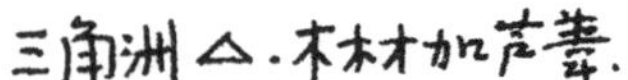
三角洲△.木材加芦苇.

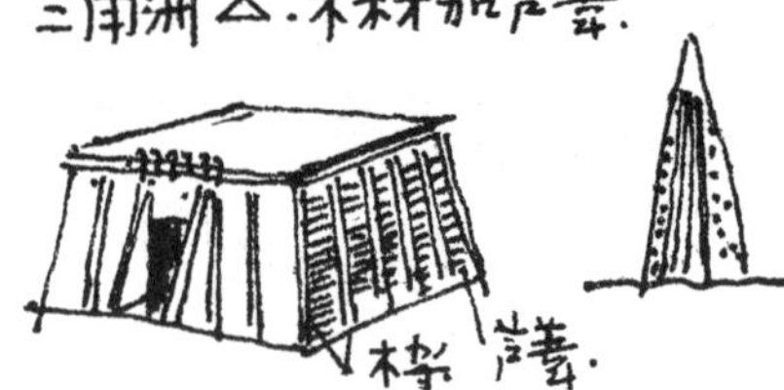

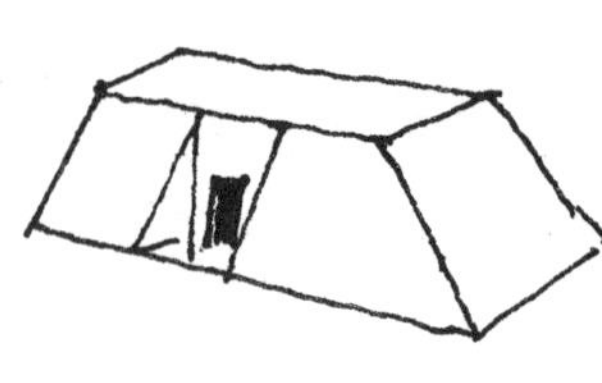

上游.收分很大,沉重.

土坯.单纯.稳定.

轻快,华丽,

公元前三千年.

上埃及皇帝吞併下埃及的皇帝.他在阿比多斯造坟墓。

后来迁到下埃及.用木材和芦苇来建造宫殿。有一個皇帝的棺材就是这样的。

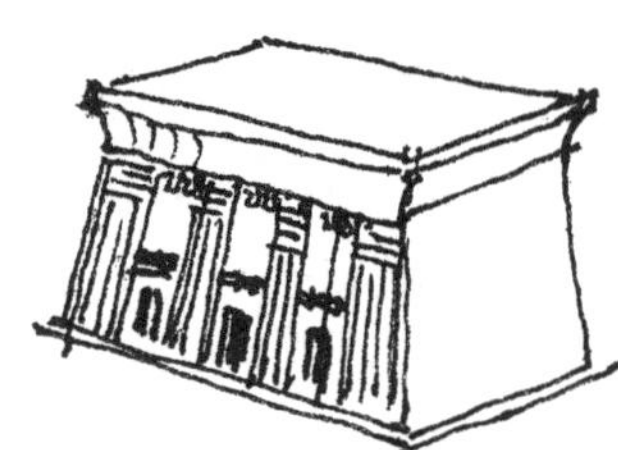

石頭雕刻非常繁瑣,用石头加工石头.鉄錘.崇高的伟大的,永恒的纪念性,在艺术和技术上都发生了矛盾。

模仿容易细致.细节不必要.削弱力量.

3038墓.建在高台之上、

崇高.伟大的效果

薩卡拉的阶梯形的金字塔。 体积的表现力.雄伟,比例和轮廓倒都大.

挡风.

山岩崇拜.

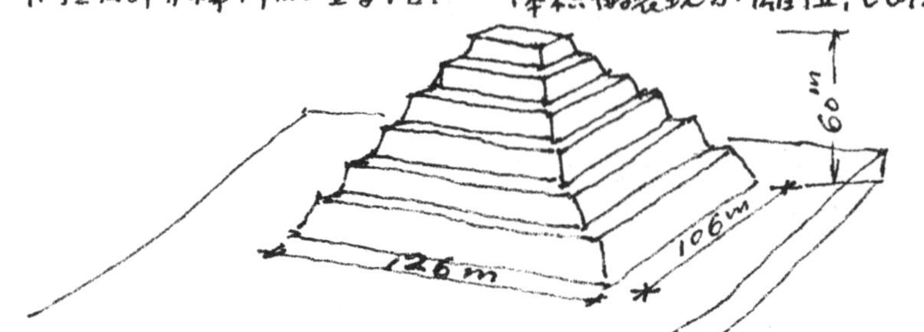

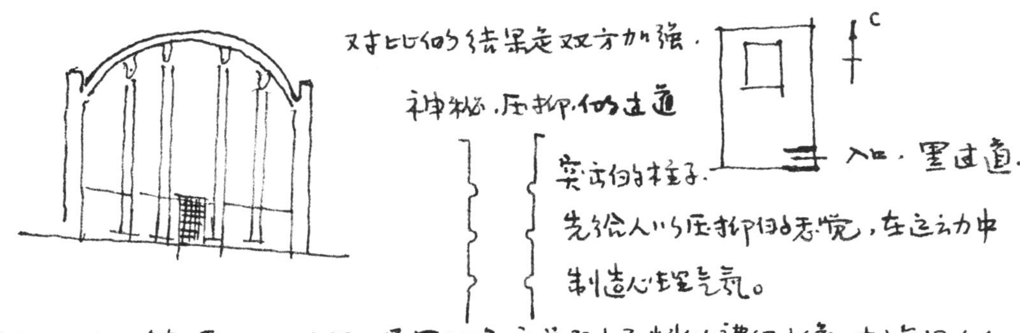

对比的结果是双方加强。
神秘、压抑的过道
突出的柱子。
先给人以压抑的感觉，在运动中
制造心理气氛。
入口、黑过道。
c

沉重、压抑、镇慑人心的建筑，尼罗河是运送巨大石料的唯一通道，古埃及的重要的建筑物都分布在它的两岸，面向着它。

明暗、空间的对比，使用很多的手法来突出主题，成熟的建筑物要一贯统一、完整、大到整体，小至线脚，风格的统一，这样使建筑缺乏纪念性，用石头建造很单纯的几何体，首先从无到有的创造，从现实的自然环境中去借鉴、吸取，山岩崇拜，艺术的构思来自对现实的模仿。并不是先天就有的。

埃及的住宅，阴暗狭窄，室外是尼罗河、沙漠、悬崖峭壁，在生活中经历过无数次的这种对比。

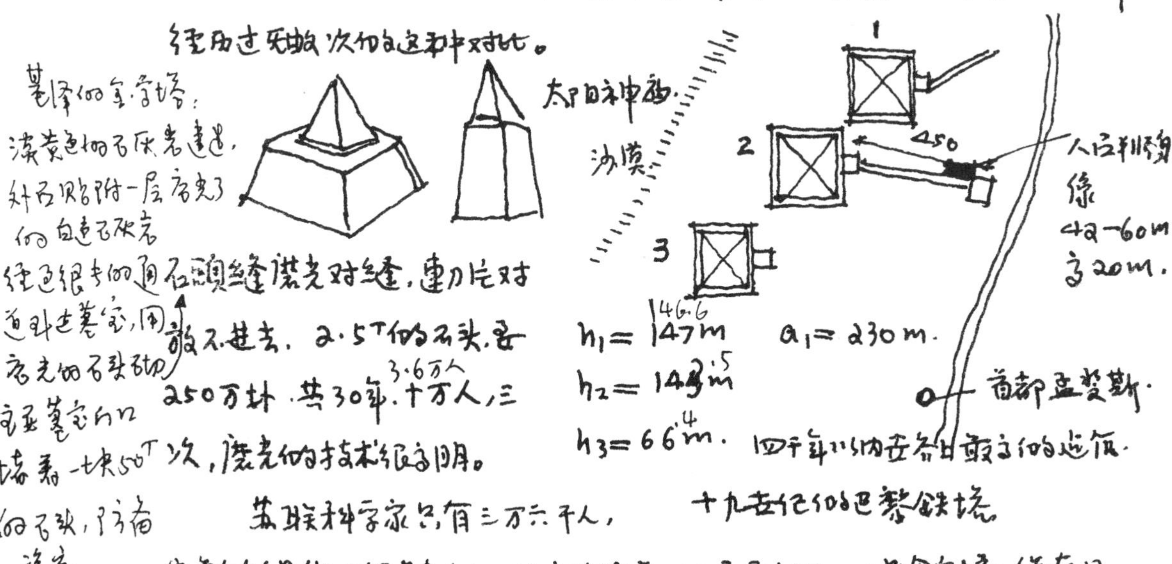

生产的组织也很复杂的。内部有穴道，地下室3级，2号金字塔，保存的比较好。目前比1还高。

石头最坚实的材料；方锥形最稳定的体形；沙漠，最壮阔的背景；金字塔古埃及劳动人民的不朽的丰碑。

埏埴以为器，当其无有器之用；凿户牖以为室，当其无有室之用。

250
25
125
50　625万T

3

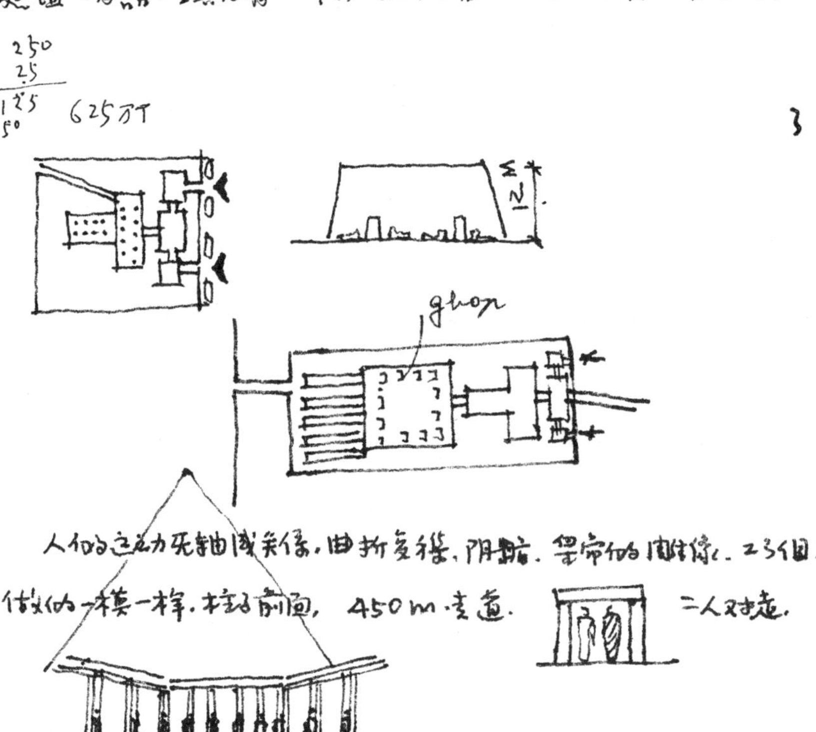

人们运动无轴线关系，曲折多样，阴暗，皇帝的雕像，一个个，做的一模一样，放到前面，450m走道。　二人对走。

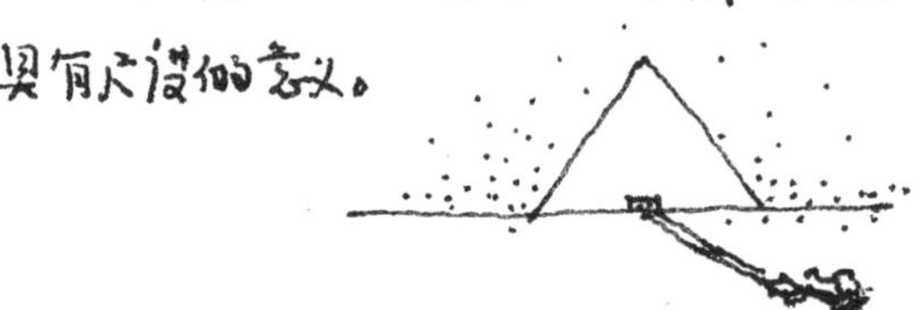

在2千年之后，完成了一個狮身人面像，神圣的，头是皇帝的头，具有尺度的意义。

非常简单的金字塔，和曲线的狮身人面像，产生了形体和轮廓的对比。

比标准的坡度，还要来得简单。

美国的博览会的标志。

前面的庙宇和金字塔的风格统一了，放弃了条形的柱子和芦苇，仅追求简洁的宫殿，纪念性很强。风格的特点，单纯，精确，简练

230米的正方形误差不到几毫米。庄严、稳重的纪念性。天安门和角楼相比单纯，太和殿的庑殿顶更单纯。凡尔赛宫的路、轴线、长3公里，苏州园林，没有颐和园的长廊。如来佛的单纯。金刚的复杂。星垂平野阔，月涌大江流。两个黄鹂鸣翠柳，一行…

单纯和大尺度相结合，细巧的东西尺度比较小。

2. 稳定、坚实、沉重，方锥体的金字塔，梯形立面的小庙，皇帝的不可动摇，永恒的。极大的体量，使人感到压抑，而压抑的感觉是宗教的起点。

3. 概括性，大效果，印象，不追求细节，压倒的印象，不认识到细节的作用，审美的经验，性格非常强烈，保持了三千年。一贯的风格在陵墓中形成，在庙宇中发展。建筑的不确定性。

首都搬到尼罗河谷中的底比斯。

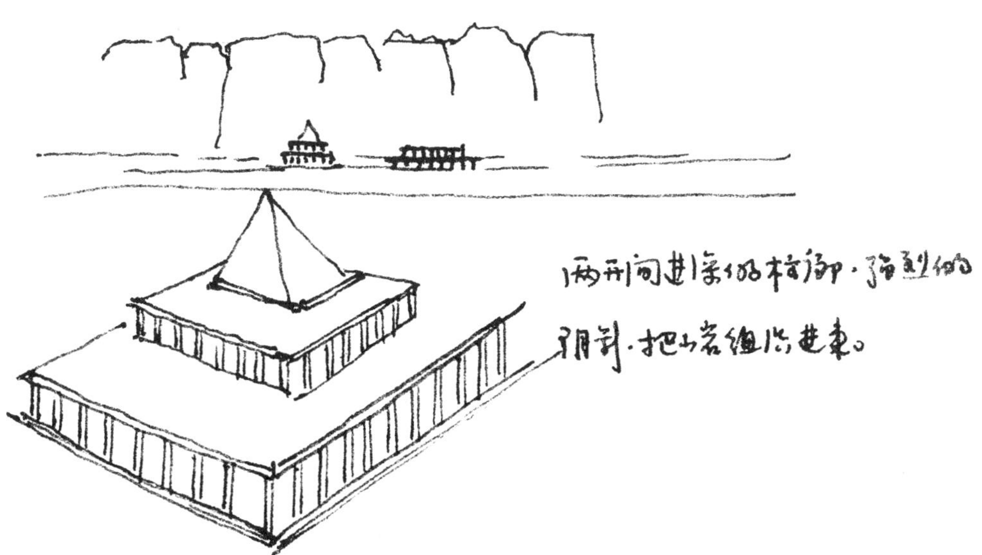

P161 2. 皇帝改成皇后、　P338 图.45. 百岁石、

作业：单页的纸、图六、图三十三、建筑图、很准确严格，艺术要求和技术要求的统一。

用岩窟的新手法，

古埃及
中王国，巴哈利达庙群，想把金字塔和石窟墓结合起来。 4

埃及的庙宇

较金字塔晚很多，金字塔坟墓经过几次动乱，坟被扒了不少，尸体被扔了出来。有必要神化活着的皇帝，太阳神的儿子。太阳神一家，其妻为月亮神，还有很多儿子。建造了很多的太阳神的庙，把战争俘虏大量地送给庙宇。僧侣的势力很大，掌握了全国六分之一的土地。和皇帝吵架，有的甚至做了皇帝。

从金字塔的祭祀殿发展而来，按轴线布置，而不按轴线出入。在何地方建造了两个坟墓，原始的造型艺术就是对称的，形成一种对称的观念，做不对称的立面是比较复杂，对称的关系比较单纯，比较稳定，关系僵硬。

前面有一个牌楼门的雏形。

灵堂

院子

牌楼门

门廊有两根柱子，也以后，就不再发展，石窟坟墓，有柱廊。

埃及还造了很多外柱廊式的小庙，现在没有保存下来，而当时也很快地被淘汰了。因为他们在追求自己独特的风格，进到帝国时期帝王残酷地剥削和压迫，外柱廊式比较开朗、轻快、活泼。而埃及人要求神秘的、镇压的感觉。

卢克索地方的太阳庙

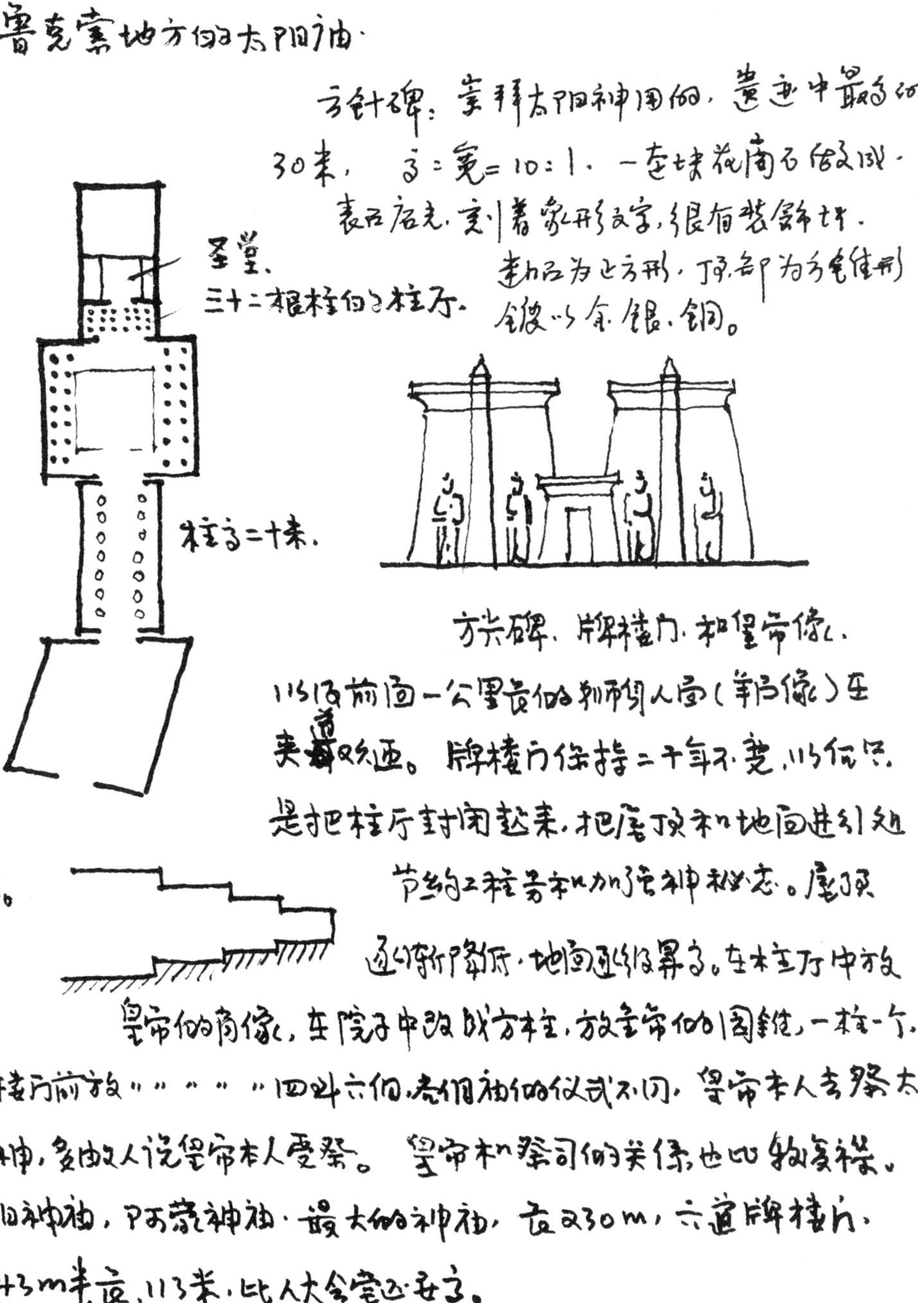

方尖碑：崇拜太阳神用的，遗迹中最高的30米，高：宽=10：1，一整块花岗石做成，表面磨光，刻着象形文字，很有装饰性。断面为正方形，顶部为方锥形，镀以金、银、铜。

方尖碑、牌楼门、和皇帝像。

门前面一公里长的狮身人面（羊头像）夹道两边。牌楼门保持二十年不变，门后是把柱厅封闭起来，把屋顶和地面进行处理。节约了柱高和加强神秘感。屋顶逐渐降低，地面逐渐升高。在柱厅中放皇帝的角像，在院子中改成方柱，放皇帝的圆雕，一柱一个。牌楼门前放″″″″″四对六个，各个神的仪式不同，皇帝本人去祭太阳神，多数人说皇帝本人受祭。皇帝和祭司的关系也比较复杂。太阳神庙，阿蒙神庙，最大的神庙，长230m，六道牌楼门，高43m长宽、113米，比人大会堂还要高。

柱厅五千平米，138个柱子，高20.4米，直径3.57米，柱间距小于柱直径，天窗采光，斑斑点点的光线，暗蓝色的天花，金星，金鹰，埃及人的气魄很大。

神庙的构思，敬神者首先要到狮身人面像的夹道欢迎，重复，完全一样，能夸大距离，雕刻的作用使建筑的气氛具体化。指出方尖碑的高度，30～50m，400T，罗马人偷走几个，一座块石头，和狮身人面像对比，高2m，很远就可以感觉它的高度，庙里全是纪念性的

简单的东西尺度不易掌握，方尖碑做为狮身人面像和牌楼的过渡，竖直的构比躺着的构成，可以夸大高度。P334，图32、33，两个高潮，大门，和柱厅，因为一般的人只在门外，还有一个游行的仪式。庙的侧面毫无表现力。

以后希腊亚历山大征服埃及，进入了一个希腊化的时期。

更后，罗马把它变成自己的一个省。传统的埃及文化更衰落了。

它对叙利亚，伊拉克，伊朗的建筑都有影响，但不持久。

雕刻，图案，对希腊的雕刻影响很大。

两河流域的建筑材料和结构，砖头，发券做拱，墙上很少开窗；宗教不甚发达，对现实生活发生兴趣，宫殿建筑是主要的，追求华美，装饰很多，较早地发明了琉璃，大量地使用，色彩、光泽，发展彩色琉璃的装饰构图，印花布式的，地毯式的，重复性的图案，对施工来说也很方便；也有浮雕，在波斯，石头勒脚墙，做浮雕，形成传统，是布置在建筑下部，成带状构图，对希腊建筑有影响。回教建筑。

更正，P34，正前改成，接待厅东北两面。

希腊建筑

希腊是许多小的城邦的集合，不但不统一，而且互相之间战争、残杀，以后在经济上联系很密切，血统关系，移民很盛，多立安人、爱奥尼人逐渐把其他土著排挤掉了，多立安人比较偏西，意大利、西西里一带，爱琴海又叫多岛海，黑海、小亚细亚、叙利亚，雅典在防御地区，在两种文化的接触点。

家长制式的奴隶，比较自由，但多数奴隶从事繁重的折磨人的劳动，劳动并不可耻，有的人从事文化艺术活动。阶级分化刚刚开始，马克思说：这是人类健康的童年。极短的一瞬，文化繁荣的时期。

自由民的作用，平民，从事农业、手工业、航海、经商，有一定的政治地位，希腊的喜剧，希腊的雕塑，雅典娜女神向做陶器的工人献花圈。

国家制度，自由民和奴隶主的矛盾，经常发生斗争，一二百年的斗争，爱奥尼地区，平民佔优势，多里安人地区贵族、寡头专制，共和制的领袖，选举产生，东部手工业、商业、航海比较发达，西部农业比较发达。比较落后的生产力，东部的文化比较繁荣，生产力比较发达，影响比较大。

文化特点：英雄主义，人和自然斗争较多，初生牛犊不怕虎，人们自信、自豪，经常战胜自然，欢乐、热情。人本主义：欣赏人，赞美人，歌颂人，最神奇的就是人，人的实际才能，人是万物的尺度，人的身体是最美的，把人体理想化，赞美地：人是最美的，所以我们把人的形象赋给神。民主精神：公共的节日、运动会、哲学辩论、演讲会、戏剧演出。迎合平民的口味，体现平民的喜欢，参加比赛胜利回来的，可以做雕像，放在神庙的前面，城邦的平民对文化很关心，描写人的共性，劳动、健康，很少肖像，而是一种象征，对现实的生活兴趣很大。宗教精神：多神、自然神，神的家族，氏族制度的残余，人化了，理想的、完美的、有力的人，人的种种毛病神都俱有，人和神结婚，生的儿子就是英雄，没有强有力的祭司，把宗教当作一种世俗的事情，科学和艺术的发展很平衡，感性和理性的发展很平衡。

对希腊的文化的评价很高，欧洲的传统一直到二十世纪初。公元前五—四世纪，古典时期，最高峰是五世纪的后半。

四、建筑情况：

代表性的建筑，类型很多，体育学院，庙宇，海港，旅馆，四世纪以前主要的建筑是庙宇，相当是一个公共建筑，好像南方的城隍庙，是城邦国家的象征，发展的很完美。陵墓，宫殿很不发达，四世纪以前几乎没有，以后也寥寥无几。

风格的一般特点：追求开朗、愉快、美，避免沉重、封闭、压抑和自然是和谐的，庙宇建在高地上，善于利用地形，而罗马建筑的土方量很大。希腊建筑不对称，自由组合。建筑构图上的模数制，严格的几何关系，所有的水平线都向上微弯，纠正视觉的误差，柱身也是一条弹性曲线，角柱粗一些，开间小一些，模仿人体，人人的形象来概括，以手做单位，希腊人很重视结构逻辑。Architectonic Архитектоника

柱子、额枋（不做浮雕）表示承重构件，不承重构件，做的比较华丽，又是理性又是感性，还是艺术的范畴。人本主义的特点，象人人最美的，没有大体量的建筑，尺度和人很相近，对建筑的尺度是不够注意的，这是一个缺点，10m高和5m高的柱子一样。

原来用土坯、木框、石头做基础。纪念性建筑用石头、梁柱结构，不会发券，屋顶只能用木头做，因此屋顶不能知道。用金属、工具加工石头的能力很强，加工的很精致，西部用花岗石、石灰石，东部用大理石。希腊的成就很高，但也有历史局限性，只有庙宇达到完全，其他类型的建筑没有达到完美。围柱式庙宇盖了二百多个。

不会处理内部空间，解决的功能很简单，建筑主要作为艺术，希腊建筑的影响不如罗马大。

希腊的卫城的发展历史，城市的高地作为军事中心，作最后的抵抗，先后出现梯林斯、迈西尼、泰仑三个卫城，这在部落时期，首长是政治、军事领袖、祭司，他住在主室，内放一盆火有宗教意义的火，主室并不显著，构图上也不特殊，大门、二门和主室都差不多，迈西尼的主室居于最高点，立面上留了两根柱子，背后是峭壁，但大小差不多。泰仑的卫城（利用了门），军事防御性很好，这个主室已经相当重要而特殊化，轴线仍然不明确。

城邦制的国家，富有奴隶，失去宫殿的功能，变成一个独立庙，一个个相互孤立的东西，城市街道成方格。

德尔斐是一个宗教中心，把最主要的庙宇放在最高点，建筑群有了中心，利用山坡造了一个剧场，在道路的两旁造了很多的纪念碑，和路有很好的联系，形成了很好的空间。

雅典卫城是发展最完美的一个。

庙宇的型制：双柱式庙宇，以后又加了门厅，内部加两排柱，

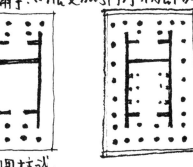

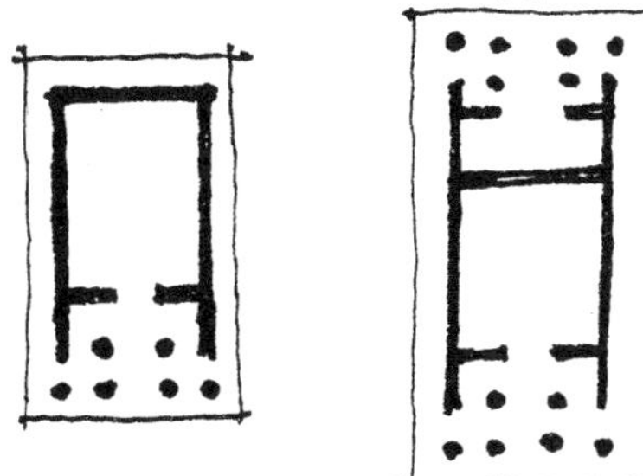

围柱式的庙宇，

双层围柱式，伪双层围柱式，

从木构建筑到石构建筑的过渡：在木建筑外面，贴陶面砖，陶片很易碎，贴柱子以上的部分，陶片很容易做装饰，线脚——挂刻，

木建筑和石建筑很多线脚，陶贴面以后用彩色，

形成一种法式——柱式。石头模仿陶贴面，甚至在石造筑外面再装饰陶贴面，保留了木结构的痕迹。也采用了色彩，在石头上抹大理石粉，用烫腊的方法上色，集中在檐部。

柱式：从檐部到基座，一直到开间、平面的布置，都各自有一套规定。建筑艺术成就集中在柱式上。帕提农和伊瑞克先。

作业：P349、答76、81 注意建筑的特点，讲课中提到的名字。

底径与柱高之比逐渐减小，1:3~4（很粗），后来1:5.5，柱间距从0.7D到1.26D。从4枚分到卷杀，在个一条曲线。

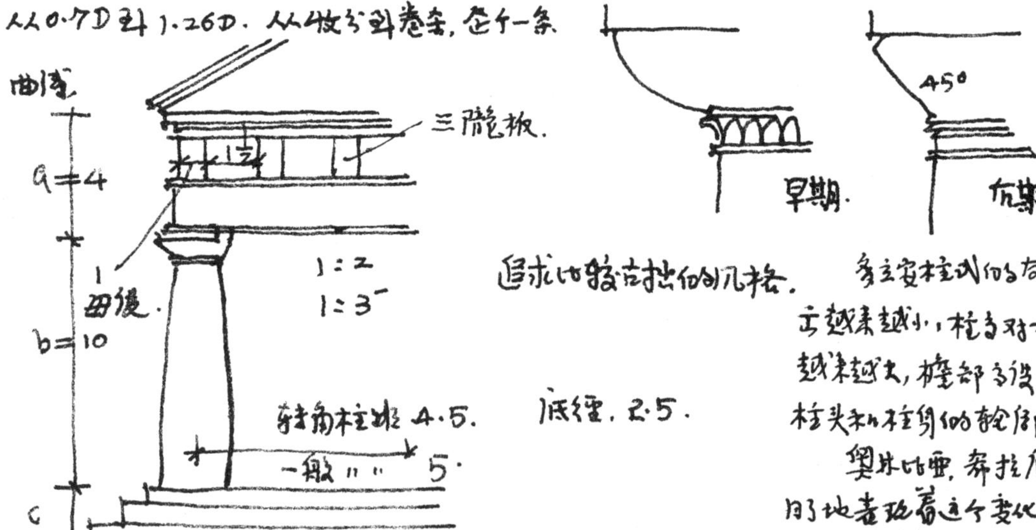

追求比较古拙的风格。

多立安柱式的发展是柱头挑出越来越小，柱高对柱径的比值越来越大，檐部高度的比例减小。柱头和柱身的轮廓线逐渐挺拔。奥林比亚，希拉庙的柱子鲜明地表现着这个变化。正面6根柱子，侧面16根。

柱式的原则：①、从人体形象进行概括。多立安概括男子，而爱奥尼概括的女子的形象，性格非常强烈，没有性格就谈不到风格，有所表现，柱式的性格，以后用几何方式求曲线，柱式就只剩下了躯壳。爱奥尼可以达到1:10、1:8是最常见的，当然女的也并见得瘦，主要是传神，直接的模仿不是艺术。

②、柱式风格的一贯和彻底，从大到小，不肯放松一点。爱奥尼柱式曲线多，且复杂，装饰多一些，开间要大一些，浮雕

薄一些，线条多一些。这说明系館的门把手不是批发的，而统一於整个风格。

3. 寻找共同的量度单位——母度，希腊人很重视匀称。各部分之间、部分与整体之间有一共同的量度单位，且保持一定的比例关系。奥林比亚的宙斯庙·整个宇宙的基石就是由数的关系，由数的和谐就是美的。希腊的柱没有绝对一样的。而古典主义时期，母度关系就毫不能改变，很刻板。

4. 重视结构逻辑：承重构件和被承重构件分得很清楚，连接要交接很明确、匀称；承重部分不做装饰。

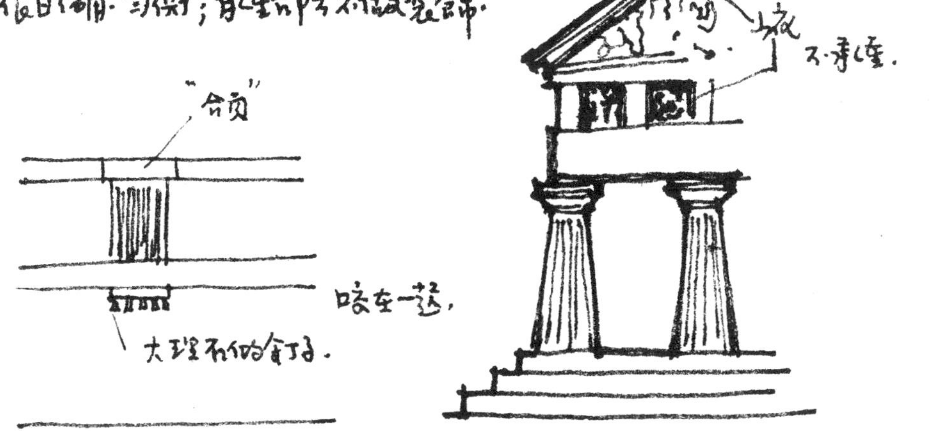

柱子没有方的，圆柱有轴心的感觉，每一部分都在使劲。上下的方向的感觉，垂直的沟槽，很适合石头的特点，下面重，上面轻。装饰集中在上面，上面的線脚细，稳定感的要求。多立克柱式在这方向更经典一些。要罗马的柱础就太啰嗦了。

5. 重视人的视觉的特点，加粗转角柱，缩开间做小，曲线。角柱收分小，边角开间小一些，廊部大一些。

雅典卫城中帕提农神庙是最完美的多立克柱式。世界上最完美的建筑群之一，二十几年时间造起来，公元前五世纪的半叶建造的。

1．当时打败了波斯，波斯就像现在的美国，皇帝的命令就等着去宰杀。五年战争，打败了波斯，雅典居民起了决定性的作用，而雅典城遭到了完全破坏，手工业者和小商人的职业是海军，社会地位特别高；政治上很民主，爱国主义很高涨，正是人类伟大的全盛，经济繁荣，贸易中心，手工业相应的发达，做为一个联盟的首领，经济方面雄厚，两种文化的接触点，人才众多，重要的学者都往雅典跑。

2．建筑艺术的经验的积累已经成熟了，大家对话剧的意见，从欧阳予倩到现在几十年，而京剧已有百年以上的历史了。历史上很少见的机会，相当长的时间，历史的偶然性。

雅典卫城：

是个小山头，重要意义，东西向的山岗。东西300m，南北150m。

主要的建筑，山门，胜利神庙，帕提农，伊瑞克先，

古风时期德尔斐圣地，主体建筑阿波罗庙。

古典前期（前五世纪前半），盛期（前五世纪后半）晚期（前四世纪）

爱奥尼和多立克式的出现在同一建筑群，甚至出现在同一建筑中，也有一些好的效果，帕提农比较秀气，保持了原来的性格，但不够完全，有人称为折衷主义，有些过于贴做。这时创造力还很旺盛，必须不怕在创造中犯错误，必须有勇气，不能墨守成规。

在卫城上进行公共活动，不仅是宗教活动。

布局的原则：

①．四年一次的宗教游行一次，逐步加强艺术效果，在运动过程中表现出来，大雅典娜神像，成一体分布。

②．充分地利用地形，不强求对称和平行，在游行的各个角落都给人以完全的画面。

③. 主次分明，对比统一。

雕刻和神庙，大台阶，山门无雕刻，雅典娜（黄铜）女郎柱，

" " " " 大理石雕刻，象牙黄金。浮雕，单体圆雕，群雕，

放的位置也各不相同。

个体建筑： 山门：立面简单，柱式的成熟，比例好，性格宁静，地形不填，尽量地倚

" " 师：
mnesicla： 靠，形势险要，避免进攻。室内的高差，不用填平补齐，而采用门的

加五个门洞，加以空间分割，中间作成坡道，正立面5柱立面，前后

8.81米，侧面8.57，把屋脊断开，但人看不见，只在东西侧能看。

中央是爱奥尼柱式，内部柱细一些，高10.4m，太粗了就阻塞，

很和谐，次要的门，中间开间净空3.76米，（最大的希腊开间）突出了门

的性格。

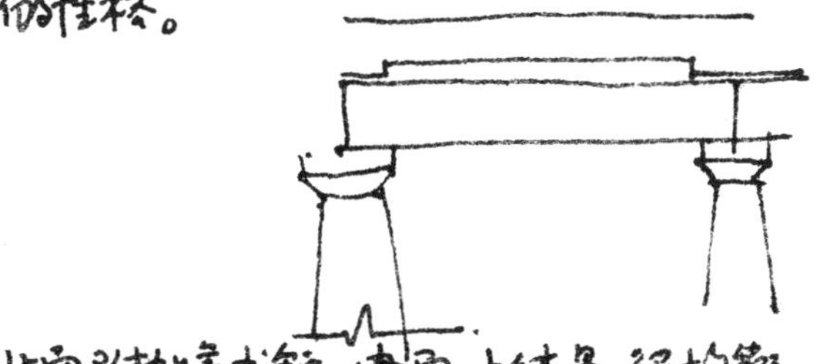

北面附加美术馆，南面，小体量，很均衡。

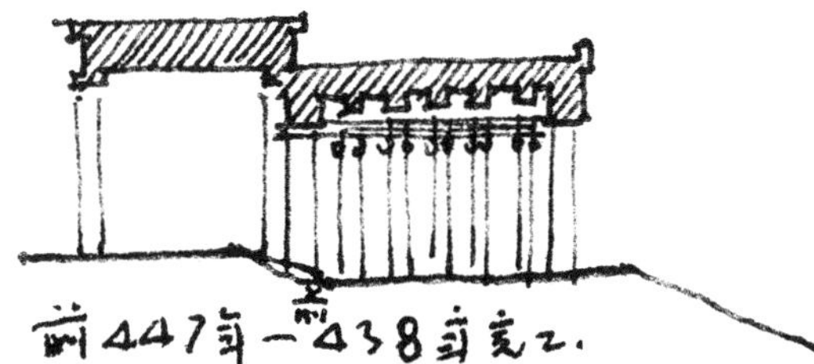

前447年—438年完工。

帕提农，正面八个侧面十七个柱。 n：2n+1，希腊本土最大的神。

一般是6：13。 69.5米×31m，多立克柱式的成熟，柱高10.4米。

设计人：
卡利克拉特，
伊克提诺。
雕刻家：
费地。

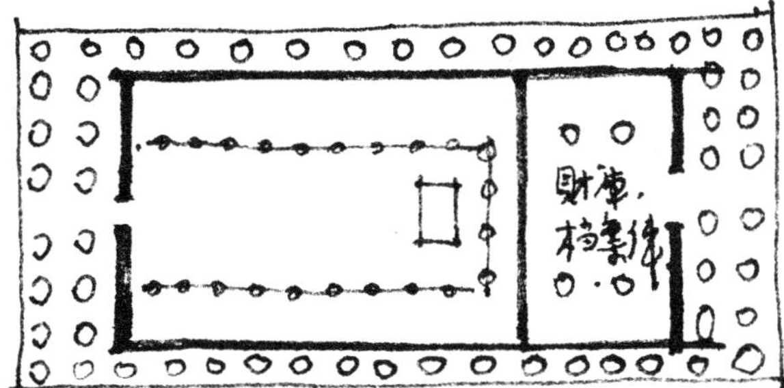

空间开阔。美国银行家在摩天楼的夹缝中盖帕提农庙。

这个装饰很多，色彩华丽，山花上的群雕很有名，160米长的爱奥尼式的一大圈左右的浮雕，内部黄金象牙雅典娜像。红兰金，三种颜色，效果强烈。大圈浮雕，内容是四年一次的仪式。浮雕的起点是在西南角，实际上在外面看不见，内部采光条件也不好，徒弟的作品放在外面，里面放自己的作品以留芳百世。

雅典娜像高12m，门洞高10m，像的后面有一排柱子，里面是两层柱子，所以是柱子的直径缩小，柱径1.1米，尺度的对比关系，把柱做细做小，以衬托雅典娜的伟大。

火药库的爆炸，英国驻土耳其大使的偷窃。

伊瑞克先：神话传说，波塞顿的井，宙斯派两种神下凡，雅典娜的胜地，地形很不规整，采取强烈对比的方法，形体对比三个体积，较为复杂，唯一的，把一片白大理石墙面完全暴露出来，一虚一实一明一暗，女郎柱廊，色彩对比，一个爱奥尼比较华丽，而这个没有其他颜色，只有一组灰蓝的石子。总的产生了性格的对比，帕提农是家长，伊瑞克先是顽皮的小姑娘。

雅典卫城是希腊建筑的精华，以后建筑物的品种很多，体型组合变化很大，建筑艺术手法未必成熟，建立了专制，建筑师也成为奴隶。二百块钱一个，哲学家柏拉图才八十元。

古罗马

公元前二世纪成为古代最大的国家，共和国时期，征服了地中海周围的国家，连英、法、德在内。公元前30年建立了帝国，加强中央权力，凯撒、庞培、克拉苏，各個利用割据的力量加强了。特别是拜占廷，蛮族在公元476年灭掉西罗马，东罗马独立发展，称为拜占廷帝国。

建筑活动主要在帝国时期和共和末期。

帝国时期奴隶制已经开始衰败，军队由自由民担任，在经济上排挤自由民，沦为奴隶，国家军事力量衰弱，奴隶的来源减少，逐渐出现佃农制，很多皇帝释放奴隶，阶级分化的毒害已经很深。劳动极端被轻视。有一批流氓无产者势力很大，十几万人以上，政治上有权力的人送给他们，争选票，打架，暗杀。提出口号"面包和马戏。"统治办法。

社会风气很腐烂，生活奢侈，金桌子，金床，一天到晚吃。文化水平很低，模仿希腊，复制，欣赏水平很低，非常粗野，去看角斗，互相刺杀，斗兽，五万人的角斗场。

有本领的政治家和组织家，政治法律，有能力进行建设，在工程技术上很卓越、杰出。人人都是工程上训练出来的工程师，最繁荣的最高峰，艺术不是建筑的唯一因素。

建筑特点：

1. 建筑类型：①. 军事工程，罗马军团，建造小城市，规划得很完整，市政设施很完整，城市构图的中心。十字街加广场

②. 公共建筑，斗兽场、剧场、跑马场、浴场，巴西利卡（多功能的大厅）。

③. 纪念性建筑，记载军事功劳，凯旋门，记功柱。

纪功柱．广场（纪念个人的）巨大的陵墓．船首柱．把皇帝神化，

②市政工程：桥梁．道路．条条道路通罗马．水渠．

③居住建筑：公寓．投机倒把的人，七层高．质量很低．天天有火灾．倒塌．宫殿．离宫．豪华．24米的跨度的大券．一个浴场是一个住宅。社会和建筑的关系不是个别的而是错综复杂的。

2．建筑技术：发券．拱．圆顶．石柱．梁板．到中世纪已经到了顶点，43米的圆顶．29米的净跨．可以做相交的拱顶（壳）．桁架式的顶。桁架——罗马屋架，净跨24米，全用砼．天然的火山灰砂．石．做的砼，很结实．在体积庞大，需要大量的劳力，不要技术．装饰上用大理石贴面，经济．用珍贵罕见的大理石．色彩华丽．品种繁多。

3．建造和组织很大而完整的内部空间．希腊建筑中看不到。可以组织成非常繁杂的空间的大组合

建筑物用轴线组织起来，避免内部的混乱，空间关系虽然复杂但轴线要求并不十分严格，不然的话，就会损害建筑的适用性。

和自然的关系不甚和谐．改造地形很厉害．

图拉真广场的建设，砍掉了三十八米高的山头。希腊人用山坡做剧院看台。

追求雄伟的风格．5千人的浴場．25万人的跑马场．5-8万人的斗兽场．20多米高的柱子。表现国家的力量．卓越的建筑技术。

arch.

avenue

罗马庙．

非常华丽以至于奢侈．人的口味不高．生活毫不节制，不顾建筑

物的内容，君士坦丁凯旋门，胡乱拼凑雕刻。

用最华丽的科林斯柱式，只是增加它的细部，柱子太多了，不能用希腊的规范，建筑物大了，装饰应该多一些，体育馆前的罗马的塔司干柱式，而礼堂的大柱子就比较华丽。

北京饭店，新建部分线脚简单显得傻里傻气，不够柔和。

建筑的风格不是一贯的，不统一的，柱子做为装饰，不管柱子的性格，以为古典的主要的柱式向罗马学习，因此也缺乏性格。

拱券的结构形式比柱式的作用要大一些。用墙来支承拱和半球顶。柱子仅起分割空间的作用。

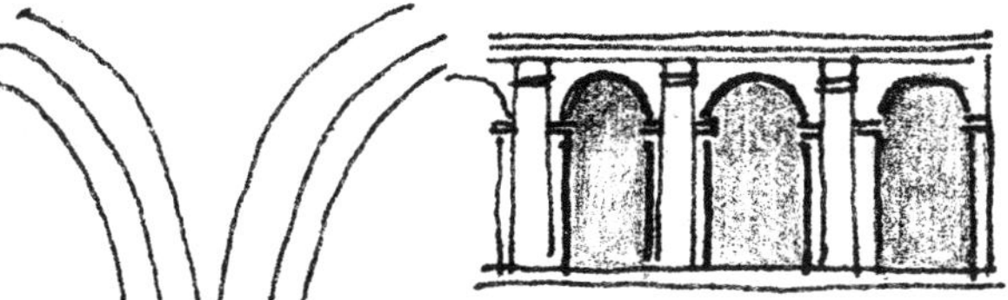

券柱式，拱的轮廓很重要。

建筑师：个别的地位很高，做奥古斯都的女婿。

维特鲁威：写了一本"建筑十书"讲建筑十卷，完整地保留到现在，最早的一本，希腊的建筑理论很多，甚至有建筑制造总结。内容非常广泛，什么都懂，写的很好，欧洲建筑师的经典著作。

罗马建筑的实例：

罗马广场群：罗马广场，政治、宗教活动、商业活动（多组间的）

凯旋门，无统一的规划，分批地建造，长方形，和希腊的共同的特点超过。

凯撒广场统一规划，一次建造，中心是凯撒的家庙。

很像油画的前院，公众可以进到做买卖。

奥古斯都（元首），完全变成了前院，个人英雄，战神祠，家神，商业活动已经被排斥。柱高17.5米，台阶高3.8米，广场很小，角柱距35米，在个塞在广场中，彩色大理石，装饰很多，墙高33公尺，厚1.7米，外面是防火墙，石头1.8米×0.6×0.6，两边加半圆形的龛，列柱在半圆形的中心，形成了横轴，这放在那里不准讨价还价。

涅尔瓦广场：前后为纵线，贴墙做柱子，很华丽。

图拉真广场：公元113—117年建，前后纵线，入口为凯旋门，纪念个人到达极点，四匹马拉的车站图拉真——胜利神。镀金的铜像。——图拉真，后面是巴西利卡，立面做的很简单，做为背景，做横轴，放它附像的位置，巴西利卡横放，黄白红大理石，外面像大理石。拉丁文、希腊文的图书馆，小院子19×21米，站着一个纪功柱，高43米，顶上是镀金的铜像。旁边3米多，后面有图拉真祠，皇帝本身就是神。

模仿埃及的神殿，走道很长，有所吸取。

广场的面积很小，只是一个前院。

互相关系很混乱，无统一的规划，是帝都的市中心，土地投机很厉害，故奥古斯都广场缺掉一个角。

图拉真纪功柱，保存的很完全，柱身上有一圈浮雕，二百米以上。二十三圈，打多瑙河流域，在个战争，二次战役。可以利用图书馆看清所有的浮雕。下面高0.8米（9），上面1.25米，柱子是空的，可以走到顶上像的脚下，骨灰放在基座中。以后模仿的很多。罗京，拿破仑，伦敦，纽约。

斗兽场：像个人体育场，中间为角斗场，看台用人工的构筑物架起来，八十道放射形的墙，墙上发券可以相通，所有的空间都

作业. 图108. 斗兽场；图110

被利用. 每层看台的人都可以从单独的楼梯直接上去。

——从具体问题出发研究一般的理论问题. 抱残守缺的建筑师. 有远见敢革新的建筑师。——

这样的集散原则一直适用到现代化的剧院。基础上用火山石, 墙体用凝灰石, 拱顶用浮石, 外面用灰华石, 装饰用大理石, 罗马人很经济. 叠柱式. 柱子逐层变细. 柱子从下到上柱子逐渐向里退。尺度和人比较接近, 不会产生压抑

科林斯壁柱,

科林斯,

爱奥尼,

塔司干.

① 立面只能做水平划分, 构图的变化较少。

②. 上部的科林斯装饰失去了效果。

完好无缺的体积感. 无头无尾, 像是一体. 强调了雄伟, 紧凑的节奏是拱圈的。内外相合. 表里一致。当年做为结束很好。有人说有是索结构式的帆布的顶子。

中世纪成贫民窟, 拆下来盖教堂。帕提农的柱子被敲碎烧石灰。

罗马万神庙(潘泰翁). 在市中心, 圆形的, 以内部空间为主, 前面加了一個外廊式的门廊很华丽。 D=43.2米的大圆球顶. 6米厚的墙抵抗横推力. 墙不是实心的. 有券. 在顶子上也有券. 八米多的大窗

第一個封闭的内部空间. 八個龛都突破单调的感觉. 采用水平分划. 局部不大而衬托出整体的大。檐部以上比较轻, 用材料区分. 下部大理石, 中间抹灰. 顶子是带藻井。

外部比较简陋. 剥去大理石和镀金的青铜浮雕, 体会得不好. 封闭敦实, 金色的顶子。罗马科林斯的柱式是典范。保存的比较好。奥古斯都和建筑师的关系。

罗马卡剌卡拉浴场：

大型的五个，游乐时间，男女了解的比较清楚裁判之。英国，阿尔及利亚，都有些踪。露天的冷水游泳池，温水浴室，热水浴室，蒸气浴。讲演厅，图书馆，俱乐部，花园，看台。两部二层对内和地面相平，吃喝玩乐样样俱全。

内部的空间很大，30多米直径的热水浴室，温水浴室跨度二十多米用交叉拱，空间流通是建筑上很重要的进步。内部空间的布置的方法，横竖两条主要轴线，1个主轴线，大小的变化，高低的变化，方与圆的变化。结构处理也制约了结束。

砼墙内有管子，有热水和暖气。

艺术手法也很有发展，比希腊更成熟一些，欧洲人主要继承罗马人的遗产，除去要特殊的建筑外只有较小量的改进。

奴隶社会埃及，希腊，罗马，后二者称为古典建筑，而古典主义是十七世纪以后，有人把文艺复兴建筑放在古典建筑内，但人数不多。

印度 6~9世纪
中亚 4~6 "
俄 9~11

——封建主义时期 各国开始时间：中国 B.C. 475（战国）（资本主义萌芽之前）
欧洲 A.D. 476（西罗马灭亡）

农民有了一点土地，以往人身依附改为地租。自给自足的自然经济，技术落后，文化不发达，地主不管家，王室有身上所以挑担子。重要的支持者是宗教，力量强大，精神方面的力量，比政权还要厉害，生下之后必须受洗，信仰到教堂，死后神父忏悔。

1. 城市发生之前，自然经济统绝对统治。建筑很不活跃。

2. " " 独立发展时期，封建主和城市居民的矛盾，建筑活动开始恢复，花园，堡垒。

3. 资本主义萌芽时期，城市内部阶级分化，资和劳动贫民。

主要是教堂和住宅，宗教建筑，地方割据，民族形式在封建主义形成的，俄罗斯的洋葱顶。中国的大屋顶。资本主义又打破了地方的封锁性。封建主义时去各文明的地位增多了。初期西欧经济受到破坏。拜占廷，中国，回教国家超过了西欧。十五世纪以后，西方又超过了东方。西方封建分裂很厉害，政权不统一，教权

中国有强大的中央政权而无强大的宗教政权。（宫殿）

西欧，四分五裂的封建割据，但有统一强大的教权组织。（花园，堡垒，教堂）

在欧洲未统一。教会势力比政权还要大。在中国皇权很大。回教国家和西欧相似。俄罗斯十五世纪统一，摆脱蒙古人侵略，多难兴邦。教会附属于宫廷。西方和回教主要是教堂。

第十五章 P111.

欧洲封建初期 资本主义关系形成前的过程。

A.D.330年 建立 —— 1453年被土耳其人灭亡

从第十三章拜占庭帝国的建筑，汇集了东西方的建筑经验

罗马分裂为东西两部分，东罗马以拜占庭为首都。

东罗马经济非常繁荣。西罗马衰落，受外来民族的侵略，把原有的经济文化遭到破坏，由100万人，变成5万人。(罗马城市人口)。

基督教，发源于以色列、巴勒斯坦，犹太国家。人民群众很苦，没有希望，宗教是无情世界的感情，劳动人民的叹息和鸦片烟。秘密传教，有组织，有力量。东罗马宣布为国教，教堂集中在罗马城，东罗马教堂比较多，规模大，僧侣多。西罗马用巴西利卡式的平面，东罗马用集中式的。(以后俄罗斯继承了)。用拱顶，穹顶，技术水平很高，而西罗马技术失传，用木结构，屋顶是木头的。

巴西利卡教堂，受迫害，对异教非常仇恨，绝对排斥异教的神庙，以前秘密集会在住宅进行。

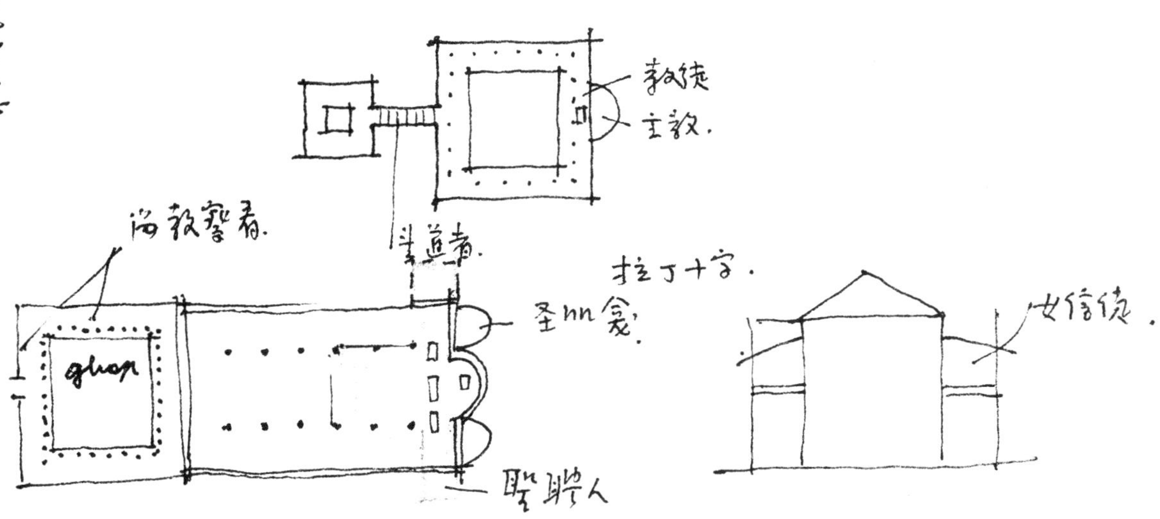

从西罗马学来砖技术，+拜占庭和小亚细亚的穹窿技术。

朴素的外部，+豪华的室内装饰，镶嵌画达到极高的水平。统一在黄金的色调中。 13.

道院的要求。

外面简陋，象征节俭 内部很讲究。木构架。纪念殉道者，士兵的纪念堂。

集中式的教堂：在西亚比较流行，大多使用球顶，穹顶在方形的平台上，

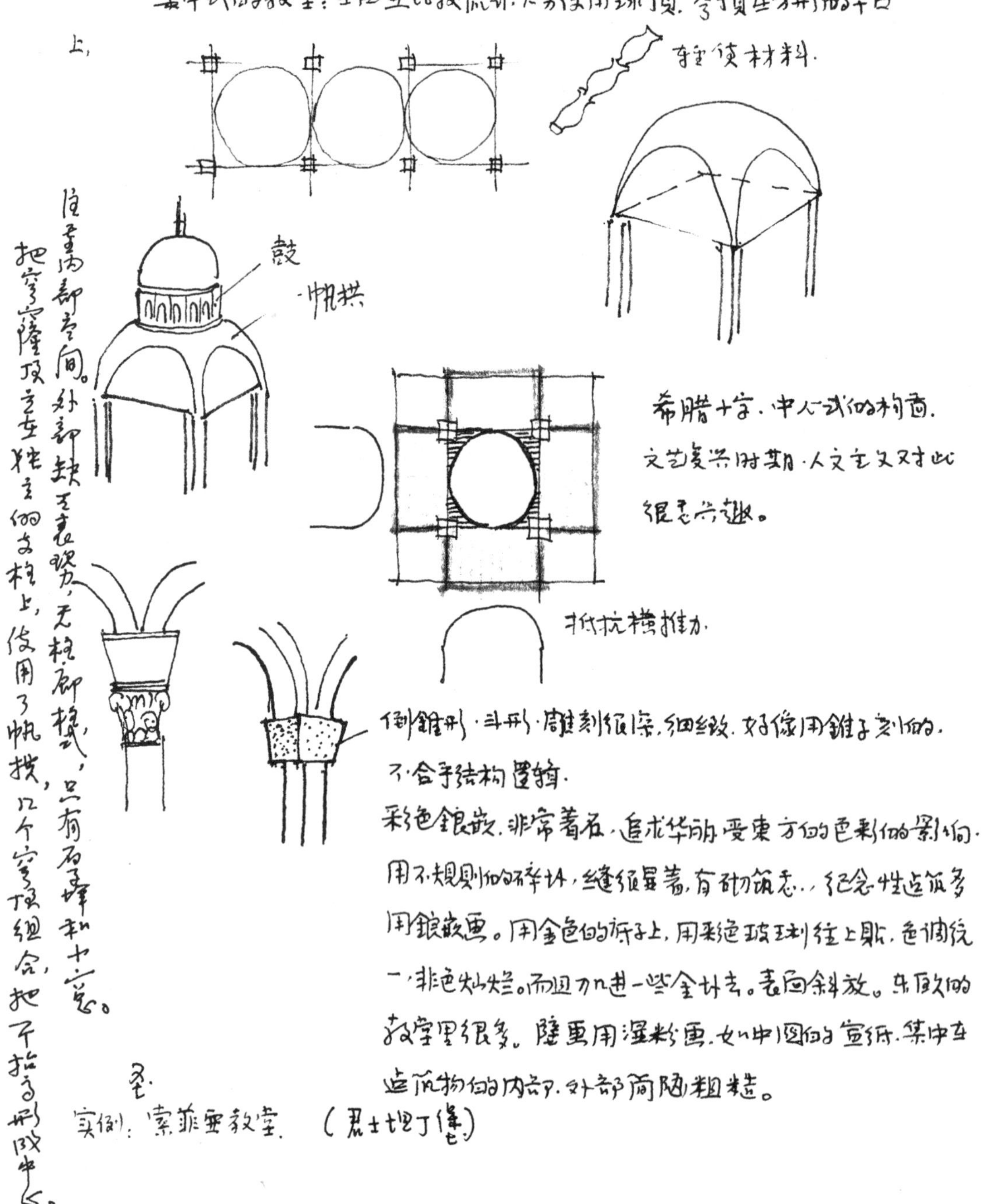

圣索菲亚教堂.

40个窗 外墙很朴素，陶砖砌成，质感很厚。外部的体积构图，直接反映内部的空间。

顶子用骨架券 上面铺以石板

高六十多米，球顶做为框架，下部开窗四十个.

不强调柱子，很轻，顶子好像悬空。内部用各种高级的大理石，内部非常华丽，用红、绿、蓝、白黑、彩色大理石贴面，帆拱及穹顶上有金底的彩色玻璃镶嵌，中央大厅的柱子是深绿色的，希腊的柱子是红色。内部的宏伟壮丽，和空间的复杂多变。

31米.

十字形的平面

（二）.威尼斯的圣马可教堂：影响俄罗斯.
A.D. 1042—1071年.

鼓座.

直径稍小

为纪念摆脱罗马教皇的统治而建，接受了拜占庭的风格。

第十二章 阿拉伯国家的回教建筑 一手拿宝剑，一手拿古兰经，西班牙、北非、埃及、叙利亚、巴勒斯坦、波斯、中亚、印度；以两河流域为根据地。琉璃砖很多，巴雷利卡式的平面，彩色装饰，拱券结构，几何纹样.

公元七世纪建立了回教大帝国。

恩格斯："回教建筑象星光闪烁的黄昏。"

马蹄券. 多瓣券. 瓜形拱

十三世纪以前还没有特色的回教建筑. 西班牙阿尔罕伯拉宫，十六世纪以后以撒马尔罕为主. 十七世纪，印度的泰姬陵，世界的第一流建筑.

饱满的圆球顶，兰色的琉璃，体型很完整.
市中心列吉斯坦，三个宗教学院 组成一个广场.

1371—1377 与 1394—1452.

朝麦加.

四合院，男女有别。小池

柘榴院
狮子院 互相垂直.
小池
喷泉与 12个大理石狮子的

阿尔汗伯拉宫用木框架和灰泥建成，柱子大理石，发券是木头，装饰用石膏块。
正方形的接见使节的大厅

第十三章 印度中世纪建筑

印度的玛哈尔陵. (1630~1653) 300多年前

泰姬庙.

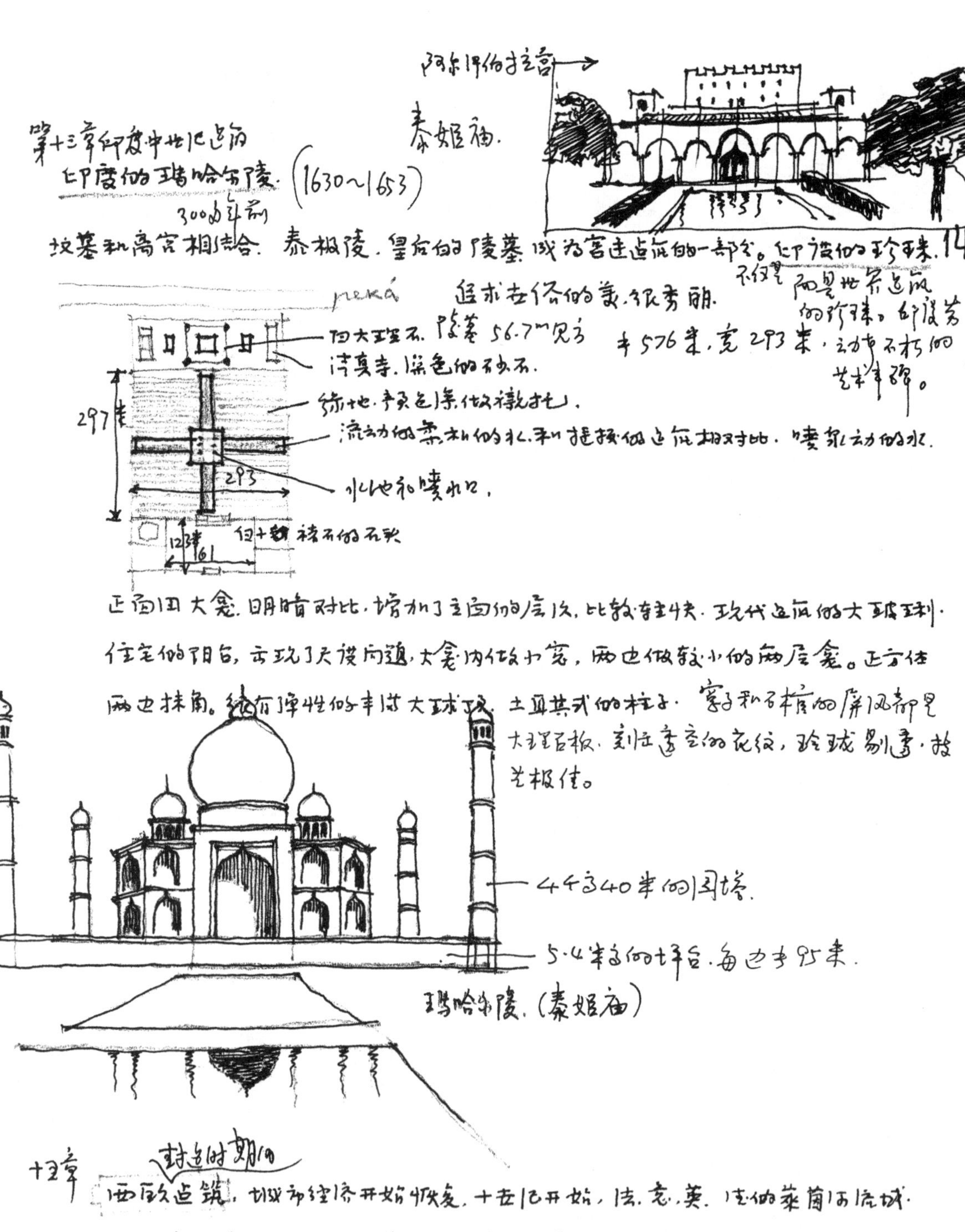

坟墓和离宫相结合. 泰姬陵. 皇后的陵墓成为宫廷建筑的一部分。印度的珍珠. 14. 不仅是而是世界建筑的珍珠。印度劳动人民不朽的艺术丰碑。

追求古佐的美, 很秀丽.

长576米, 宽293米.

正面用大龛. 明暗对比. 增加了立面的层次, 比较轻快. 现代建筑的大玻璃. 住宅的阳台, 表现了天设问题, 大龛内做门窗, 两边做较小的两层龛。正方体两边抹角。统有弹性的丰满大球顶. 土耳其式的柱子. 窗子和石墙的屏风都是大理石板. 刻征透空的花纹, 玲珑剔透. 技艺极佳。

玛哈尔陵. (泰姬庙)

十三章 西欧建筑 (封建时期的). 城市经济开始恢复. 十五纪开始, 法. 意. 英. 德的莱茵河流域. 封建农奴的专世化. 形成手工业者和小商人的城市. 附属于领主, 向封建领主做斗争, 取得胜利. 城市自治, 或者而成立共和国. 城市内部的分衡不大。建造比封建庄园更漂亮的建筑. 他们热造教堂, 没有任何一种公共活动超过宗教活动. 当然首先造城堡. 教会很有钱. 人人领主和城市那些掌握财富、欧洲的修道院。小和尚参加劳动。修道士会盖大型的房子，成为有名的建筑师。按照宗教的要求，渗入了商人社会的世俗的趣味。威尼斯、热那亚、比萨。表现在大量的装饰上，非宗教题材的雕刻。任何一种宗教都要依附世俗的文化，宗教对文化起推动作用。 建筑的地方性很强。当地的材料、传统、工匠水平不一样。没有统一的风格，完全异样的。建筑史家称为罗曼（仿罗马）。受东方的影响，有木建筑。

一、比萨地区。意大利中部商业共和国，很富，巴西利卡平面。建筑物非常轻快，彩色大理石，华丽，山墙券廊。

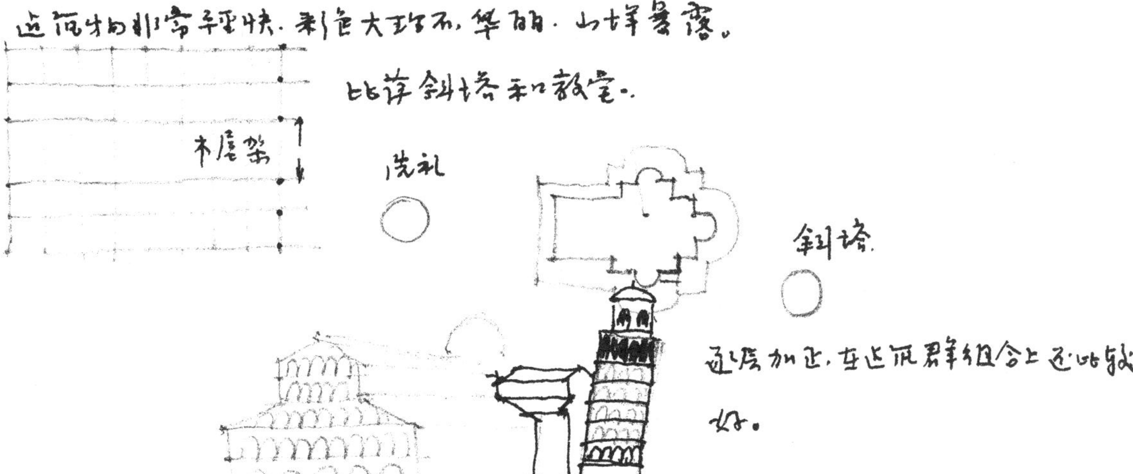

二、法国的西南部一条大道，回教徒和朝圣人来往。

昂古莱姆，还有

三、法国南部的普洛温斯，罗马的影响较大。

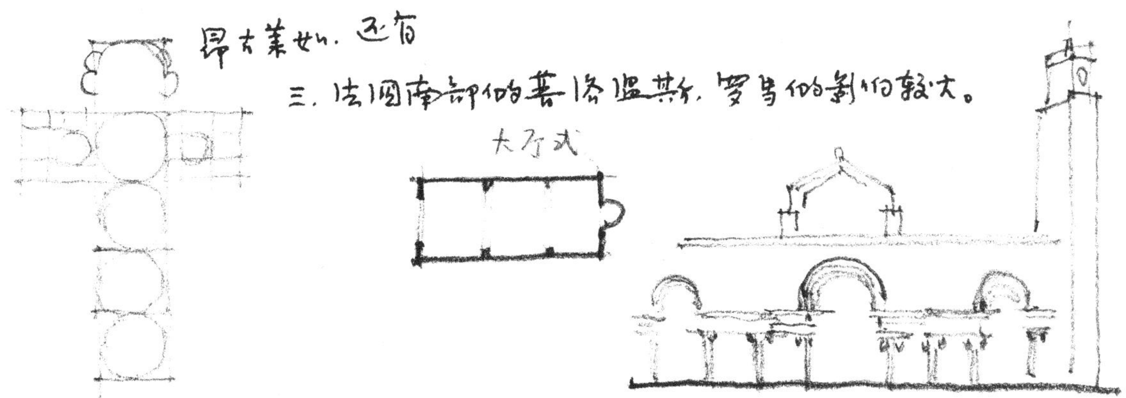

与其说罗马建筑的复兴，不如说是东方建筑的西传。

伦巴底缘脚（小拱券脚）。

哥特建筑时期 12—15世纪. Gothic.

主要代表是法国. 不是罗马帝国的中心而是封建. 蛮族地区. 3户人. 城市经济比较发达. 城市内部手工业产生, 小手工业, 小商人占优势. 自食其力的劳动者.

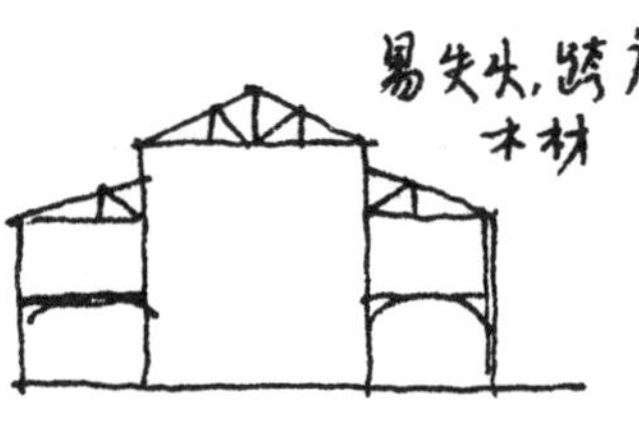

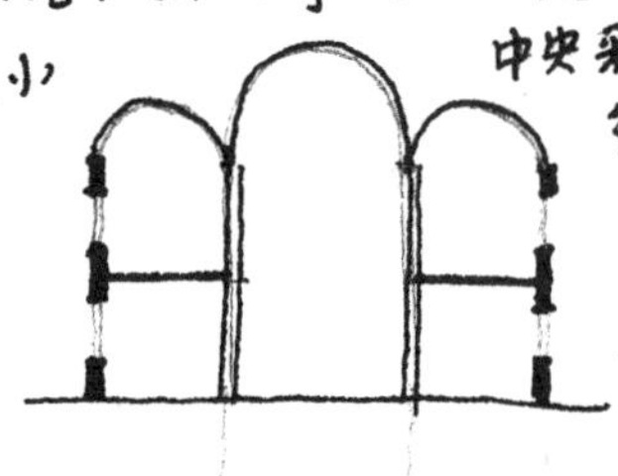

很费材料, 墙很厚. 几万人口的城市

采用横向拱, 可以增加开窗的面积, 甚至中央也用横向拱

节奏不是连续的, 没有向前的方向性, 也不适合教堂的要求。

采用十字交叉拱 力易集中到点上, 采光问题得到解决. 仍用拱解决推力问题.

可以用拱做为骨架, 而把其他部分变薄.

加大了进深, 成方形.

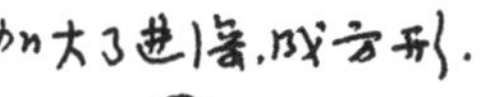

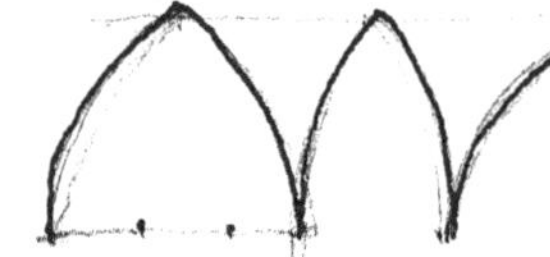

顶子不连续, 室内不完整, 内部处理不自由. 把大券的圆心降低, 或把小券升高。这种做法是勉强的。

一般的矢高比较大。不同的跨度的拱矢高可以一样.

横推力小, 两圆心的产生了向上的感觉, 动态的美.

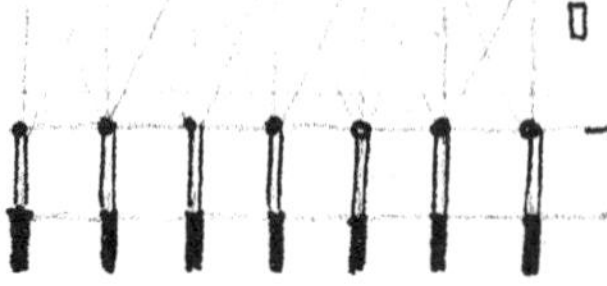

向着神坛的方向加强了.

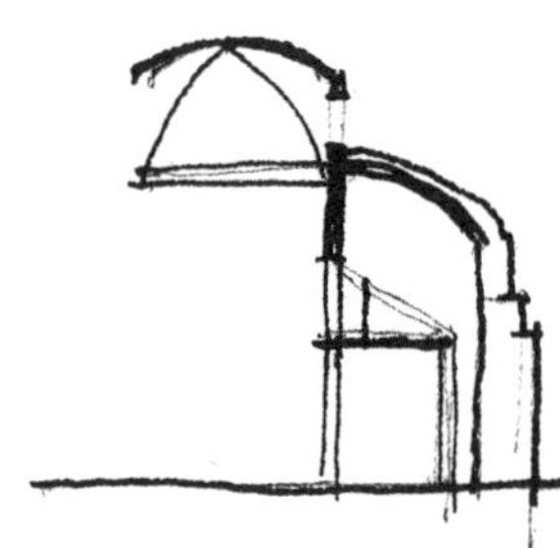

飞拱, 形成框架的结构体系. 省材料. 把这种建筑叫哥特式建筑. 框架拱, 尖券, 飞券.

结构的发展是领先的, 不会教会提倡的, 也不是从艺术条件而发，必须先有物质条件。塔高161米，内部空间高于四十米，空间跨度可以达到十二米，在中世纪只有这种登峰造极。

物质生产过程同时也是美的生产过程，进行艺术加工，教堂是公共建筑，属于城市，可以做商场，庆祝节日，全体城市居民都很有兴趣。教堂成为商业的广告。宗教的思想统治一切，宗教是甲方代表，但他们世俗化，宗教、神父生活荒淫无耻。

62.10.27.

——产生了物质形象才是艺术，思想意识不是艺术，只是一种艺术修养，这些物质条件必然影响艺术，油画、大理石、木刻、水墨画建筑，反映统治地位的阶级的审美理想。物质生产过程的同时就产生了进行艺术加工的可能性。

城市市民的世俗生活、宗教观念，都要求表现自己，但统治地位是教会，宗教、神父无法对世俗生活的向往。

框架结构，可以造的很高，内部有强烈的垂直线，向上的、很高的形体，产生了尽量接近天国的幻觉，尖塔100多米，一百多米的深度，华丽的神龛。

垂直的、向上的感觉，不是沉闷的，尖塔是华丽的，处处表现结构逻辑，充满了理性，尽量地表现自己的技巧，工匠们充满了自豪，极大的兴趣，自己体力和智力的水平。集会会堂和市场，城市力量的标志、纪念碑，建造很讲究。

在柱之间是细长的大窗户，表现结构的骨架，做彩色的玻璃窗，简约和新约题材的连环画，简约（创世记），新约（耶稣的传记），僧侣的圣经，只有教会的人才识字，（只有用拉丁文）。用深蓝的玻璃做底子，色彩丰富而透明，表情强烈生动，带有欢乐的气氛。

一般特点（主要是法国）：

1. 用框架结构，尖券，飞券合理而均衡，无多余，结构解决很好，节省材料。161米的纤细的、精巧的塔，上海国际饭店96米，有些塔倒了。

2. 用四分肋条的穹窿，形成拉丁十字

16

伸出的蜈蚣腿，加以利用，做富人的包厢。

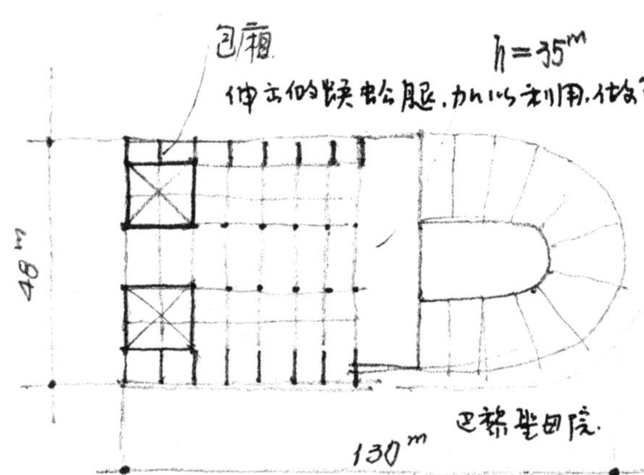

向前向上的感觉很强，向前和向上的矛盾没有解决，势均力敌。

欧洲的作家和诗人都喜欢描写哥特教堂，歌德，描写材料和物质，没有重量感。人们向它上去。

雕饰集中在大门上，圣坛上，十字架，局部很华丽，但总的并不耀眼。

外部结构的暴露，轻巧，强调垂直线，向上蹿，向上挑。大小尖券尖塔，弹性的飞券，所以把尖塔发射出去，两个大塔，向上最后冲刺。透视门，正面强调，侧面也很完美。古典的因素很少，柱式接不上去，天主教缺憾，排斥异教艺术，不讲用柱式，风格的一贯性，细部的装饰，强调结构逻辑。

窗棂的分法，神龛是教堂的缩影，用植物的花朵或蕨芽的

外 里 花蕾

盛开的花朵

哥特人是蛮族之一，灭亡西罗马，破坏的很厉害，认为这是非正统的建筑，希腊，罗马为正统的建筑，等人斥蛮为哥特，这一时期叫黑暗时期，文化叫做哥特文化。

构图原理，就是柱式原理，很大的偏见。没有永恒的美，都有时代的美，新生代替衰败。

雨果说：这是真正全民的建筑。

敢于创造这一方向，超过了文艺复兴。城市自由工匠的艺术，文艺复兴是僧的艺术。黑尔庞，大斯基著关于美学。

哥特式本来是蛮族的，丰富化的，是16世纪崇拜古典建筑的艺术家和建筑师，称呼这时期文化艺术的总称号。

既有用简洁的结构体系与神秘的空间处理的矛盾，大堆砌材料上，对于故事的内容和它的华丽的装饰性的矛盾，力求轻快明亮，而又充满宗教幻想，力求使人相信富人难入天堂，而又把圣坛圣像打扮得珠光宝气，矛盾中心的优势的仍是宗教气氛。

哥特式教堂中的对立统一

作业，写上时间，二个学时。P385. 175页.

387 187

389 194.

城市的纪念碑、标志、光荣；城市艺术的中心，城市的主要装饰。气魄大，富于幻想，勇敢，充满浪漫主义。建筑非常发达，文学与造型艺术则不然。建筑与其他的艺术不是平行地发展，把中世纪叫做建筑的世纪，历史很真实。避免把建筑和造型艺术类比，从建筑的本身去研究。

世俗建筑也逐渐发展，布置很自由，不用对称，轴线来束缚自己的创作。处理的很别致，手法丰富，与哥特建筑风格相近，主人是市民，这是第一批劳动者给自己建造的建筑物。心情舒畅，动人，亲切，充满感情。

市政厅，商场，行会，讨人喜欢，用哥特教堂的局部，很秀丽。

封建主的堡垒，在小山头上，军事建筑，兼作居住，追求构图的美。

1386~19世纪，4万人，中央大厅45米高，135个尖塔密森林样刺向天空

意大利，除米兰教堂之外，无真正的哥特教堂，按古典的划分来处理。

中心在法国，最早成就在法国，而法国是罗马的外省，法国和意大利还是两个国家。

浙江民居，相当于哥特式的住宅。

△ 欧洲的资本主义萌芽和绝对君权时期（文艺复兴时期）。14~18世纪

以意大利为典型，发展得最充分，资本主义的因素发展早。威尼斯——去东方的聚宝盆，佛罗伦萨的羊毛，银行家。城市是共和国或独立的公国。城市竞争很激烈，公国也不敢肆意地独裁。

法国、德国，发展出中央王权，处于继承者的地位。

意大利，文化艺术革命比较早，成为开路先锋，领导人，以后就全面复活。

威尼斯、热那亚，佛罗伦萨，北部城市，以商业资本，高利贷起家的，国际银行，国王与教会要向他借钱。手工业也较发达，引起分化了，出现了对古典世俗文化的兴趣，资产阶级时期的文化，口号"人文主义"

古典文化被重新发现，被普遍研究和应用，被叫做"文艺复兴"。

意大利·威尼斯·圣马可广场·总督宫·和圣马可教堂.

17

资和脱离了生产资料的劳动者，无保一切的市民。商业与高利贷，主要在国外去掠夺赚钱。资与贵族的联系比较密切。专制的政体，城市的文化贵族化，但当时是萌芽时期，资产三五个人，也参加一些劳动。为资文化的第一批知识分子，最先由下层市民产生，如米开朗基罗。和贵族，前的封建制设的等级是主要的，而以组成反封建的统一战线，资做为领袖。没有像资软弱性的表像，而是古人借尸来表。

意大利文艺复兴的历史在十六世纪末结束了。文艺复兴是资产阶级上升进步时期独特的文化思想运动。古典柱式体系的复兴，同是西欧建筑史很重要的事，一直到二十世纪初，以柱式为主要构图手段。

特点：①自然科学开始发展，促进唯物主义哲学的发展，和宗教的神学相对立。人们去体会人生观，自己掌握命运。如子孙中的吴籍甫，早已抛弃了太上感应篇。雕刻、绘画很发达，具体地反映出去，成为最真实的艺术。

②文化转向古典罗马文化的继承，没有绝种。罗马遗产，遍地皆是，非挖不可，古典文化包括古代的图书，非神学所包括的。

③贵族与资的趣味，脱离人民的文化。要特艺术与人民密切相关，现在与人民文化相脱离，转向一千年的古代，用拉丁文写作。

④建筑的情况：

1. 业主不是城市和市民，而转为贵族和资的家族。大型的纪念性建筑衰落了。（市政厅为主，以往教堂）。府邸与中型教堂的增加，商场、钟楼、收容所、救济院、发达起来。收容所不是慈善为出，反映了劳动人民的生活困苦。无产阶级，自己养活自己。

威尼斯，公共建筑较多，市中心广场，比较统一。

2. 柱式建筑复活了。中世纪的柱式不够格，现在，平衡多了一些，创造力还是很发达的。和民间建筑的距离拉开了。建筑开始贵族化。

3. 十字军历史上最野蛮的军队，土耳其的回教徒的破坏。

拜占廷的穹顶和帆拱，途经意大利。平面变成集中式的。

府邸、方庭、轴线、贵族化，搞的很庄严。

建筑理论很活跃，找出维特鲁威的建筑十书。理论家很多，没有突破维特鲁威的成就，补充了具体的手法。忙于建立柱式的规则，繁琐规定的开始，十八世纪绝对僵化起来。

结构方式很丰富，罗马券、拜占廷，回教制的（西班牙，威尼斯哥特式的结构方式（在伦巴第地区）。

文艺复兴：繁荣是其一，古典复活是其二，拉斐尔骂哥特文化。

早期，佛罗伦萨，盛期，罗马为中心，晚期，罗马以及北部。但丁的神曲，14世纪初，而建筑的文艺复兴在15世纪初。文学艺术在前一百年。15世纪后的进步的锐气已经消失，建筑生不逢时。佛罗伦萨的典型的是教堂、修道院。贵族的佛罗伦萨的府邸，建筑傲人。罗马的典型的是教堂，教堂很有钱，罗马有些建筑，重要的艺术家都在罗马。（16世纪初意大利的其他地方都衰落）。教皇想做世俗的皇帝，建筑很雄伟，追求纪念性，宗教改革运动，1525年，马丁路德，教皇进一步反动，大艺术家死了。16世纪后半进一步衰落，（像中世纪的堡垒）。

穹顶高 137.8m D=41.9m

维尼奥拉，教条地研究柱式，帕拉第奥。

十七世纪教皇进一步反动，烧死布鲁诺等科学家，教会进一步腐化，产生新的建筑巴洛克，（恢复巴西利卡平面，追求豪华，用金银珠宝一切手段来装饰，目的是歌颂宗教，追求明暗变化、体形变化，这时恢复中世纪的信仰已经不可能的。教会也在变化，大量地使用曲线、曲面。

追求非理性的东西，不合理，十七、十八世纪，巴洛克流行于贵族的府邸、宫殿。北京王府井的东堂。

结构、材料未变，而建筑风格有很大的变化，"因为历史很复杂，任何一个人和任何一种观点，都能在历史上找到证据"——列宁.

建筑师个人的性格在建筑上的表现也很深刻，米开朗基罗，激动，动荡，很强，他的雕刻像一比落栗子，起伏很大。

拉斐尔，很柔和，很美，很秀气，不追求力量。

从此以后一直都很突出，这是近代的现象，建筑风格多样化，文艺复兴是百花齐放。

例．伯齐小教堂（佛罗伦萨）

强调立面，不强调体积，特别强调中央。

构图单纯，装饰华丽。

人文主义的趋向。

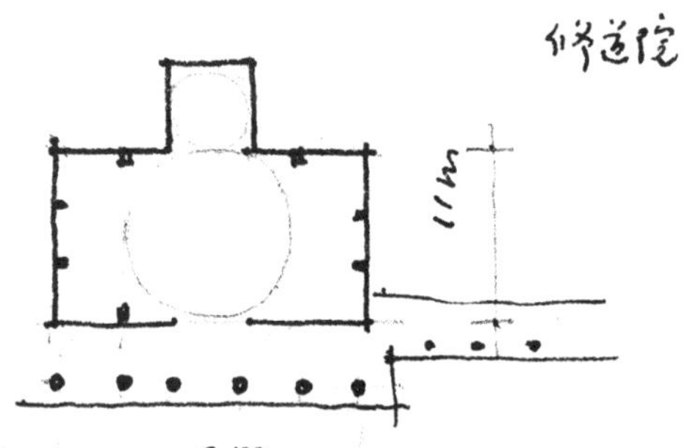

坦比哀多（小神）纪念亭，圣彼得十字架．　13m

殉道者，周围十六根柱，强调体积，不强调立面，和周围的对比，突出，雄壮，有力，刚强，两个套筒式，加以圆顶．

神龛下面有地下室

6.1

9.15

正方形神龛 4.58×4.58m

圣安德烈教堂，维尼奥拉设计．　242页

表现无力，比例匀称，灰溜溜，无感情，冷冷清清，无打动人心的东西。

12.

10.8

255页

四泉教堂，巴洛克，曲面，曲线，强调变化

这是巴洛克的手法，处理得很妥贴。不很混乱。

比较是很重要的方法．

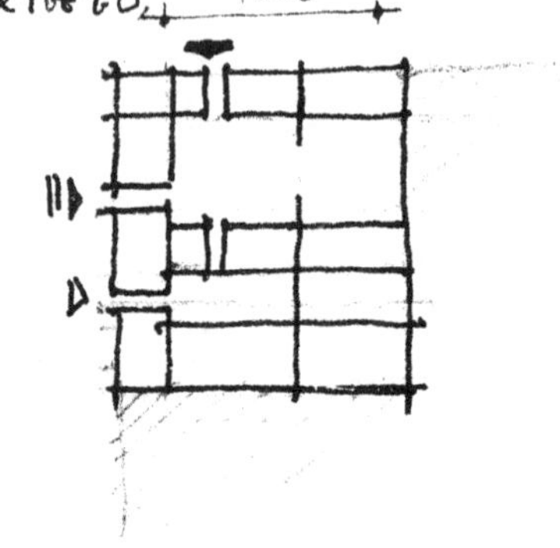

美第奇府邸：屏风式的立面，宽的2米多，方形，水平分3层，檐口挑出两米多

把墙脚结合起，石头的处理，各层也不相同

作业：214、225、239、254.

考·尔尼斯府邸、贾乐、教会的家族.

模仿拉斐尔，内部像斗兽场。

文特拉明府邸：（威尼斯）正门就上船，占

临运河、舒服、享受、轻快、华丽、开敞、主要

是窗子、色彩很丰富、一个海湾中的一群小岛

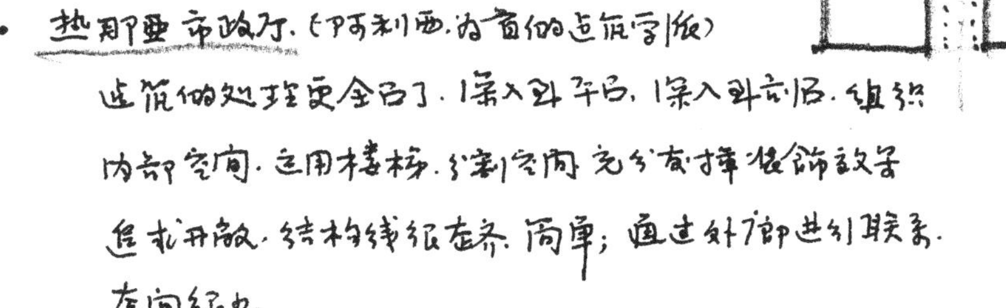

• 热那亚市政厅（阿莱西为首的建筑学派）

建筑的处理更全面了，深入到平面，深入到剖面，组织

内部空间，运用楼梯，分割空间，充分发挥装饰效果

追求开敞，结构线很齐，简单；通过外部进行联系，

空间很好。

• 帕拉第奥：（威尼斯附近，维琴察），风格变化很大，影响很大，

代表作：圆厅别墅.

主面处理的很严肃，封建领主的

威风的派头，形式上的代表作，圆厅

像过厅，二层不开窗，向圆厅开窗。

巴西利卡：帕拉第奥母题，正方形

的比例的处理，圆券加上的柱子，像

梯两套尺度，主面很帅气，但用得过多，

在建筑上很危险。

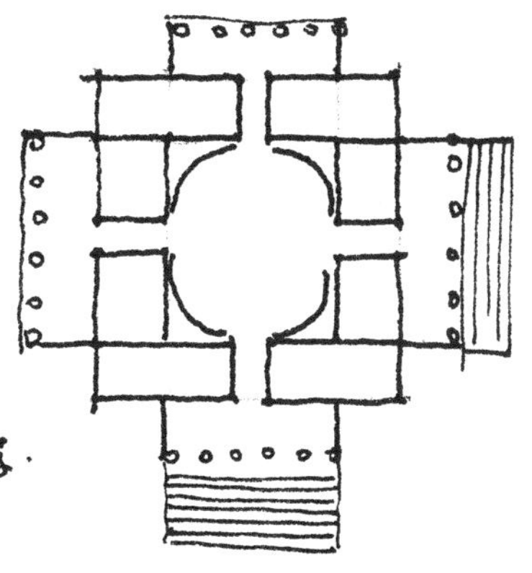

圣·彼得教堂，经过很多人设计，做集中式，加巴西利卡，斗争很激烈.

教会和耶稣教团一定要加巴西利卡，破坏了艺术效果.

看不见圆顶子，就加一个场。

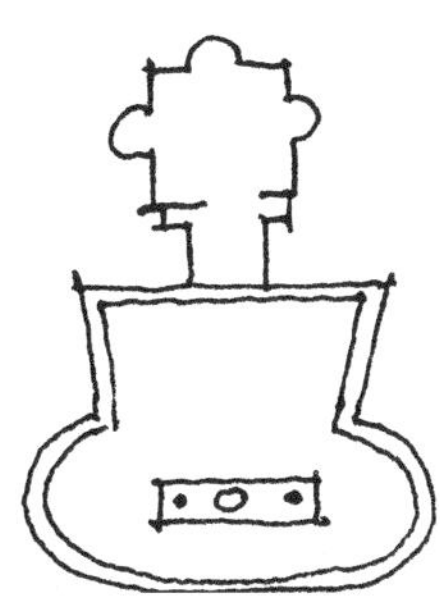

对文艺复兴的评价.

意大利充满了哥特式传统，他们学习罗马，是的精神是创造，各个城市的风格不同，每一个人都有自己的独特风格，艺术作品应该有独创性，有新的东西。历来对文艺复兴的评价都常高，在绘画和雕刻方面，他的作品达到不朽的高峰，建筑则不太高，19世纪后半才有建筑史。有人批判用美术史，城市的阶级与文化剧烈，属于统治阶级的建筑，两种文化的特点，沾染了很多贵族的气味，贵族的附庸，脱离人民的，仅仅是一个新风式的立面，和内部很不相符，违反功能，阿利而学派比较好，对建筑的理解比较全面，威尼斯则有商人的趣味，过于豪华和纤细。

对西欧的影响很大，到意大利去留学，测绘意大利的建筑，临摹意大利的艺术作品，德、法、英都是如此。

巴洛克、天主教引导人幻想，追求恍惚的效果，非理性的、贵族的豪华宏气。早期出现在十七世纪。

• 法国十五世纪才开始发展资本主义，和英国进行了百年战争，城市遭到破坏。形成民族国家，统一的国家，和外国人打仗，需要依靠国人团结起来。皇家的宫廷建筑成为主要的东西，建筑风格统一、宏丽，王家的别墅，法国人和西班牙打仗，在意大利进行，把意大利的工匠，带到了法国，受到影响，接受偏向于哥特的因素比较强，所以和法国的传统相结合，哥特的传统很坚强，包含了哥特的因素，这是很传统的，吸收了意大利的柱式和细部手法。在皇家和贵族的建筑中，柱式比较强，在市政建筑中，哥特的因素比较多。

• 西班牙，统一的国家和回教徒打仗，从意大利接受了一些东西，建筑物主要是地方贵族，把意大利的影响和回教的影响相结合，大面积的装饰，同文艺复兴的结合，形成银匠式，发展了大型的四合院，园和院很热。　　　　　　　　　　体形复杂，风格多样，色彩热烈，民族传统。

　　　　　　　　　十八世纪以前的。

俄罗斯建筑：和蒙古人打仗，十三世纪，发展了民族文化，十八世纪彼得大帝开始吸收西欧的古典，較前丰富的色建筑，金色的顶子，克里姆林的教堂。

16世纪末 17~18世纪

绝对君权时期的建筑：法国封建的中央集权国家发展到顶点，十七世纪中，英国发生资革命，德国分裂成300个小公国。欧洲各国之间的关系很密切，酝酿资革命的启蒙思想——全个欧洲的产物。

法国十七世纪中央王权逐渐加强，地方贵族被各个击败，离开领地，集中到巴黎，他们本质的和王权表达的矛盾並不存在，强大的国家镇压人民，对资本主义的贸易有好处，支持海外的殖民事业。路易十四，到达顶点，称为太阳王，自比为凯撒，朕即国家，复杂的宫廷仪式和礼節，直接管理，"国营企业"对外贸易，管理精神生活，沙龙——贵族的文艺论坛，建立了法国的科学院，培养贵族和有产者的子弟，专门为国王工作，歌颂崇迎国王的思想，建筑这时为贵族、国王服务，形成了统一的风格——古典主義。它的哲学基础是唯理主义，反映了资的思想，反对宗教的神秘主义，进步的思想，不依人们意志为转移的客观规律，民主的共和的（英国、荷兰）。法国王权，集中的意志，统一的秩序。①宇宙按一定的规律形成的，由数、几何、三角形。

②只有理性东西是可靠，幻想和感情是无用的，美是用理性去了认识和创造，克相对立而存在，主观的感情的东西。剧本中的三一律，悄规戒律很多，时间、情节、地点的统一，浪漫主义所反对的。几何三角的构图的规则。绝对的、永恒的、普遍适用、必然的。相敬、讲理，一切艺术的典范在古罗马，存在一种盲目的崇拜，而米开朗基罗，要使古罗马相形失色。

③艺术分为高贵的和低级的，悲剧是高级的，喜剧是低级的，史诗是高贵人物，贵妇人叫做忠实的朋友，高贵的建筑的，古典的、罗马的、国王的、教会的，都是高贵的，丢掉了民间的优秀的传统。构图原理很矮笨。

建筑特点：

(1). 以罗马的柱式为基础设计平立面，坚实的、理性的、数学的关系，变成了僵化的教条，束缚了创造力。"无创造力的人，可以使用柱式原则，盖出不难看的房子"。（维尼奥拉）

(2). 排斥古典以外的一切传统，拜占庭、中世纪、回教徒的成就一概否定，哥特、野蛮、民间低级。

(3). 用几何关系做为构图成败的关键，先天的、先验的，不必认识，不从实践生活中去概括出来。形而上学的认识建筑的美，不容讨论的教条，违反柱式的规律就是犯罪。

(4). 排斥地方性、民族性、个性、特别性，大家盖的都一样，成为世界主义的建筑，仍有进步的意义，不能抹煞成就。创造了单纯的、明确的、很有理性的建筑构图，风格统一、完整，交待的一丝不苟，摆脱了巴洛克，很有纪念性的建筑，雄伟的气魄，强大的海军，表达的海外殖民，有效的国家机器，只能仅映统治阶级的一面，追求强烈的纪念性。

这个建筑构图的社会内容，在形成以后，可以移植的，在法兰·莫斯科，表现在内部，内部保持了很多的巴洛克，华丽堂皇。形成了园林艺术的学派，凡尔赛、几何的、对称的、平面构图，不是立体的，地毯式的花草的。

作业. 267. 299. 362.

中国的颐和园是立体构图。树也追求几何形状，宝塔形、圆锥形，小建筑很多，友谊亭、爱情亭、入世的。中国湖山真意，意趣云在。法兰西园林学派、英国中国园林，世界之三种主要园林。他们的气魄很大帝王家的东西。

城市广场很兴盛。为了放皇帝的纪念碑，圆形、方形的封闭的广场，路易十五广场开敞式，朝向河、树林地，在广场周围造了很多商店，巨城性的城市改造，有主要的建筑物和主轴的关系，创作方法狭隘，风格狭隘，造成了教条，产生了束缚。

每一個历史时期都有杰出的人物，巴洛克、乐可可也有好的。

• 英国的古典主义，惟理主义是在全欧洲的，法国最强大，它凡尔赛式的风貌和语法方式，民主、共和制是有秩序的，君主制是混乱的，和教会斗争很尖锐。建筑的具体表现则不明显。英国资产革命不彻底，贵族转化为资产，封建阶级不强大，资和贵族结成联盟，英国农民在宗教的口号下参加革命。未形成强有力的潮流，它的古典主义和法国的很难区分。不仅对哥特式的建筑，连式没到的表现，英国的巴洛克（二个建筑师），古典主义的代表，皇家建筑师：伦，设计了伦敦的圣保罗教堂，圆形最重绝，被为最美的，他是天文学教授、数学家。几何的明确形象，受到法国的影响。

早期的古典主义，屋顶、孟撒屋顶如建筑馆、五开间、沙龙即会客厅、起居室，有一连串正对着的门，形成连列厅。

盧浮宫左右五开，上下三开，中开为双柱，对面为塞纳河的大桥。这是古典主义的代表作。小特里阿农。

• 洛可可，路易十四末期，和整个欧洲联盟打仗，结果失败，贵族们已厌倦了，追求安逸、舒适，路易十五，彻头彻尾地腐化，花天酒地，生活奢侈，穷途末路，资革命正在酝酿，路易十五，在死了之后，地球毁灭也不管。乐可可，无一处不装饰，优雅的、脂粉气的，细条的卷草，过于地写实，卷出一個公子哥儿的脸来。不喜欢一切直线和直角。金色的苹果绿，玫瑰红刺激的颜色，主要是室内的，和家具。在建筑外部表现不多，对德国的影响很大，德国教堂到建筑外面，装饰的堆砌。

历史的判断和个别作品的判断是不同的，从历史上看这建筑是有创造力的，从性格、气氛上是很好的，但并不是说它是完美的。古典主义学院派，反映了强烈的贵族趣味，骄奢的气派，有些专制主义的倾向。小特里阿农，就是很好的建筑，个别的建筑师很有创造力。手法、风格、流派，有形式上相对的独立，为不同时代，不同地方的建筑师所采用。柱式原则产生于绝对君权时期，艺术的爱好有相当大的主观成分、气质、性格修养。

社会条件、技术条件决定建筑风格流派的产生，在路易十五时，古典主义才成熟。审美理想转化为建筑风格，需要一段探索的过程。建筑师经验的积累。路易十五产生洛可可，发展到相当是在四十年代的法国，意大利产生巴洛克，而十八世纪西班牙产生超级巴洛克。

国家之间的相互影响，别人向法国学习。在欧洲经常形成文化中心，希腊、罗马、意大利、法国。

俄罗斯：彼得大帝，瑞典封锁波罗的海，土耳其人封锁黑海，切断通往西欧的去路。提倡西欧，贵族的愚昧和闭塞。用野蛮的方式使俄罗斯摆脱野蛮状态。莫斯科克里姆林内的军械馆，维布科夫教堂的军械馆。莫斯科的旧势力很强，建设新都彼得堡，吸收英法的城市建设经验，实行住宅的标准设计。彼得建立了绝对君权，他们住宅是甲级住宅的标准设计。彼得的建筑很朴素。

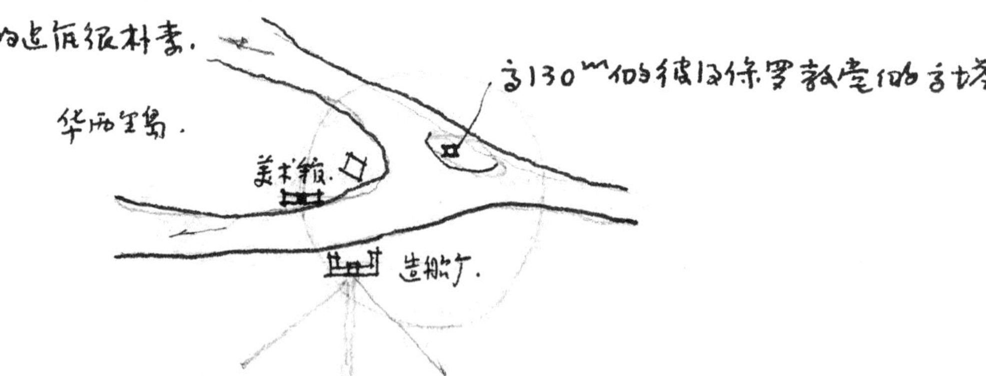

他们后人建了叶凯萨琳宫、贵族庄园、园林建筑比较发达。吸收很多的巴洛克。墙面是兰的，柱子是白的，装饰是金的，冬宫。

十八世纪末，资产阶级起来，进步贵族也反对宫廷，法国处在大革命的前夕，古典主义又复兴了，有相当深的思想基础。宫廷之外的建筑。巴仁诺夫做了一个克里姆林的改建计划，把克里姆林敞开。

德国：小国家的中央集权，室内处理的很好，规模不大。发展了洛可可的室内装饰。德累斯顿，发展了简单朴素的民用建筑。

西班牙：中央集权式的皇宫，家庭、政府组成建筑群，如北京故宫。向法国学习，但仍了意大利的一部分，和西班牙的民族传统先一直血缘关系。完全吸取外国的东西。马德里埃斯库里阿尔宫（离马德里几十英里），主脚就有十六公里，查理五世的宫殿（意大利式）造在阿尔罕布拉，和建筑群完全不调和，巴洛克非常不调和。耶稣教团的根据地，最反动的国家。超级巴洛克，拉丁美洲受到影响。

* * *

1648英国资革命，法国1789年，相差一百五十年。美国独立实际上是一次资革命，英国的工业革命，反映到法国的资的启蒙思想。资从劳动人民中去寻找同盟者，革命比较彻底。文化上也有强烈的纲领，明显的建筑潮流。鼓吹民主共和，自由、平等、博爱，把罗马的共和时代美化，崇拜布鲁特（刺杀凯撒）。有了一些实证科学，理性主义的一个方面，历史与考古发达起来，发掘古罗马的遗迹，古典主义以维特鲁威和帕拉第奥的两本书为依据，而当时大量的实例，产生了罗马复兴的建筑潮流，特点是更加朴素，罗马公民的美德，吃苦耐劳，首先反对洛可可，放在理性的审判台上，不合理的东西一概不要。墙柱，一层做基础

怀疑维特鲁威，帕拉第奥的教条，提倡创造，在革命前未得到充分的发展，以后也流传到英国。银行的大厅用钢拱门，门厅内很多独立的柱子。空柱脚立在地面上。

代表作：秀利皮斯教堂，和万神庙（圣日内维也）。

法国资革命，1793年三月党执政，罗伯斯庇尔，（城乡劳动人民的专政）革命走过了头，矫枉过正，约有四年，极有生命力的辩证的，教堂改为理性宫，贵族上了断头台，把人权宣言捧为圣经。建筑师设计过剧院，为贫穷人设计宿舍

設計鉄匠作坊，改善劳动人民的居住区，路灯、街道，集体住宅，設計了一个塩场的居住区，属於空想社会主义性质。

小说諸神渴了（法朗士）九三年（雨果）。双城记（狄更斯）。

极端的简洁的造型，简单的几何体，极端的幻想，非常激动，大的不能伦比，伟人陵墓，直径100米，螺旋形，圆球形，不可能实现。

大资产阶级政变，把罗伯斯庇尔送上断头台，一旦得到政权，在腐化和堕落和贵族相竞赛，每天举行血腥的宴会。1805年拿破仑加冕做了皇帝，强大的中央政权，通过战争巩固了国家，掠夺性的战争，打宪法、共和，破坏旧的贵族的统治，用武力输出革命，一直打到莫斯科。拿破仑得以为凯撒自封加冕，建筑上形成帝国风格（安皮尔风格），为军人建纪念庙，军事帝国，军事皇帝。集中在路易十五广场。

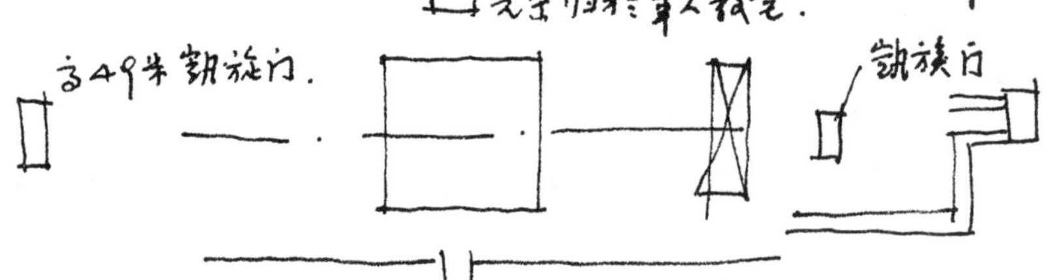

大而阔，独立的柱子。

不加装饰，影响到十九世纪的各个方面。（卢浮宫）古典主义加帝国风格。在英国和法国流行希腊复兴，仿希腊。德国，温克曼，美术史是第一个奠基人，赞扬希腊文化、美术，普鲁士的国王，想继承希腊的王位。先浪漫主义早期本身是反动的，反映贵族的怀旧，中世纪是最美好的时期，宗教、田园生活，仿造中世纪，附饰上造教堂的尖塔（木造的，仿的，将要风雨所毁）。

仿中国的园林，断碑、残阶，英国人加以改造，杭州西湖的花园风景，就是一例。

英国会议设计的塔比较完美，塔的每部都是完整的，而整个塔身也是完整的，不为横向体构所打断，像军事博物馆就是失败的，而莫斯科大学就是成功的。

和拿破仑打仗的是反动的封建势力。如俄国沙皇。法国战争失败，但贵族并未投降。在个欧洲反动势力很嚣张。资作为建筑的业主，银行、百货大楼、市场、车站、仓库陆续出现。大量的出租式的住宅，渐渐地使用新材料。十八世纪开始用铁。把铁当作石头来用。官吏——宫廷建筑师，转变为市场上的自由职业者。个人招牌的作用就大了，形成了集团。技术进步，型制扩大，引起风格改变和流派的繁多。在艺术风格上无主导的思想，把建筑设计当作商品出卖。

占主导地位的是折衷主义，无原则主义，学院派的古典主义和浪漫主义。还有明确的主张，较鲜明的旗帜。古典主义更加僵化，毫无创造力，建立教条时需要创造和摸索。有社会理想，纪念性的建筑（路易十四）现在无须创造教条。

盎格尔："我们要跪着欣赏希腊、罗马的艺术品"，只能崇拜费地和拉斐尔。艺术上不可能再创造，只能模仿和接近他们，自命为蛮族——高卢人。

浪漫主义成就很多，文学上的雨果，主要和学院派的古典主义作斗争，表现现实。古典主义穿希腊服装的剧本，希腊衣服的雕刻。建筑上有反动的和先进浪漫主义一脉相通。人道主义要求突破轴线，自由一些，合理一些，和谐一些。摩里斯为代表，设计一些住宅，吸收哥特的合理的东西，乘持一度自称为浪漫主义。

寻找自己的民族传统，古典主义即世界主义，希腊独立战争、苏格兰的独立。中世纪的民族传统最强，浪漫主义和古典主义后来都堕落成折衷主义。这时也有一些好建筑——毫无出息的模仿、抄袭。不推动建筑的发展。任何真正的艺术品都要新鲜，都有发展，革新。

天津一个图书馆，不错，但是抄法国的，重要的建筑要求独一无二的表现，住宅建筑群、街坊的独创设计。

天才只能在一定的条件下才能发挥出来。

更正，P314，末行。"在基督教建筑的国土上"改为"论基督教建筑现状"。

总结：历史学的根本方法是搜集的大量资料，读得多，看得多，胸襟宽大，理论上的斗争和新事物的出现，不必惊慌失措。

以上只是大生产发展之前的建筑史，型制不严格。建筑主要当作艺术品，技术无甚大发展，只有梁柱，和拱券系统。思想和艺术的任务。

十九世纪以后的新建筑，不能仅仅从艺术角度去分析。全面具体，深入的分析。社会主义的建筑和资本主义的建筑又迥然不同。

把建筑放在具体的历史条件去观察，离开历史的方法，很多问题，不能认识，不能理解。精华，糟粕一概是分不出来的。

不能离开技术和功能的任务，要当在此方向有很大的发展，并结合卫城主要完成思想艺术的任务。什么是建筑的主要方面？是功能，现代建筑技术发展，型制多样，功能复杂，艺术不完美。两种高潮，艺术的登峰造极的高潮；有创造力的，发展等到的高潮。

找内部矛盾，看外部联系。建筑的内部矛盾，各说不一　三对矛盾，建筑创造的内部矛盾，

不同的历史时期，不同建筑类型，同一建筑的不同创作阶段。建筑是社会的创作。

外部条件，生产力，生产关系，思想意识上层建筑都有关。对建筑的风格也起作用。（材料和技术）" " " " 主要是阶级关系，对建筑上起作用，做具体分析。文艺复兴是由于资本和贵族的斗争而引起的。不能说大屋顶是封建的，和柱式是奴隶的。不要往建筑上贴标签，不是思想意识决定一切，那是主观唯心主义的。不该抽象地讨论建筑的形式，建筑艺术和形式逻辑有共同的基础，无以偏概。不能旧瓶装新酒。

宗教，政治，思想意识等上层建筑对建筑发生全面影响，精神文化的一部分。对绘画，文学，雕刻都应有所了解，有直接或间接的联系。如希腊的战争。

建筑就是建筑，不能混为一谈，一致或不一致，要特殊时期，绘画，文学并不变迁。

不能把社会孤立起来，封建继承了奴隶社会的东西，继承和~~革新~~创造，传统与革新的问题，国家之间的影响，前后左右都要看到。

不要自封为无产阶级世界观的代表，辩证唯物主义的专家。

中国建筑史

莫宗江先生

中国建筑史　　莫宗江先生讲.　　1

50学时. 本学期20学时.

1. 古代建筑发展情况.　　14学时
2. 居住. 民间. 民用 地方性建筑. 6学时.
3. 宫殿. 坛庙. 宗教建筑. 寺庙佛塔. 官方大型的质量较高.　　10学时
4. 园林建筑. 中国有独特的成就.　　6〃〃
5. 建筑. 雕刻. 色彩.　　6〃〃
6. 法式制度.　　6〃〃

中国的历史是连续的，埃及. 希腊. 罗马盛极一时. 后来中断. 古建筑保留下来。中国的木建筑没全保留下来。古代遗址的复原需要很有创作出来。

原始——"三代" 夏. 商. 周. 附. 春秋. 五千多年至纪元前五世纪.

从北京猿人，到原始公社制社会. 到奴隶制社会。

开始困难. 需避风雨. 依靠天然的山洞，河边的砾石层上。

旧石器时代. 二万五千年——前五千年，工具的进步. 很少有建筑的遗迹.

仅有遗留下石器，发现在河流两岸. 已经离开了天然山洞，移住到河边. 推测已经发现穴居，利用了黄土高原。 二百处遗址。

新石器时代. 一千处遗址，发现了建筑物和有建筑布局. 从地下的穴居. 建设到地面上的房子.

不知怎样封口. 避风雨. 防野兽。

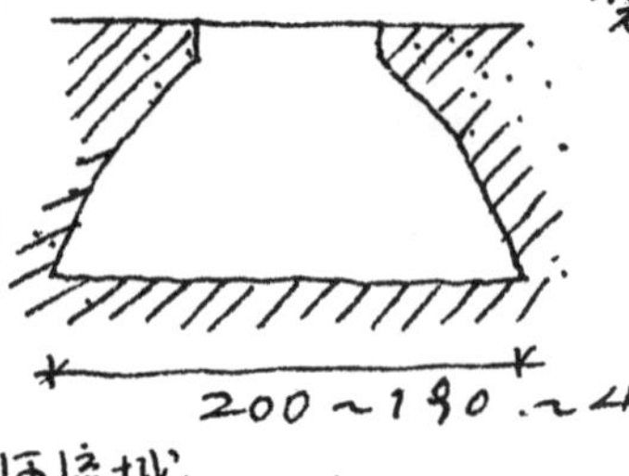

1. 仰韶文化时期. 早期. 陶器制造很好的陶器. 也称为彩陶时期

发现在中原地区，黄河的中下游，及渭河流域.

陕. 晋. 豫. 西安半坡村的仰韶遗址，

三门峡的庙底沟.

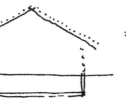

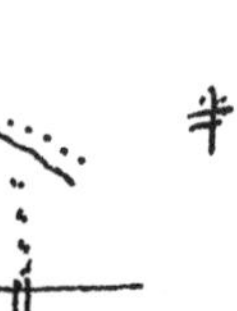

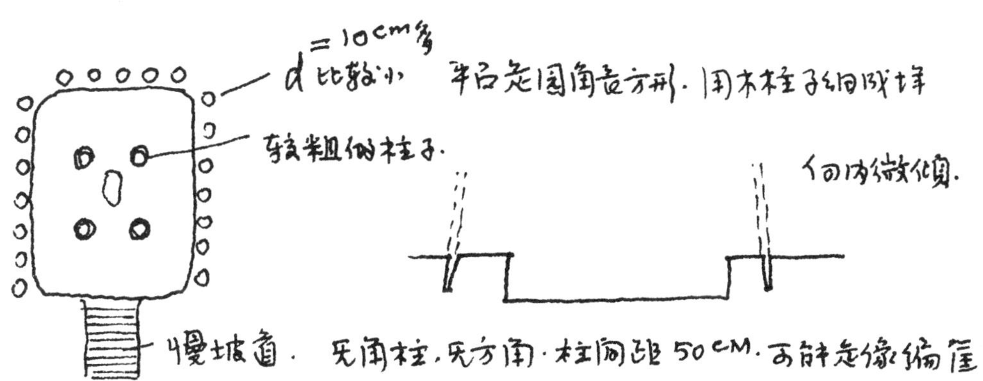

平面是圆角长方形．用木柱子组成墙

慢坡道．无角柱．无方角．柱间距50CM．可能是像编筐一样地组织起来。

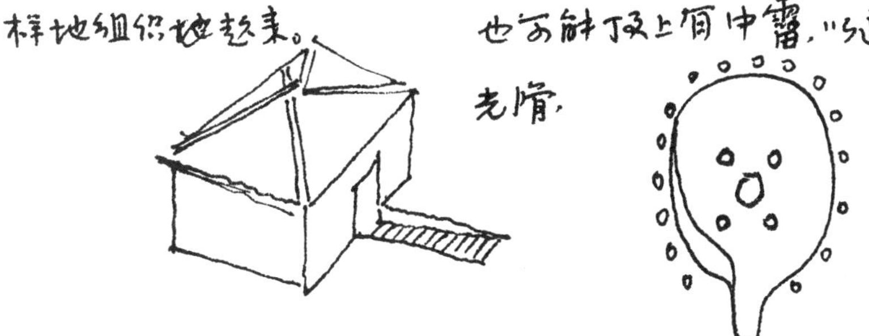

也可能顶上有中霤，以通风采光．地面很坚硬，特意光滑．

2．龙山文化：把黄土锤紧，弄平，用火烧，类似炉壁，有的是表面1cm的白灰状，可能是蚌壳做成的。平面尺寸加大，长度达10公尺．

浙江杭县良渚，晚于仰韶，早于龙山，在地面以上造房子，地面潮湿，用地方性材料——竹子。

内蒙的细石器文化，以游牧为主，小件的锋利的石器，在坡地上盖房子，剖面成簸箕形。

夏代：没有找到遗址，形成第一王朝，形成国家，夏禹治水，父子相传，私有制，连续九年，水利工程，土方工程，规模很大。

商代：郑州发现早期的遗址，河南安阳《殷墟》，商的后期，200年的相当大规模的手工业作坊，制造青铜器，锋利的兵器，精美的器皿，祭祀用的礼器，铜制的工具，大的作坊分工很细。专门做簪子，箭镞，发现了夯土，住房很多，宫殿遗址。殷墟，长达40米的台子，排列整齐的柱子，在大宫殿的旁边有大量的穴居，可以看出阶级分化，生产者不是使用这些东西的人。发现了很讲究的木制的车，硬木，榉，柳，还

筑水平和当时的工艺水平有关，和木工水平有关。前期是绑扎和编织起来。

商代农业、畜牧业、手工业，三者分工已经很明显，杀成百头的牲口进行祭祀。首先是农业的发展，石器、木耒、肩胛骨做铲子。丧葬很讲究的殉葬品。

例一、殷墟武官村大墓。

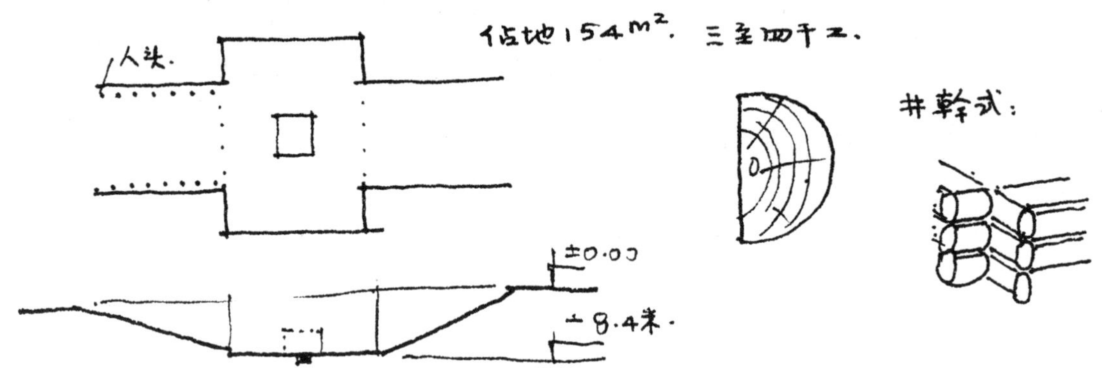

大批的工艺美术品，殉葬品，青铜器，玉器。估计是王的坟墓，杀了七十九个人作为殉葬者，奴隶社会的野蛮。

例二、宗庙，40m长的建筑物台基，青铜作的柱础，木构架已被烧毁。

柱子不在埋在土里。

无像俱，没有使用瓦、文字

记载建筑已经很完美，统治者很奢侈。

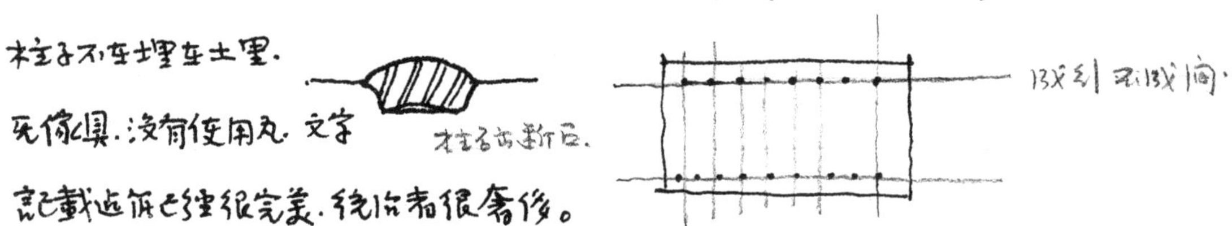

周代：陕西发现西周的青铜器，非常粗糙，工艺水平很低，西周停留在氏族社会的最后阶段，这时殷末已达到奴隶社会。西周为殷朝的诸侯，首都规模要小得多，工具落后，生产力水平较低，但所有的成员都是参加劳动的。殷的奴隶大量逃亡到周。周对劳动人民施仁政，周联合周围诸小国灭殷，继承了奴隶制。周在个氏族成了奴隶国（文），殷在个氏族沦为奴隶，稍为改善了对奴隶的待遇，孔子对周恭维得很。周初对奴隶作了让步。

建立了建筑的制度，怎样建设新兴的国家，建立统治制度，完整的国家机构主要记载在"周礼"（原名周官）一书中。周文王丰，周武王镐，现陕西长安县迁到洛阳附近"成周"——手工业中心，并建立周王城。

大封诸侯，姬姓，把自己的宗室，近亲很多的诸侯小国，形成政治军事网。每年参加朝报，评比，确定城市的规模。

土地分配问题，出现了井田制，产生了城市规划的思想。王城方九里，诸侯九里，每面开三个城门，一个城门，三条干道。王城，九、七、五的制度。

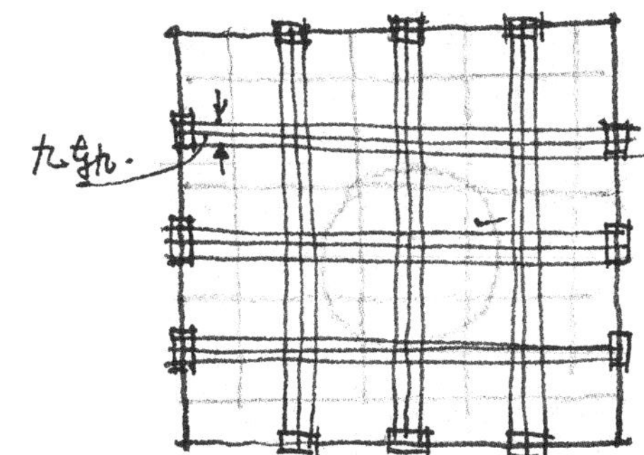

宫室的大小，宫殿和市场的关系，行政中心为宗庙、朝会、社稷。

列在冬官（工匠技术），在周朝末刊。

原文：匠人营国（王城），方九里，旁三门，国中九经九纬，经涂九轨，左祖右社，面朝后市（市场·手工业作坊），市朝一夫（方一百步，一个农夫分的面积）。

室中度以几，堂上度以筵（每筵九尺），完整的一套制度。

周代已经把瓦用到屋面上来，以前用陶制做为主要日用品，我好像古人开始把琉璃和瓷器用到建筑上来。

测定日照方向，日照角度

（定平）（臬）（圆圈）

原文：匠人建国，水地以县（悬），置槷以悬，视以景（影），为规，识日出之景，与日入之景，夜考之极星，以正朝夕。

古代取暖比较困难。

茅草屋顶举势三分之一，瓦屋顶举势四分之一，

奴隶制的末期，春秋，

周王控制不住各个小国，和周王的领土范围差距不大，而且经济发展很快，极力发展生产力，寻求富强之道，各国互相兼并，成为六个大国，木作的祖师

3

鲁班，巧匠，技术工匠，技术发明的成为"国工"。林禁时期可以砍伐木材。

春秋时期，有的人他们有一定的哲学见解，就称为哲匠。民为贵，君为轻的思想。

战国·秦·汉·（封建社会的初期）

农业生产的发展，铁器的使用，城市人口的增加，四倍到六倍，形成手工业和商业中心，出现"高台榭"美宫室，娱乐游玩，提出了艺术的要求，装饰重点，讲究的图案花纹，是商周礼器上的图案用到瓦上。

战国时期已经开始炼钢，不仅可以做榫卯，而且可以刻得雕花纹，和希腊是同时的，镶嵌工艺，很发达的，大件的铜器。

以郡县制代，先后进入封建社会。秦国不仅掠夺物资，而且集中六国的工匠于咸阳，拆走优秀的文物"写仿六国宫室于咸阳北阪之上"，建筑风格的多样化，秦比较集中，自称皇帝，拆除都城的防御，打通六国的交通，直通咸阳，车轨同宽，估计到的优势，建立中央集权的国家，出现大都城的需要。

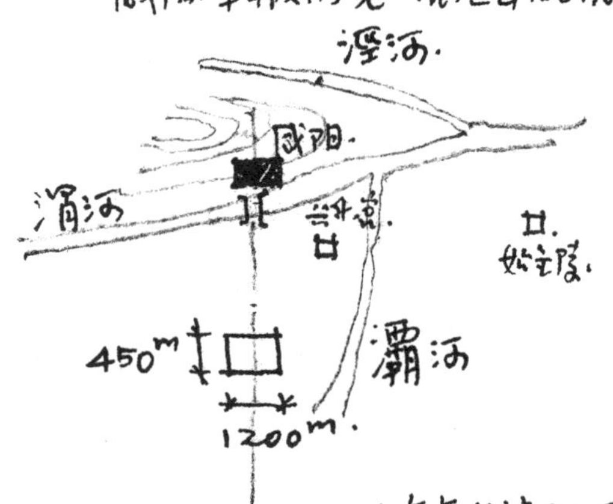

阿房宫，高七米，出现七十万人在每年不断进行，以战胜国的姿态，东面以函谷关，西至宝鸡，东西四百华里，阿房宫距咸阳十几公里，建立一座横桥，散点式的布局，大体量，大规模。关中四百里，离宫别馆相望。"星罗棋布"出现了第一封建国家的郡县制度，废弃分封诸侯的制度。可供万人开会。

十三年建设了四百多座大型的宫殿，生产力的突飞猛进。大型的离宫四五十所，可以容纳千乘万骑，跑到山东燕天，到全国巡视，利用六国的改造，以紫微星（北极星）象征皇帝，"北辰居其所，而众星拱之"

希腊的城邦如雅典、斯巴达，不过相当一个诸侯小国。

五十公尺的大丸，修造飞阁复道。中国是农业国，这样搞了十三年，就垮台了。

秦亡暴政一现。汉吸收了秦的经验教训。汉的技术水平相当于战国。

汉建都在长安还是在洛阳，经过一场争论，关中易攻易守，经济条件比较好。

利用秦朝的基础，进行再建改造，利用兴乐宫建造，以后发展成汉长安，改名为长乐宫。未央宫周围28里，利用天然地形，大城周长65里（文献记载）60里，30平方公里，与此同时的罗马，才九平方公里。

5

4

3

未央宫

相当于周王城

长乐宫 20里。

3. 北宫（居住建筑）南北宫制度。6

4. 桂宫。

5. 明光宫。 三宫，九府，三庙，九市，一百六十闾里（街坊）

6. 建章宫（纯娱乐性质），周围三十里。 宫殿建筑

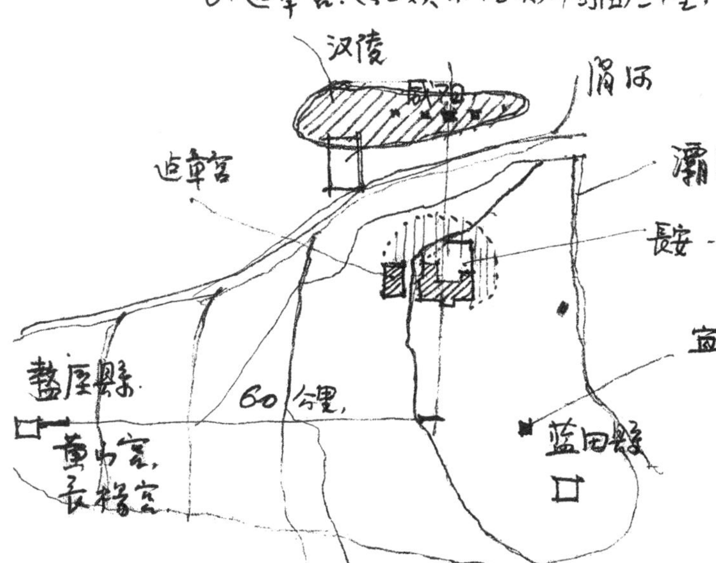

在上林苑内举行会议。宫观苑館。

周围300~400里。

发展了卫星城，增加了很多陵邑，九万家人口，相当欧洲的中等城市。

集中天下富豪于长安的陵邑。

与周礼考工记中的规定方法不同。

石阙：陵墓、宫殿的大门。

建筑物特点：利用夯土的能力非常高，在渭河和黄河流域在黄土高原，主要建筑材料是黄土和树木，规模之大超过希腊罗马，高大的基础，利用高台榭形成小山，形成全城的制高点，居高临山，俯瞰全城，主要依靠人工加工，阿房宫，八九公尺。

中国烧制青砖，国外都是红砖

24CM

4

瓦上有朱红的颜色。用建筑物覆盖于台之上。出现了各种方的砖。60cm×60cm 花纹很好，用于铺地。出现了大型的空心砖，150cm×60cm，当作建筑装饰品，用在坟墓中。统治阶级非常奢侈。文石（大理石），玉礩（柱础），丝织品 外罩等，一丈丝织品，一丈黄金。室内装饰非常繁多，屋不呈材，墙不露形。席地而坐，日本保持了中国古代的风俗习惯。创造者非使用者，使用者非劳动者。"天子以四海为家，非壮丽无以助威"萧何回答刘邦的质问。帝王朱红，官吏黄色。

三国魏晋南北朝 220～589

184年黄巢起义，黄巾起义，军阀割剧混战，四百多年。三国魏蜀吴，西晋，十一年的统一稳定（280—291）。大量破坏了中原的城市，建设—破坏—再建设，五胡十六国，不断的少数民族的混战。倒退回奴隶制。激烈的融合的时期，工匠采取特殊的待遇，所以继承迅速重建被破坏了的城市。

与少数民族的文化有关，民族的差别逐渐消失，产生了新的风格。统治阶级自觉地学汉文化，利用汉人做参谋。汉人胡化，胡人汉化，互相通婚，把利害结合在一起。

开口孔子，闭口孟子，满嘴仁义道德，解决不了农民和地主的根本矛盾，曹操说，用人为才，功利主义，讲求实效。

宗教，原始的迷信，归世的鬼神，佛教传入，宗教乘虚而入，人民受到压抑，痛苦，兴盛起来，宗教狂热的时期，洛阳（北魏）建了一千多个寺庙，超过了皇宫，九十多公尺，统治者利用宗教，极盛一时。

园林建筑突然兴盛，豪门贵族，王谢子弟，互相攻杀，灭九族，杀满门，逃避政治现实，游山玩水，诗文书画，建造别墅庄园，大搞庄园，封建社会称他们为魏晋风流。

·新型的城市规划，布置，邺城，曹操，做魏王时的都城。

宗教建筑，按宫殿、王府的水平来建造，使得各个城市的面貌丰富而热闹。工匠、艺术家都信教，集中在宗教建筑。狂热的信仰。定期开放、观摩、评比，工匠人数增多。

汉代的上林苑，不是园林，射猎为主，（战争演习）享乐，成群结队的、奏乐、喝酒。

建筑技术，木结构以前一、二层，可造几十公尺的木建筑。塔与楼阁、高大的阁与塔。汉朝造了地道，供水成问题。城市绿化可以改善。钢铁工具，刻榫。木结构通风、采光、加工、结实，装修都比较好。砖石修造宗教建筑，高层建筑的防震要求。

琉璃瓦用在建筑上，汉瓦。漂亮的石头"文石"，打光、加工、花纹，纯黑的石头，镶嵌金银。

隋唐

分裂时期的建设规模总是比较小，北魏有一个短时的统一。南朝的规模也不大，但各个民族文化优秀都交流起来。

汉唐盛世，政治、经济文化的高峰，6—9世纪（唐代）西方是分裂的。唐代相当于整个欧洲最大的国家，在世界上是先进的，封建经济继续发展上升。上坡路的顶点，为后世所不及，中原地区民族的差别很小了。汉化或胡化了。民族关系和观点比较开明，民族歧视比较小，少数民族的做权要人物。

都城为东西文化交流的中心，长安的物质生活丰富，服务开阔。心胸开阔，气势磅礴，民族自尊，学习西方。

音乐，九至十种并存，法曲、印度、新疆、朝鲜、越南。文学上的唐诗、汉赋、宋文章。

空前的最大规模的长安，八十一平方公里，实行两都制。

西都长安——东都洛阳

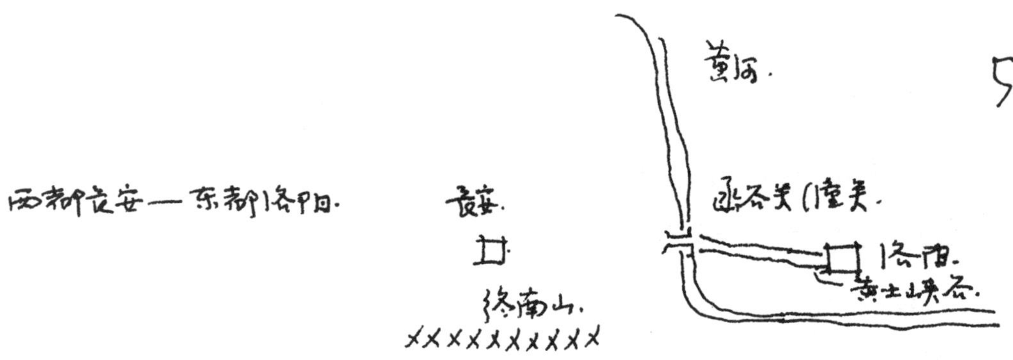

石材石建筑的发展，琉璃瓦的普遍（绿琉璃瓦的脊边）。木结构发展成熟于盛唐。构造系统，合乎结构逻辑。佛光寺大殿，面宽与太和殿同，进深为太和殿的三倍。男女平等，贵妇人骑马出街跑。主干道150公尺宽，不可设栽。门时上朝，散朝，三列同时分开。中央双列，最宽，两边单列。

唐代的一切都是大尺度的，大规模的。广场、宫阙、宫殿、道路、城市。表现大国的风貌。

采用均田制，按人口分配，不准买卖。土地兼并很利害，农业得到保证。安史之乱破坏了均田制，从未恢复。南方的经济发展，赶上了中原地区，从洛阳到扬州修大运河，沿河发展城市。都城以后逐渐向东南发展。

城市规划实例。

1. 曹魏邺城。三国时建都洛阳。北魏从大同迁都洛阳。东魏时期的邺都南城。
2. 隋唐时期的长安、洛阳。

1. 曹魏抛开汉代的传统不管，从实际出发，城市的攻守。孔明很赞赏他的军事才能。根据文献，左思的三都赋述康，成都、邺都赋，基本做以南门为主要出入口。

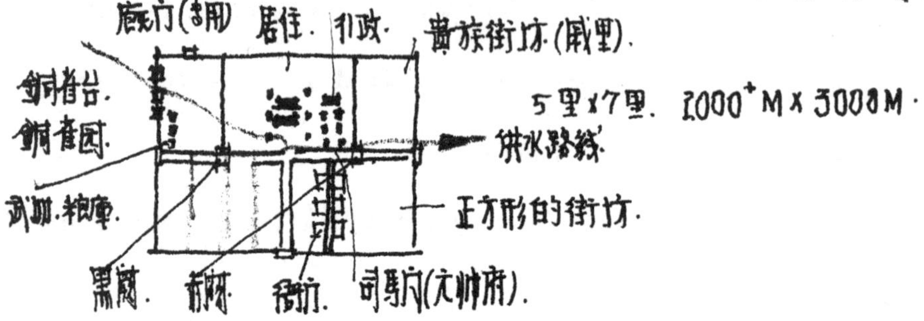

功能分区明确。干道。屯田制，军事化。铜雀台中有三井，芝麻、粮、兵。从漳河引水渠。

北魏重建洛阳．迁都平城．（山西大同）．北城贵族区．南城为工匠区．从氏族到奴隶制．金丁氏族聚居在大同附近．迁都洛阳．留在北魏六镇。

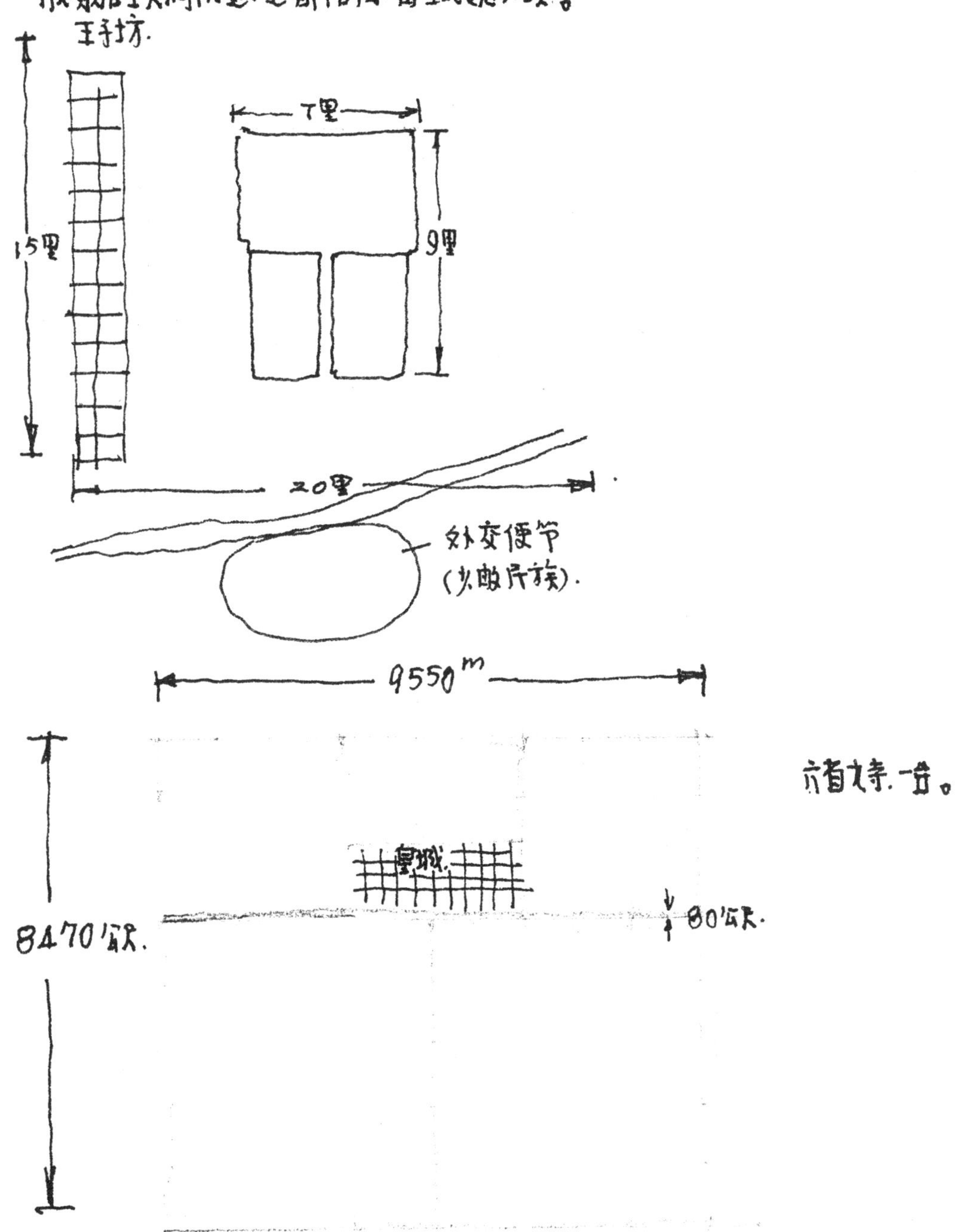

6

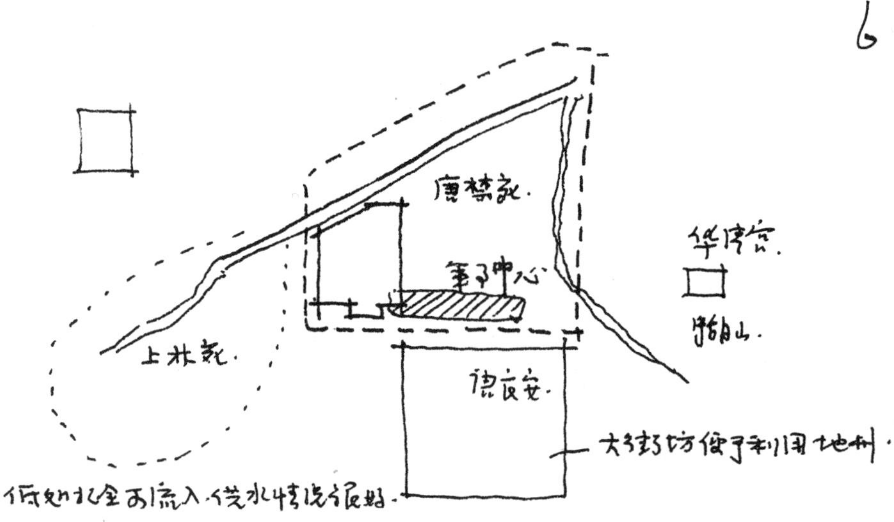

低处北全面流入，供水情况很好。

排水有问题。唐小街坊一里，大约900公尺，面积为大街坊900×400公尺

四方开门，管理办公地方。凡有特权的官员 贵族，其住宅大门方可在

街坊开门面对街。一般平民只可向街坊内开门。

"谁家赵宅第，朱门大道边。"

杜甫虽然但重复，只解决了帝门前高大的问题。大道都是给贵族豪门用

的，人们只在走街坊内小路。

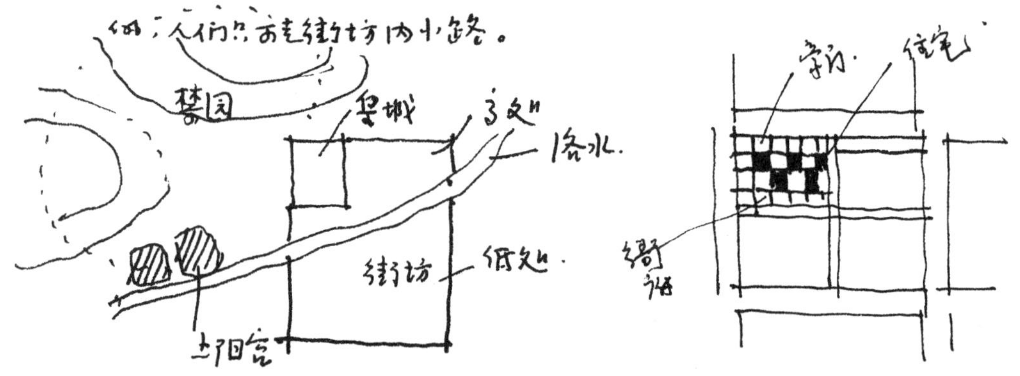

渤海国东京城(吉林)，完全模仿唐长安。日本也是如此，近仿的尺度非常大。

广场 600×1700公尺。隋唐是中国封建社会的高潮

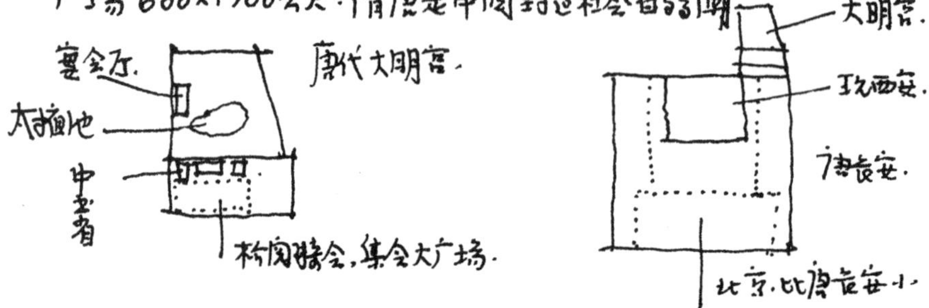

柳宗元：梓人传。（大匠杨潜）。出现建筑师专业。

五代宋辽金：

江南地区的工商业。首都汴梁（开封）。在大运河线上，水陆的交叉点。商业的繁荣，人口密集，居住人口的性质变化，商业流动人口增加。沿大街都是商店，家庭人口少。唐代郭子仪，全家三千口人，一般人家三两人。市场只能买到高级品，不能买到日用品，而宋代营造都从市场买东西。宫城缩小，接近故宫，出现瓦市类似东安市场。放弃了封闭式的街坊，沿街为商店。张择端"清明上河图"文字记载"东京梦华录"[illegible]统帅多为流浪无赖。赵匡胤、陈桥兵变，[illegible]掉柴荣的儿子，掩不出政治理想，追求物质享受。讲究实用、经济效果，地价很贵，建筑密度很大，不讲气魄讲华丽、精致。建筑有砖瓦工，大木作、小木作、雕刻彩画、琉璃，处处加工细腻，工具的进步。唐砖塔是空筒子，木楼梯。宋代发展为内外两层的八角形，砖石砌体空间。资本主义萌芽。

与宋并立的辽，刚刚进入封建社会。游牧的风俗习惯，以渔猎为主，保持氏族社会的习惯。皇帝、皇后住"帐殿"不重视宫殿。模仿唐代，功能要求不高，四季到处流浪。辽代的密檐塔，保守、停止的时期。

金，散居的猎户，攻城以后即烧，见工匠即杀，以破坏为主，退守的时期。进攻南宋时，已经汉化，以后开始建设中都。北京的西南郊受北宋的影响，豪华铺张、繁琐，建筑不实用，暴发户。

南宋退到杭州，继续奢侈享受，造园风气很盛，大殿不够用。

北宋，1103年颁布"营造法式"官方的制度，国家规定的构造做法。可以开关的隔扇的窗，采光通风有很大改善，小木作很发达，唐代只能坐床，北宋才开始出现桌椅，满间都是彩画，红绿金，也有单纯绿色的，如一抹刷饰。

金中都为当时最大的城市，模仿汴梁。

政治、经济形势，文化艺术倾向。

几百年的分裂，隋唐以后，五代宋辽金，元代统一与以前的统一不同。

元代：

7

建立元代之前有蒙古的七十年，战去黑汗，向西发展，打倒地中海，历史空前的，游牧民族开始定居，依靠西亚一带的工匠，推进当年的回教教建筑。

城市分两部分：回教街与契丹街。从四川打到云南西藏，倒退至奴隶制社会，实行两套制度：1)蒙古人与色目人，2)以汉法治汉人，农业经济破坏的很厉害，乱伐树木，造成木材缺乏的状况，很少的庙宇造的很草率。

民间的木料极端缺乏，材料简陋，如山西赵城的"广胜寺"。

十字脊。

四分之一。

中国的陶瓷为世界最高水平，出现了五彩的琉璃，孔雀蓝，深蓝，枣红，紫红，工匠沦为奴隶。全规定匠户，情况还好。

元大都，为封建晚期最大的城市。

畏吾儿殿，盝顶殿，

相当大和殿的圆柱子，用方柱子代替。

宫字子。

鼓楼。

皇宫

元代把喇嘛教提升为国教，白塔寺，元代建造，西藏建筑艺术在全国推广，华丽，繁琐，唐代—→西藏—→元代（中原）。

元代石匠领导的工程建设，黄瓦红墙，汉白玉，河北曲阳的石工。

黑暗统治时期，禁止学汉文。

明清：

相当西方文艺复兴，中国的民族复兴（时期），恢复封建经济，重修万里长城，干劲十足，上升，进步，建都南京，北京，表现了封建统一的气魄，超过了北宋，明十三陵，排除了元代的繁琐，华丽，混乱。追求简单统一，历史的转折，中期又开始奢侈，华丽，形式发展达到最高水平，学建的布局，手段的统一，克服了宋代工匠的自由、散漫，废除了元代的奴隶制，和唐代不同，更专制的时期，皇帝和大臣的距离非常远。集权化。一重重封闭的院落。保密加重，一直深化御道的。造成一种威压。英国的使臣到太和殿就自然地跪下了。乃上殿。刀立辇，一万多名侍卫。黄瓦红墙。造成紧张。

明十三陵。结合地形。好像山丘，已经加工过那样整齐。汉、唐、明，封建社会的三个高潮。

清代：

规模更大的统一。封建的后期。满族从东北兴起。入京后经过四十多年才统一。民族矛盾很尖锐。康熙、乾隆，研究历代统治经验。明代的故宫，基本保留，继承了明代的传统。明清风格很难区分。

雍正十二年（1733年）颁布了一套营造则例。二十七种建筑的定型化。"工部工程做法则例"皇帝专用的园林在万以单独设计。古建的标准化、定型化。营造法式只是规定了法式。"算房"制度，手续很严格。掌握全局，出现了单调的现象。反映了规划的本领。运用定型进行规划。

传教士给乾隆盖的西洋楼。只当做玩意。园林是中国式的。这说西北部的园林居住区，从香山到清华园。围故宫。处在人民的包围之中。

热河避暑山庄，打猎。那时与联系蒙族。笼络的手段。热河行宫。仿外八庙。六种不同的民族相结合。政治中心。

1963.9.12. 五年级第一学期

法式制度：

（一）法式制度的性质、内容和意义：

1. 法式制度的发生和发展：工匠根据自己的经验总结下来，父子相传（龙），世代相传。而宋营造法式，清营造则例，是封建的官方制度。进行预料估算，官吏和工匠有利害关系，因此只写到了一些经验，并未讲清来龙去脉。

2. 现在学习法式的意义：

8

具体了解当时的建筑成就，介绍名词术语，周礼考工记是最早的法式制度专著，从周到清，历代相传，一直存在一套法式制度。各地方的风格相差很大。

3. 古代建筑表现法式制度的发展情况：唐辽，北宋，汉，明清有进步也有退步。汉代，各有风格不同，没有统一，定型，唐代在艺术的各方面都有特定的风格，趋向成熟，统一。过了一百多年，宋又完全不同于唐，细腻，纤弱，气魄较小，以后的影响很大，明代又有较大变动，明清另成一派。

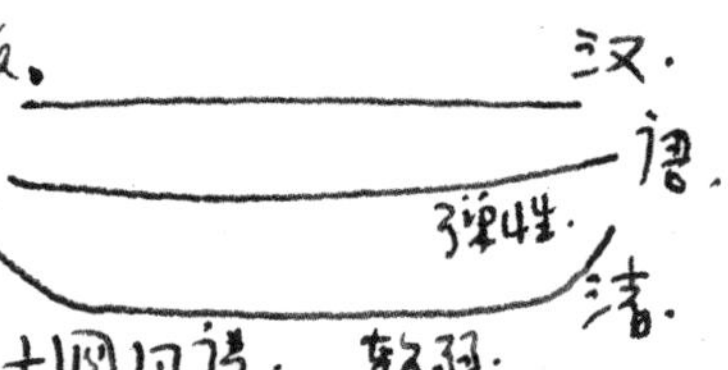

汉.
唐.
弹性.
清.

唐代建筑，大料不算粗，小料相当大，坚固，挺拔，壮，豪放，粗犷，大同风度，干净，利落，不拘小格。

软弱.

飞檐翼角.

汉代，直平直脚，直线条。

蓟县独乐寺，山西五台山佛光寺，完在的艺术品，观音阁，山门。

宋代建筑，细巧，梁都做成曲线，屋顶极曲挠造作。

大屋顶不能到处乱用，不同建筑不同风格。

4. 保存到现在的几种著作简介：没有工匠的著作，他们的文化水平低，心传口授，歌诀，口诀的流传，知其然不知所以然，一二千字的周礼考工记，简单概要，一直到北宋营造法式，公元1100之编成三年后发行，清代工程作法则例，雍正十二年颁布，在北京地区执行，公元1734年，严格执行，工料尺寸的计算书，牌楼算例，从无殿，到斗拱，石桥，共二十三种。

营造法原，姚补云，苏州的做法。

清式营造则例，1932年，梁思成，营造法式正在编写过程中。

构造与施工的内容。

二、北宋营造法式的几个基本要点。

15 : 6 : 1. 斗拱上所用材料的比例单位.

栔（自）

1. 斗拱上的"材""栔""分"制度：构屋之制，以材为祖。

材：构造材料 15 : 10.

拱，枋的断面高度叫材，枋子间的空档高叫栔。

分°是高度的十五之一，宽度的十分之一。

室内细料用材，栔分，和清代不同。与西方古典柱式不同（有模数）。严格地按比例放大缩小，一成不变。中国法式从不完整，只是细部的比例，部分要活伸缩的余地。出挑24～30分°。足材＝材＋栔。21∶10。
因时、因地制宜。

栔高六分° 受力拱，21分°×10分°叫足材拱 单材。

2. 斗拱制度：斗、拱、昂。

拱 下昂 斗

斗拱的作用：

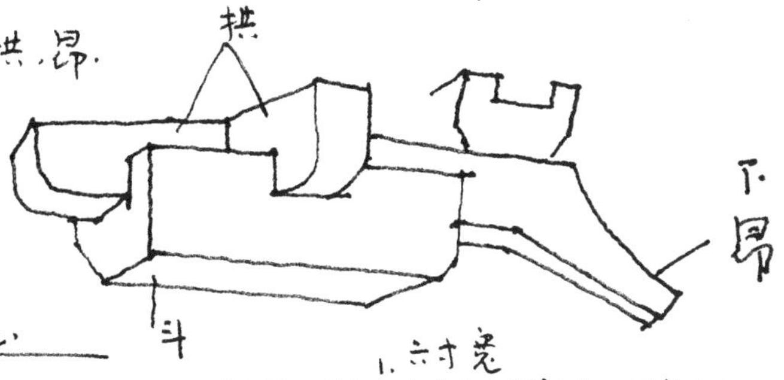

① 解决各方向的节点，榫卯搭头问题。

② 施工方便，允许有误差。

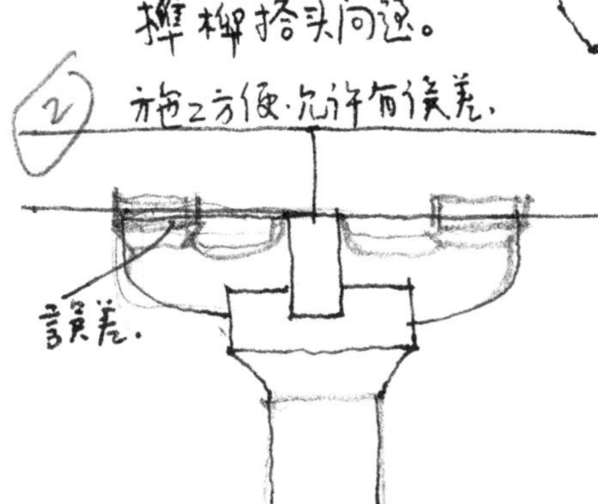

材分八种，1. 六寸宽 九寸(30cm)高，头等材
4.5寸高，3寸宽，八等材。

三种成一套，用在一组群组。

大构件越来越粗，斗拱越来越细。比例不好很不匀称，与宋辽相比，是在退化。

③ 出檐四、五公尺，功能技术问题。
唐辽，依靠斗拱出跳，可以出檐5公尺。柱高一丈，出檐三尺，大建筑也应合乎比例，保护门窗装修，大挑檐以防风雨。同时唐辽升高了九尺六寸，三公尺多。

④ 加高了室内空间。表明建筑的身份，主要用加高屋顶。外五跳，内三跳，少一两跳
标准跳30分°，也可减至26～28分°

⑤ 利用斗拱成为装饰构件，结合在一起，艺术加工在结构构件上。

华拱：承屋顶重量。下昂：可以把挑檐的重量传到内部，达到平衡。
983年的独乐寺，已近千年。 使柱子中心受压 变化时间：宋营造法式

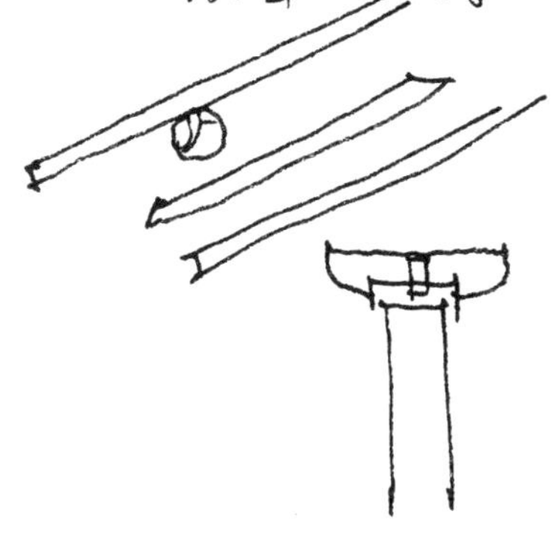

3. 举折制度

4. 生起与侧脚

5. 月梁与梭柱

6. 殿阁与阶部分

7. 平座与副阶

9

椽挑出距离不过为本身直径的十倍。顺椽方向的拱称之为华拱，宋代最多出五挑，百五十分。檩条的长度为一间，逐个接起来。

这样柱头上一组斗拱——柱头铺作。而清代叫做柱头科。

转角铺作(明宋)——转角科(清)

补间铺作(明宋)——平身科(清) 斗拱也叫斗科。

转角处受力沿45°斜线，斗拱挑出变为复杂。角上先尾梁采用角梁荷重。早期无柱间铺作，因作用较小，后尾先梁加只起加强坊子的作用。宋代大建筑可用两组柱间铺作。达到一定的装饰效果。故宫太和殿十三陵有多至五六个

計心造与偷心造，横方向拱起联系作用，可以省略，可以称为偷心造。合规定的，应有尽有的为計心造。实际上偷心造比较经济合理。

辽代藏经橱，完全无缺。金代转轮藏 更以非常细致的装饰，有辽北宋的切风气，少数民族不懂之本。

辽代蓟县独乐寺用偷心造 扎实的华拱，省略的横拱。

梁檩屋顶坡度与曲线：举和折。
清代是五举、七举、九举，从下往上推。

3. 举折制度：屋顶坡合曲线的做法，五举七举九举 柱推化法，早期很陡(清)宋从椽从下挑起开始，总举为进深之三分之一。

为卷杂曲线，稳定控制它，3规律性强。

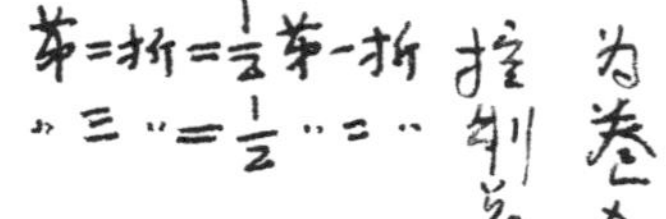
第二折＝$\frac{1}{2}$第一折
〃三〃＝$\frac{1}{2}$〃二〃

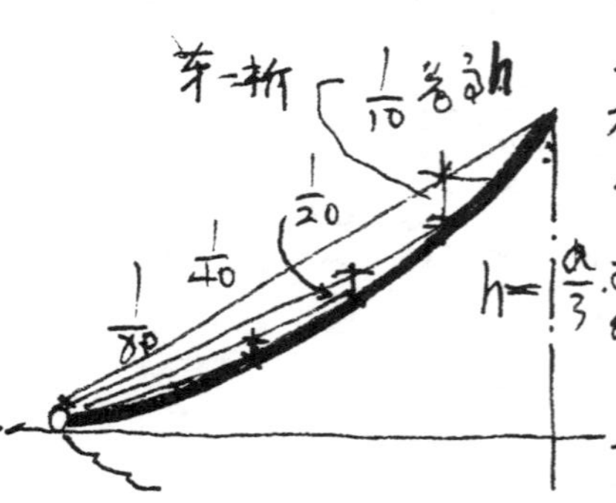

几何做图法，以

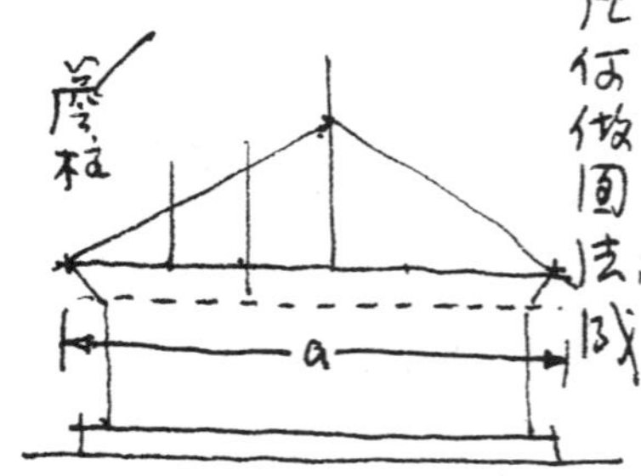

何时何宜侧脚，何宜升起，越升越高，无余构件，崇楼柳(?)

4、生起与侧脚：

柱子逐渐升起，中间是平柱，往两边逐个升高。

古代建筑多有生起，清代变成平的。柱高的

侧脚：即周围柱子向外偏离轴线百分之一到千分之八。

一寸到八分

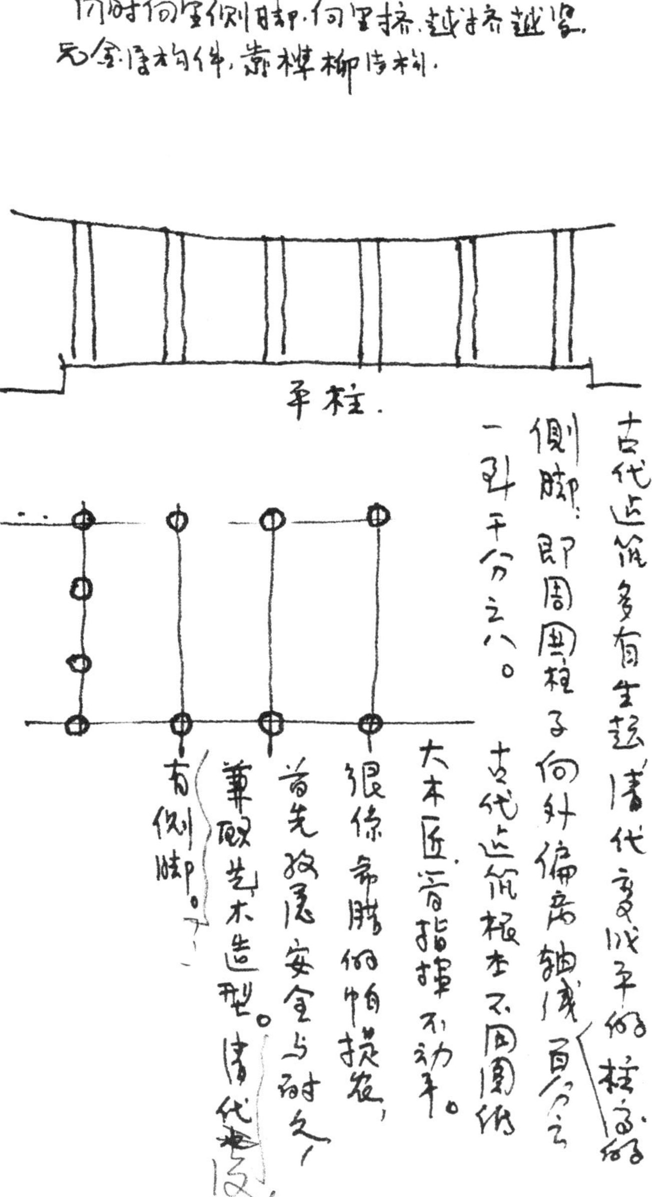

古代建筑柱子不同的

大木匠师指挥不动手。

很像希腊的帕提农，

首先考虑安全与耐久，

兼顾艺术造型。清代没有侧脚。

安全与耐久，封建手工业，材料加工，缺乏钢铁，三五年建成一座大

城市，木料本身不耐久，产生弯曲，清代用大梁仍然安全。

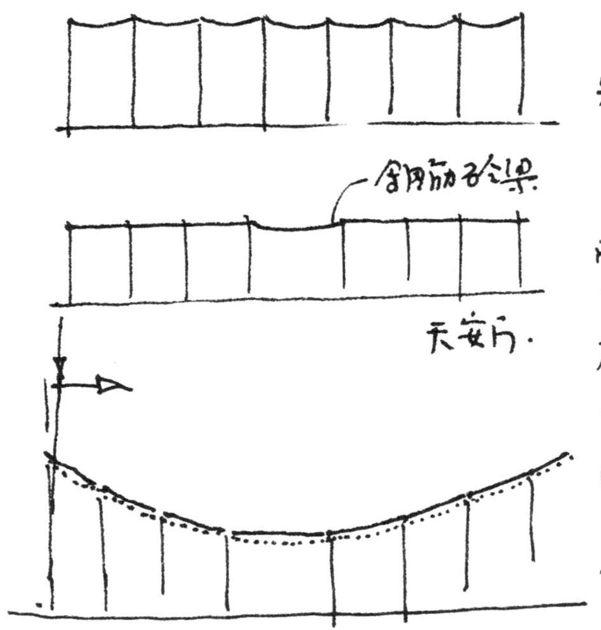

10

作业：1.斗拱制图．汉阙与汉明器。独乐寺山门。观音阁．
五台山佛光寺大殿；宋，登封少林寺初祖庵；山西榆次永寿寺雨花宫．各取其一

5. 月梁与梭柱：外国宏伟庄重的建筑均为石造，只有我国木石木建筑上有独特的成就。故宫只有唐大明宫四分之一不足三四万人的仪仗队。中国所特有的。但我仿不能照一抄搬用，而应取其精华去其糟粕，古为今用。不能倒挂斗拱。今天木材缺乏，几千年的伐用，少数民族入侵破坏。

单個构件加工成工艺美术品，木材加工容易，上下细中部粗．如同织梭，能够而稳定，月梁向上拱起，平原树木，自然弯曲，就特争就予，不像原始森林，挺拔垂直。苏州园林中有很多月梁。

梭柱分三段．柱头四分之园，下部与上部等粗。

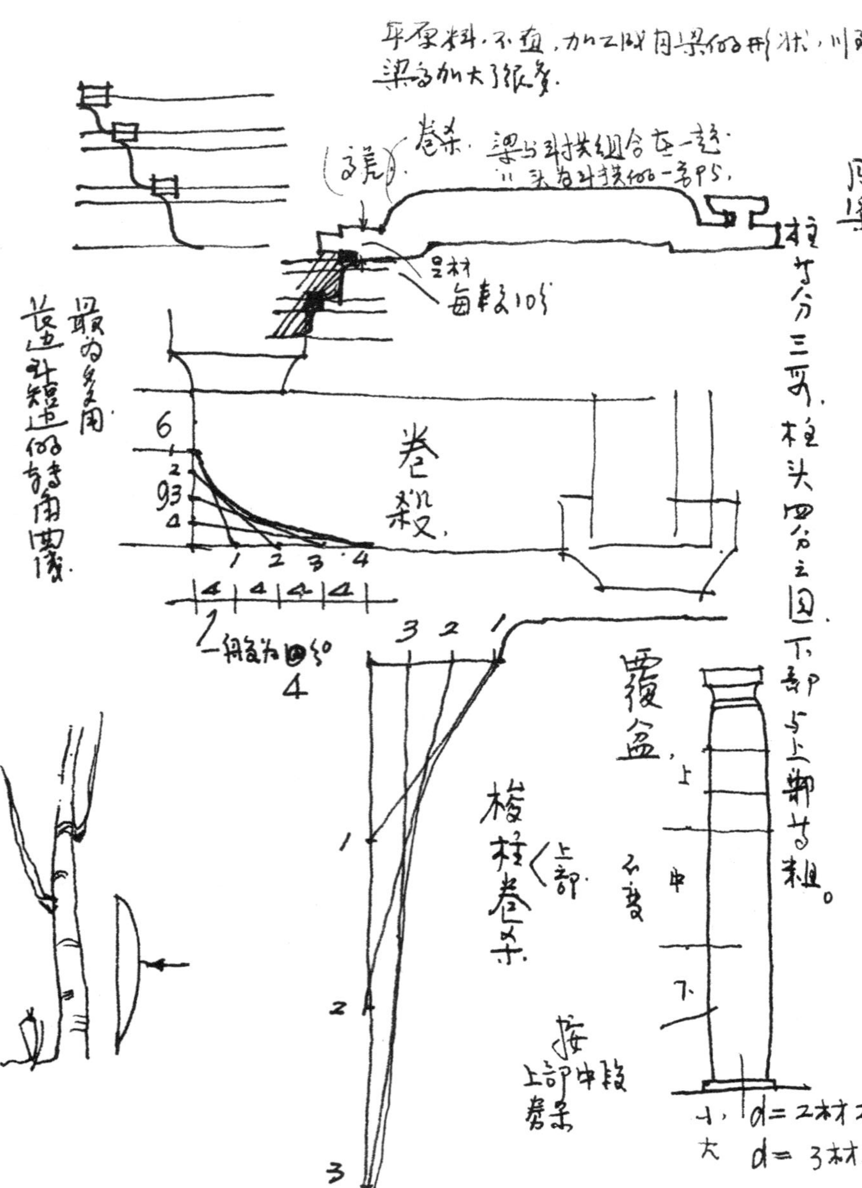

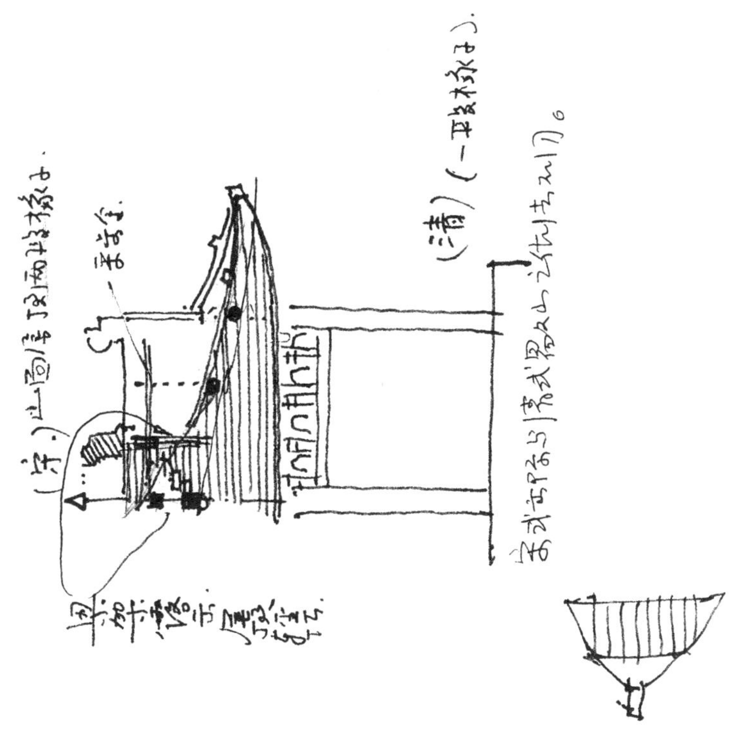

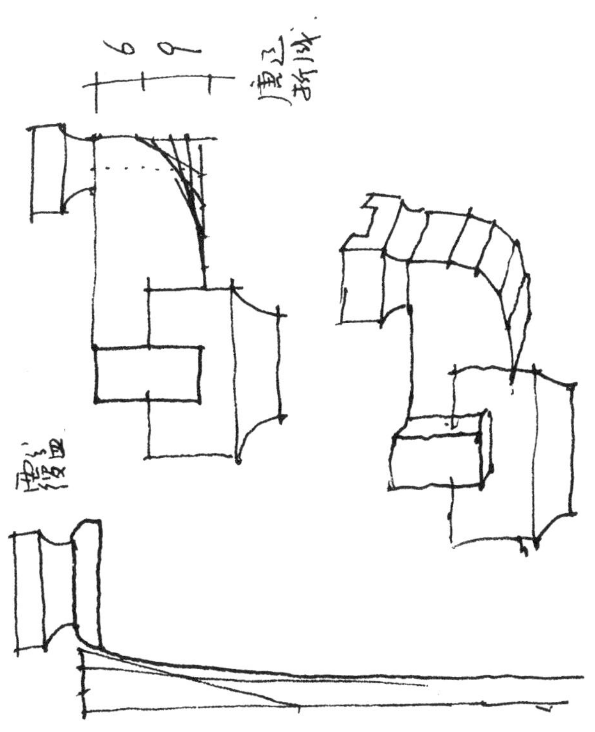

二

宋山花踏空置博坊；屋脊用生头木升起较大；

宋代歇山与清代相差一步架，清採步金退后，挑出，故差很多。

6. 平座与付阶：外加一段走廊为附加建筑，平坐有缠柱与斗拱。宋代在城楼上造平座，宋代营造法式给建筑师留了很多创造的余地，付阶柱可不能超过中柱的宽度。付阶的用材比主体建筑小一二级，营造法式一概没有定死，清代的则例把人管死，没有一点自由，只顾官方管理的方便，不管建筑艺术的创造。宋的这些作法是明清所没有的，宋的作法与唐也有相似之处。营造法式代表了唐到明的古建筑的作法。

屋顶歇山，坡度，举折，柱梁比例，与明清都有差别。月梁，梭柱一直在江南沿用，明清官式建筑中完全看不到月梁梭柱，宋代细致复杂。柱侧脚与举折是丁字尺三角板不能解决的，宋清相距六百年左右。

第三讲 宫殿、坛庙（十五学时）

一、中国古代宫殿坛庙的特点：

二、宫殿坛庙的发展概况：

指封建社会的建筑而言，封建的宗法制度，堂堂居中，左右对称，左迁即降级，轴线安排，为当时的功能要求，严格的体现封建礼教。中原地区，黄土平原地区，接近埃及与西亚，方正齐平，无自由错落变化，越往北越突出。与南方山川相对比；井田制度，方格网，等级观念，封闭的不开敞的。围围围住；周边式的四合院，这在私有制，都有围墙，有效已积最大，庭院宽敞，庭院空间做为使用的功能之补，几万人的全体内外流通，室外当做室内处理，以木结构体系为主，进深小而开间大。

二、故居概况：秦汉以前，来龙去脉，宫殿初期，战国时期，周礼考工记只是记载。城市内外，在市中心规矩整齐的寝庙而不称宫殿，"国家大事决策于庙堂之上"。战国农具铁工具，兴筑大量的高台、榭。规模很大的土方量，利用农闲指两三年，高十几米一二百米见方，可"登高远眺"，具有军事防御意义，亦备有力邯郸的赵王城，有些对此的城市利用天然地形，高丘夯土散点式布置，燕下都河北易县太行山脚下十九个夯土高台。与城市选址地形，规划布局密切相关的。城外的娱乐游猎，带金国的精锐军队，兴师动众，盖大型的离宫。

秦汉三国南北朝：陆续打败六国，原宫殿太小，向郊外发展，把六国的宫殿的精华，"仿造六国宫室于咸阳北坂之上"，故其式布局，废除诸侯制度，形成中央集权，万人以上的朝会，形成全国的首都。在渭水之南，朝宫与阿房宫遗址仍存，人工夯台，一千多公尺（东西）、四百（南北），高七公尺，利用军队俘虏，相距十几里彼此相望，离宫别馆一二百处，阿房宫还未建完，秦就灭亡了。真正的建设始于西汉，汲取秦的经验教训，利用秦代的前基，节省土方，把兴乐宫改建为长乐宫，利用高丘、土台，实际是一座城堡，统一全国后建未央宫，利用土山龙首原。

宫殿群组集中了。西安曲江池、武帝茂陵，汉代与秦未央宫、长乐宫、北宫，都有飞阁复道，规模很大，故宫仅七百六、九百六十，附加的北宫已比故宫大，周围城墙六十五里。未央宫是故宫的六倍，高十四丈，一边东道，一边台阶，东面是麒麟殿，文臣著作。北面为居住部分，西面为接见宾国时候用的。台地斩断做城墙壕沟。汉长安南郊的礼制建筑物，王国地方共十一组，宽二百三十丈。如藏族的建筑。"礼失求之野"。

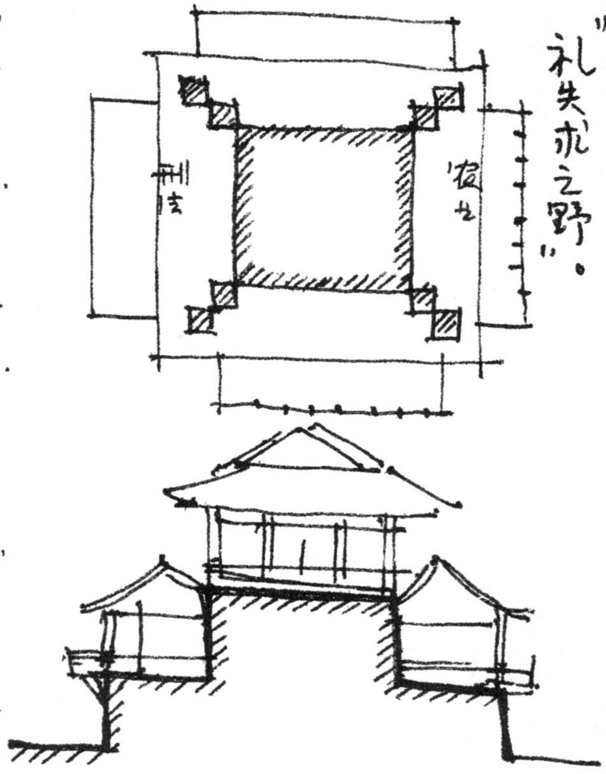

建筑物尺度很大，形式严格，组织松散，规模很大，最明显的是正方形平面，边缘十字形中心，礼制与陵墓建筑，群组的组合不是很讲究。丞相府四面开门，这是很特别的，使用不便。

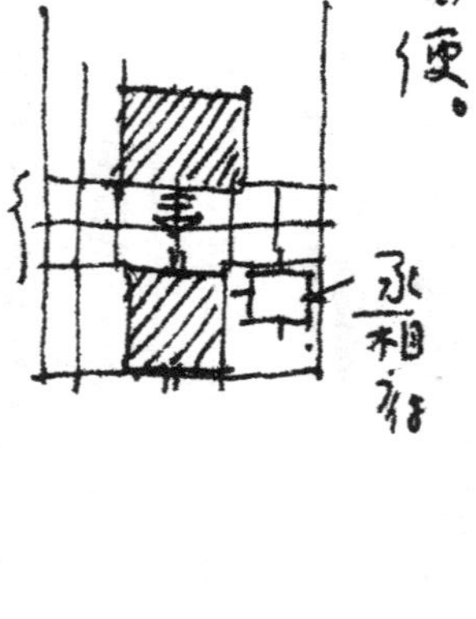

两个里弄夹在其中。

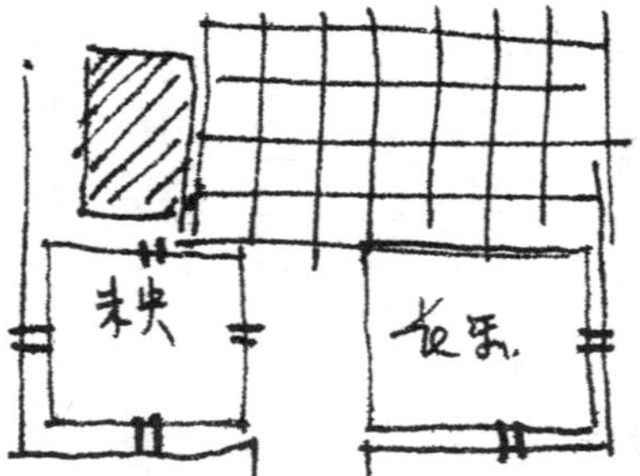

进未央走东、北阙。

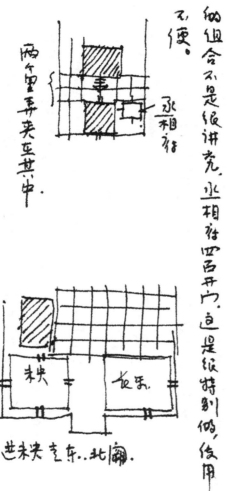

二、

三国时期的发展，曹魏建邺城，宫殿布置、政治军事为一人所独揽，几十年的战争。

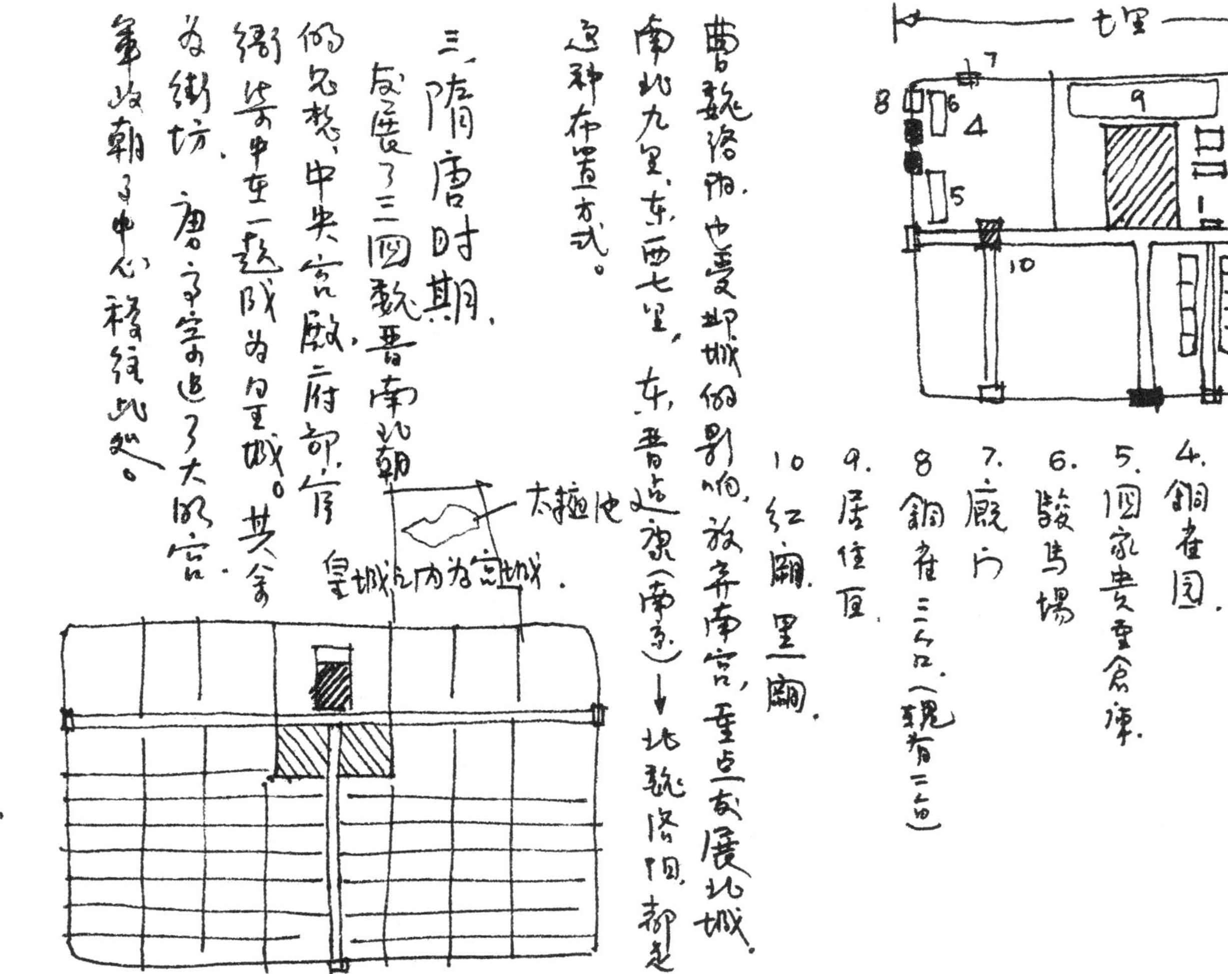

曹魏洛阳，也受邺城的影响，放弃南宫，重点发展北城。南北九里，东西七里。东晋建康（南京）→北魏洛阳，都是这种布置方式。

三、隋唐时期，

发展了三国魏晋南北朝的经验，中央宫殿、府部、官衙集中在一起成为皇城。其余为街坊。唐高宗造了大明宫，军政朝会中心移往此处。

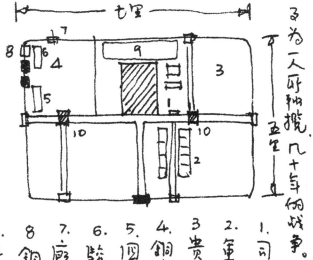

13

大明宫，建地山坡上，南面是宫殿，山上是寝宫，麟德殿置见节度使，宴王常到千人以上的宴会，面积约两个半太和殿。由城里可看过去，北面有很壮丽的宫殿，楼阁为屏障。

汉代的门都是双门，左进右出，分宾主上下。历代中轴线上一个大开间，是唯我独尊的方式。

3) 佛教建筑：塔，用宫殿建筑形式来造寺庙，供殿当中设台阶，由两边双上，由廊子爬上环楼通大殿（东院，唐墓壁画）

看画建筑造形单纯，空间处理也不复杂，而细部比例推敲很严格，造形很干净清爽。（日本唐招提寺）

建筑群中央一组是比较整齐的轴线，周围是个整体。四周就分散，与树木结合（日本绘画）

在面积利用上比较经济，随着门，南面开门（不够是集散影响）

（4）建筑遗迹：洛阳，东京城，麟德殿遗迹，日本佛寺，唐代含元殿，利用了地山坡，台阶有十四米，群组前是个大广场，深六百步（一步=五尺）殿侧是引殿直院落。它宽十三开间，群组尺度很大。唐诗描写了大殿的情况。宋代用了更大规模的建筑群也有了复杂的建筑形式，唐代遗留下的四川石窟中也表现了了宇形殿山向前的建筑。

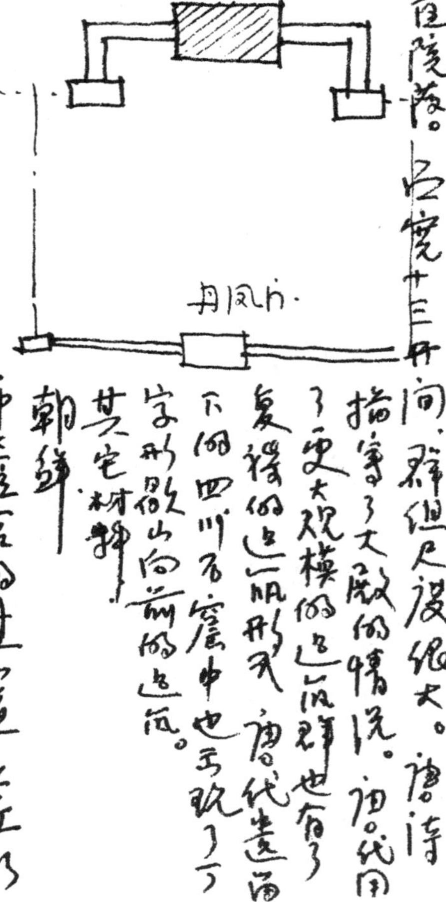

其它材料：

郭峰

布达拉宫的丹盘山道应近似

大明宫的龙尾道，
日本东大寺大殿，
西安大雁塔明代又复修了外皮，就廊部保留，而风格完改了。荐福砖塔。最初的塔较廊简单，先塔很多，以后出现了八角塔。造型比例从正面，唐遗就都比方塔更完美。

由墓与壁画，住宅与反映了当时生活的情况，
寺庙建筑遗迹较多。
唐辽时期的佛寺建筑：

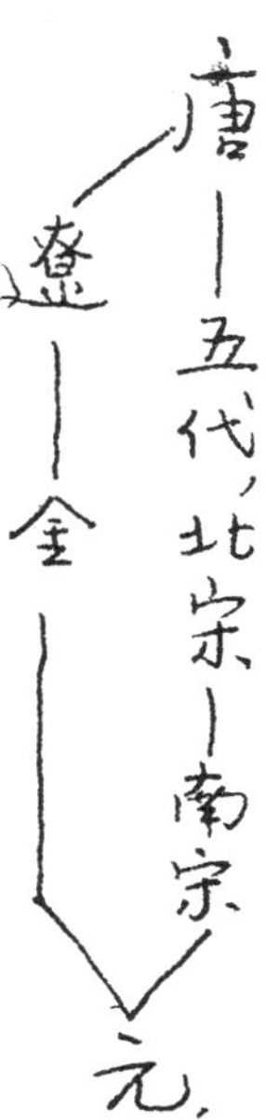

辽代的建筑风格，作法与唐相似，因为是唐代工匠所造。

1. 佛寺建筑的基本特点：允许按照宫殿的标准建造，但只有公共的性质，雕刻装饰在这里得到更大的发挥，中国与印度完全不同，中国的佛教概念与古代祭祀天地山川鬼神的作法很相似。完全按人间的宫殿的规格建造。题材受到印度佛经的影响。"空王"之道。木构架的中国宫殿式的佛寺。

2. 佛寺建筑平面布局的比较：

日本的法隆寺

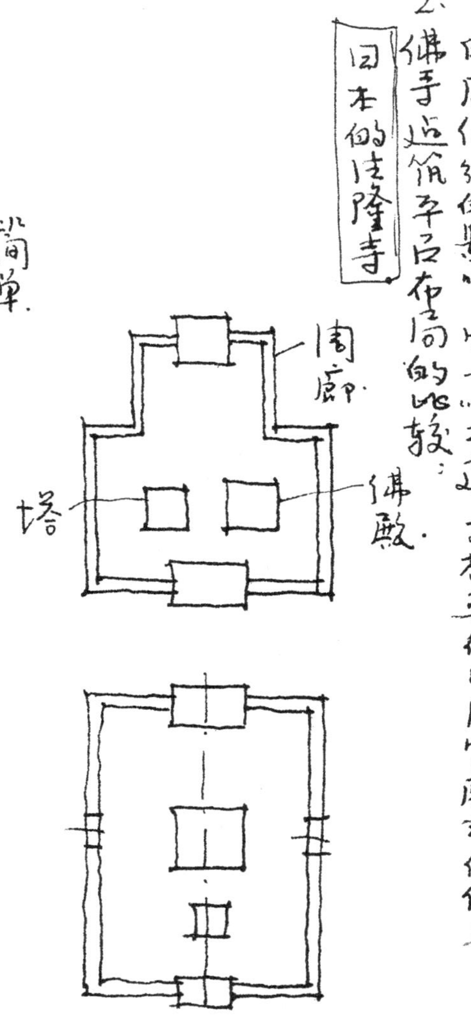

简单。

唐代長安的佛寺多到二十九個院落。近代平面放长。

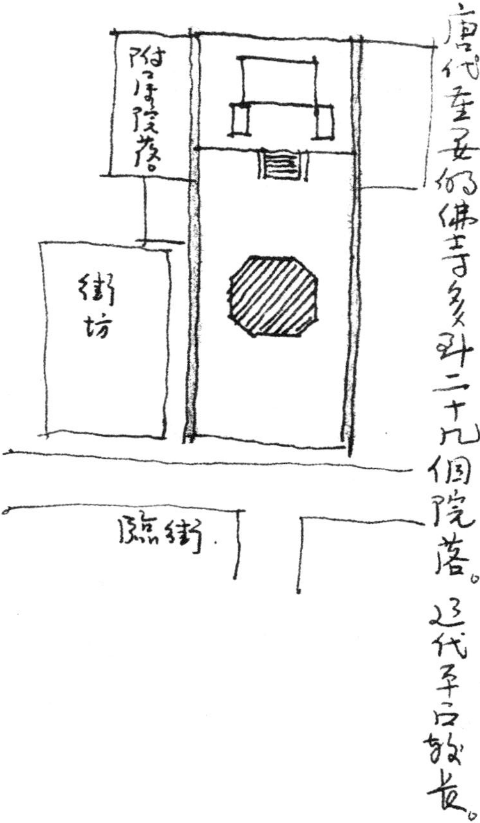

3. 单座建筑的发展，塑造出现最复杂的斗拱，出现雄伟壮丽的建筑，一两个大建筑大小对比强烈，对比突出，进深一二百公尺，仅有一個大塔或大殿到目前為止，這些附屬建筑已毁，而遺址主要建筑仍巍然屹立。這些建筑的平面仍很簡單，长方形与八角形。建筑總圖也很單純。

4 佛塔。

高五六十公尺，比大殿高出两三倍，顶天立地，鹤立鸡群，非常突出的空间效果。(炮弹形)。

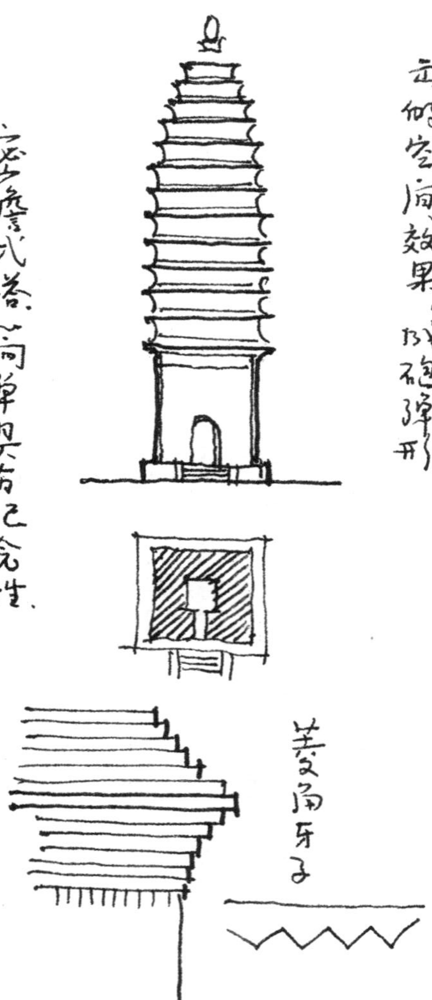

密檐式塔，简单具有纪念性。

明暗对比，棱角分明，锋利而不够浑厚，挺拔而不够粗壮。

八角塔则不然，高度与宽度的比例是稳定的。四周容易处

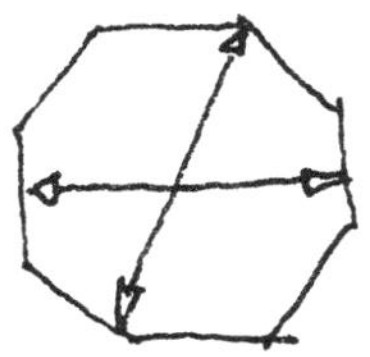

理，形象比较饱满，造形趋于复杂。
建筑师不拘泥细节，心血花在建筑群各向处理上，
在这个群组比较散漫。以简单的个体组成复杂的群体。

典型实例：

唐：山西五台山佛光寺大殿 晚唐所造

辽 河北蓟县独乐寺山门及观音阁

辽 山西应县佛宫寺木塔 六十六公尺高，世界仅存。

辽 河北涿县云居寺塔

斗拱雄大，出檐深远，辽代继承唐名匠（蓟县）与明清不同。应县木塔以何处理，五根五公尺60公寸的柱子。清代只为柱子的三分之一。斗拱的威力。人还没有斗拱了。不追求细微精巧，而要雄壮有力，推敲造型比例。采用单纯的构件，五间大门。屋顶很扁，举高只有进深的一半，一般的是庑瓦，平缓稳定，屋顶很大，但并不头重脚轻。斗拱与梁架暴露，做为装饰。

初唐斗拱非常简单。

独乐寺山门，简单中有很多细致的处理，而不是单调乏味，中门稍做大一些，以为仍是三开间，忍到造成大了一些。透视错觉远了一些，正面比较偏低，柱子比较低，呈正方形，安详稳定。主要是观音阁，台阶扁平，很亲切，故意按照观世音，进山门正好看

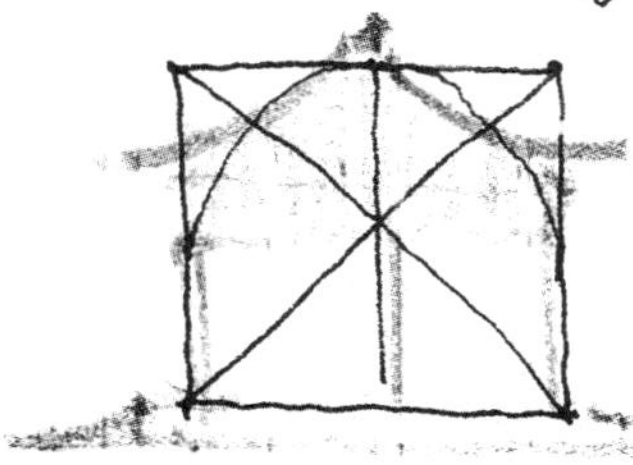

到完全是个观音阁，你看到这个院子全是，颜色单纯，雪白的粉墙，庑瓦，赭红的柱子，色彩朴素。

寺庙功能要求不大。观音阁纪念性的艺术品，造型空间比例三层，有一暗层，两层像马楼。在空的几何关系。下部斗拱只下昂化斗拱的承托，柱梁均大梁短了，也就是小料可以盖大房子。很稳定的样式，上部只有两排华斗拱，其余用二下昂，多被挑出，挑出三公尺多，都在向人的视线。内部利用结构做装饰。

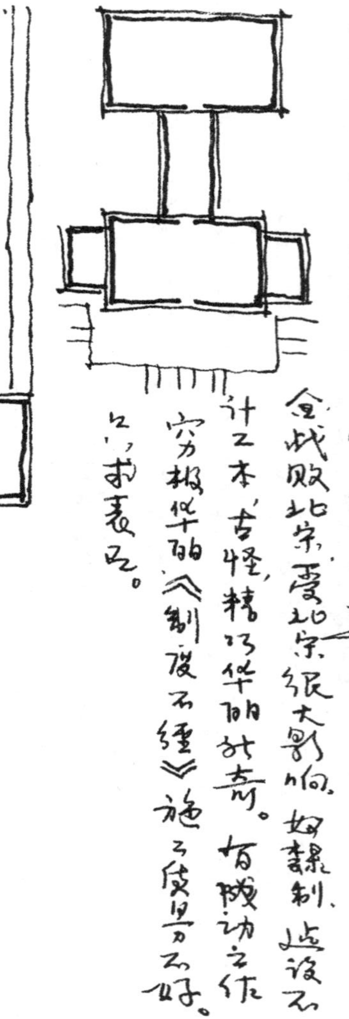

应县木塔两个天安门高，寺内有台有九间佛殿，得山门。比较华丽。唐代宗教活动包括学术活动。而辽金元只做为宗教祭祀，做为城市的公共建筑，从这外看就廊非常突出。玲珑轻巧。

砖塔，水平砖砌起，模仿木结构的斗拱，比较华丽，辽末北京天宁寺塔，唐塔简单刹落，辽金元变成雕刻装饰，但倾向化十朗有繁琐之弊。

木结构技巧成熟，个体建筑发展，宋沿用唐代后期的建筑精致优美，纤巧，软弱。另外从平面到空间都复杂了，工字形到王字形，在一个院内协调要求很困难。建筑形式变热闹了。

金战败北宋，受北宋很大影响，好精致，造设不计工本，古怪，精巧华丽新奇。有贱动之作穷极华丽《制度不经》施工质量不好。只求表面。

宋—元代坛庙建筑情况：宫殿多半已毁

1. 河南济源济渎庙平面，祭天、五岳、四渎（河北及汉地）

2. 山东曲阜孔庙，孔子专主

3. 山西汾阴后土祠，祭地神，即皇天后土。

规模都很大，按照王宫来建造的。济渎庙仅存千亩，并有一碑，以碑文中看来与汾阴后土祠相似，华山西岳庙、泰安岱庙，北宋加以扩大。明清改建，但仍以元代为基本的，有城墙，四角角楼，孔庙元代已是曲阜人的内城，前面有三个棂星门。主要的部分全是元朝到后土祠时为之，十几年之门。一周有回廊，前面有碑亭，入口处建筑为其他院落建筑，经过前面的各建筑经过三个院落，最后才至寝殿回廊。

曲阜孔庙，北宋初九八三年改建为回廊、祠殿。北宋一〇一八年扩建，加：庙门三重。金代一一九六年扩以碑亭，周以步廊回，与三重门内建多进院落，且以碑亭。元代一三三四年，扩以前朝殿，四隅建角楼，仿王宫之制。明代大火焚毁，一五〇四年更向前加。

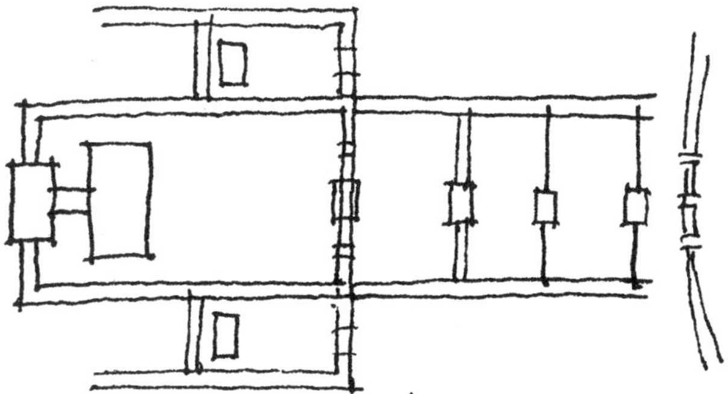

宋、元、明建筑比较历史情况：细部更为精巧，从平面单体上说，更为简洁，宫殿平面布局，宫殿比以前更宽，大小木作各方面细节更为统一化。

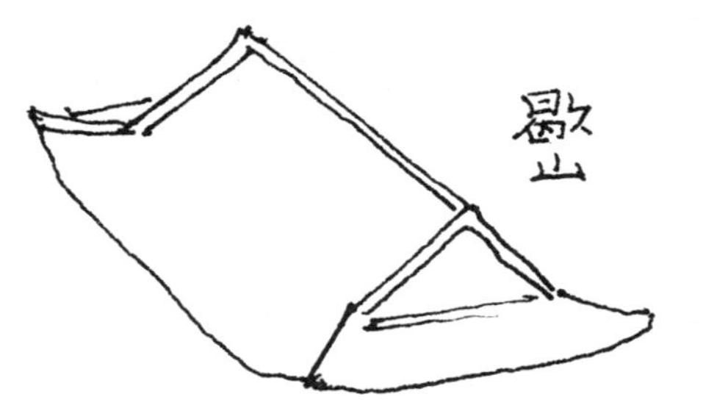

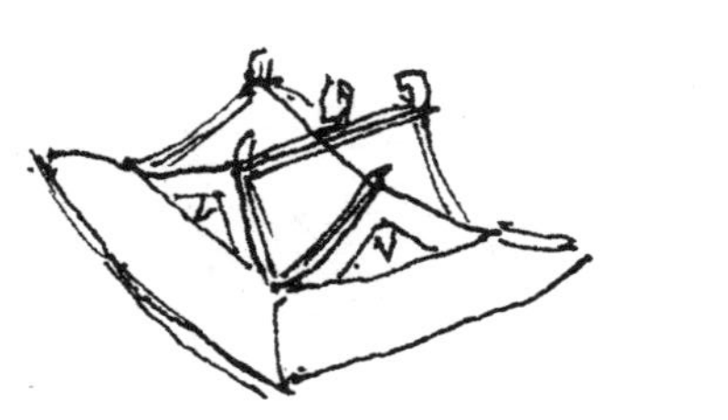

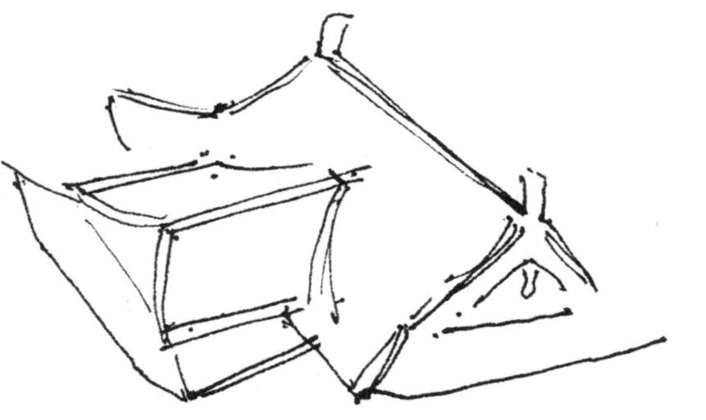

午门至太和殿，西六宫，清根据生活改造，珍宝馆完全清造里
(北宋)太原晋祠圣母殿(宋)河南嵩山少林寺初祖庵，正定龙兴寺转轮藏殿(金)大同善化寺普贤阁(金)。

(三)元代发展的趋势和影响：宋代追求秀丽，而失去了唐代雄厚单纯，绝无纤巧，细弱。宋代的细部精致，施工技术提高了。北宋统治者代表了新兴的手工业者与商人。而以前是贵族豪门的气派和力量，用地铺张浪费。宫廷里日用品，食品从市场上来买，这是以前绝无仅有的。在手工艺品中普遍出现这种风格。

少数民族，比较落后，出现很多怪例，花样翻新。金代河北正定花塔。

圣母殿还比较豪放，修长而纤细的昂嘴。

正定龙兴寺比较粗壮，但多出一抱厦，小题大作。元初比较像辽。比较方直，敦厚。时给藏柱子向外倾，做弯曲梁，结构要力合理，不可能做复杂结构，试探讨的道路。

阁的斗座知也都一层层矮，一定的制胜，比较不合理，只没有了一手每个单个造的都是将化，太谷资福寺。

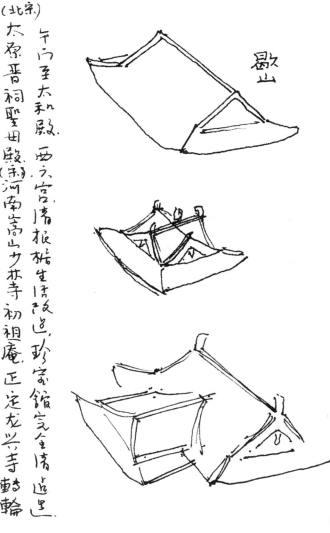

（阳和楼）
正定城楼两门洞，中间夹一小庙 8×50公尺，关帝神英正之殿
大体，而不是丰富多采。
霍县府、山西，山西汾阳钟楼，正定花塔，蓟县独乐寺对
面白塔，太谷资福寺四层尾层。
元代的塔（西藏式）北京妙应寺白塔，居庸关过街塔，

塔脖子（十三天）

明清宫殿 北京故宫继承了以前的遗产，长期的经验积累，以代
不同于宋金元，小题大作，表现了复古的倾向，消灭元代统治的
痕迹，元代之盲，百姓连名字都没有。明朝修复所有的城墙，
进行防御，恢复文化，修孔庙，各县办学，基本以宋为主，恢复汉族
文化。北朝元朝很大，摆脱了少数民族残酷统治，得到人民拥护，造
成群周密的设施，细致的安排。

1. 明清故宫：造作的继承性，摆脱外来影响，改位北京，拆毁元代
的全部宫殿，材料运到南京。只允许一个政治中心。其次，在南京
的宫殿取消了外来的影响，元代多用了西亚的形式继吾尔殿、
撒马尔罕回教建筑，如盝顶殿 畏吾儿殿，盈城角楼，长春
的大殿，太正齐而有条理。元代也没 族风格不同，仅常的插曲。
保留了封建时期对待宫殿的 看法，宫禁九重。午门的城楼

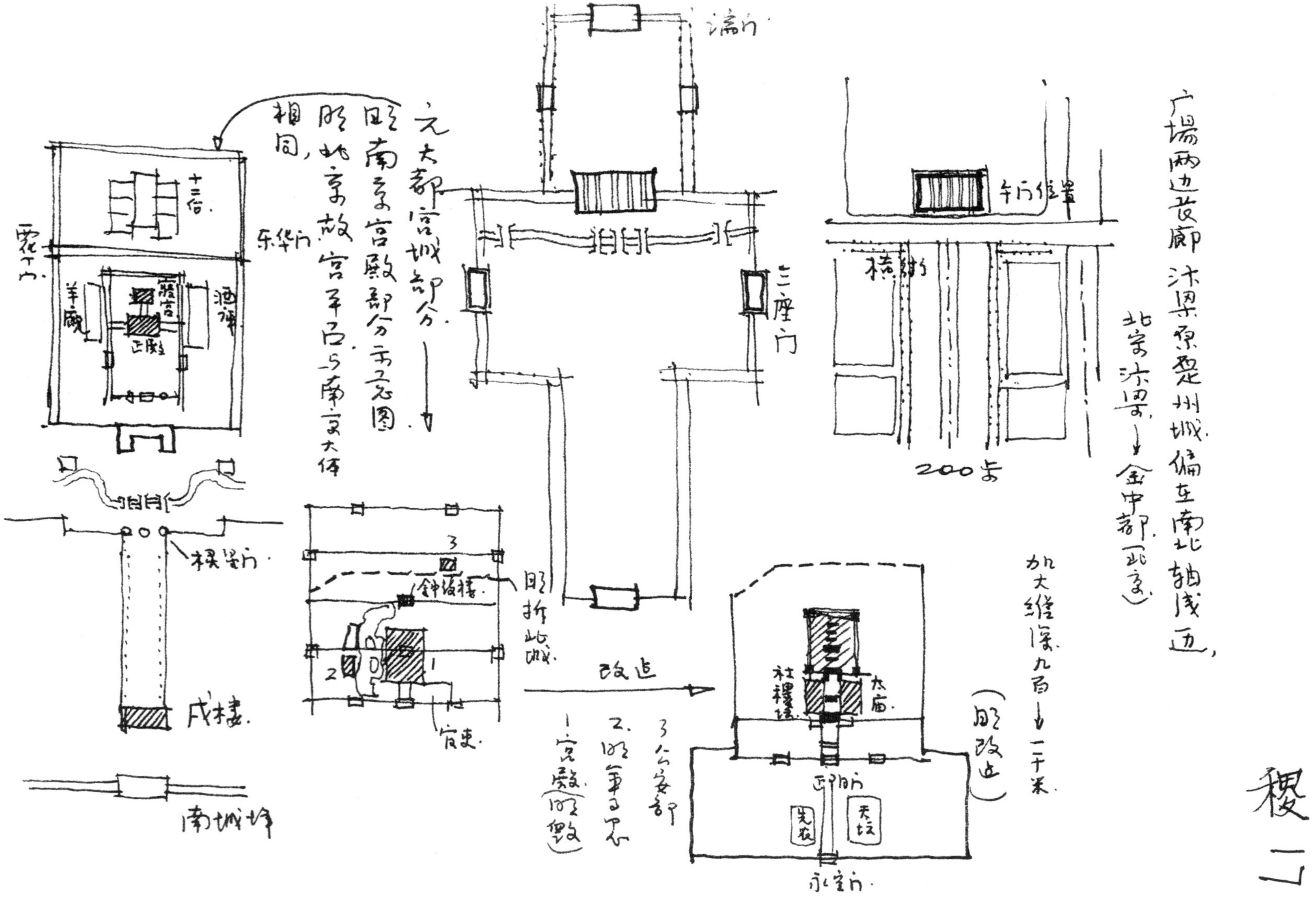
稷二
广場兩边长廊 汴梁京楚州城，偏在南北轴线边，
北宋汴梁 → 金中都（北京）
午门位置
横街
200步
端门
三座门
元大都宫城部分
明南京宫殿部分示意图
明北京故宫平面与南京大体相同，
东华门
西华门
正殿
钟鼓楼
明拆此城
改造
官吏
戍楼
南城墙
加大纵深九百 → 一千米
（明改造）
社稷坛
太庙
正阳门
天坛
先农
永定门

唐大明宫面积很大，但处理不够神气。

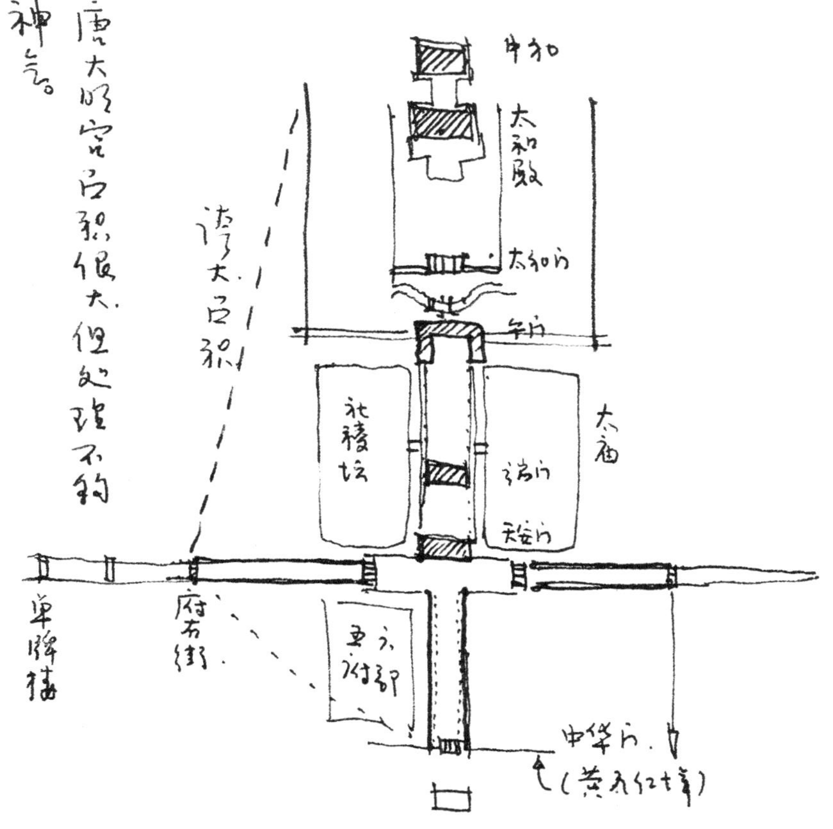

居住建筑，地方建筑

住宅、会馆、祠堂、小庙、农民工人住宅，地方的特点。以前的讲究排场，对称，法式制度，造价昂贵，精神齐全，地方建筑自由朴素处理直接了当，实例均是官们地主、富商的住宅，但为民间工匠所造。长幼尊卑，封建的等级非常明显。劳动人民的住宅较简陋，窑洞、茅草房、土房、土坯，一直千年来，这些房子无甚发展。当时富商的住宅功利主义自由灵活。很实惠，平面功能比较合理。封建社会的规定禁止民间使红绿兰鲜艳的颜色、琉璃、九斗拱等。民间之匠则造成丰富多彩的手法。

•工程技术上的局限，设备简单：通风、采光、保暖、防潮。手法很单纯。•社会思想意识的影响：等级差别，男女之分，内外之别。风水、迷信的影响。如大门歪在一侧。

•自然条件、历史条件的影响：南北气候的差别，建筑材料依靠自给自足，就地取材，使用最便宜的黄土，草泥，青灰。北京特有的，起防水的作用，深灰色的屋顶。西北的黄土黏土耐压强度很高。大量使用粘土砖，卵石。西北特有的芨芨草、红柳。二千年的汉代的芨芨草至今仍很坚韧。雨量很小，基本上是平顶。山区内因陋就简。在林区的井干式的住宅，全为木造。广东，四川，云南，福建大量使用竹材，有三四层的楼房，使用竹篾绑扎而成。

因地制宜，西南山区，黄土很珍贵。农业不能用高低不平的山地，

南方房屋又高又大，北方又矮又小，主要解决冬季的防寒取暖的问题。室内用炕的问题。炕都摆在南窗。南方一年有三分之一雨季。防雨防潮通风的问题。防晒的问题。建筑物很密集，出檐很大，台阶很宽，加高室内高高度。北方对尊敬的亲密的客人让他进屋上炕。

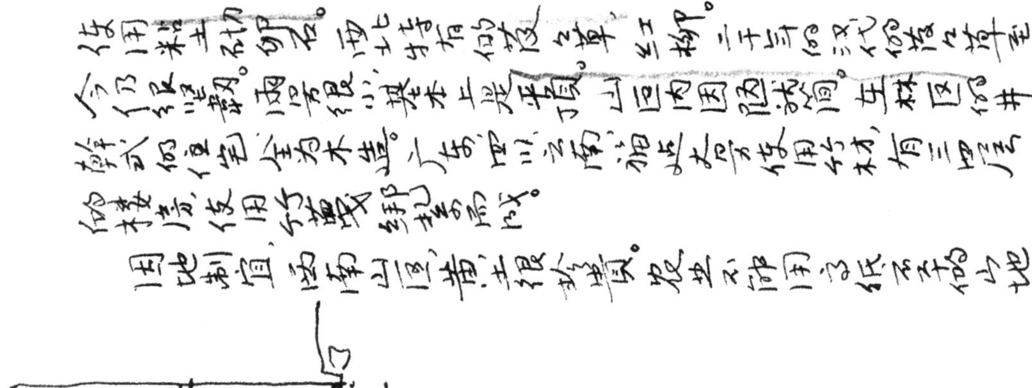

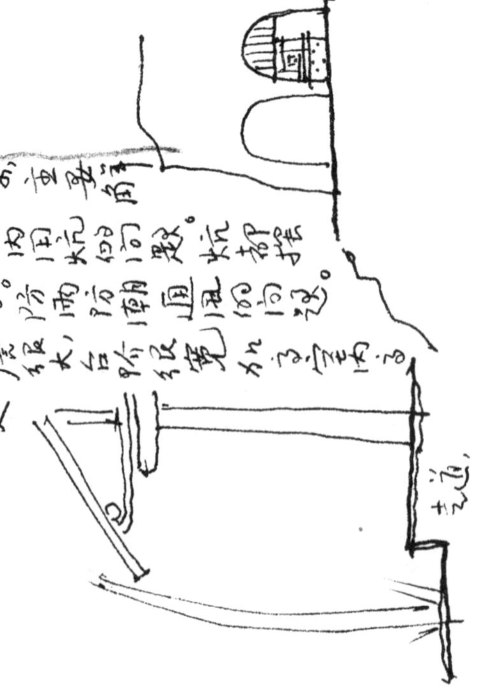

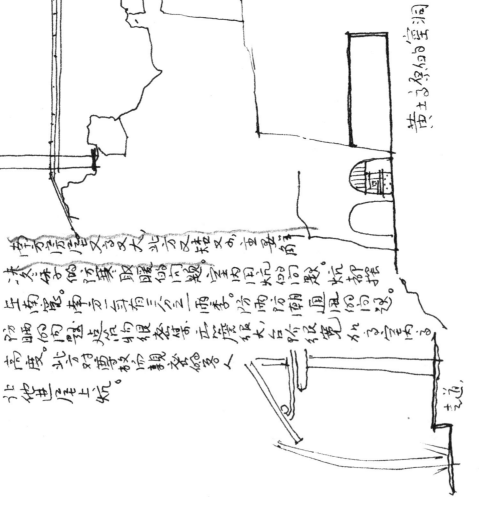

参考资料

1、建筑史　2、中国住宅概说（刘敦桢）　3、中国建筑类型及结构（刘致平）　4、学报（浙江民居采风）　5、苏州旧住宅测绘图集（全11册）。

南方的敞厅相当北方的院子，井边到家务活动。凡有缝不通风。广东的住宅先院子只有天井，土地紧张，争取阴凉。放风比较，解决采光。封闭的墙壁做为隔热。云南的日照比较厉害，比较好的房屋朝东西，阳光直射。

陕甘之间银川平原风也很大，在个村落在地面以下。流的丰富多彩，但不是十分完美，朴素简单直截了当，土的办法达到很高的艺术水平。表现地方的工艺特点，福建做门窗的工匠水平很高，云南丽江，四川。苏州雕砖的水平很高。墀头。有些空间并不完整，缠绕一起的流动空间。缺乏大的体性，往往是陆续增添。

太湖多湖泊，是常发大的建筑群，沿河布置。尤其太湖最富，城市规模较大，人口密集，住宅

长江流域农业发达，经济富裕，手工业发展，居住建筑比较大。浙江东阳五公项的住宅。文化水平与建筑设计水平都很高。阶级悬殊很大。民间很简陋的房屋，如浙江民居采风。这些房间都很小，但也很巧妙紧凑。地理与因地的特点，湖泊与河网地区水路

交通发达。近前与河道相连，前面临街，后面临河，船运柴炭。河道比街道还重要。颐和园后山的苏州街就係仿造苏州城外商业街。河网互通有无，风格一致。而山地亦就地取材，因地制宜，而特具一格。冬春短，但仍有雪，用讲究的空斗砖墙防寒。砖墙加工轻巧细致，造材有戳如。村镇与城市很妙的小广场，商业中心河道的终点。当招58川鄂

太湖东山人民公社自然村的情况（南工）

栏杆杉木的门挑檐

浙江宁波会馆戏台

挑角飞檐

栏杆小巧。

很精细的东西图纸上表现不出。比例尺寸合适。

下层商店上层居宅。

把房子跨在河上，加两个柱子，节约用地。

沿长江线的布置院落

四川 从湖北宜昌三峡进，三峡以下商业非常发达，宜昌以西山地多，土地珍贵，大多利用零碎不平的荒地，因地制宜，高低错落，山地林木比较多，四川18大独产：杉、竹、松，丰富充足。砖瓦用的比较少，用木料烧砖瓦。小气候通风比较差，山多盆地，只有一个大的成都平原，故于利用地形。雪与冰很少。成都平原比较接近北京。

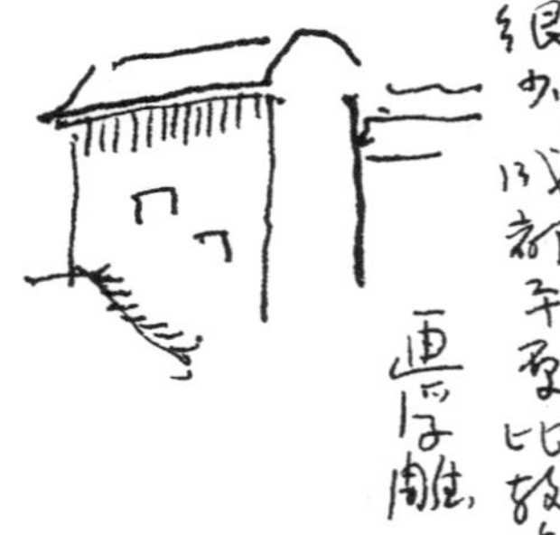

通风子雕

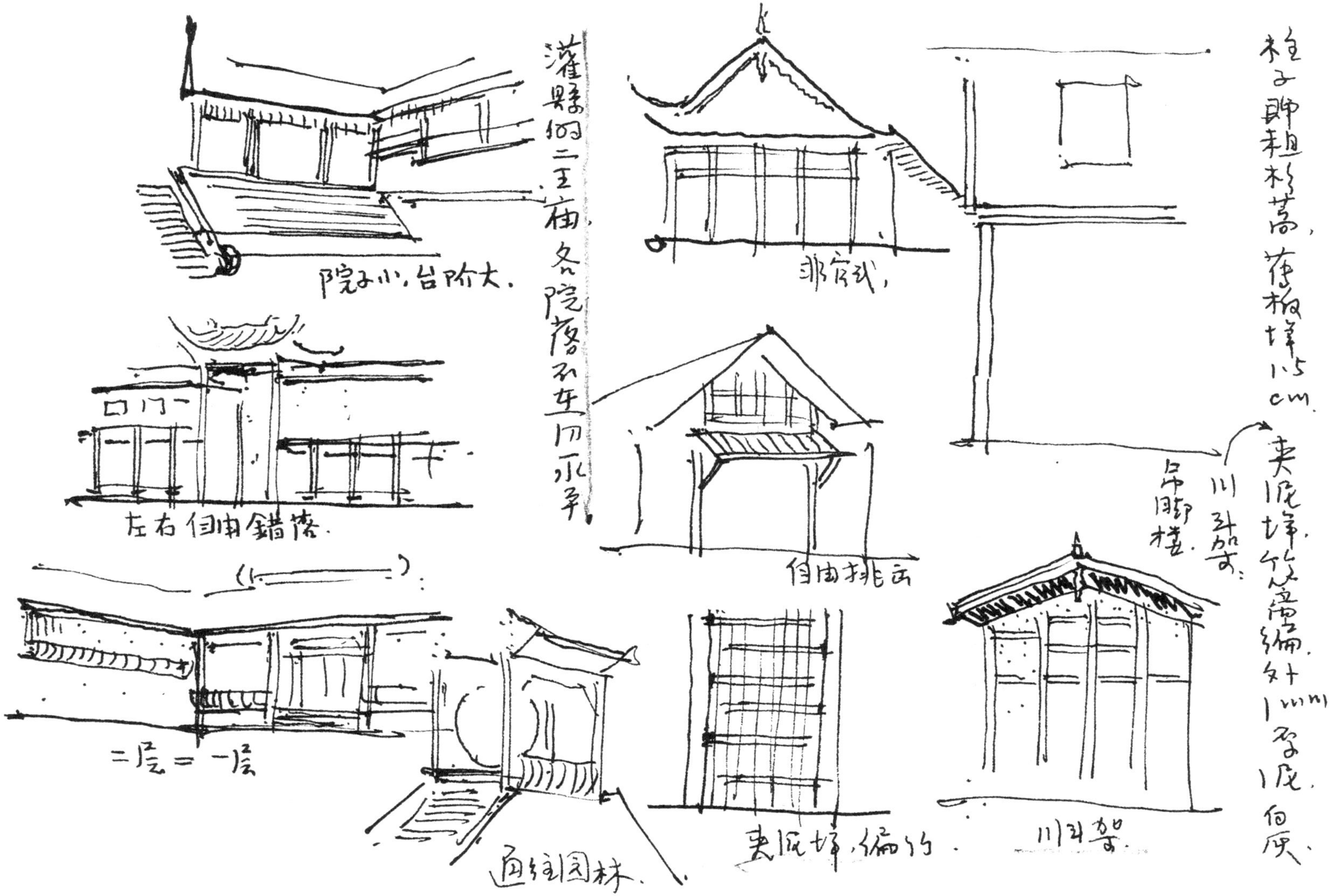
灌县的二王庙各院落不在一个水平
院子小，台阶大.
左右自由错落.
二层＝一层
通往园林.
非宫式，
自由挑出
夹泥墙，编竹.
川斗架
吊脚楼.
川斗架.
柱子即粗杉篙，夯板墙1.5cm.
夹泥墙，竹篾编，外1mm厚泥，白灰.

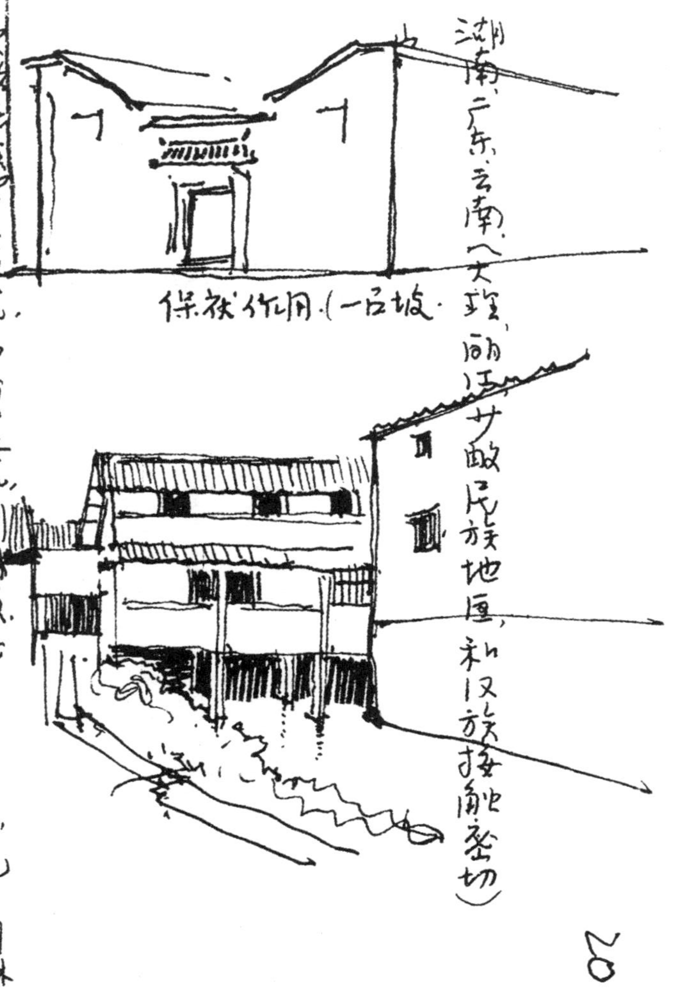

少数民族地区建筑，西藏建筑，喇嘛教。北京雍和宫，沈阳喇嘛式的宫殿，颐和园后山的多宝塔，3台寺西藏式建筑。影响到内蒙，内蒙蒙古包平面为圆形的，定居后平面仍习用圆形。宗教建筑为汉族与藏族的混合，类似西藏建筑，内蒙古建筑。藏族的帐篷是方的。宗教信仰很重，喇嘛格的生活习惯，西藏的碉楼，天然片石，原始的形式现代建筑的构图。经济更为落后，多寒山区，北部草原，防寒保暖。四川西部、青海、云南边区。

新疆后期，接受中亚回教建筑的影响，与阿塞拜疆基本相似。著名的香妃墓，琉璃砖。

云南边区与缅甸、东南亚相似，西双版纳，腾冲，雨大炎热，普遍用吊脚楼、干阑式的建筑，竹席墙，白藤相间，室内不铺砌，一般用木桩。

福建客家的住宅，上百家住在一起，像公共的集体住宅。

小结：了解地方材料，结构，传统，地方特点，生活方式的需要，室内多层

同时通过这次实习看风格多法，没有进行很多内部功能分析。

节约空间。进行民居调研，创造建筑的新风格。以室式建筑丰

富多彩，特别少数民族地区，尊重他们的民族习惯，地方建筑同样有糟粕，封建家族关系。陕北、河南、天然黄土断崖挖横穴，窑洞附近用土砖修造窑洞，已成习惯。

福建永定县客家住宅，如公共建筑，三开划分，歇山，很像公寓

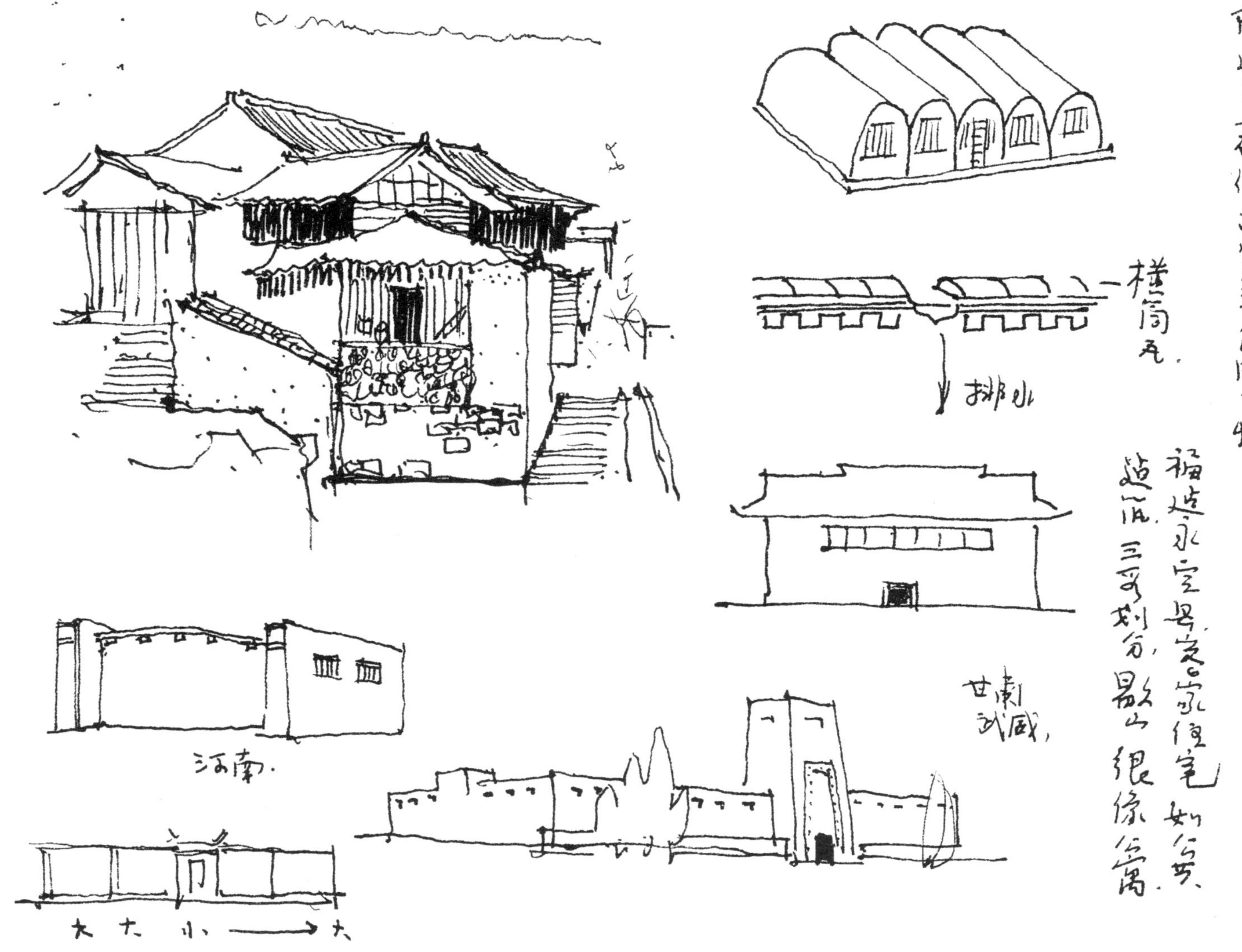

21

园林近况

一、古代园林发展阶段及其特点：

1. 奴隶社会开发的，在领地上肉酒果木，进行奢侈浪费，即苑囿

2. 春秋战国，生产力发展，自然山林封闭为禁地，进行打猎，兴师动众，封山泽为禁地。篝火露营。台榭陂池，陂：水池边山岸（⼂）登高赋诗，饮酒作乐。直至秦汉。

3. 秦汉：离宫别馆，在战争基础上发展起来，汉武帝建章宫、甘泉宫、"上林苑"，人工处理地形，人工山水园 陕北甘泉宫，丘陵地，高低错落，立体构图，夏季避暑。上林苑东西六十公里，在长安附近，几十座，汉代杂要苑囿，台榭，七八处池子划船，养鱼，人工引水，叠石作假山，河北正定梁孝王兔园。汉武帝之手足，华北平原上的水池，神仙方士。

4. 魏晋南北朝，出现了真正园林，文学上盛行山水诗，曹植，在山水优美之庄园别墅，欣赏自然风景，山水画比西方早一千年，中国园林的主流开始形成。成群结队，大批乐队，熙熙攘攘的游园方式。

逃避残酷的政治斗争现实。

5. 隋唐，高峰，盛行造园，长安洛阳，成百上千。洛阳富子乐的风景区，竹子牡丹芍药，气候温和，花木园，贵族住宅与园林结合在一起。普及到官僚士大夫之中。

6. 宋的发展，商业手工业盛行，住宅缩小，园林也精巧起来，小型园林，直到明清，控制中小地主，豪户贵族减少。北京三海，颐和园，神仙方士，在历代帝王中沿用。清代文字狱高压统治。

7. 明清：江南园林，苏州，扬州，无锡，杭州，大者三四公顷，小者不到0.3公顷，小巧精致 北京比较华丽 江南经济文化发展的水平最高、文人画家。

2 功能齐全、气候材质、空间组织

平地建园改造地形。

追求淡雅的自然情趣。北京的宫廷园林比江南大几十几百倍，最小是故宫内乾隆花园，2公顷，北海68公顷，颐和园290公顷，做为离宫的宫包括一个行政建筑，似使整立生活散弛，宫廷生活制度在园林内也不敢放松，平面有局限性，讲究排场，轴线对称，左右分明。大型园林主要利用地形，北方是南方改造地形。封闭建筑较多，拼屋没有多变，结构笨重。西北区不能再敞，树木花卉缺乏茂盛，人加工后的痕迹始终保存。功能分区比较复杂，界限分明，等级制度，值房，宫女太监睡新楼旁有值房，1650—1750，造十个园林，仅存三个：颐和园、三海、热河避暑山庄，毁坏的和香山静宜园相似，乾隆 园保存最好，万园之园圆明园。

值房

谐趣园宫门

1、北海，金元一直是离宫，清乾隆大规模改造，濠濮涧，画舫斋，蚕坛，均系加建，北海山上布置楼阁，灯杆，放弃了八十年，北海山顶原有广寒殿，拆掉后盖白塔，为除去将士祈祷。这是清初建造，以山腰山脚为主。向西岸扩大。明代把东岸做为宫殿服务部分，西岸元代两代明的群组，旃檀寺。

画舫斋与濠濮涧处理较好，而以北岸的静心斋为最超过谐趣园，系清代加建。在天王殿之东侧。五龙亭皆靠快雪堂，

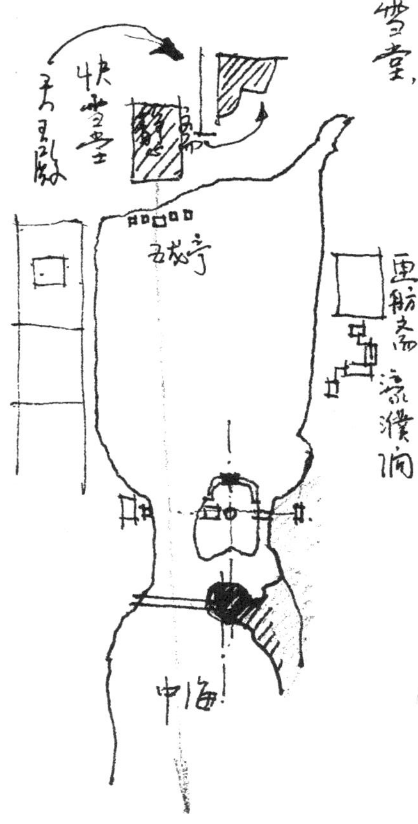

22

绛霄楼～乐寿堂

琼岛北坡堆石做假山，成空山洞，东西长九十公尺，形成岩石峭壁。

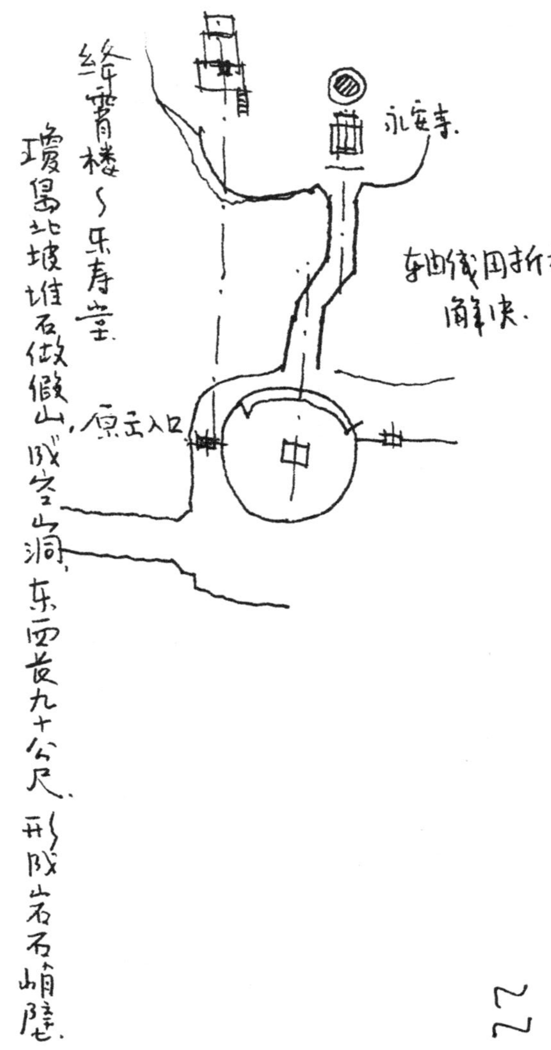

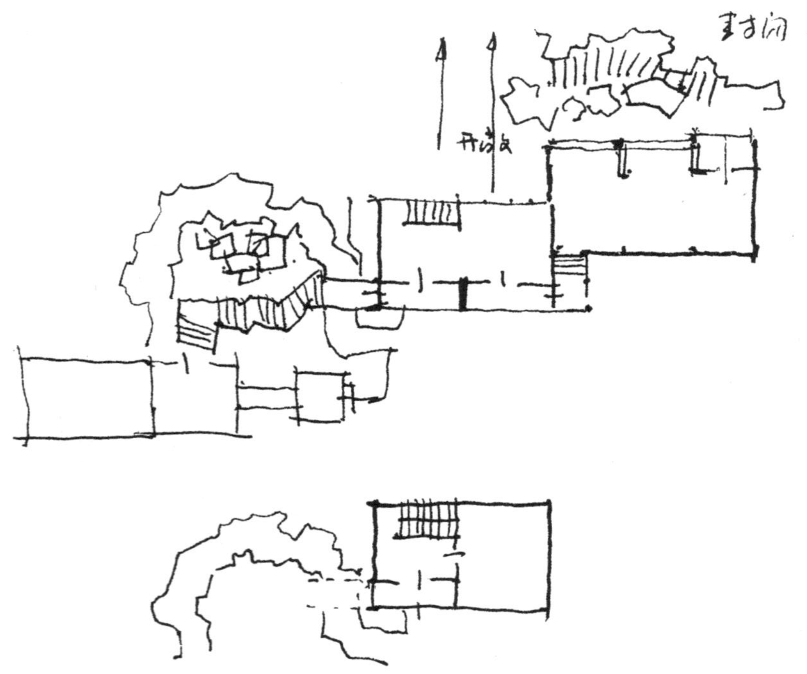

圆明园：全部毁光，仅存石柱。实际上代替了故宫，统治三百年，有二百年住在西北郊。康熙时的畅春园（北大西面）按最高标准的居

住造筑。运用优美的自然山水环境之中。调动优秀的工匠，集中造役了一百五十年。历代的文物精华，金银财宝被帝国主义抢劫一空。设计方面，总面积三百三十公顷，颐和园二百九十公顷。它完全是平地造园，地形不利，人工挖湖堆山，全园分成很多小区，每个景区很小，土山高十二三公尺，南方仅四五公尺，要成一百几十个组群组，每组风格各异，以湖水、小河区分开的一系列的小洲岛，平地的水景园。平台上先造错了统，明显的水造系统。风格来法，集锦园，仿西湖二十景，苏州、杭州，无一处相同，仿造不是照抄。杭州的平湖秋月，平台上完全不同。借鉴南方名园的精华与本质。有的像仁寿殿，进门处的行政造筑。有七十多个群组，标准的园林，如北海静心斋和谐趣园。大者三四公顷，谐趣园0.7公顷，相当中型。

长春园在总体规划上超过圆明园，西洋楼是一个特例，以喷泉为主，这是造园史的特例，绝此一笔。

(西郊)万春园最晚，把早期的园林合并在一起，总图较乱，风格不够统一，之前自无计划，保留早期做法，造筑群组的排列组合，规模较大，串连长达四百公尺。

热河 避暑山庄，550公顷 560公顷

长城以北在清造设的离宫，以此为中心，相当的力量来笼络蒙古王宫，每年聚会，木兰围场打猎，路过承德市，夏季在热河，巧於利用自然山水，康熙时造，刚与清末园内战争，比较朴素简单，改造自然少，和北京风格不同，建筑密度很稀，建筑物做为点缀，无明显的建筑构图，相距三四百公尺。不是北方豪华的离宫。大规模利用和改造湖山的第一例。绝大部分是山地，1/8至1/6是平地，即河谷地带，东洋外，截武烈河，从河水中抢出来的，暴雨经常淹没，建造一河堤，内造夯土围墙，主要在平地上建设。地势很低，形成湖洲区，蓄水，泉水形成主要水面，要成山水园，有山有水。湖水丛中，建筑与此紧密结合，水品效果与山相衬，远山近水，透视效果，山水相当，湖洲区，水面比北海小些，山有香山那样高。利用非常少的建筑控制五分之四的山地，控制了百公顷地形不利，相似於自然山的森林[illegible]，

萬壑松风，"如意洲" 烟雨楼，文园，秀起堂，碧静堂

热河外八庙 1713－1774 在避暑山庄外围

搞了八个大庙，汉族、西藏、内蒙的混合

普乐寺（国亭子） 普宁寺（大佛寺）

须弥福寿庙（仿西藏日喀则班禅宫殿）

普陀宗乘庙（仿布达拉宫）丰富了空

個幻宫。

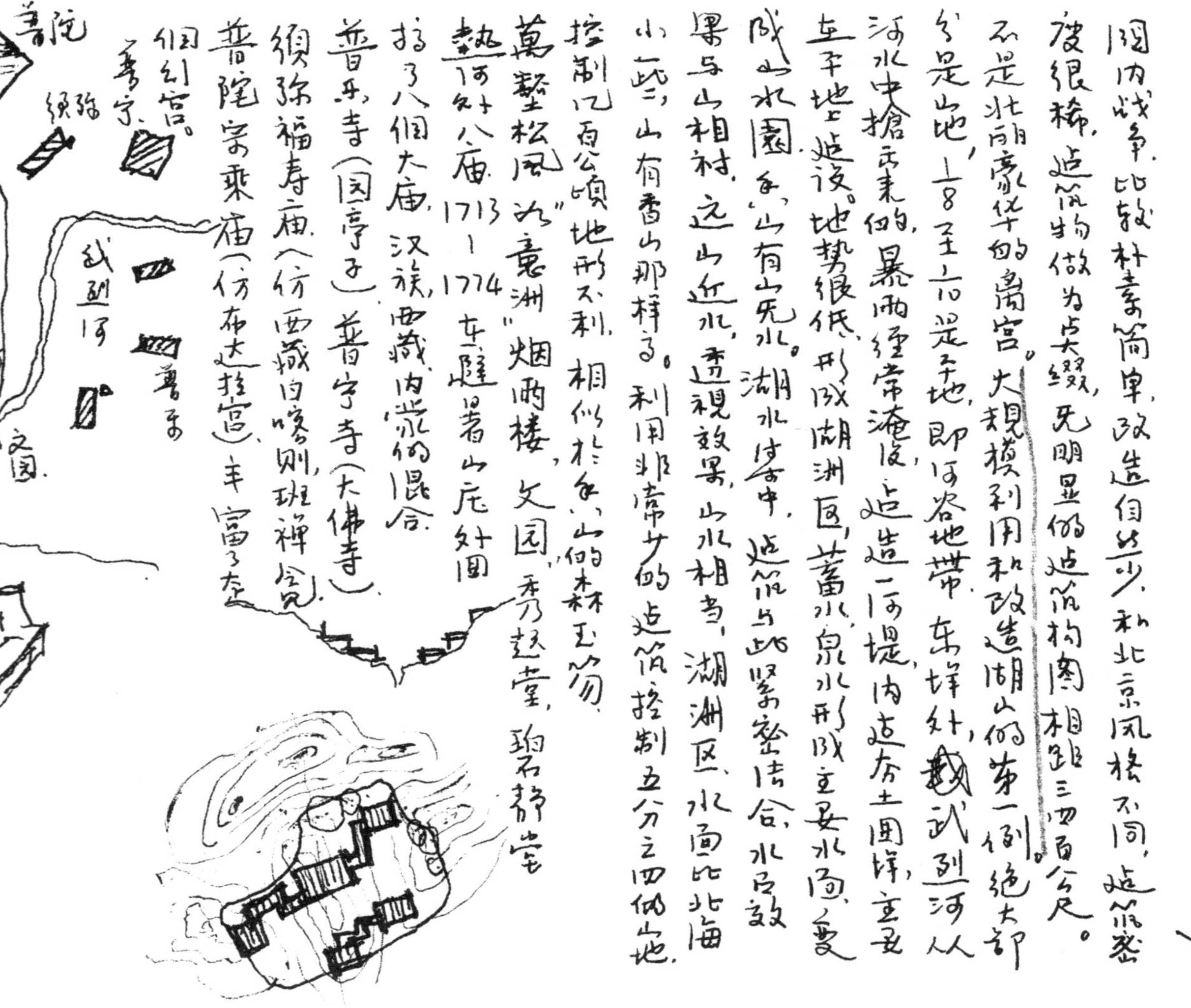

万壑松风.

离宫 太后宫

文园仿山仿苏州狮子林. 学嘉兴的烟雨楼

万树园.

颐和园

西北郊园林区中建造最晚. 玉泉山为离宫, 东为圆明园等

南为畅春园, 位于三园的中心, 原有西湖(大湖泊)玉泉山水积

聚于低地. 周围仅十里, 为现湖面的十分之一, 万寿山原名瓮山

形势较御单调, 无峡谷与凹地. 展西湖为昆明湖1750 指界

延寿寺

七宝琉璃地

西方极乐世界。

为九层塔

改造前湖与后湖. 以昆明湖为主, 人工加工, 绝对明媚的地方。

颐和园北后部有一小河, 后山有江南的风景。溪山景区,

仅衬前湖前山。景区的对比。曲折幽深. 避免一览无余. 遮断

视线, 种上高大的松树与园外的树连在一起, 红石山. 青龙桥.

层次, 景区, 深度. 北围墙不能往北退。东西有一千多公尺.

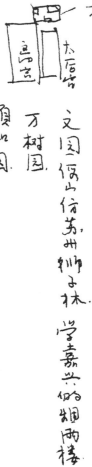

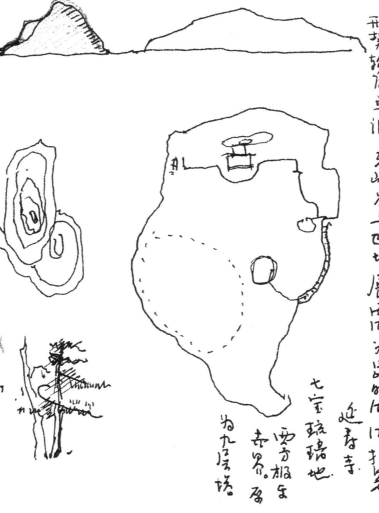

文通东西走向，浙东四明、天台的风景。因造筑主富山势，山为造筑群的基座，突破山的中脊。上下高差60米。

千峰彩翠　湖山真意　画中游　石舫　鱼藻轩　对鸥舫　乐寿堂

和外国的结合：东宫门群组，行政中心，居住院落与西苑圆明园相呼应。西苑第3操练中心。西区为水田，布置西堤，沿园墙又是柳堤，园内石舫西一景为水村居，多柳、水田、池塘，打成一片，流动空间。南面有舒先围墙，均是水稻田，还有小西山。颐和园志说比实际大得多。颐和园西墙外玉泉山等墙外八百米，把西围墙模糊掉了。如在西岸边上。成为万寿山的西翼。空间和西上相通。大规模的运用借景。全园九十几个点，设计与布局均不相同，多方案的能力。1903年至此以后，两次烧毁圆明园。重修颐和园，解决居住问题。养鱼轩，无尽轩，玉澜堂，宜芸轩，乐寿堂

以造筑主题代替山的主题，非自然风景。后山是当时重要的风景，主要造筑已毁。后山西半部为重点。四个造筑群组地形各不相同。造筑组合各异。规模相当于南方的小园。排列组合呼应联系。全园九十几处风景点各不相同。和圆明园相似，反映了园林造筑中的成熟的经验。多方案的能力。不光依靠造筑组合，还有庭院绿化，地形条件，环境气氛。谐趣园，大园中的小园，精细的点缀。西层是自然山水环境的点缀，谐趣园以水景为主，小巧，精致，学无锡寄

山的寄畅园。造尺寸都一样。一八八八年一九〇三年两次重修，以前造的比较少
山水造筑互相配合，组团错落变化。老园，古木参天，自然的气氛，入画的
苍老成熟的构图，新园比较嫩。现在谐趣园内的迴廊是原来主山的位
置，山林叠石。现在造的是一个庞然大物。现在一环建筑组一环假山，空间完全
封闭，中间有一水池，形成了一个院子。而寄畅园的水池流远流长，水势很大。
颐和园是西北郊风景区的主体，畅春园，圆明三园，静明园（玉泉山）
东西四五公里，南北三公里。仁寿门时候而又变化的构图，只有仁寿殿
一个朝东，其他全是朝南，大戏台后加的。

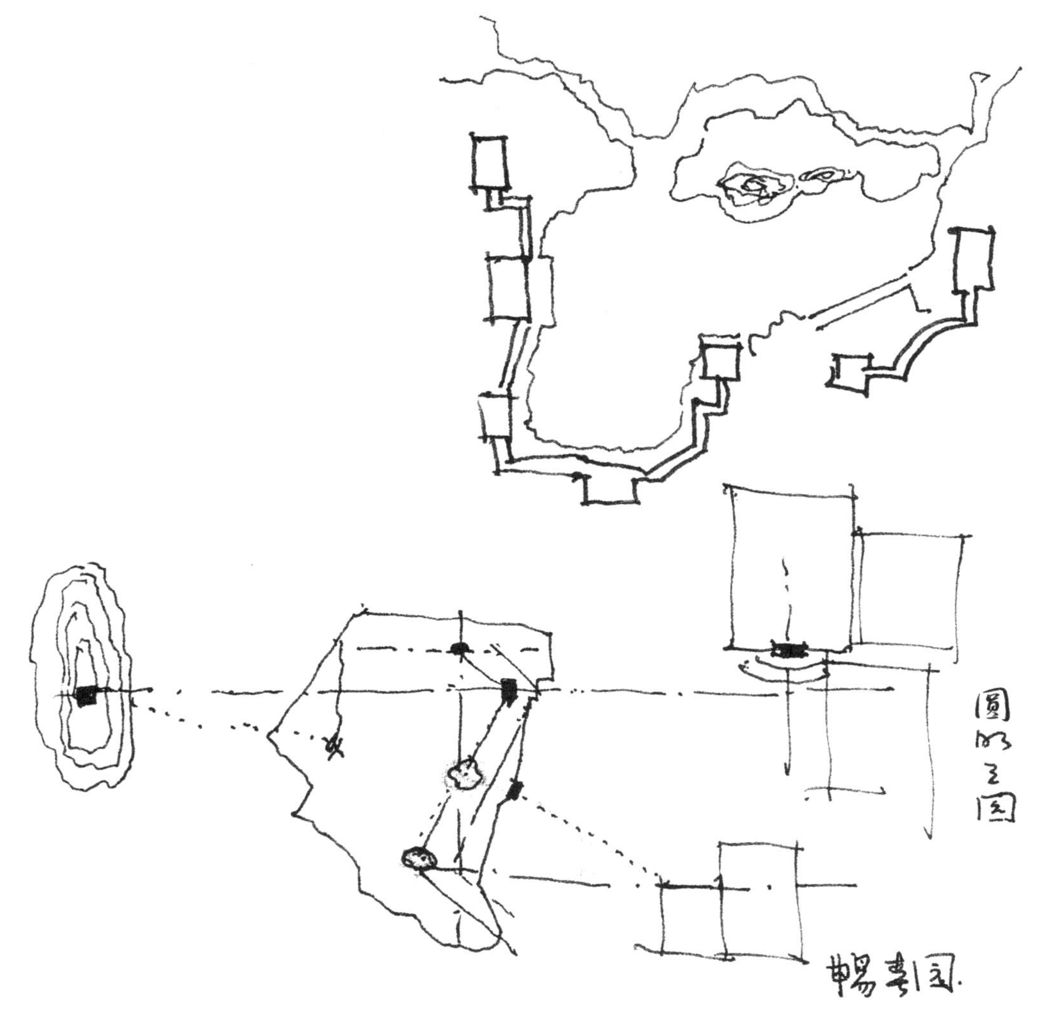

25

江南园林.

1. 性质：官僚地主，搜刮钱财，告老还乡，去做土皇帝，安静的环境与休息，接待客人，科举出身的文人士大夫，他们聚会的场所，与居住建筑连在一起，比较细致，产格上大宇立一起，园林造价很高，做为艺术品。

2. 规模很小，大者不过兴诸趣园，二、三顷，小者0.2~0.3公顷。尺度比例的安排。

3. 外围环境，密集的城市住宅，楼房天井，都用高围墙封闭起来。

4. 秀丽精巧，实际都是平地造园，全部人工，如何从改造地形开始。

设计手法：造园不同于老于山水者也。在很小的环境中创造山水风景，可以观赏，可以游玩，可以居住。②建筑比重很大，精巧紧凑，有的很局促，有效地利用，很经济的手法，要求处理很细致，耐看，相互用曲折幽深取胜，不可能开敞，以深度造成空间，空间划分院落重重，造成层次很多。③多种的用途，比如方园林朴素，主要依靠造成的空间巧于变化，贵重材料湖石，装修水平最高的很硬的硬木，红木，楠木，又细又挑，讲究花木的品种。苏州留园、拙政园，但是风景一般尺度很大，把全园做为单一的空间也不能造大的山水气氛环境。风景宜的别墅，如红楼梦中大观园一天群人住在里面。对细部处理，要求耐看，不可太堂皇太奢华，要求安静朴素，细致，也不可单调无味，要求妥贴，恰到好处。按照中国画的原理，树木花卉经过匠人的修葺，各专业分工明确。寸土必争，曲折以后比较惬意，一个空间不过三、四十公尺，采用透漏漏窗、空廊、楼槛，空间有很多层次。利用造成错觉的印象，使用双关空间，掩映。

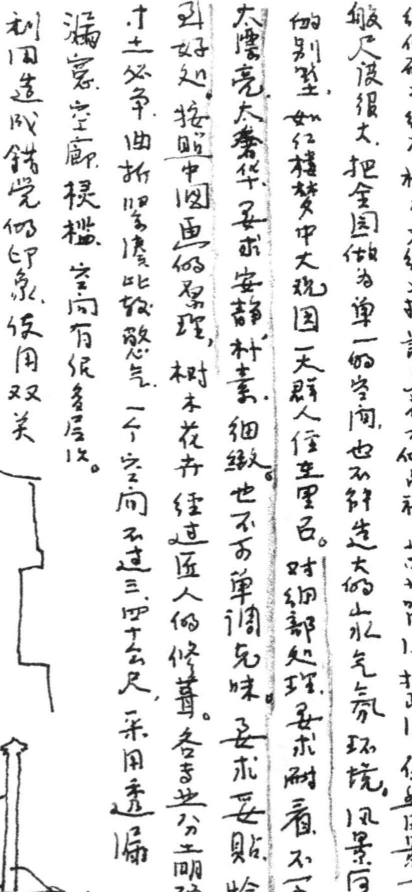

封建社会私家大园林中，在住宅密集的地方，显得很敞朗。苏州最大的拙政园，100×180 相当于我校大草坪。并通过材料淡雅，使仍自然景色、花木品种的变化。黑的柱子、赭红门窗，白墙灰瓦。

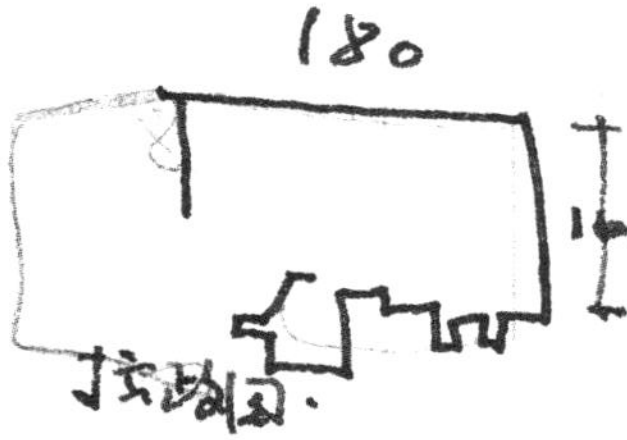

80×130 留园

留园

中国古典造园中最讲究变化的。园林建筑密度比庭院还大，因最大的空间在室内，而不是在室外。游园的人在建筑内部转来转去。一连串的建筑处在很好的花园环境中，庭院做为衬景，表现室内空间的技巧处理。

苏州怡园，著名的仿造，各种好的凑在一起，效果并不好，"此中佳致移之彼处，而多违"，生搬硬套。

拙政园与留园风格手法完全不同，以木结构的玲珑剔透为主题，建筑与花木相结合，密接，近中国山水画、古典。留园像近代建筑。

拙政园很简率，不做作，平稳妥贴，评价最高，不失天真。和谐亲切，一点不卖弄技巧，如齐白石的画。利用建筑组合，在总体布局用大园的手法，主空间是统一的，小空间和大空间相联系。空间对比明确，很出色的效果，互相串连的大的空间外空间的组合，建筑学即对空间进行塑造。建筑点缀在外围环境中，综合统一的构图，全部建筑。也因了封闭的院墙，作为和住宅的过渡。

色彩装饰

木结构为主，彩画比较突出。木料需有保护，木材本身需要油化保护，不是孤立地，和工艺美术文学艺术有关。说到的装饰风格，色彩对比强烈而又协调。精华糟粕混在一起。

26

神话式的动物题材，图腾，奴隶制社会，阶礼政之记。

玄—天（黑紫）　　青—东（金绿）
黄—地　　　　　红—南
　　　　　　　　白—西
　　　　　　　　黑—北

组合：青白，赤黑，玄黄。

(2) 青与赤；赤白；白黑，黑青。

文章　黼黻　这时期无绿色。二次色，橙，紫。

五采备谓之绣，特级的问题，文章图

于多级的抽象的地方，黼黻用于安静的表

葬礼祭祀。战国时纯粹中国的风格。严密的构图规律。几何的结构。"离方遁圆"，规矩方圆，不自可能

"穷形尽相"，完全表现形态的美。在严格的几何

结构中蕴藏着加以变化，不拘泥于几何构图。

南北朝隋唐时期：重大的变化。早期战国，中期秦汉，晚期明代

石碑石窟，雕刻，盛唐增加现实生活的题材，织绵花纹，花

鸟兽，偏重于自由构图。不规则地变化。卷草花纹题材

的适应性很大，可用于隆重与肃的场合，本身这种富有

的水平，填满任何不规则的图形。适用大尺度，装饰富有

必须很强烈，否则不必装饰。有如京剧中的服装与脸谱

不必追求过分的含蓄，不适于公共场所。

A B A B A B

二方连续

宋朝

气魄不够，宋词不如唐诗，追求细微纤巧。

思想偏激，繁琐，金元有过之而无不及，判

断的审美的水平很低，穷奢极侈，不惜工本

滥用装饰。

明清：强调整体的完整性，有细微的推敲，只求

工艺细微，艺术形式技巧。文化以复古为主，死苦

新創。封建社会晚期比较沉闷。清代末期很糟糕，简陋，故宫、颐和园的彩画堆砌之词。

红 橙 黄 绿 青 蓝 紫

朱 金 绿 青 鲜明和谐

几个历史时期的风格特点：

汉：平面大型礼制建筑，主要建筑居正中心，四个方向开门，东南西北，风格。在构图无彩曲上翘，飞檐翼角，但也是辟雍的中门建筑居顶坡度很平，举高1/5。细部例子：沂南汉墓方构图，和地面坐像是小，矮而宽。建筑特点：双开间，分宾主，正中间是一根柱子，图案风格与战国比四大体相同，对外联系较少，民族特色，题材奇怪，先秦动物图案，汉锦纹的风格的几何构图，生动活泼的图案构图。汉阙，汉宫殿。

唐之建筑：唐代是中国木结构开始成熟的时期。大雁塔，唐招提寺。以五台山佛光寺为代表，结构坚固，形式丰满。建筑特点：结构形式和工程艺术形式的结构构造形式的统一，外形很少雕刻装饰，简朴大方。色彩单纯，银朱刷柱，粉墙，上升阶段的时期，封建社会发展的时期，有朝气的时期。从敦煌壁画上鉴别建筑，剪边式的优秀琉璃瓦。斗拱雄大，出檐深远，讲究整体造型比例，气魄很大，无媚态，刚健自信，大国风度。无用的构件，精致的装修。依靠宫内布置陈设陪衬。相对梁柱显得太大，节省了大料。佛光寺与独乐寺把檐梁斗拱，殺坊，极力组成主体之间的构架。如西方高直建筑，极力避免纤巧柔软的东西，飞檐翼角强悍，豪放成熟所在。与汉相比，有翼起与侧脚，保存了直线强劲的气魄，造型简朴完整。

宋代：以法式为代表。少林寺初祖庵在唐代基础上进行大量的细致的加工，云头一大且为做丰富工。细腻华丽精巧，套方房间雕刻

批竹昂

25°

27

装饰、造型飞檐翼角，明显地反曲向上方求，斗拱做阑慢，檐部的
表现，多线轮廓，玲珑剔透，举高高，向上冲。最为突出的是宋塔，度
高高的，广阔伸展，宋代以后斜度竞竖立的，八铺作五挑，外乃一挑下
昂（琴面昂）。装修：唐代大板门，直棂窗，宋槅扇，从地
至斗尾，现实一致，不是装饰。六脚栏杆脚，多样
每坊栏板150工，宫廷殿内满是浮雕花纹。

琴面昂。

金元：打乱了宋的工细的系统，但退回奴隶制，使得
工匠，让国雕刻装饰，不是自由竞争。限制
压迫，束缚了很多特例，技术讨好
明代：排斥铺张奢侈，极力要求朴素，避免过
装华丽，强调整体的统一开阔的气魄。工匠还靠
摆细腻小巧的技术细部构造上，留在宋、元的传统
上，走向合理的衔路。在依仿格局，工艺的完整性
给予新鲜的创造。了设成就。
清代：重点在于园林。

建筑史复习摘要

编书共用六年

一 ⑴. P161 宋营造法式制度的性质、内容和意义？（徽宗）李诫于公元1103年编著成营造法式。

① 法式是祖传工匠经验的总结，超越于他们世代相传、父子相袭的歌诀口诀，但由于工匠和官吏的利害矛盾，只是经验的累积，而未讲清来龙去脉，

② 这一法式制度与施工构造作法紧密结合，都是计算方法，而图非正投影图，具有中国的特点，这推于宋尺、三角板所解决的。

③ 宋主要做为宫廷及官署的政管程与估工计料的规范，是各工种的统一的操作规程，是我们了解宋时官式建筑的基本工具，这本书系统地总结了当时建筑技术的成就，具有很高的科学价值，是我们古代最全面的建筑学文献。

梁高 = 2材 至 2材+2契 = 30分～42分
柱径 = 2材+2契 至 3材 = 42分～45分
槫〃 = 1材+1契 至 2材 = 21分至30分
椽径 = 6～8分 = 6～8分

宋营造法式中的基本要点：

1. 材契分是什么？规定它有何意义和作用？

斗拱上所用材料的比例单位，"构屋之制，以材为祖"，材是枋件，高宽为15:10，材:契:分 = 15:6:1 | 拱枋的断面高为材，材之间的空当叫契，一契为六分，和清代及西方古典样式均不同（清以斗口为单位，按比例放大缩小，一成不变。宋营造法式从不定死，只是细部的比例都有其伸缩的余地。如出挑为24～30分，足材等于材+契，21:10 两）法构的各部分构件，乃至整个建筑的尺度均有由一定的比例关系决定。

营建就是以材契分为模数。材是基本模数，契分是补充模数。材又分八等，头等材9×6寸，八等材4.5×3寸。这种做一套用于一个群组，梁之制，其高与材五倍，若殿堂中建修广者，另其位置随宜加高。

2. 在中国古代建筑中使用斗拱的作用：

① 檐出一丈至丈三尺，防风雨，保护室外装修，加高了室内空间。

② 挑出了屋檐，表明建筑身分。在结构构件上进行艺术加工，成为装饰构件，使功能与艺术成为不可分的整体。

3. 宋式举折制度的内容，及其与清式举折制度之不同？

举：指各坡度，总举为进深三分之一

折：造成曲线。由上而下。

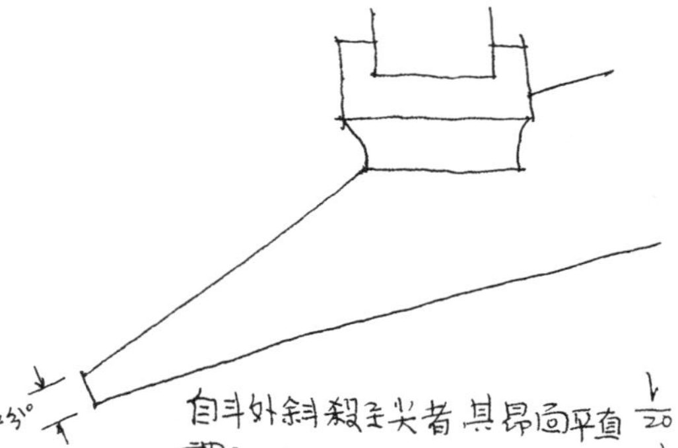

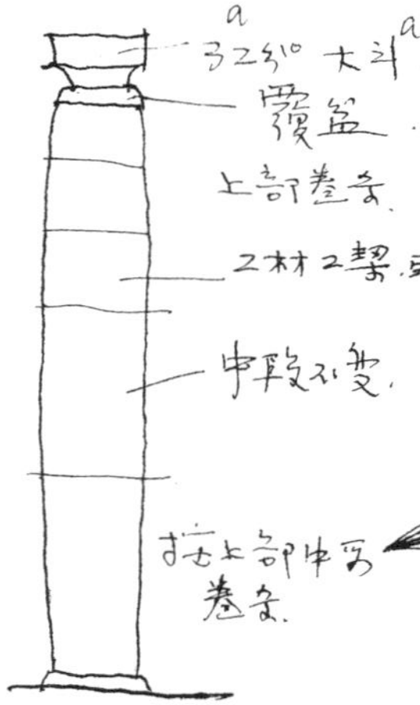

$\frac{1}{10}h$ $\frac{1}{20}h$ h

自斗外斜杀至尖者 其昂面平直 谓之 批竹昂

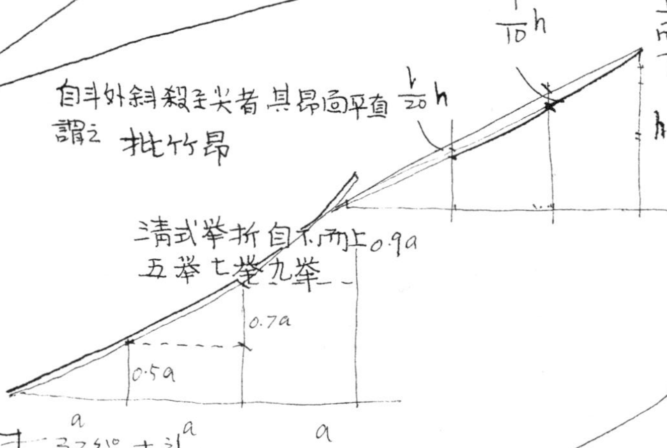

23°

清式举折自下而上 0.9a

五举 七举 九举

0.7a 0.5a a a a

h=a/3

a

$\frac{h}{10}$ 第一折 $\frac{h}{20}$ 二折 $\frac{h}{40}$ 三折 $\frac{h}{80}$ 四折 $\frac{h}{160}$ 五折

按上部中点 卷杀.

32.5° 大斗

覆盆

上部卷杀

2材2栔 或3材

中段不变

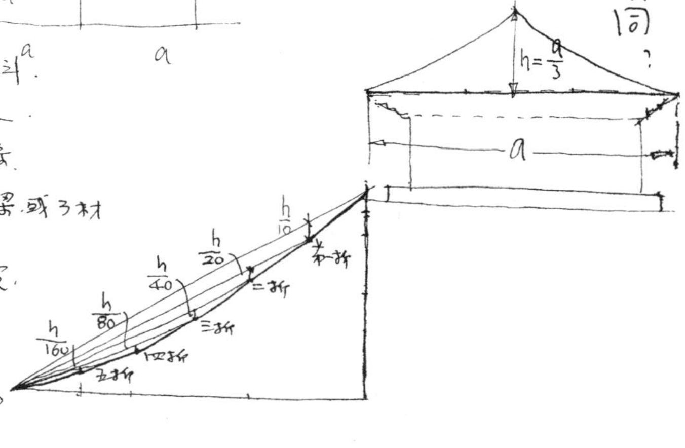

4. 升起、侧脚使用的意义和作用：柱子由中间到两侧逐个加高，谓之升起。因木材长期受载

侧脚：即周围柱子向内倾，偏离轴线为柱高的1%至8/1000（周中

因古结构榫卯连接无金属构件故向内侧越压越紧，保证安全与耐久的前提下，兼顾艺术造型。

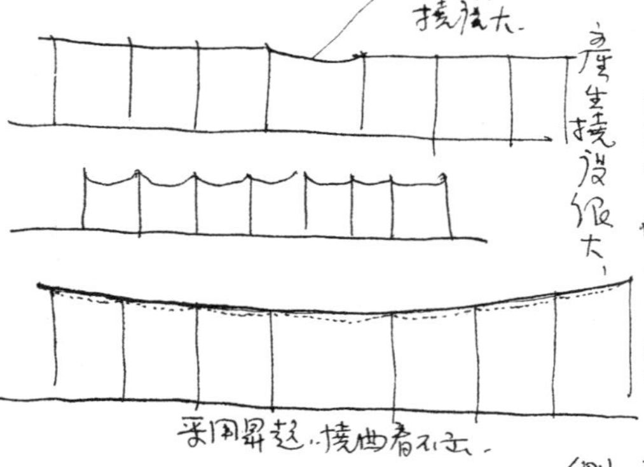

大变，接缝大。

产生接缝很大。

采用升起，接曲看不出。

5. 把梁柱加工成月梁和梭柱的卷杀方法及意义：原始森林挺拔笔直，子孙树木自然弯曲就将弯状弯，加工成月梁和梭柱。

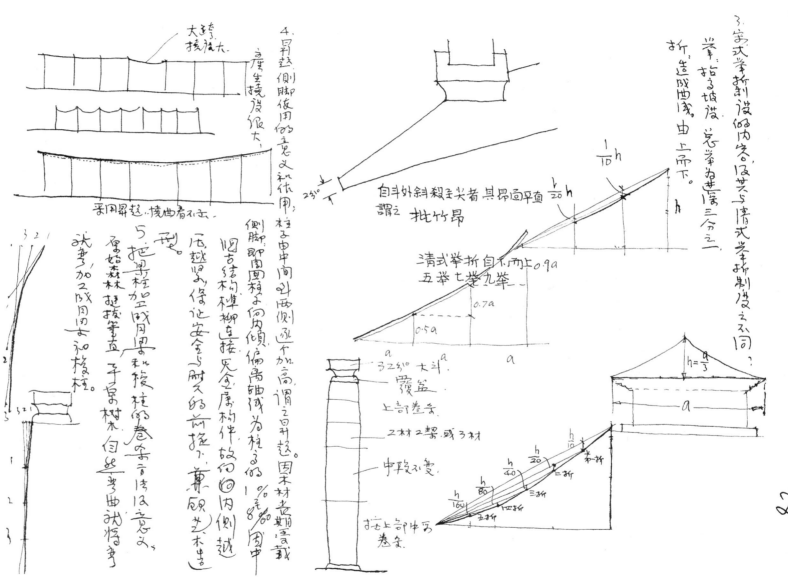

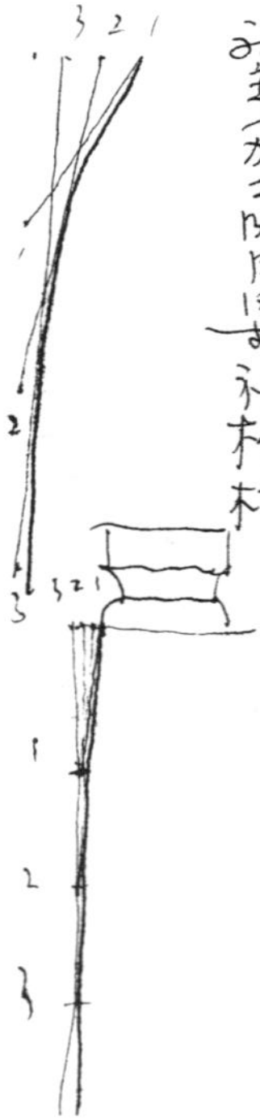

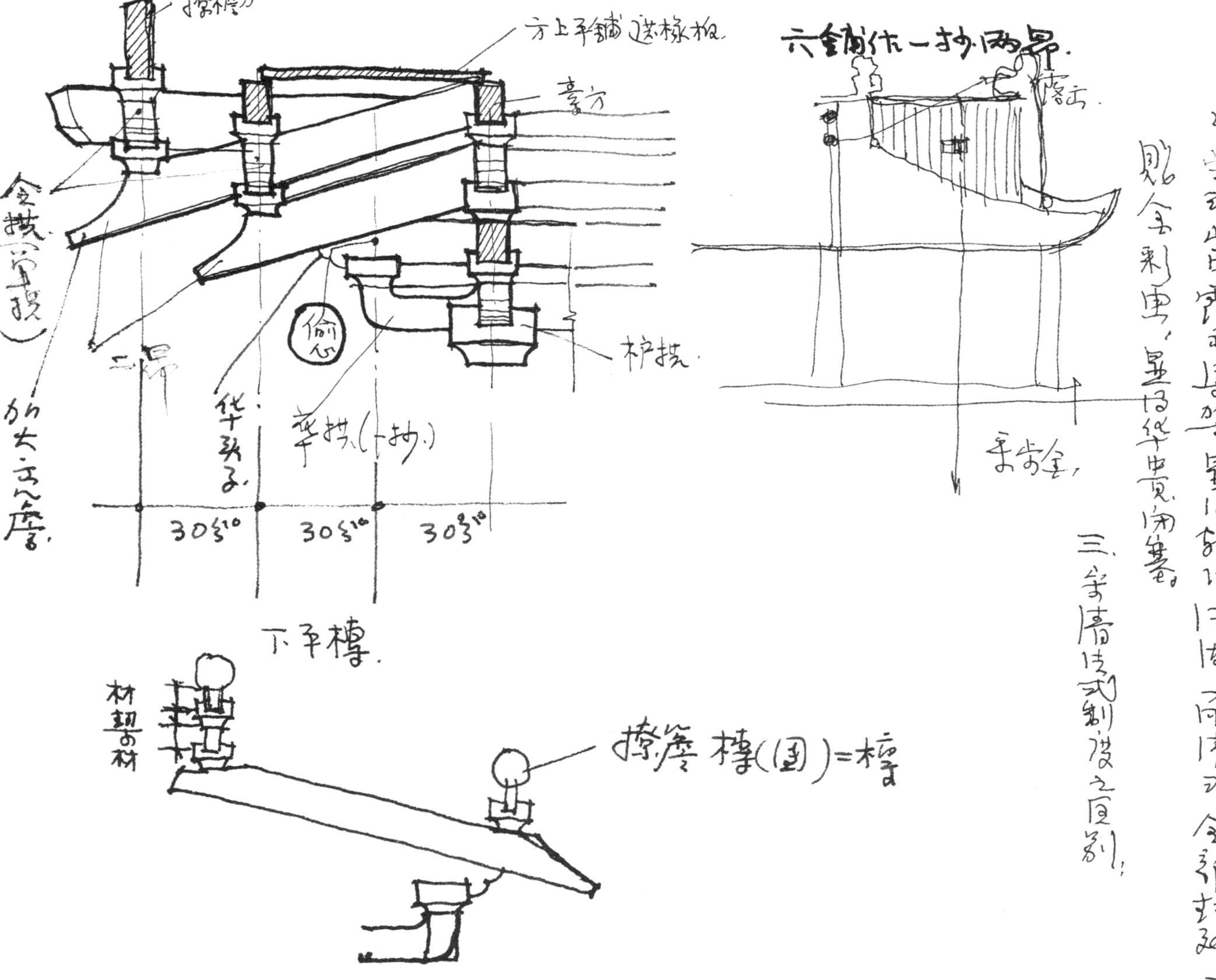

6. 宋式出际与清式歇山有何不同，

1. 宋，山尖层段两段椽子，从金柱开始，比较平缓，修长，而清式从步金开始，用一段椽子，显得短促。

2. 宋式山花露出梁架，显得轻巧通透，而清式全部封死，采用贴金剔地，显得华贵闭塞。

三、宋清法式制度之区别，

29

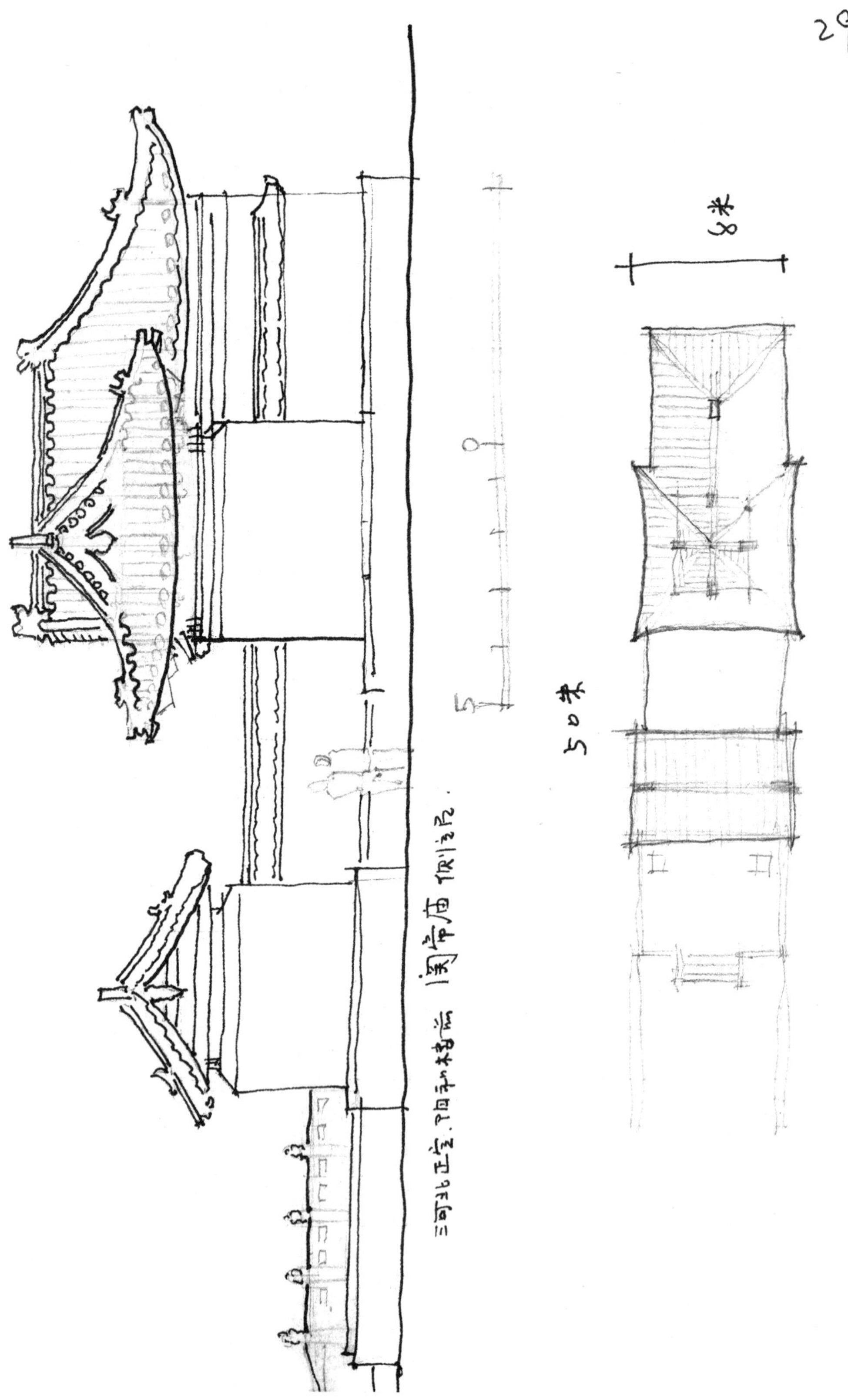

补中国近代建筑史 1840~1949. 参看王世仁文章

概论

第一章 城市的发展与变化：新城市的产生，旧城市的变化

二章：新类型建筑的发展：工业企业，行政文化，城市生活服务，居住.

三章 建筑技术的发展：新结构与新材料；施工技术，建材工业，建筑技术力量

四章 建筑形式与建筑思潮：中国旧形式的变化；外国形式在中国的影响；民族形式的探索；建筑教育学术思想

五章：革命根据地建筑 城镇建设，建筑. 陵墓和院和园

四个阶段：① 1840 鸦片战争 → 1895 中日甲午战争 半封建半殖民化 资本主义式的新建筑

新民主主义开始

② 1895 → 1919 五四运动，银行工厂火车站，教会学校医院.

③ 1919 → 1931 九一八事变 东北沦为殖民地，帝国主义侵略加深

④ 1931 → 1949 抗日战争和解放战争建筑活动较少.

第③阶段出现了28座十层以上的楼（上海）24层的国际饭店

青岛，上海，唐山，长春，北京，南京，无锡

1851~1864 太平天国.

1921年 建党.
27年 井冈山. 30年全国15个根据地
35年 陕北.

西方近现代建筑史

吴焕加先生

一

吴焕加先生讲

近現代建筑史

五十学时

1917　1789年

近代史开端

法国资大革命 1871年 巴黎公社 近代史第二阶段 帝国主义开始.

十月革命 近代史结束 现代史的开端

第一章 绪论

§1 前言：资本主义近现代建筑与我们建筑设计关系密切。洋房

功能相近；区别界限差异，来龙去脉。厚今薄古.

特点：古代的范例，杰作，优秀遗产，继优秀，有了定评，近现

代看法各不相同，中国人如何评论，批判的眼光，与其他课联系

密切.

1. 发生发展演变的概貌.
2. 代表作，主要思潮
3. 分析，批判，评价。

学习态度：不可盲目崇拜，轻信，光，透明，设计照抄，以外国建筑的

标准衡量中国建筑。鸡腿方盒子，沙发太多，记明懒，敬鬼神而远之

粗暴地批判，简单化，批判地学习与继承，分清精华与糟粕.

1. 虚实相结合。　　3. 开动脑筋独立思考，鲜花毒草

2. 根本原则的区别。　　4. 批判精神

学习方法：听讲，笔记，画图不必 写文章画插图 分组讨论.

§2. 近代资本主义国家建筑的演变与发展.

近百年来发生了全面巨大的变化，迅速，剧烈，全面，深刻，建筑技术变化

很大。①随着近代资本主义发展资产阶级社会对房屋建筑提出许

多新的要求，建筑功能日益复杂，房屋类型剧改变，类型增多。

②资本主义工业和科学技术的进展，促成建筑领域中的技

术革命，新的材料，结构，设备不断出现，房屋建造从手工业向工业化

过渡。

新形式与新风格

(3). 随着技术条件改变和适应现代资产阶级的物质与精神需要

新的建筑形式与建筑处理手法不断出现，建筑风格有了重大改变。

(4) 建筑学领域不断扩展，形成多种专门的建筑科学部门。同时出现

大量反映现代资产阶级利益及观点的建筑理论与思潮

• 图书馆，大、中、小学，医院，航空站，工厂。古代建筑外观复杂，里面简单

近代建筑外部简单内部复杂。英国的产业革命，生产力大发展，共产党

宣言所描写的。• 人造材料代替天然材料。建筑用钢量很大。1870年 50万吨 1901年 2800万吨 1917年 7850万吨 世界钢产量。设备，自来水、电灯、电话。装配化，预设了

• 突破了柱式体系，完体折板，朗和敦堂，巴黎圣母院。 破墙承重框

• 轻光薄透简洁，统一的风格，混杂多种多样。

• 建筑物理，声光化电

《FORUM》

阅读文献

第二章 十九世纪后半和二十世纪初期西方建筑发展中的新情况

三章 西欧新建筑运动与德国建筑师格罗皮乌斯

四章 法国建筑师密斯温德路

五章 法国建筑师勒柯布西埃

六章 美国建筑师莱特

七、二次大战后概况

八 巴西尼迈雅

九 意大利 纳尔维

十 美国 斯东、亚马沙基

E.g. 1. 新技术与新建筑类型：十九世纪，铁，钢，玻璃。二十世纪初，钢筋砼。

首先用于工程构筑物——桥梁，生产厂房，仓库，车站，百货商场，勒世埃

1851年 英国世界博览会，水晶宫 (crystal palace) 用铁和玻璃 长 1851 英呎

1909年，柏林 透平工厂。

§2. 个别建筑师的革新尝试：经济与合理问题，工厂、公司、城市住宅。

(Chicago school)

资本家不愿抄复古主义。法国勒布诺斯特(LE BROSTE)形式适合于本身的功能。1801—1875 装饰构造合理，又富有表现力。芝加哥学派代表人沙里文(SULLIVAN)形式服从功能 十几到二十几层，高层办公楼，设地下室、锅炉、机电设备、供给热、光、电，地面层商店、银行，二层与一层联系，三层以上为办公室。顶层设备层，窗子尽量大，芝加哥大火

二十世纪初奥地利学派 O·华格纳(WAGNER) 卢氏(LOOS) 装饰就是罪恶。法国彼列(A.PERRET)钢筋砼结构暴露。德国贝伦斯(BEHRENS)

比利时布鲁塞尔新艺术运动(ART NOUVEAU)

新细装饰纹样，西班牙巴塞隆那高狄(GAUDI)

新时代的洛可可。

§3 小结：社会条件、技术条件发生变更后，建筑设计思想也发生变革。而不能复古主义、折衷主义。

④追求新的建筑形式手法为：在传统形式的基础上革新，简化古典形式；使用新的建筑词汇，保持古典构图的章法，强调体形的简单干净；建筑外观反映内部的功能需要，强调新结构，在外观上的直接表现，寻找新的装饰手法。

园艺家派克斯通，九天设计，6月竣工。

便于拆除。

标准构件。 980000平方英尺。

净高20cm， 圣保罗至4.2m

5寸手玻 35年

空间衔接完全不同

如仙境梦幻。快与省 建造温室的经验。现代建筑的先声。

1889年，巴黎埃菲尔铁塔。

(EFFIEL) 984呎 ≈300m

建筑向上发展的可能性。

巴黎机械馆

115m

画引莫泊桑、大仲马的反对，均非建筑师所设计。

2

③、两种倾向，建筑设计的功能、材料、经济、技术条件进行改革比较正确的道路，另外形式主义的改革，不是一切改革设计的东西都是好的。

④、规律性：1. 功能、技术、经济等物质方面首先变化，然后引起建筑思想、设计手法的变化，社会存在决定社会意识，又有反作用。

2. 设计技术材料首先在其他工业部门使用，在产量大大增加，才逐渐推广到建筑中而首先是工业建筑中来。不要为设计技术而设计技术

土洋并举

5. 建筑艺术随着很形的发展，艺术本身的被淹没，发展过程不能超越曲折复杂，人们要对建筑的变化，要等待到电子窗，人们审美观点的变化要慢些。

革新派建筑师很多，先系统的理论，也无成熟的代表作，也没有权威的大师，旗帜还不鲜明，既有革新又有传统。

第三章 第一次大战后西欧的"新建筑运动"。德国建筑师格罗皮乌斯

§1. "新建筑运动"：两次大战之间，1917年十月革命发生在一次大战的后期，帝国主义进入总危机，经济上失去了平衡，文化上迅速地腐化、腐朽、阶级斗争很尖锐。德国战败国，通货膨胀，唯心主义学派艺术中的反现实主义的印象派、立体主义、达达主义、未来主义、构成主义、抽象画的开始，颓废派的中心巴黎、柏林。

建筑中主张变化落后德国，提出很好建筑师格罗皮乌斯办建筑学校，正式和学院派闹对立，学校、小住宅公寓、展览馆，国际式建筑，他们组成国际现代建筑协会(C.I.A.N)以柏林为中心形成设计建筑运动，推广到南美巴西，"四大明星"天王，贝伦斯培养了三个。

§2. 格罗皮乌斯1883—？(WALTER GROPIUS)官吏家庭，建筑科班出身，1910在柏林自己开业，鞋楦工厂(FAGUS FACTORY)1910—11. "包豪斯学校"校舍1926.

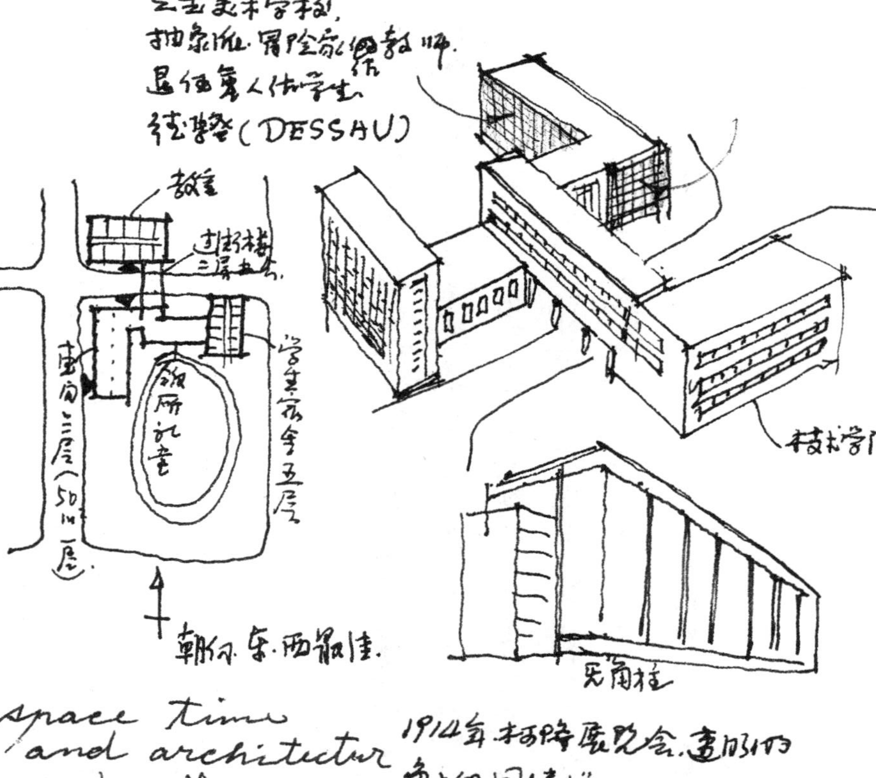

space time
and architecture
（瑞士人著）

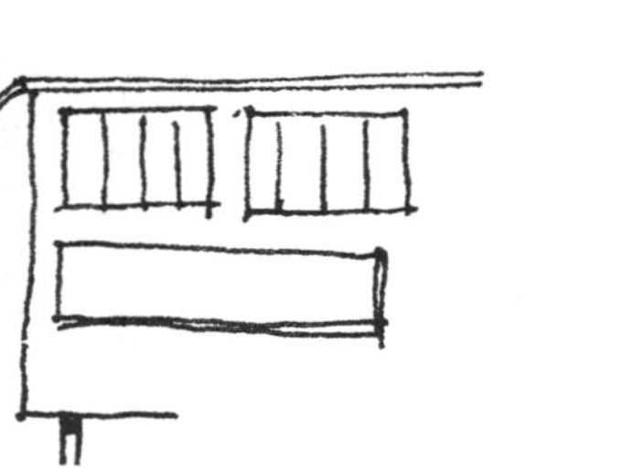

① 以建筑功能分析作为建筑设计的出发点。技术学院与工艺美校分割与联系
② 不规则的、松散的总体布局，多体量，多轴线，多入口，多方向（无主要立面）
无中心（重心），但能随意、灵活运用均衡代替对称中心。不追求完整，加减都
可以。总体效果，无主要立面，强调四度空间，三度空间十时间，空间时间的建筑
不规则的错落穿插（周围空间与建筑体积），全景与周围空间截然分开。
③ 建筑体形结合现代建筑材料、结构的特点，抛弃传统样式。钢筋砼框架结构，砖砌
墙，空心砖楼板，内部灰浆，外部水泥粉刷，普通油漆，平屋顶就结构技术，轻而薄，什么
加特任宅屋顶一律用平屋顶，无檐口。大面积的光墙，无线脚，白颜色，窗子是里去
很大，甚至凸窗，转角处很细，横向大玻璃窗。
4. 立面处理无一定格式，各个面不同，注重变化，无法式，只是一般抽象的构图，比例，即
所谓抽象构图。

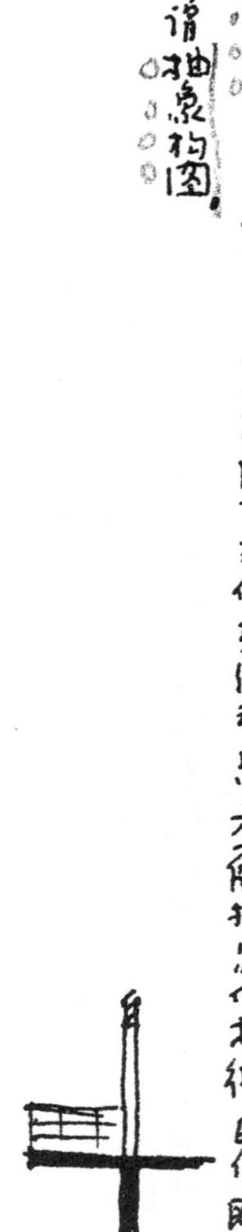

5. 取消雕刻装饰，使用材料部件本身的造型艺术效果。门窗阳台，雨罩，光撑，钢管栏杆。20年代的代表作，普遍的历史意义。前到
荷兰鹿特丹住宅，哈佛大学研究生宿舍。沙于较市中心，才针对〔?〕，主要在于教学
强要求使馆，新古典主义。

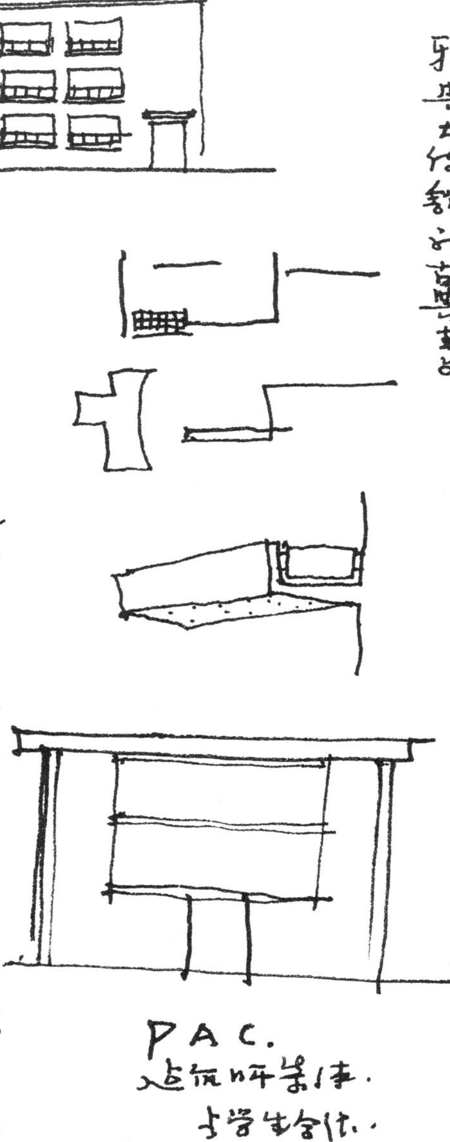

荷兰，公共住宅，国际式建筑，柏林百货公司，园林，带状窗
包豪斯学校的学习，纸，工业，体系依此灯具，揉制作品，

理论观点，教育方法：（格罗皮乌斯）。

1) 强调建筑随时代发展，改去学院派，接受现代建筑的日子，建筑师本身也就会学会。不能无休止地复古，建筑不前进就会死亡，没有最后的终结，必须要变化。采用机器，工程师科学家，营造商资本家相配合。不是老树的新芽，而是自发自觉，独树一帜。学院派是害了黑的艺术家。1919—1928年在柏林研究住宅。杭判层曲围壁凉地段实验装配式住宅。把建筑从社会经济技术的角度来考虑，学者的认真的态度。

2. 强调建筑设计适应现代机的生产，门把手设计，工业化的结果，合乎精确，建筑师只管设计，较早地研究装配化，1909年，钢筋，铅笔推广比较少，可以降低造价。

3. 主张抛弃历史传统，划清艺术的建筑艺术语言，与现代技术之功能结合的的时，又提倡和西方最流行的细美术流派同流合污，建筑艺术的意义在于推进思室的刻板。一刀两断，形成国际式，不具民族性，看不到建筑。艺术是说谎

割断了历史就不对了。仅对学院的复古主义是对的。

一分为二，理论与实践，内容与形式，

4

的方案不被采纳。建筑师的审美观点、人的作用，不能照搬，只是从中得到启发。纪念碑上这样做。勒·柯布西埃把抽象雕塑硬搬到建筑中去。他在理论上新的组织，但最重要的是心理问题，即空间视觉。

④ 一切东西都是表现的感觉。空间运动是现代绘画雕刻极力追求。建筑的透明性在于产生深远重叠的连续的空间幻觉。人类需要经常变化的印象，使人的接受能力得持续。现代建筑师和艺术家要提供空间幻觉给人以刺激。——格罗皮乌斯评论

为了使鱼保持新鲜，放几条吃鱼的鲶鱼。抽象的形式、色彩、空间的摆布。未来派抽象派绘画和唯心主义哲学，降低艺术的社会作用。理论与具体的创作实践还有一段距离。

建筑创作的源泉在于个人直觉。本能和下意识。宣传建筑的神秘论。灵感来自内在，而不是客观。千载难逢的灵感活跃的一刹那，上帝使你的工作变为艺术。设计是表现下意识最好的语言。

包豪斯学校教育方式，就是他的理论的实践，使学生保持空虚状态。创造从研究时开始。

小结：

1. 一次大战后新建筑运动产生条件：在前一阶段创作的基础上，社会的要求、工业技术发展的条件，文化美学思想日趋腐化堕落。

2. 华·格罗皮乌斯：新建筑运动的代表人、思想家，这个运动的目标与观点。

3. 华·格罗皮乌斯，反映了生产技术的本身要求；反映现代资产工业资本家对建筑的要求与利益。我们有政与德意志工业联盟的经济基础；反映现代资产阶级知识分子精神上的要求、艺术趣味的表现，新奇时髦与众不同。新的建筑的因素是多方面的综合。

纪念碑设计。

4. 在西方近代大师中，现实联合社会经济、技术、功能、艺术，实践与理论矛盾的很多。常使人迷惑不解。

思维：对格罗毕斯的评价，理论、实践手法都以包豪斯学校为代表，

他与我们有何关系：图画包豪斯。

第四章 德国近代建筑师密士·温德鲁 mies van der rohe

德国人，后加入美国籍。

以他的建筑艺术手法著名。(1886—?) 盖三十多幢。

钢筋砼办公楼、住宅、砖造农村住宅。1926年卢森堡、李卜克内西纪念碑。

1919年 近代帕格

什图嘉特展览会。巴塞罗那展览馆，电气工业馆。1931年柏林建筑展览会。

工学院建筑，芝加哥高层公寓，纽约商业公司办公楼、[illegible]，女医生住宅。

墨西哥办公楼。

别名为：密斯式建筑（miesian architecture）

工作的简介：文章不多，谈也很少。没有上过建筑学校，未受过高等教育。父亲是石匠，从小劳动在德国爱森城，名胜古迹很多。取出学校二年后，去营造厂做学徒。十四岁做线脚的放大样，十九岁去柏林，精通木工。二十岁给一教授设计一个住宅，到贝伦斯事务所做绘图员、监工员。结识德国的德国大使馆，密士做监工。古典大师辛克尔（SCHINKEL）

强调材料、结构、建筑轮廓，五个方面。

1919年 玻璃楼（尖角） 与古典建筑传统的决裂。

1920 玻璃楼（圆形） 玻璃造的，反光、反射，宝石似的几个面。

1922 砼办公楼

1923 砖造住宅（平面组织概念）

1924年 砼造住宅

荷兰精微 荷兰口号 少就是多。十年以后 1929 去投巴塞隆那。用到住宅上时很大。
1937 到美国 伊利诺州工学院(I.I.T.) 造了许多宿舍、小住宅。密斯的声誉很
之。英口女王大勋章。西班牙
及 1929 巴塞隆那博览会德国馆 及其他(小住宅设计)

(一)概况。八根钢柱镀克罗米。不住人也不放展览品。无功能要求。无实际限制。尺度很小。临时性建筑。比一个亭子的功用还小。只是纯粹的建筑艺术的展览品。没有表现德国的特点,只是表现了密氏的风格、手法和特点。主要是一种技巧手法。形式美。艺术手法的示意模型。对现代西方建筑有很大的影响。

(二)建筑处理特点。

(1)建筑部件的组合——建筑构成。

结合结构。要紧密。结构重点。

八根柱子顶屋顶,屋顶是薄薄的一片。把墙解放了。只有围护与分隔空间的作用。墙不交圈。和屋顶没关系。

墙与柱分开。井水不犯河水。承重与非承重分开。

门宽不是洞口,而是墙面的中断。墙与墙分开。

清楚地表现自己的独立意义。松散。若即若离。音节似的。眉目分明。

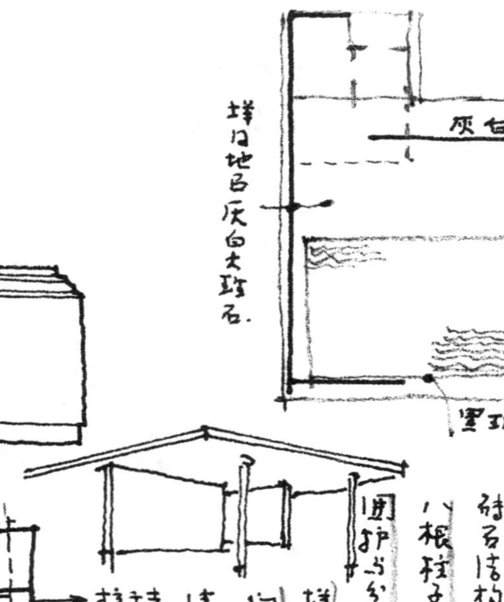

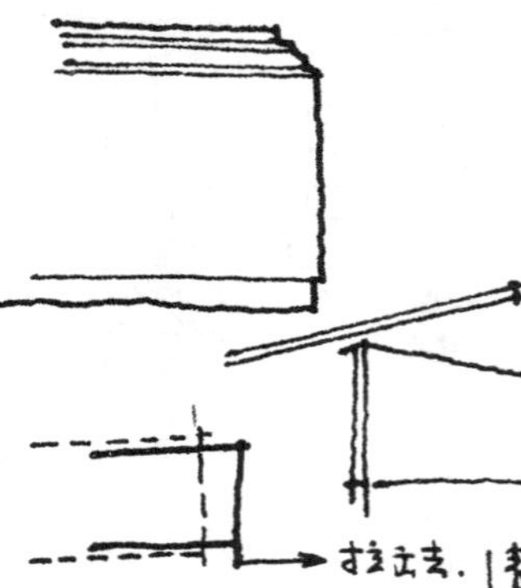

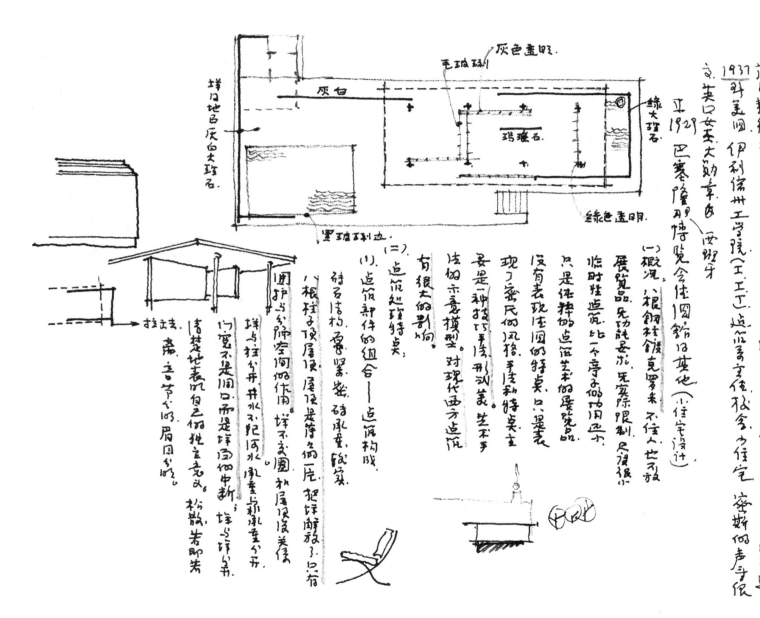

(2) 流动空间处理：

A. 流动空间形体多样。边界不肯定。无房间的概念。内部不进分。内外互相联系 自我不完整

B. 空间划分不明确。好像空间被墙隔而不断。不分彼此。封闭不开。层次在个 都是一种材料。有限无限，有限无尽

C. 空间序列错综曲折。斜方向，三叉路。无轴线。流通空间的典型 FLOWING SPACE

命名为"骨架—板片—流通空间" 自称为"骨与皮" BONE & SKIN

摒弃空间包围，空间加以大致的分划，室内与室外同样重要

(3). 艺术处理原则：少即多 LESS IS MORE

极端简洁，无柱，方格地板，无线脚，椅子与桌子 干净利落，檐口上部有一道直线 大理石本身就是另一种意义的装饰，注意纹理的拼接，柱子 放了两个雕像，充分发挥作用。写实性主义的雕像 与钟绝对地少。有檐口挑身。依然平淡，还有基座 不是方盒子国际式建筑。

(三) 小住宅设计。吐根达住宅 TUGENDAT 捷克布尔诺 BRNO

共三层，坡地 二层起居，流动空间 外形与巴塞罗那相类似 同 房为银行家送给女儿的结婚礼物。现在为 残疾儿童的托儿所。1931年。柏林建筑展览会住宅 主美国设计了两个 盖了一个。

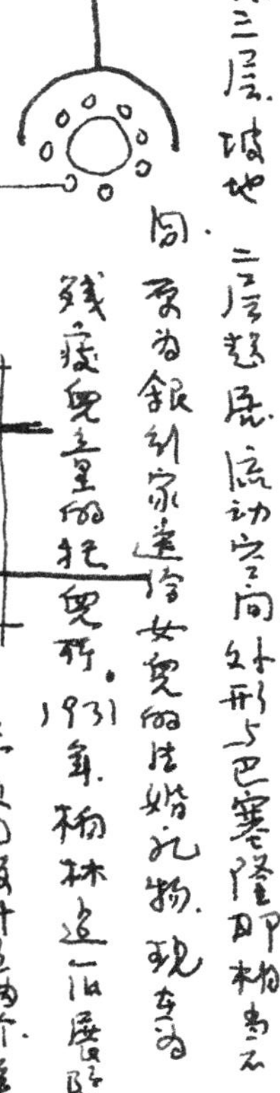

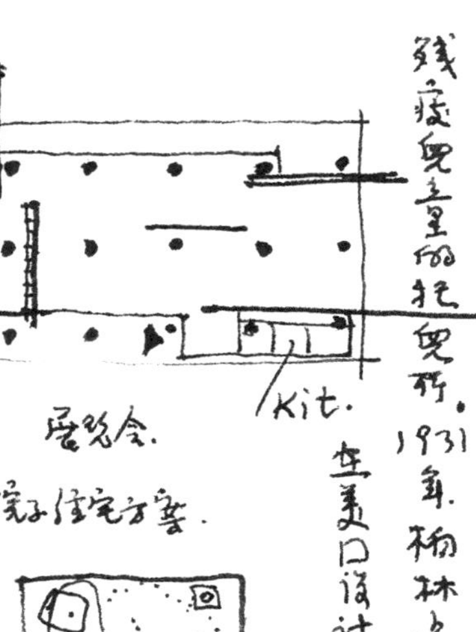

展览会

院子住宅方案

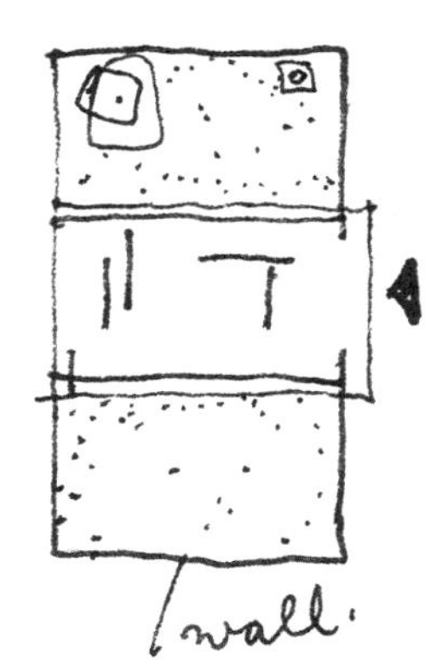

Less is simple.

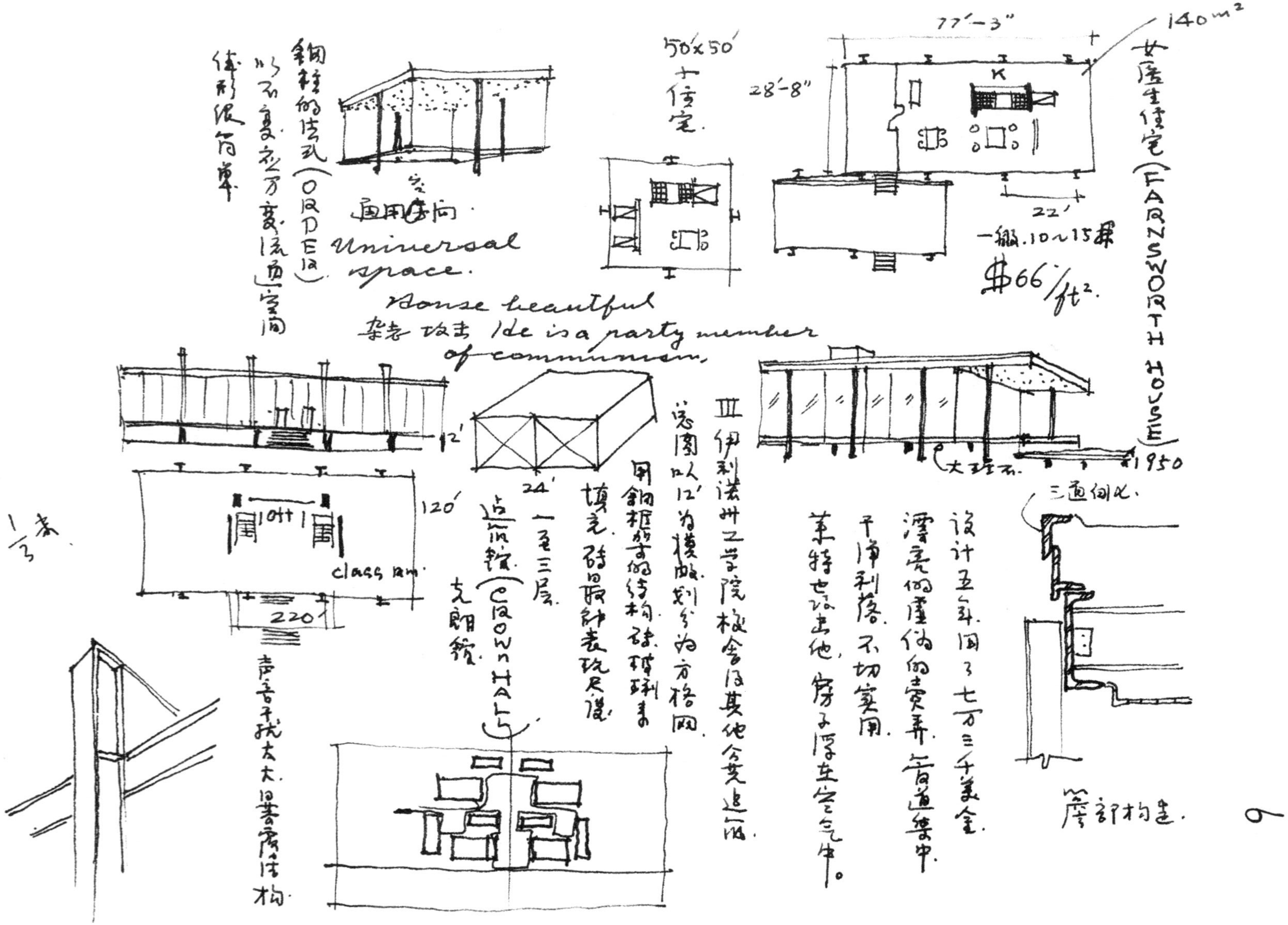
女医生住宅(FARNSWORTH HOUSE) 1950
140m²
77'-3"
28'-8"
22'
$66/ft².
大理石.
三道倒水.
檐部构造.
6
50'×50'
十住宅
钢柱的法式(ORDER)
以不变应万变,流通空间
体形很简单.
通用空间.
Universal space.
House beautiful
杂志 攻击 He is a party member of communism.
12'
24'
120'
class rm
220'
Ⅲ 伊利诺州工学院校舍及其他公共建筑.
总图以12'为模数,划分为方格网.
用钢框架的结构,砖、玻璃来
填充,砖的最好表现尺度.
一至三层.
克朗馆(CROWN HALL)
克朗馆.
声音干扰太大,暴露结构
设计五年,用了七万三千美金.
漂亮的虚伪的卖弄,有道集中.
干净利落,不切实用.
莱特也说出他,房子浮在空气中。

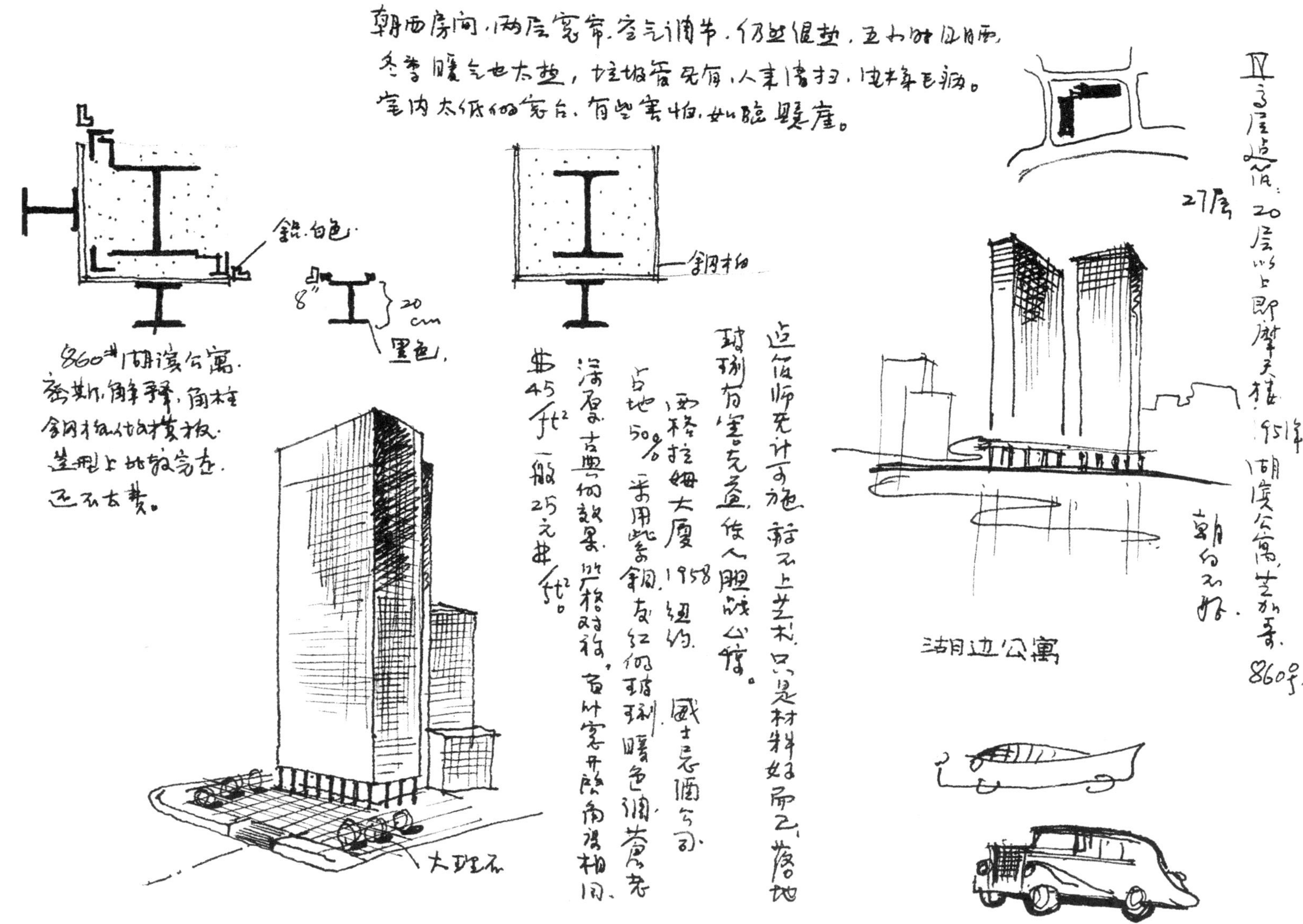
铝，白色
钢柱
8"
20 cm
黑色
860号湖滨公寓
大理石
西格拉姆大厦 1958 纽约
占地50%
威士忌酒公司
27层
湖边公寓
860号

38层，只用8层，上面出租很快，这作为商品广告，这个公司资本雄厚。75%作为是玻璃，照光问题，四面都一样。在芝加哥定居，让他参加中学设计。

V. 简短的评论：

(一). 建筑创作思想——"形式第一 结构(技术)第一。"必须满足现实主义与功能主义的需要，真正的形式以真正的生活做为前提，研究每种建筑的功能，以此做为形式的基础。新颖并非如此。他说这不是他的责任。女医生住宅与建筑系馆手法相似，言行不一致。崇拜在於钢与玻璃构成流通的简单空间，不管功能与经济，通用空间，他认为功能是多变的，现实的合用的体型，使功能适应於它。这是唯一可行的，建筑也要适应改变，建筑物存在时的使用灵活。我们不让功能决定平面，做到足以满足任何功能的房屋。他把这近期对立起来。工厂改变较快，教室则改变较慢。"大空间"灵活，适应功能与各个不同用途，追求开敞的空间效果。他说：我们只管建造，反对形式主义。

形式主义 唯美主义。

结构第一，建筑设计，对材料，对结构，对技术的关系。忽视不对，按大厦设复古主义、密士反对折衷主义。建筑起始于两块砖巧妙地结合在一起。结构是建筑的本性，860公寓只是一个结构物，我们不要装饰，把所有的东西建造上去，并接受它。处理钢结构与玻璃，设计节点，一致的年腿。把建筑艺术看为结构艺术。太过份的是一种形式美。860公寓无居住建筑的气氛，不亲切，建筑艺术未反映内容，缺少变化，显得单调乏味。按照结构力学来做的结构，并不是最美的东西，降低了建筑艺术的要求。暴露结构，表现结构，不能当做最高的原则。女医生住宅也

Less is more, more of less.

BAUKUNST.

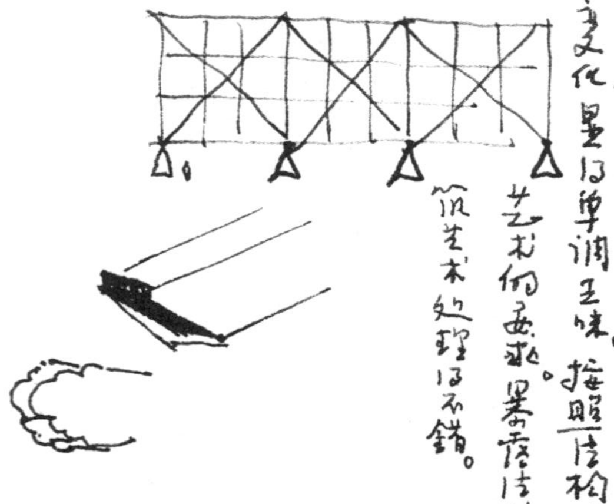

筑艺术处理得不错。

I.I.T.

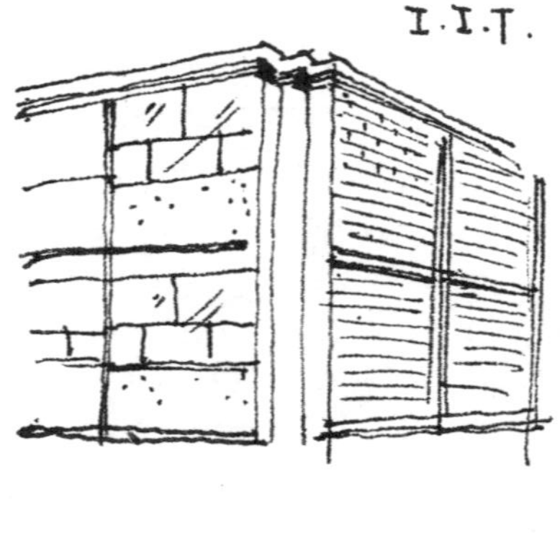

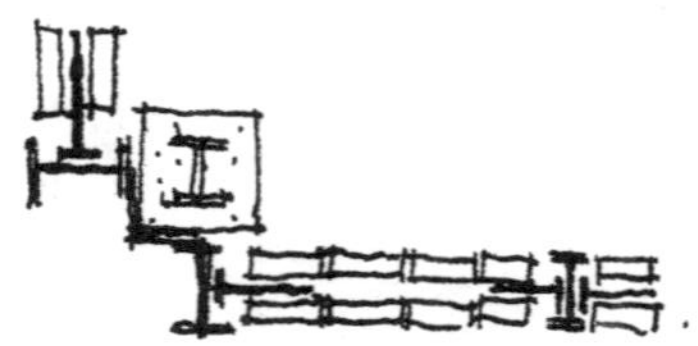

垂直混凝土，窗门，木框架，钢结构细部感觉。

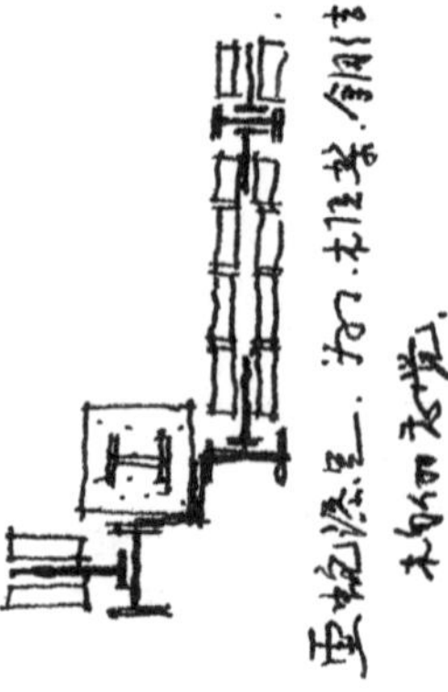

密斯是结构主义，在建筑设计中把表现结构，暴露结构做为目标、最为原则，结构放在第一位，50年在伊利诺工艺美术系成立会上的演讲，题名：建筑与技术、技术就是世界，历史的运动，像机械、水坝中技术显示它的本性。建筑艺术是精神的战场，技术与建筑结合。在一起是最好的建筑艺术表现现代技术。是现代的技术拜物教，市长由城市规划者来当。机械挂帅。神秘化，偶像化，绝对化。

结构主义是一种创作思想倾向，别的方面建筑全分析。他是结构主义的形式主义 刘秀峰报告。

▲密斯建筑作品的意义

他全不会多的，个别建筑的某些方面有成就，建筑技巧及处理手法，简单的、南静的艺术风格，开敞的空间的艺术布局，创造性地发展丰富了建筑艺术手法。方向与技巧的问题。采用了他的多样性，建筑简洁，提倡少即多。

影响最大美国是钢框架的国家，他无拘地追求五十年代初，建筑师有些人们科学态度，不讲求民族，资本主义社会中特殊的知识分子像机械一样发展起来。

思考：

1. 他的观点实践哪些是可批判否定，哪些是可借鉴参考？
2. 巴塞罗那馆 几个角度来体验？
3. 处理材料结构的正确态度？
4. 柱子、墙不待包？

12/1962
Арх. СССР.
Клетки коробозье

第五章 法国建筑师 勒柯布西耶 LE CORBUSIER

一个有现代的进步思想有名的大师，建筑师中的毕加索 P.I.C.O.S.O 重名

原是瑞士人（1887到—）原名查尔斯·让诺雷（C.E.JEANNERET）

父母为钟表匠。开始合办新精神杂志，著作"走向新建筑"

(Toward a new architecture)

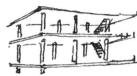

一举成名，请不辞人跑不休。二次大战后，朗香教堂，野性主义。master of form 形式大师

盖成七十五个建筑，法国官方并不重视。在南美、日本、非洲影响很大。印度

钢筋砼的倡家。

二、二次大战前的活动：

1、早期的建筑言论：走向新建筑，年七五人，不是科学著作。

①"艺术为少数人服务"，不要华丽的东西，做设计要重要的，敌视群众，他们只要过旧式的房屋。能避开灾害。仅动人物的住居。

②建筑是表情的雕形，纯粹精神创造，一个的数学、诗的感情、和谐。

③住宅是居住的机器。工程师指的东西最美的。

④基本几何形体是最美的形体：圆锥、柱、圆锥、金字塔，一个直线[illegible]不是

五项特征　建筑：

• 独立支柱　绿化建筑
• 自由平面
• 自由立面
• 屋顶花园　补偿绿地
• 连续长窗　光线均匀

城市用地通过而分之为

三、代表作品：住宅、宿舍、大规模的工商界的服务

• 沙伏伊别墅：现代设计主义时代代表作品。适合现代资本家的需要，我们需要其优良住宅。

1928年　几何形体与自然环境对比，是一个挖空了立方体，空间很丰富。

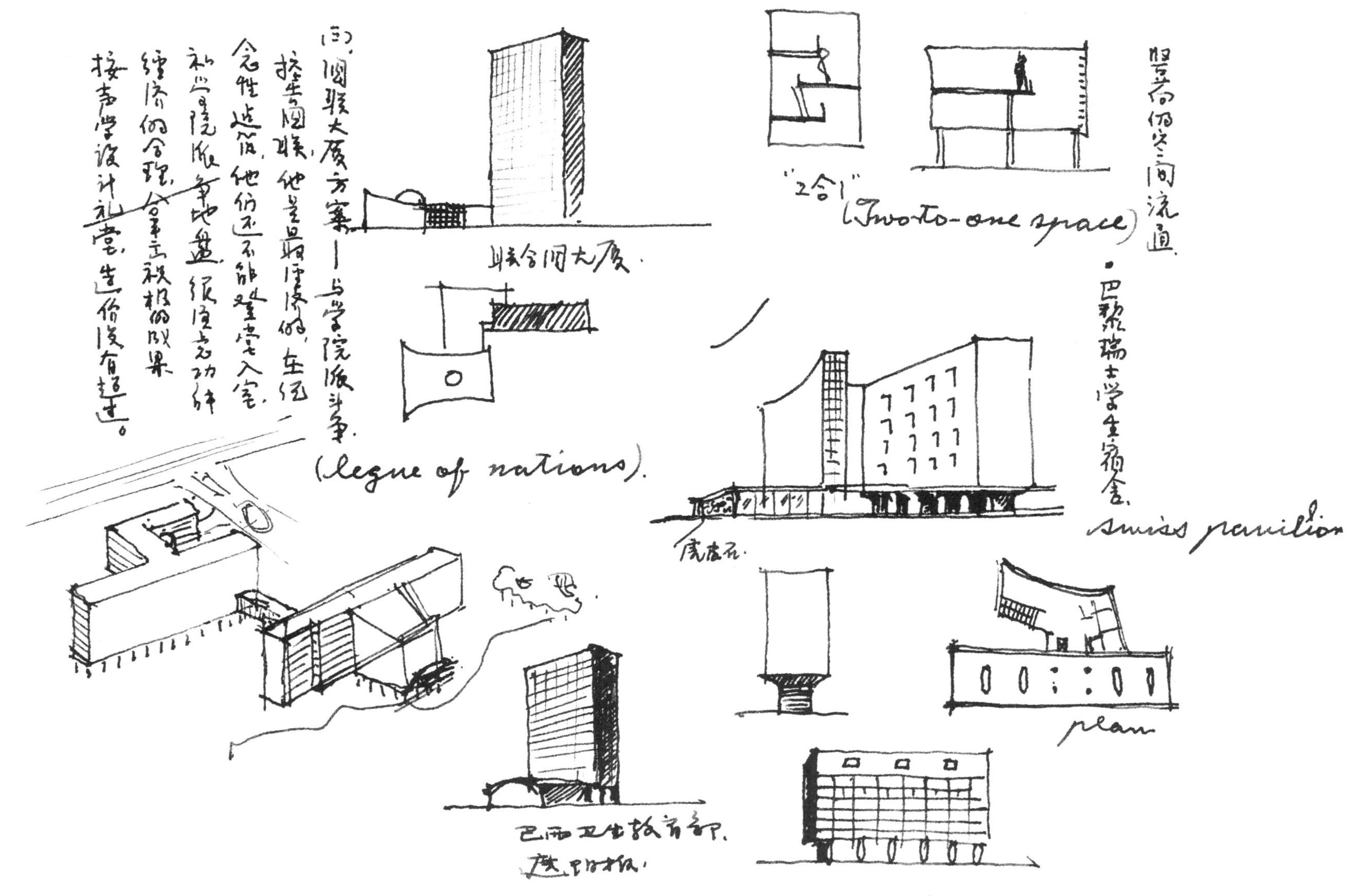
(三) 国联大厦方案——与学院派斗争。
联合国大厦
(legue of nations)
"2合1" (Two-to-one space)
巴黎瑞士学生宿舍
swiss pavilion
plan
巴西卫生教育部

9

表现他早期试图合理的因素，以后组成现代建筑师联盟。

四、城市规划观点：建筑革命＋变，建之实的革命，建筑向上发展，人口密度提高，建筑密度提高，搞50—60层的高楼，步行与车行分开，立体大花园公园，阳光空气、绿化与钢筋砼，组成现代城市，脱离实际，纸上谈兵。

Ⅲ、二次大战后：

(一) 一般特点：粗砼，又不又在法国穷，钢筋砼比较现实，美国比较浪费，他看中了钢筋砼的可塑性，把人的痕迹印到机器时代上。建筑雕塑化，"模数"与工业及技术完美，美到极致，英制的米制好。(modulor)

(二) 代表作品：朗香教堂（听觉的前式的建筑形体），表现灵巧，难以理解，祷告需上帝来听，以丑为美，模拟宠子，"完全是抽象雕刻"，意裁是不一样的了情。

印度昌迪加尔建筑群，旁遮普邦，喜马拉雅山下（CHANDIGARH）

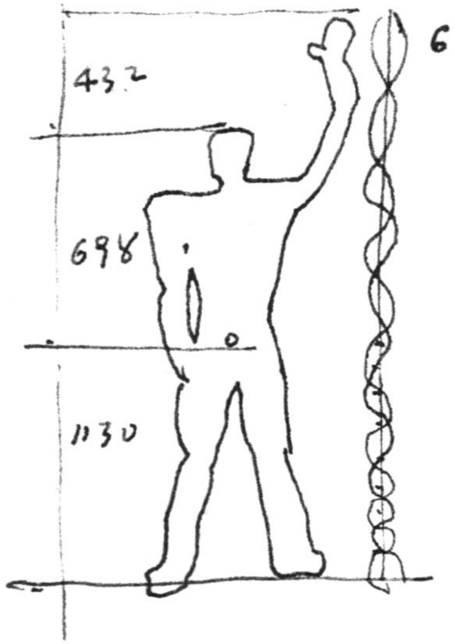

43.2
69.8
113.0
6.9.11.15.18

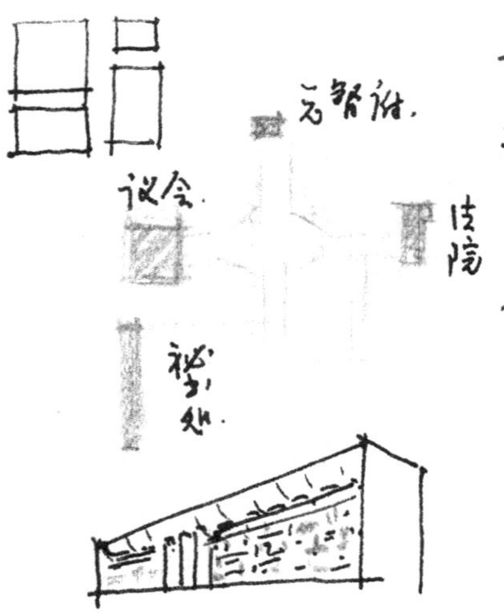

议会
法院
秘书处

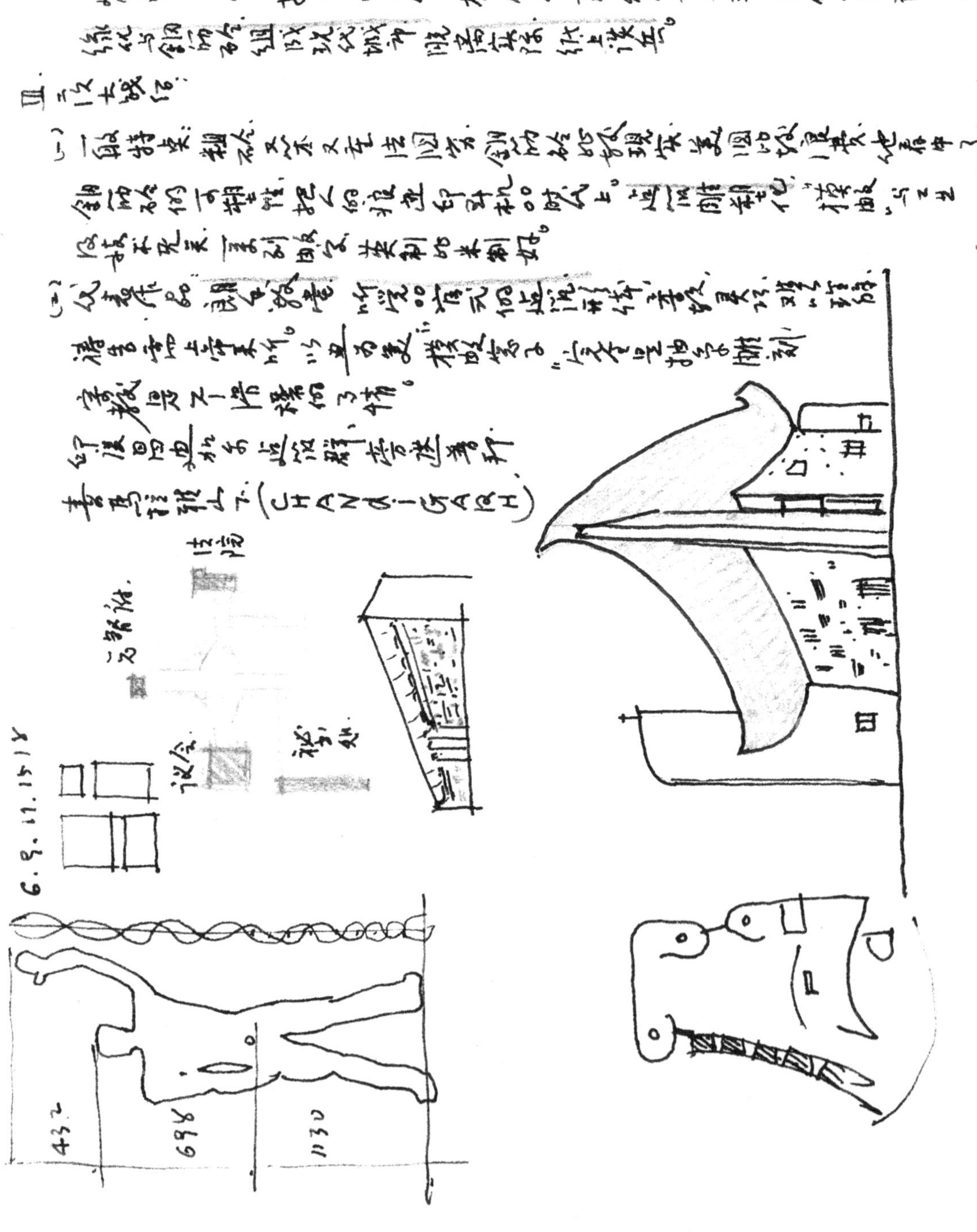

Ⅳ 荷汉：敌视人民的防御之塔，很明显，战前还讲一些现代功能与技术的合理，还有这一面；战后，神秘主义美学更加倍于神秘莫测来进行形式的卖弄，耳朵与建筑风马牛不相及。拓樸学、难解的数学，否认造型艺术的基本法则，以丑为美，和谐统一的反面，形似不完整古怪的光影，不寻常的尺度，不亲切的质感，刺激的色彩，不稳定的构图，追求耍怪的、阴森粗野的情调，最荒唐的建筑师，我们叫他野性主义BRUTALISM。在中国没有什么市场。日本拉丁美洲。

第六章 美国近代建筑师 莱特 FRANK LLOYD WRIGHT (1869—1959)

对建筑运动——理性主义。莱特倡导有机建筑，别人称为浪漫主义。

Ⅰ. 近代美国建筑思潮概况：天时地利很好，超过英国工业居世界第一位。建筑类型、建筑技术、材料发展很快。采用工业化，劳动力贵，发展了高层建筑，盖了三十层以上的摩天楼，二次大战前则先他国。建筑思潮发展很慢，学院派的影响来得深，三十年代以后才有所改变。1926年杨廷宝回国，1944年又到美国，情况就不同了。芝加哥学派主张改革，为学院派所掩没。原因在哪呢？社会文化思想的作用，资产知识分子长期向欧洲学传统学习。自己没有什么传统。美国资产是暴发户，从欧洲搬古董、电影《鬼魂西行》，很不容易打破。欧洲穷则思变。三、四十年代，欧洲新建筑开始传播。

莱特：与他们恰恰不同，九十岁七十年的创作，没上过建筑学院，崇尚土木，受日本文化的影响，从人民向传统学习。芝加哥美国中西部受东方日本的影响，1905年去日本，也不是国际式。在美国长期不受重视，一直不参加美国建筑师协会，在国外先著名，“骂”倒了一直到死。在日本盖帝国饭店1922年，大地震后没倒掉。对中国人很热情，就自开车接杨廷宝。

Ⅱ. 莱特的建筑思想：

他们都是一贯的，以思想家哲学家的口气来说，写了十二本书

10

一千個房子，提法很玄妙，哲学用语，讲也说不清楚。

一、建筑创作的基本观点与方法：

①单纯艺术观点，很少研究建筑科学、经济问题，主要是空间艺术问题，柏多多個房子漏水，強生制腊公司（JOHNSON WAX CO）往常維修，流水别墅裂缝，楼间距很大，危险得很，样样凑合，情调气氛。

建筑何来是从失败中走起的。

②建筑艺术神秘论，为学校，学生们扫地做饭帮他画图、木工，艺术不可教，不可学，只能看，不讲构图，先教得的。

③唯我主义的创作方法，个人主义，强调个性，对于我的民主，有些农民思想，冬天在沙漠上，向沙漠宣战走一走，讨厌城市中庸俗的拜金主义，在纽约盖古根汉姆艺术博物馆（GUGGENHEIM MUSEUM）他说，环境不适合我，忠实的傲慢者界不会产生影响，我未来会对世界有很好影响，但人们都不了解我。

二、建筑设计理论：

有机建筑即实体（ENTITY）（ORGANIC ARCHITECTURE）INTRINIC 密斯先有框架，他强调是说有内在联系，反对固定的框框，以做自然建筑，好像植物一样。

①强调建筑各部分各方面成为统一的整体，反对把功能塞进去。

②强调建筑内部空间是建筑物的实体，从中国老子道德经中来的。

"埏埴以为器，当其无，有器之用，

凿户牖以为室，当其无，有室之用。"

把房子叫做生活的空间，文艺复兴是"纪念器"，"而我的建筑是宅"。

③强调建筑与自然的结合，农牧民的思想，开放西部，土地、水、火、植物的工厂好，舒展的草原式住宅。

4. 反映这个满足精神的需要。一五间装修。房子是身隐蔽的窝，不是居住的机器。技巧、处理手法、有所创造，独树一帜。

III. 莱特作品举例。住宅甚多，很多小别墅，很多房间办公楼，为资本家代表

① 草原式住宅（PRAIRIE HOUSES）二十世纪初在中西部盖住宅

一九〇二威立茨住宅（WILLITTS HOUSE）十字形平面，以火炉为中心按核

一九〇九罗比住宅（ROBIE HOUSE） 坡很缓，出檐深远，横线条很强，以为

一九〇七罗伯茨住宅（ROBERTS） 都是宽大舒展的很紧凑，内部空间有所开敞

二合一的空间，室内横线条，砖材料与传统有联系，地广人稀，在草原地区出现

有些像草原中的帐篷，气候好，需要防晒。有居住生活的气氛，保持到三十年代

给欧洲的影响很大，影响到巴塞隆那展览馆。

② 瀑布别墅（FALLING WATER）考夫曼别墅 百货公司大老板

近代建筑设计的他本人的好作品。不是看瀑布，而是房子架在瀑布之上。工程结构的一部分，瀑布私人所有。

和山石的关系，断层风化阶状岩石，和自然结合很好，

石头就地取材，砌法与自然保持一致，从山中伸出来的

力求和自然统一，室内木地板上铺石块，有山洞的感觉

树木基本上保留下来，不受打扰砍伐

封闭与开敞相结合，每一房间都有一个阳台（半遮阳的）

层次大的。左右几个层次挑出去。

竖向与横向的自由组合。

造价不太贵，就地取材，裂缝与漏水问题不大。

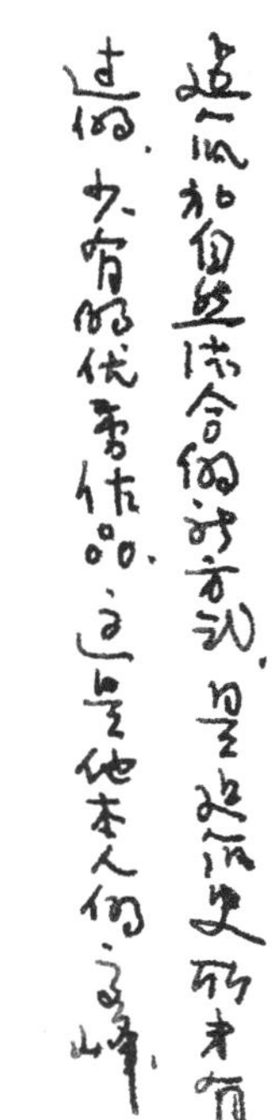

这一点和自然结合的设计方式，是近代史所未有过的。少有的优秀作品。这是他本人的高峰。

设计方式的产物，社会秩序安定，钢筋砼是挑，斜的建筑构图的形象，体现了某种设计观点中能保证的，对但是山石，水、土、火的爱好，阴虑人的精神需要，他本人接近比较贴独，他68岁，四十八年了。

论他的建筑观点和设计思想：由来住于以先书上文近现代，搞赋是搞，可即多的论点形式服务功能，全靠对待群众的问题，从普通的基础上提高。

①根本的态度：为人民，为个人奋斗。②基本观点；③具体建筑设计主张（空间流动）④具体作品。

⑤具体手法。外口的民族特点生活习惯、气候地形。

作业：

①简论近代西方建筑发展的原因。

②论×××的建筑观点与作品。

③评某一建筑（或两三个，如朗香教堂，巴塞隆那……）

④西方建筑师对待结构技术（或功能）的态度与评价的观点。

⑤论建筑中的流通空间（或少即多，形式跟从功能，装饰即罪恶，居住机器）

⑥从西方若干建筑实例谈建筑艺术与其他艺术的关系

⑦如何正确对待西方建筑。

3000字。

第七章 两次大战间各国建筑发展简述、小结。

一、各国建筑发展简述：一德国、建筑改革的中心，希特勒上台，加以排斥，鼓吹希尔塞维主义，表现日耳曼民族，要求纪念性和严肃。布洛耶尔（MARCEL BREUER）。

二、法国，勒柯布西耶受到官方的抵制，意见得不到群众的欣赏。1937巴黎现代艺术博物馆，新建筑运动的不景气，光辉的黄土裂缝掉灰，不经久显得破落，苍老。

三、意大利，利用新建筑，"帝国浪漫主义"。

四、荷兰，奥德（J.J.P.OUD）乃勒尔烟草咖啡厂。杜陶克（DUDOK）用清水砖砌。

五、英国，保守的很，泰克顿小组TECTON，玛尔斯小组MARS。

六、瑞士：革新。鋼筋砼大师 馬雅(ROBERT MAILLART)。

七、瑞典：生活水平很高，住宅很好，斯德哥尔摩市政厅 古色古香，哥德堡音乐厅

爱斯普隆(ASPLUND) 1940 造公墓。

八、芬兰，伊利尔·沙里倫(ELIEL SAARINEN) 吴良镛先生之师

埃诺小沙里倫。

(ALVAR AALTO) 奥尔托。解决功能问题很细致，帕米欧疗养院 1929~33。

維堡图书館(VIIPURI LIBRARY) "褶化"麻省理工学院

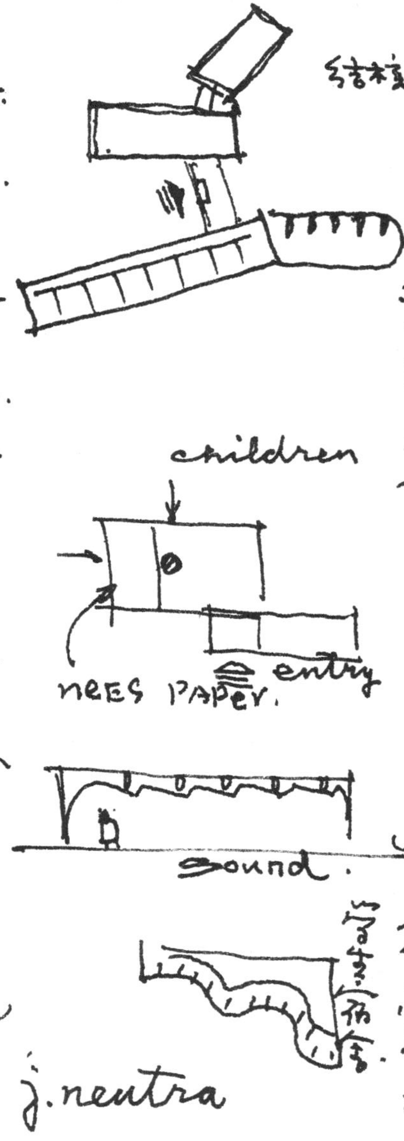
结核疗养院
children
entry
nees paper.
sound.
学生宿舍
j. neutra

九、美国：新古典主义流行，內布拉斯加州政府(NEBRASKA)諾德拉

斯東(ED. STONE)的紐约的现代艺术博物館。

十、巴西：法国两个影响。勒柯布西 科斯塔(LUCIO COSTA)

尼迈雅(OSCAR NIEMEYER)、巴西利亚，大胆转用 自由的曲线

1937 纽约博览会巴西館。

五、小结：

全部的时间，说明的理论和实际的意义。

(1) 这個科学技术，钢框架结构的完善，计算信赖，普遍使用钢筋砼板，使用高层建筑的电梯，机械装配，在伯達，近似声光热电物理科学设备，电梯，胶合板、像具、玻璃砖，标志：帝国大厦102层，380米，可住人85层，至三十万八千吨，可用面积一百八十万m²，两年盖好，施工组织：三千人，左右摆动十公分，自重压缩15cm。

12

二、建筑设计方面：工业建筑、民用建筑、医院、图书馆、剧院、大量性的住宅，进行了功能研究，有效地利用空间。住宅类型，和设备设施之间结合。带有独立性与技术性、规律性、结构形式，医院与结合图书馆可证明这一点。

三、建筑基本理论方面需要的各种思潮"建筑的发展取决于人的空间观念"，功能主义、结构主义、有机建筑，不是系统的科学理论。康言经华所，前是美的的设保样的这是格罗毕斯。唯心主义与形而上学，建筑艺术神秘论，空间时间与建筑。

四、建筑艺术与建筑风格。摆脱了历史与传统形式的束缚，历史的观点反映继续着现代人手法的修改。三种趋势：革新派、保守派、中间派。否认必要的继承和地方特色，为设计和设计的艺术形式地结合在一起，成为设计的形式主义。剧场、电影院、航空、医院。保守派 如国联大厦、林肯纪念堂、传统派，表现在纪念性、国家性的建筑。一种要西定的和相来完全不会接完，完不会退出历史舞台。中间派，伊利·沙里倫，传统与当时相结合，艺术学院门廊，社会上都实在。革新派逐渐强大，保守派无理论残缺，大而方实践的是中间派。这是建筑史上的革命阶段，技术进步理论成熟。功利主义与住宅奢侈，既无改进的需要。

第八章 第二次大战后西方建筑概况

旧联近二十年来看不太清楚，技术情报。

Ⅰ、建筑活动概况：死亡三千万人，一万三千五百亿美元，70%的国家，差不多四十年以后才开始。1951年英国才盖皇家节日音乐厅。美国是中心，建筑量最大，建筑材料之丰富。西德意大利也跟上来了，日本也恢复了。一个战败国，英国居民中稀少材料，平工操作。英国的新城规划，芬兰瑞典住宅。意大利分段家悬殊，房屋造价加剧。美国的钢结构，里高来壳体专家，摩索那建筑。

Ⅱ、战后西方建筑创作若干特点：一、建筑技术发展的新壳体空间结构，悬索结构和材料的性能，不是模仿木石结构，塑料大跨度，多种结构，新式模型。二、战后的建筑思想的观点衰落：功能主义，不代表新的艺术，厨房家庭化，体育馆系列……

提出功能服从形式，形式服从形式（政治氛围环境）。

school.

三、对待历史传统与地方特点急剧改变。注意建筑史的学习，使用传统建筑手法，对於有柱廊的建筑

拉丁美洲，日本，阿地方特点

欧建筑师手法增多。对装饰的注意，崖门板，

花格墙，色彩鲜艳精致。

五、建筑创作个人主义的混乱。他们自称为建筑史上的混乱时期，"绝无仅有派 ONCE ONLY 风格混乱。理论荒谬，没有公认的标准。建筑流派：六十年代十个很大建筑，飞机库，公司办公，S.O.M 东方动感的馆 NERVI 巴西议会 NIEMEYAN TWA 航空站 EERO SAARINEN 艺术性的馆 P. JOHNSON 医学实验楼 LOUIS KAHN 林肯 Wa-i Gt 教堂（勒·柯布西耶）教堂

第二次世界大战后西方建筑举例

意大利诺尔维，劳动宫，展览馆 NERVI（1891—）

工意大利建筑工程师的代表 PIER LUIGI 原是结构工程师，搞钢筋砼达五十年，创造性运用自己的设计结构施工三合一，才能达到自己理想。他的影响很大。发挥钢筋砼自己的特点，充分利用它的可塑性，耐光，对气候抗就，整体性施工方便整体性强，裂缝，对温度的变化敏感。做出的计算和直觉和经验，古代石建筑那样的计算。结构理论有很多假设，不切实际。结构本身有发生发展的变化，不能把它看成死的东西，对复杂的结构进行模型分析。首创：

⊙钢丝网水泥，做船，农舱，游艇。

⊙装配式，小块预制，现浇联结起来。

注意结构，经济，美观的统一。意大利资源缺乏，但又奢侈浪费。搞不上建筑的美，首先要技术上正确，就像文章的文法必须正确一样，提倡结构的真实。

建筑与结构要一致，建筑的风格，应该是真理的风格，遵循物理学的规律。

彼利里大厦（橡胶公司）船形，四根大柱，三角形的管道。

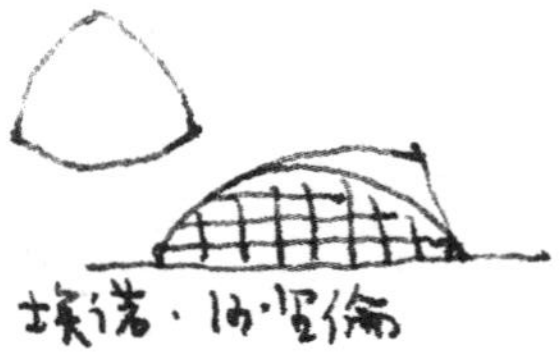

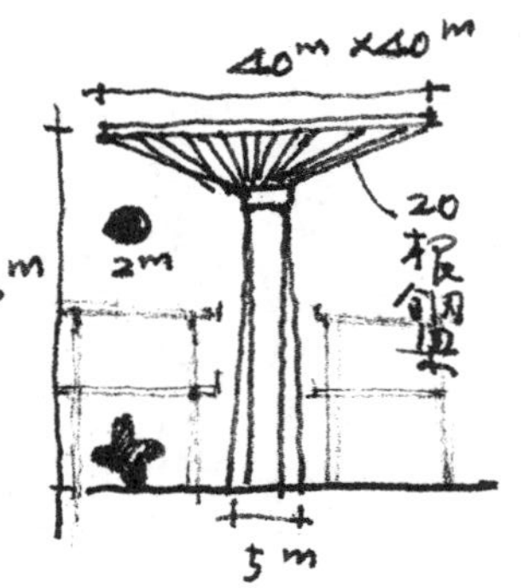

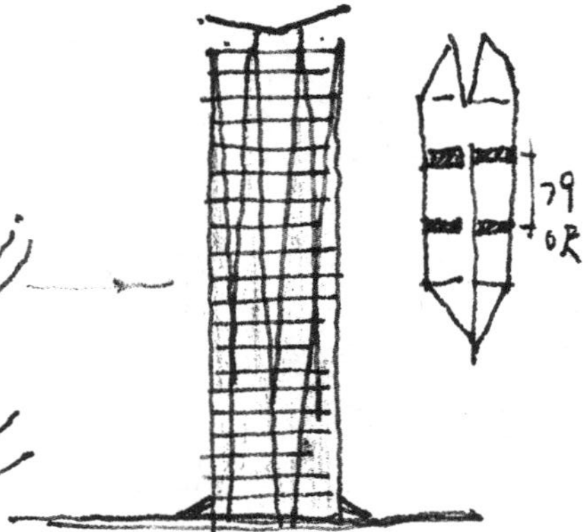

13

技术和艺术的统一，正确运用结构，而不是卖弄，代表正确的道路。

Ⅱ. 巴西新议会大厦，尼迈雅，巴西利亚（BRAZILIA）。

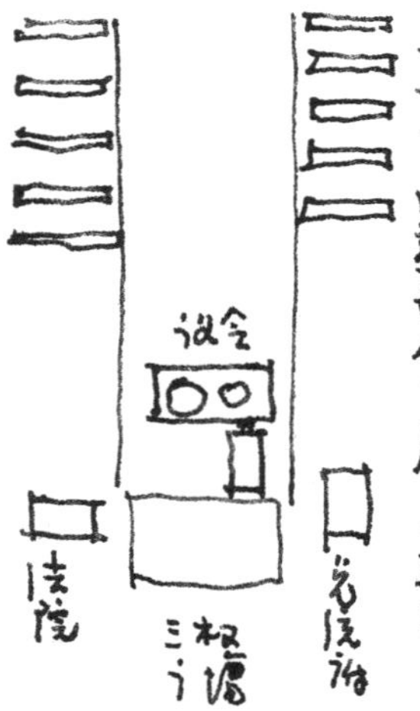

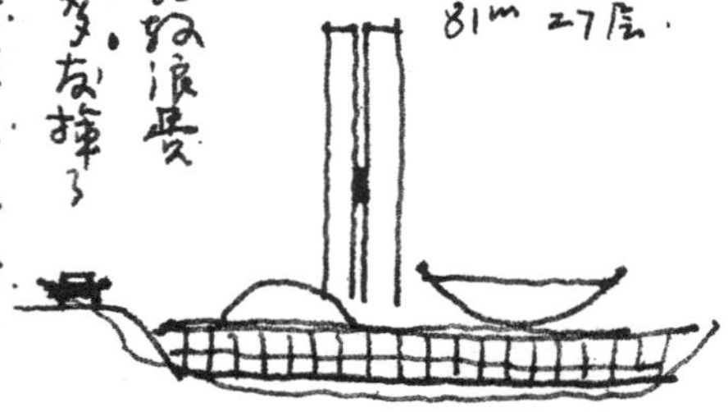

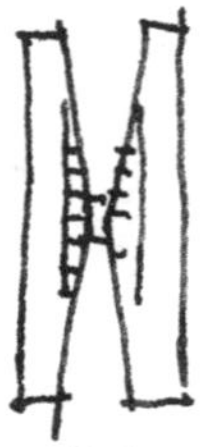

纪念性建筑如何盖，联合国是中性的，比较浪费，资本主义说它很好。我们的争论也很多，发掉了他的取巧技巧，采用简单的几何形体的组合，坡道，无栏杆，无装饰，先处理硬碰硬。在空旷的荒凉的城，轮廓突出，强烈的对比手法，纪念性，水池的倒影加倍地突出。曲线与直线的对比，正反向对比，动态与静态对比。虚实对比。颜色白水泥，蓝绿色的玻璃，建筑物只体现使用内容。群众不可理解，"什么玩艺！"不是议会大厦。主要入口相当不明显，议员要钻进去。看不出巴西的民族特点，西班牙移民

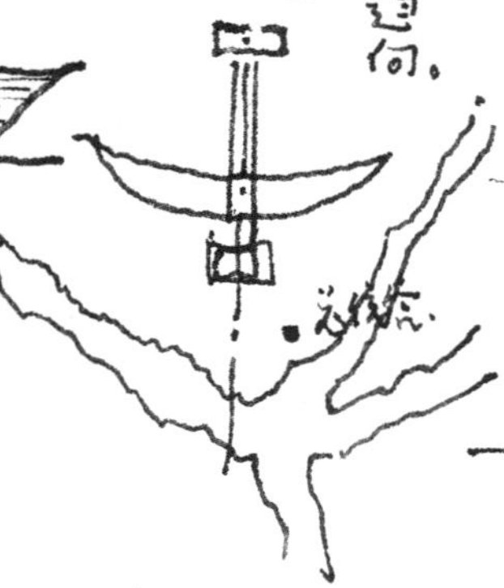

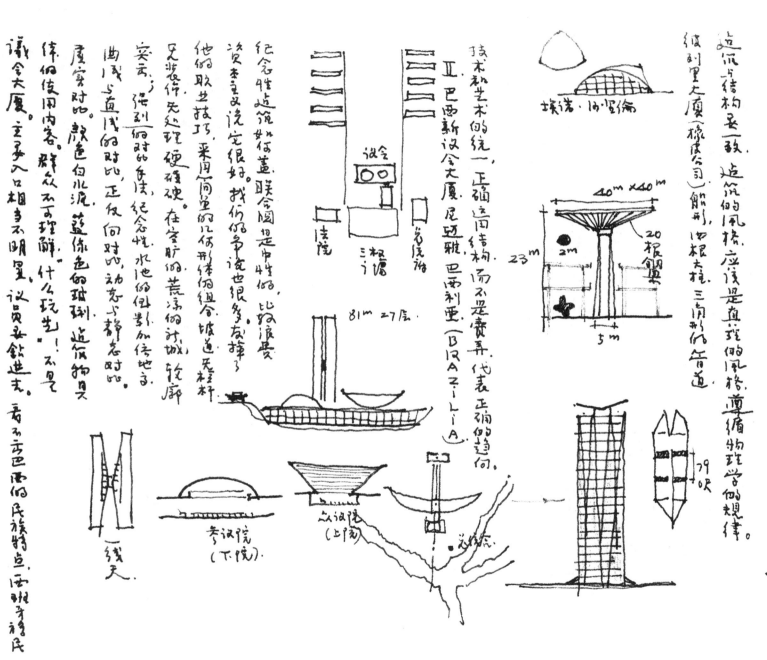

和联合国的风格相似，不亲切，特别是近了之后，
62.6.5 人民日报：巴西新都纠脚。
宇宙式的城市，最现代化的，不合巴西人的口味，没有民族特点。不能称是很成
功的纪念性建筑。尼迈雅是巴西共产党，有些正义感，普遍存在文盲和贫民
不满的房屋，我们不能盖华丽的宫殿和大学。实际上他敬佩追求视觉构图，
不管群众是否喜闻乐见。受斗勒·柯布西的影响。梁先生说这是最好的反
面教员，形式主义与浪费。既纪念内容的纪念碑只求形式新颖而已。实
际问题很多，旅馆民族宗教的装饰了，材料颇不通风。美国的建筑材料很
多，塑料遮阳板，断了，翘曲变黄，好象挂了铺。

宫

府

法院——已裂。

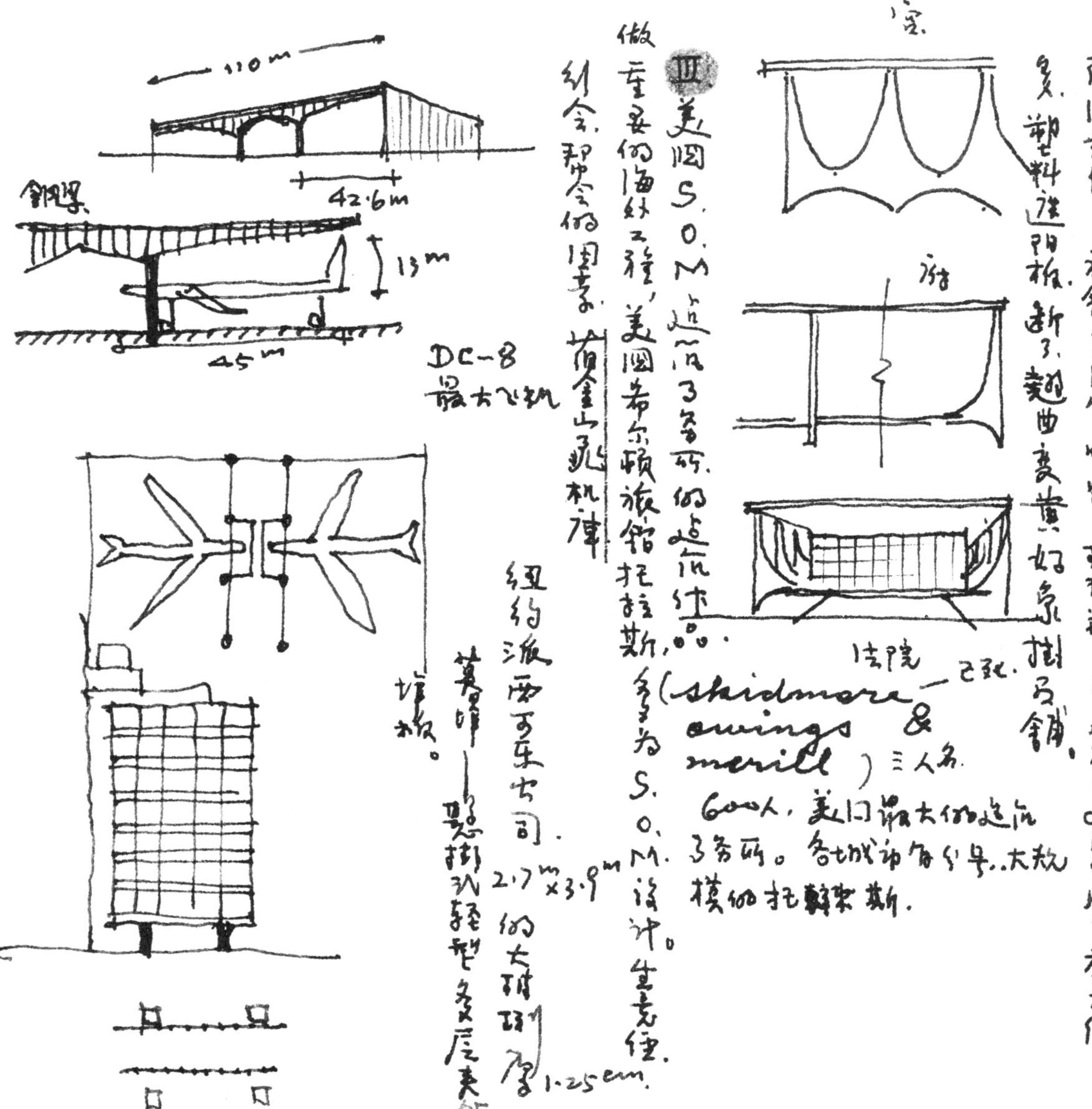

Ⅲ 美国S.O.M.建筑事务所的建筑作品。

(skidmore owings & merill) 三人名。

600人，美国最大的建筑事务所。各城市有分号，大规模的托拉斯。

做海外工程，美国希尔顿旅馆托拉斯，多为S.O.M.设计。生意经。

纽约联合国的周围。旧金山飞机库

纽约派西可乐公司。2.7m×3.9m的大玻璃，厚1.25cm。

墓碑——悬挂式轻型多层建筑

墙板。

洛克菲勒中心、联合国大厦（据说花到上万美元）。

这的模样，甚至试合，减弱自重，设造变化很多，据说钢尾、铝尾的使者粗细一面以随便处理。公司的声誉与这个建筑的关系很密切，向往的广告，而华丽光泽，玻璃大楼很合收获。

四、美国建筑沙里宁设计的建筑师P.约翰逊，路易斯·康等的作品，初露头脚，想突破前一辈手法增加花样翻新。看风格新，无主见，但有第二代魔性，胜利是围代替了理性原则，制造力代替了目标，只顾眼前的任务。

埃罗·沙里宁奋斗前年死了。T.W.A.航空站，纽约，环球航空公司。如肯尼迪古代的古典建筑，全是曲线，两英亩大的现代雕刻。

形式上该像个鸟的形象，他自称：实在的一个比较的戏剧重要——样，强调自己。表现航空旅行的兴奋，认为该是动态的，建筑性的。这就是沙里宁的主意。大厅里很亮，被赞扬。

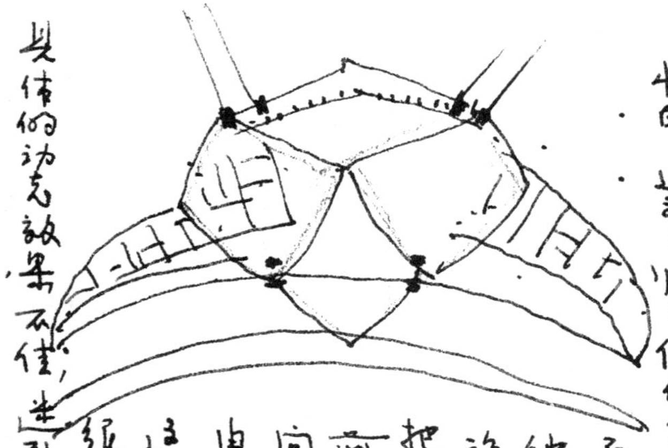

通过里面的管子，看起来他说是做到了。

资本家要求这样，航空公司把乘客争取到自己的营业厅前面，广告的意图。建筑师之间的竞争。

电影的票房价值

这个建筑的票房价值很多。

具体的功能效果不佳，迷乱恍惚。与功能、结构无联系，社会的根源在命运也不列。坐飞机的美国人，有些人喜欢。但表现美国资本的要求之建筑。曲线对直线，美国人说定义鲨鱼、甲虫、超现实主义

形式上的标新立异

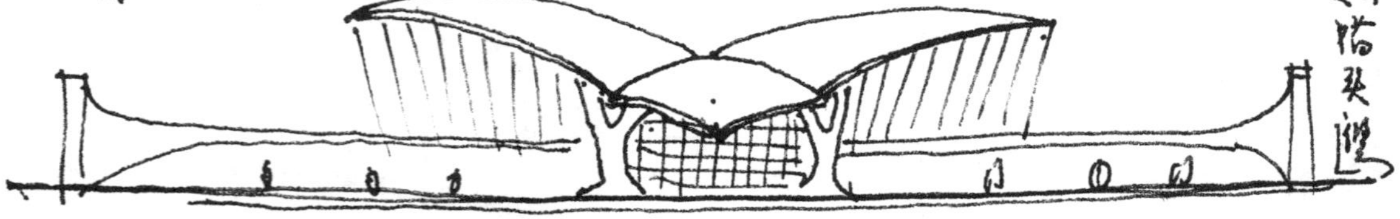

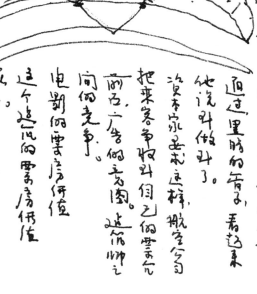

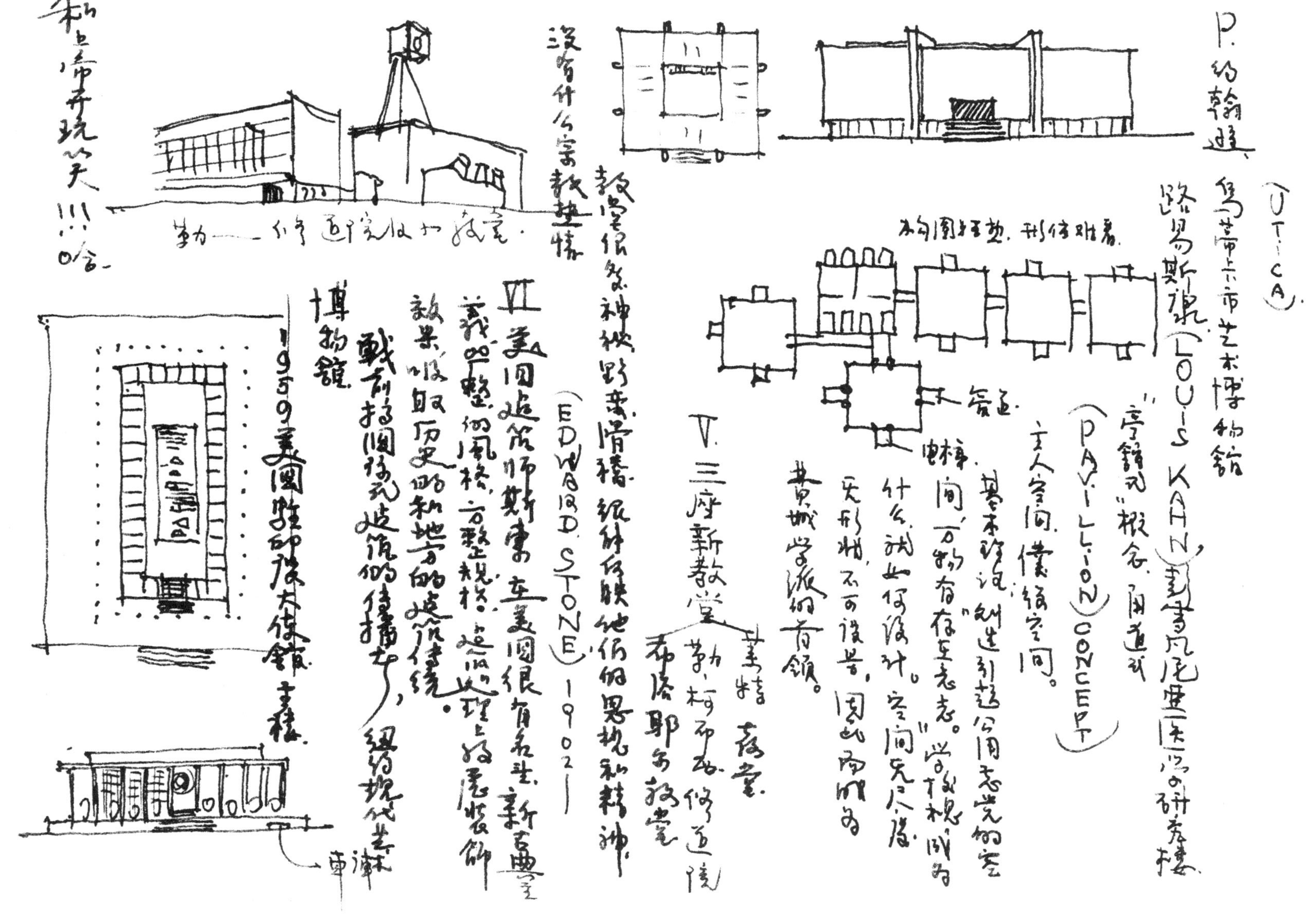
P. 约翰逊、
(UTICA)
乌蒂卡市艺术博物馆
路易斯·康(LOUIS KAHN)，宾夕法尼亚医学研究楼
"亭馆式"概念，街道式
(PAVILLION CONCEPT)
主人空间，仆役空间。
构图精整，形体明确。
管道
楼梯
基本论说：创造引起公用意见的空间，万物有存在意志。"学校"被视为
什么就如何设计。空间先于人居
无形制不可设想，因此所谓的
费城学派的首领。
V. 三座新教堂
勒·柯布西耶 修道院
布洛耶 教堂
教堂很多神秘、野蛮、滑稽、纯朴，反映他们的恩怨和精神，
没有什么宗教热情
勒——修道院和教堂。
和上帝开玩笑!!! 哈。
(EDWARD STONE) 1902—
VI. 美国建筑师斯东 在美国很有名望，新古典
主义的整饬风格，古典规格，建筑处理上的装饰
效果，吸取历史的和地方的建筑传统。
战后的美国形式建筑的倾向，纽约现代艺术
博物馆
1959 美国驻印度大使馆 主楼

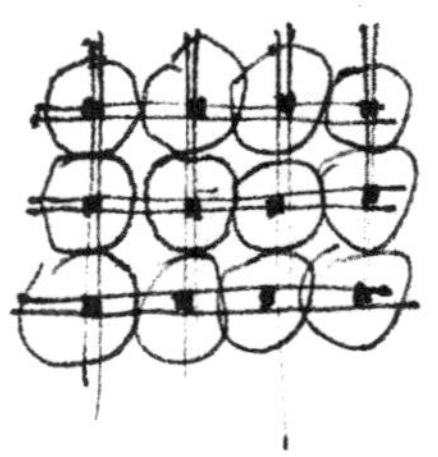

水院与天幕

爱因何塞旷：建筑师仅对斯东，美国资产社会很赏识他，头一个出现在电视中的建筑师。

纽约林肯中心音乐厅，基于政治上的考虑，美国人的形象，不符合帝国的气氛。

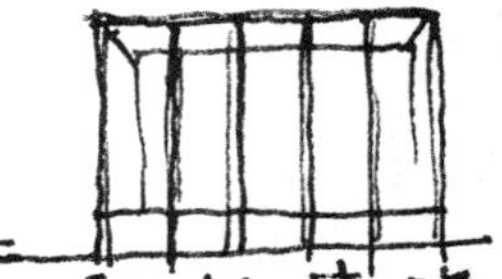

海外某些之建筑，迎合资产中一部分人的艺术趣味，资的口味是各式各样，要求仿古的形式，社会思想意识讲保守主义和自由主义不同，把封建贵族的思想意识搬来应用，仅对资本主义败坏，可以乐观，要和谐与稳定，秩序和文明，这恐怕是最根本的原因吧！

1964.3.12. 人民日报。

化妆品工厂，

巴基斯坦原子能研究所方案。

温保的雅致，女性的纤巧，但是迎合群众口味的投降。

纠正了二十年代比较片面的观点。

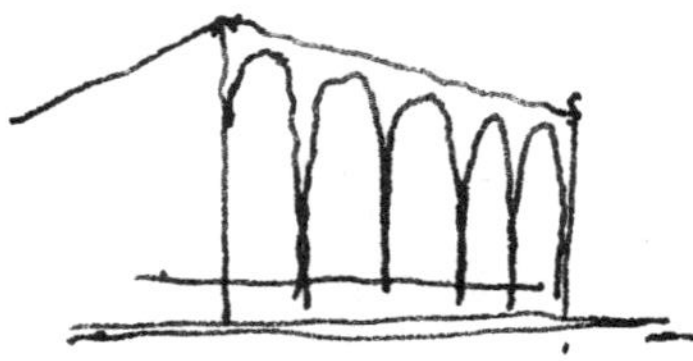

VIII 亚马萨基：（MINORU YAMASAKI）山崎实 1917.

美国圣路易航空站 1951 三个十字拱

设计日本大使馆，日本庭园宁静的气氛，结构不排斥细部。

传统建筑竟格不入的趣味，日本的佛寺，亚马的小巷，

反对勒柯布西，建筑要愉悦，高尚，秩序，朴实，充分运用新技术，人的尺度

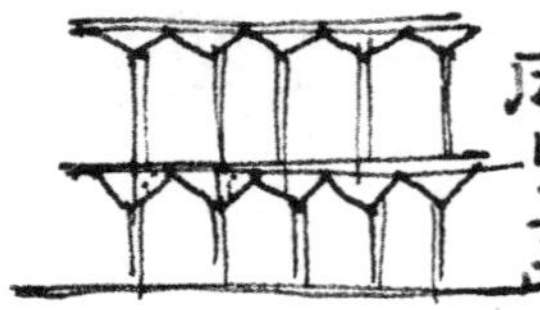

威恩大学会议楼 WAYNE UNIV.

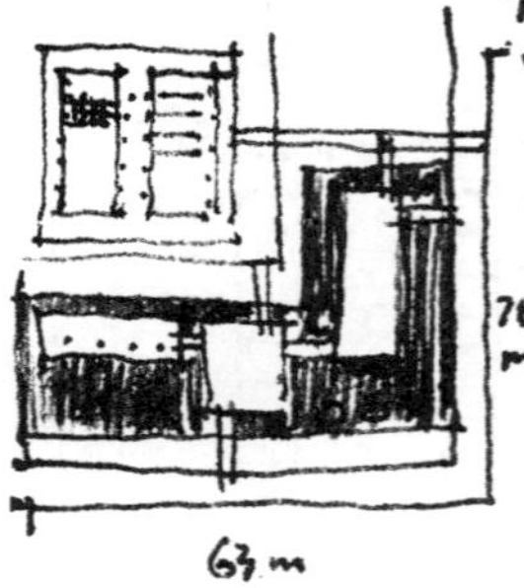

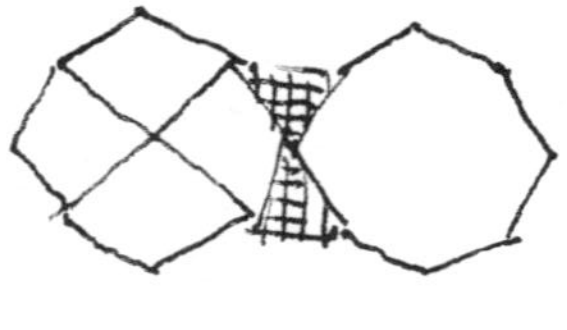

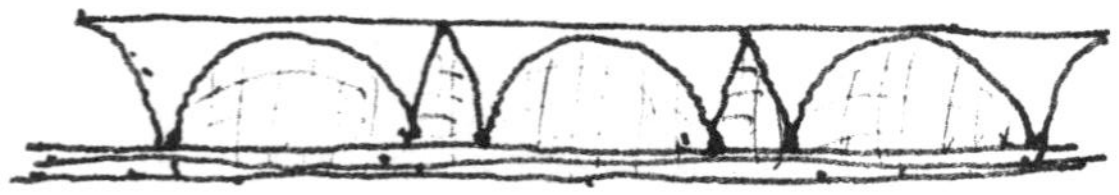

15

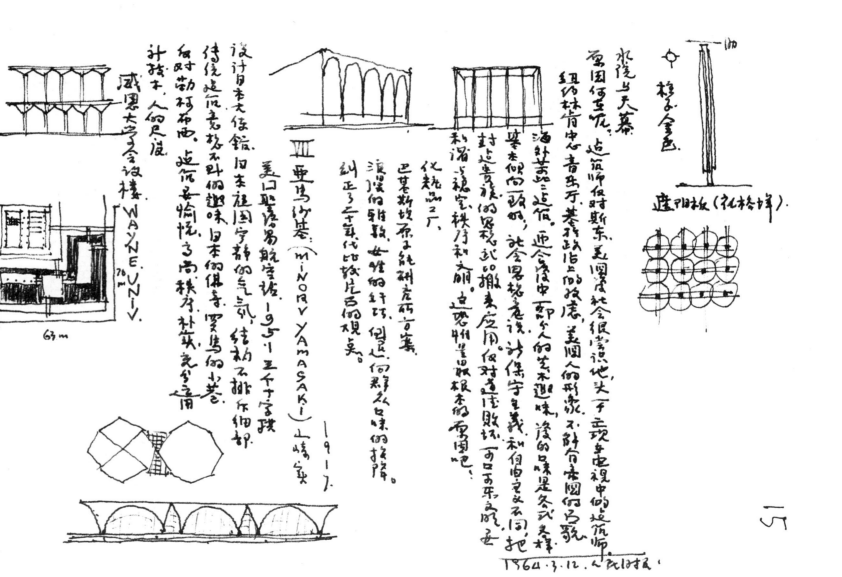

采用夹层造，与客堂、庭院精巧相连和庭院的布置
做折衷而富於变化的日本风格，如斯东更自然，强光室气
合乎东方的传统，神似，向一向屏眼。

结束语

近百年来最为丰富的时期。
全面设计，正确对待，二等成就与
精新，历史的成就，造筑技术与造筑学
的历史的进展，人类控制自然的本领在不
随心所欲，结合已有手段合了，但丢成经
劳动生产率提高，机械化工厂化，造筑建设
很快，但缺乏的味道的特性，但造风刺间
不能翻出来，就如食物一样，但已消化。
洋怪飞

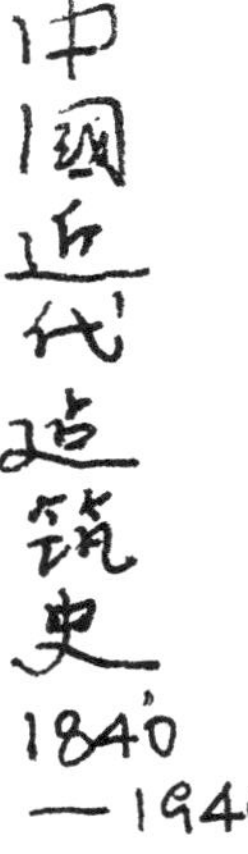

中国近代建筑史 1840—1949

中华人民共和国十五年来的建筑

从鸦片战争开始1840，1911辛亥革命
工清代末期的建筑，重修颐和园，宫匠技巧的进步。贵木料，土堆建筑仅
两三层的建筑都不能解决。•西洋建筑方式开始传入中国，1860年后，侵略
性的输入，广州十三行。教堂，宣武门内教堂1657，欧洲巴洛克，圆明园
内的西洋楼，喷水池，巴洛克。•清末的新式建筑，洋务运动，军工厂、工业
机以局，织布局，"新政"，谘议局，学堂，现在的动物园

16

55.3.28 人民日报。
反对建筑中的浪费现象。

近两十年 建筑思想的变化。

1. 复古主义的回头路 53–55
2. 新风格的探索 56–59
3. 首都的国庆工程
4. 百花齐放，推陈出新。

四部一会大屋顶88万元，地安门宿舍，大屋顶54万元。亚非学生疗养院斗拱贴金琉璃瓦。梁先生大屋顶受影响。新桥饭店与友谊宾馆，平面完全一样。百货大楼，首都剧场，建工部[illegible]。人大会堂，解放军

国庆工程。中外古今一切精华皆为我用。以人为主。民族宫，美术馆。

百花齐放，推陈出新。拿望远镜看北京。

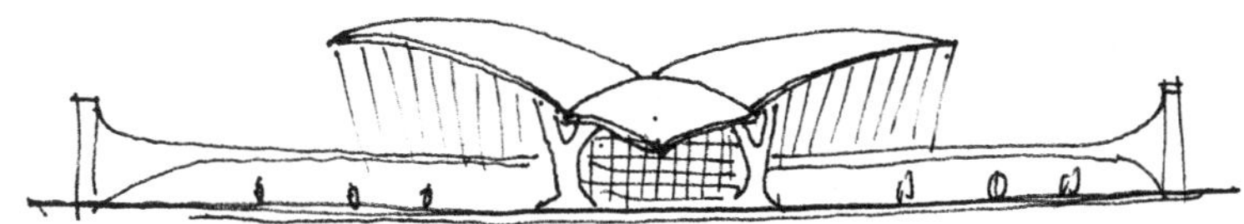

扬州园林

陈从周先生

1

南京 同济大学．陈从周教授．讲．扬州园林．

扬州自隋唐以后，对外的交通，南北的交通枢纽．天下月亮有三分．二分月亮在扬州，两淮盐的集散地，皖商为最厉害，园林的作者郑元勋．在扬州修影园，到乾隆达到最高潮．连衙门都有花园。

乾隆，管盐商太招摇，但对他良心还好．

新城．（明朝） 用婉约的字眼，"小""瘦"

坐画舫．1.5小时，游览方式．

白塔．五亭桥．学北海公园．把五个亭子

摆在一個桥上，续取而不落抄袭．

瘦西湖．旧城．小秦淮．

平山堂

欧阳修．非借景不可．山至为对景．

晓起凭阑

六代青山多入眼．

晚来把酒

二分明月正当头。

江淮平原．地较平．水不多．石头较少．盐商们船把各地的形形色色的小石头带到扬州．商人的思想意识与地主，官僚不同，商人好面讲排场．用磨砖对缝的．清水砖墙．

假山—— 装配式的抽象雕塑品．用拼镶的方法．

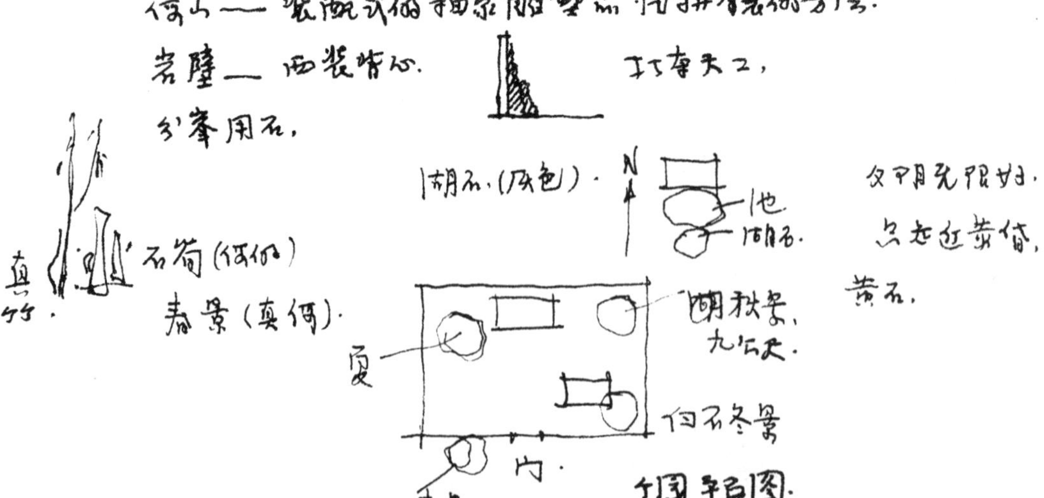

2

春山易游，夏山易看，秋山易登，冬山易居。（绘画理论）

堂阁诸多，五开间、七开间厅，乾隆几次到江南来，楼、假山、九公尺立体交叉，二层廊子，二层楼，二层假山。

处理手法介于南北之间。大片的清水砖墙，有些近代化的手法。

砖　白粉墙　苏州

大整石　清水砖墙　扬州

苏州平面变化较多，扬州平面死板，但主体方面下功夫，形成洞房曲户，从假山登至楼廊，形成很好的绿化环境，花园城市，化虚为实的办法。

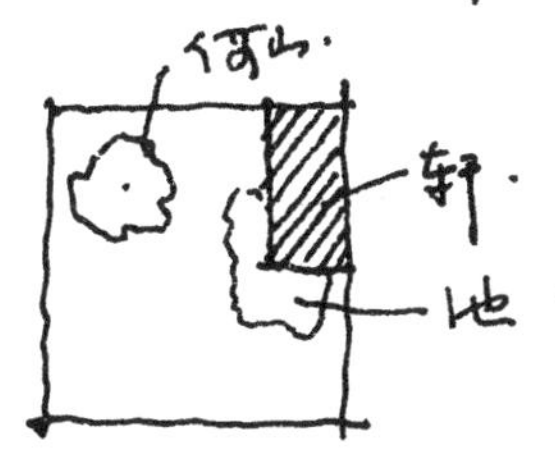

家家户户都种芍药牡丹，用松柏的绿化托衬假山的苍古。

扬州八怪，画多画花卉，花的组合，使之入画。竹子，腊梅，补白问题（白石老人），用兰草。用竹子和书带草来补白，书带草，四季常青，用芭蕉补白，四季绿的颜色。

中国花园与建筑物分不开，用廊子连起来，用花木绿化托衬起来。用房屋的本色，不用油化，气候干燥，用楠木（高级木料）斗富的方法。产生色雅洁。用花楠木装修，雕刻，方砖对缝铺地。

搞了很多的盆景，做了四季插花，比较刚劲，扬州得其神，苏州得其巧，在剪扎上用工夫，一寸三湾，云片。盆景达六百年（明太祖的女婿家里），现仍存在。

峰，苏州的瘦，扬州的怪。抽象雕塑。雄伟（雄健）十分秀。健笔写柔情，苏州是柔笔写柔情。

巧在因借。（因地制宜，借景）

扬州瘦西湖的五亭桥，中国仅此一例。

1979－1981年
清华大学建筑学专业研究生笔记

清华大学建研九

田国英 81.10.

1979——1981年

西方城市史

吴良镛先生

西方城市建设史

吴良镛 先生讲 79.9.

一、绪论

二、奴隶社会的城市

1. 城市规划越来越受到学术界的注意，各行各业都参加。美国"中国城市建设"数学模型、社会学、人类学、经济学，不仅仅是建筑师，通过建筑师的基础来，地理学也在搞。城市问题严重，影响巨大，将来的问题比现在还要严重。

防患于未然，现在的问题只是序幕，"城市社会"的影响，乡村也要受到城市的影响。旧建筑教育的流弊即就建筑论建筑，土木系的城市规划打方格网，没有很好地解决，现在开始重视城市了。2. 建筑与规划分家是不合理的，从历史上看就是结合的，埃及就是以建筑群出现，与环境相结合的，阿尔伯蒂《建筑十书》

勒·柯布西耶，规划、建筑成一体了。

莱特，沙里宁，我的老师，石大严（美）先搞建筑，后搞规划。

Dudok（荷兰）12000~35000人小城市的规划，从总体到个体成一个体系。经过革命和斗争，一生的战斗。1945年认识梁先生，搞古建筑，他对北京的规划的批判，很多过目的意见，杨廷宝、华揽洪（法国）从建筑走出来，深谋远虑。

风景区规划，发展旅游事业，和环境不配合，颐和园 颐香、逦丰巷，全面的建筑学的训练，城市建设的基本知识，提供适宜的工作、生活条件。

3. 为什么要研究城市史，现状和历史，曲阜，Pass is the feature.

不是复古，而是要科学评价建设的原则，交通问题，到处都是交通，十字路口搞四隅楼（转角楼），形成致害死人，新的建材建筑，围墙大院，小而全，最好的地方给机关占据。建筑师+思想家，不是规划无用论、长官意志、斗争，要宣传你的理想，有识之士，不是规划无用论而是建筑师无用。科学化，只事铭。最近要来了，一定要到那时去。研究书本知识。

4. 城建史的范围很广，城防史，城市地理学，空间距离，形态（方与圆）农耕，畜牧，防御，一得之见。

以上绪论。

二、奴隶社会城市

(一) 埃及：B.C. 3000 历史背景，城镇分布，尼罗河两岸。

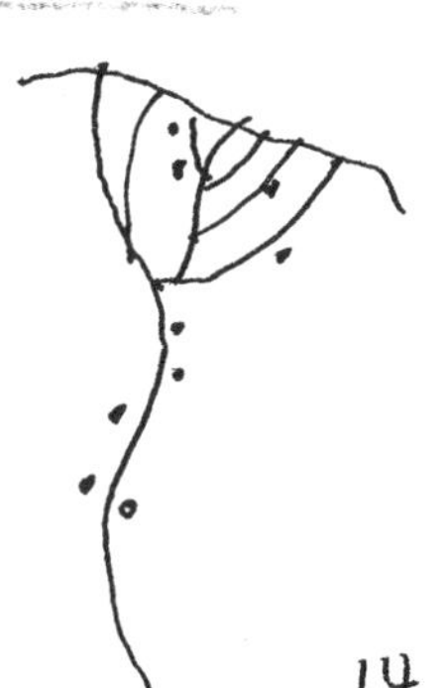

萨古特城，建立的演变。

城市对河流的依赖性

Tell u Amina 工人村

1375～1350 B.C.

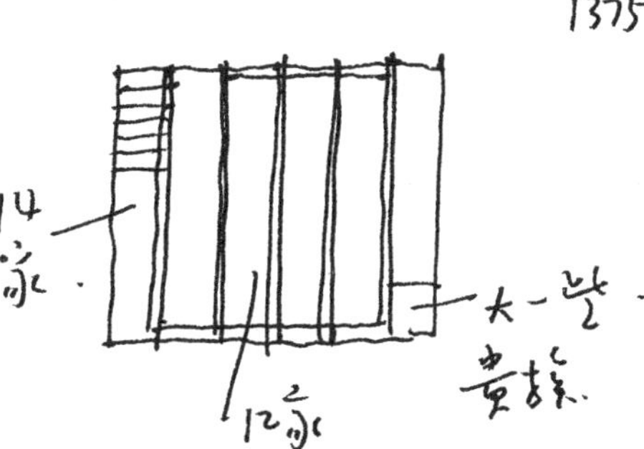

Kahum 城。 埃及城市规划成就。 分区，选点的概念，城市设计的原则，方格形的城市平面。

Qmun Khent

Kawes

工地工棚，东方红炼油厂。临时房屋最永久。

金字塔

工人村

Luxo

Karnar 神庙。

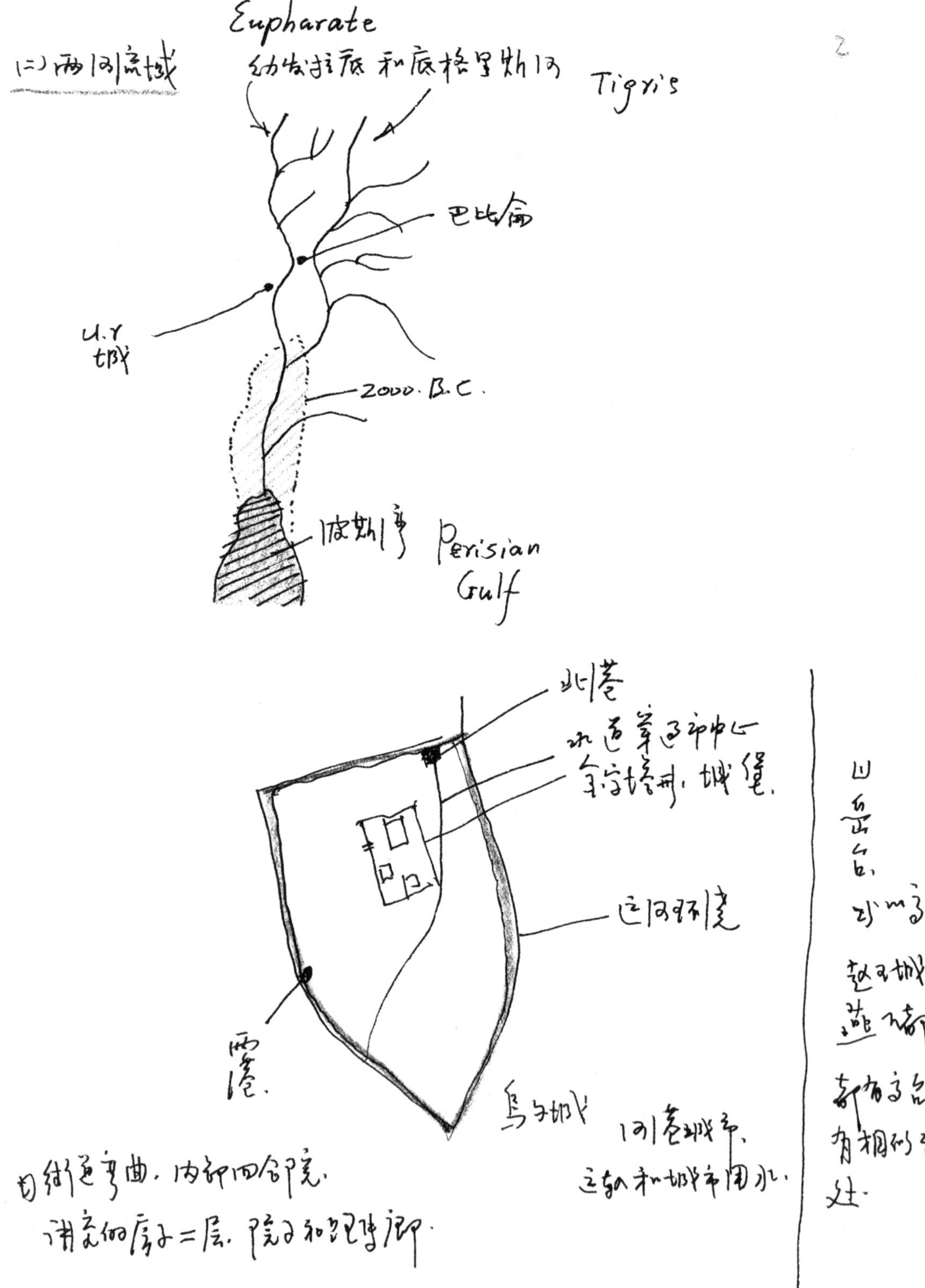

(二)两河流域

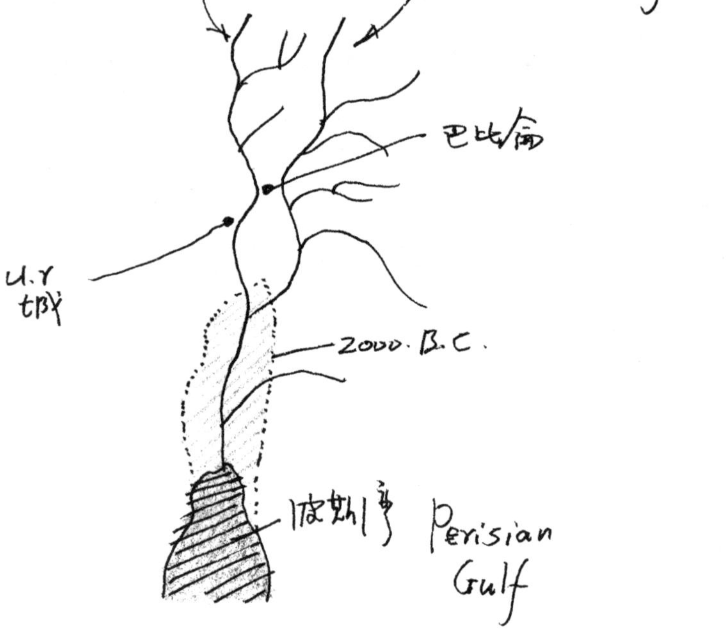
Eupharate
幼发拉底 和底格里斯河
Tigris
巴比伦
U.r
城
2000. B.C.
波斯湾
Perisian
Gulf

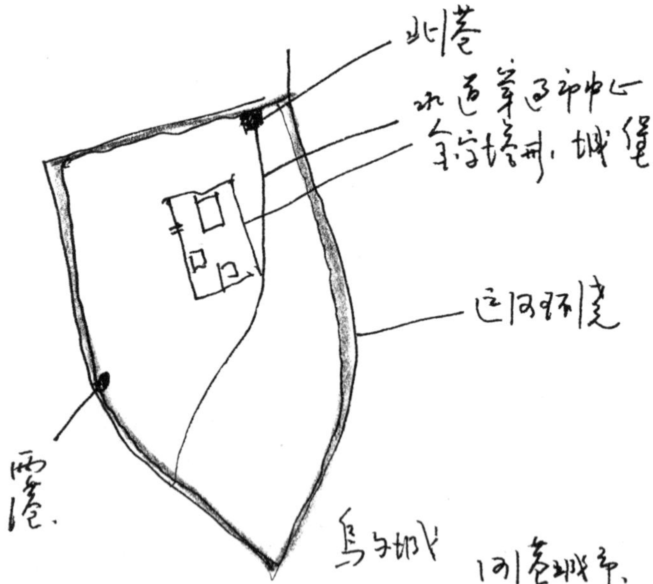
北港
轨道穿过市中心
金字塔庙，城堡.
运河环绕
西港.

乌尔城

内港城市，运输和城市用水.

由街道弯曲，内部四合院.

讲究的房子二层，院子和回转廊.

山岳台，与中国赵王城、燕下都都有高台有相似之处.

巴比伦城

首都 各王朝 亚述 波斯王朝 重要的都城 跨河的城市

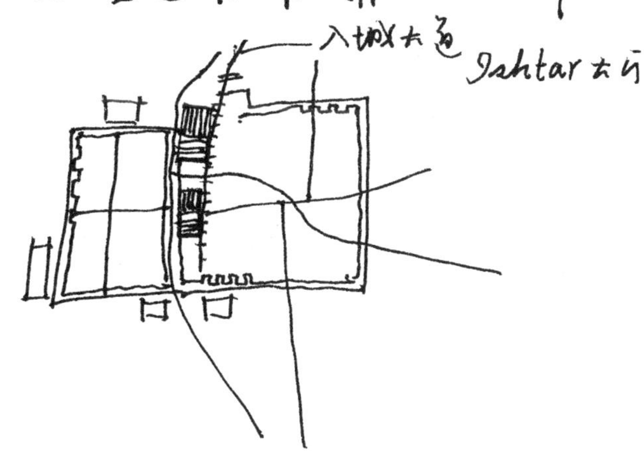

河床通路，从皇宫到乡间别墅。

高地建有高台，监视奴隶劳动，防守的用的。

20余公里见方的，100个铜门。 宫殿在河边，城墙、护城河。

Khorsabal

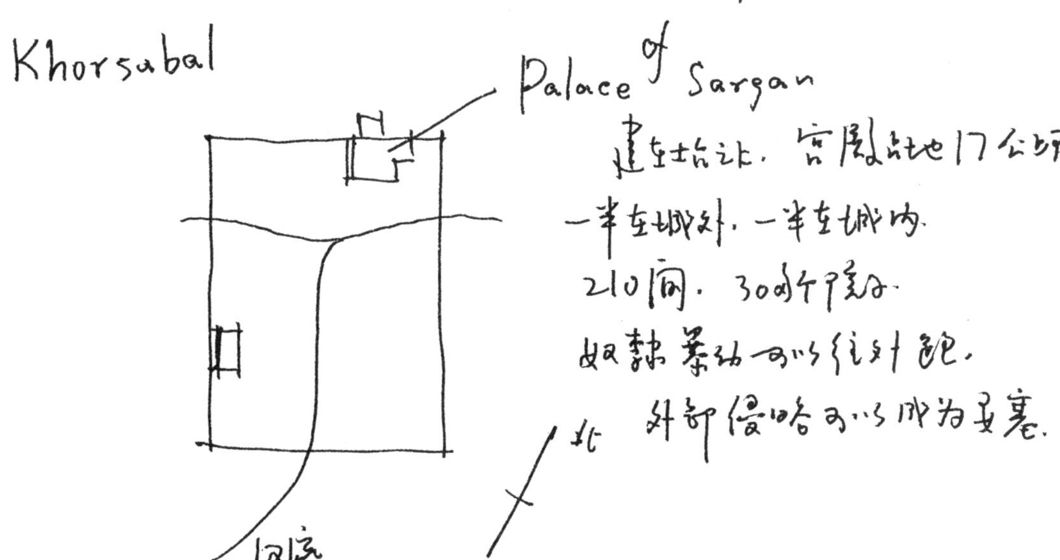

建在台上，宫殿占地17公顷

一半在城外，一半在城内。

210间，30个院子。

奴隶暴动可以往外跑，

外部侵略可以成为要塞。

两河流域的特点：

城市用水，河堤、又能防灾害。城墙、宫墙— 中心通向 建在夯土高台之上

城市的中心或也像。 奴役、官僚的发展。城乡对立的产物

中央大道，皇家的权威，社会经济的发展，城乡阶级对立，王权、神权独尊的造型艺术。

(三) 希腊

政治经济背景，小国寡民，200多城邦，更多的政治权力，比部利什创性的建筑。 荷马时期 几个部落为防御中心，两个半岛。
极端的政治分散。
雅典—普列城 分布在港口。

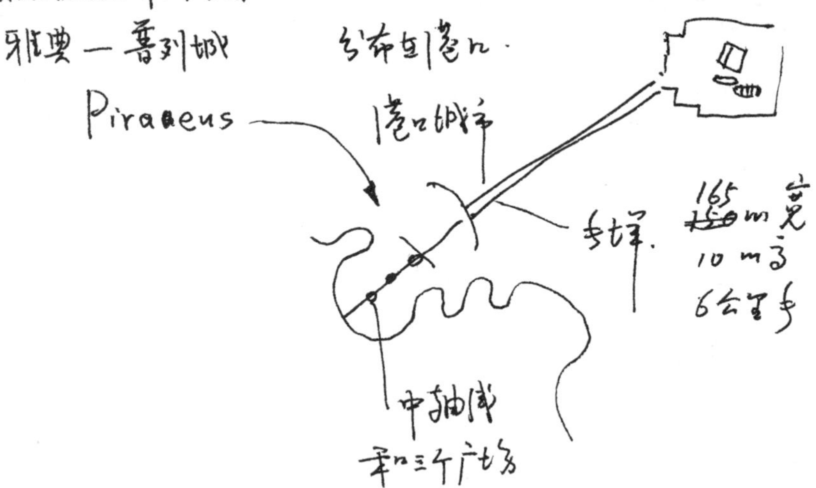

雅典是战胜波斯的主力，优秀的工匠和知识分子，人力和财富，政经文化的繁荣。五世纪、B.C. 许多神庙和宗教性辉煌的建筑 雅典卫城成为希腊的文化宗教中心，距海有一段距离，石材、粮食 Attic平原 50万人，山上的旅廊。

Agora 广场，气候温和，适合户外活动。 游行路线

20m高的山岗
建筑群，
视觉要求
不是简单的
几何关系，
自由活泼，非机械
对称，对比的手法

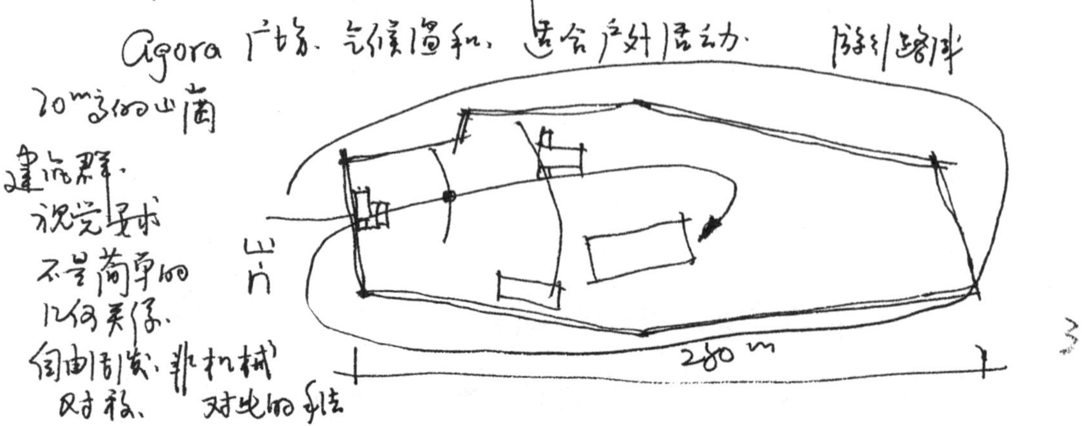

各具匠心，均衡的手法的运用，柏拉图，伊瑞克先

避免了重复的体形，构图，这不是巧合，都是看外最精彩的一面

模型与身临其境，现场踏勘，不能一蹴而就，纪念堂

Priene 城 小亚细亚，爱琴海的一边，B.C.五～四世纪

避免泛风，400家，五十二英亩，棋盘式的街道，东西向 7m ～10m

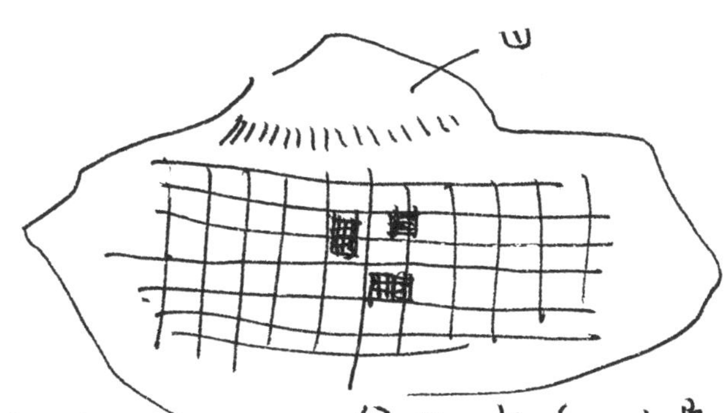

主要街道不开店，盆地城（八达岭外）把山包在城内，

Miletus 城

湾

Hippodamus 体系，

城市规划之父，

城市规划的理论思想，

数学上的要求，思想家的影响，

假设， Hiporitis，

重视空气，水，绿地

小结：雅典 有规划，自然环境，避风，大山之麓，大海之滨，

善于利用自然， 明确的街道网，宽度随功能的要求而不同， 30～50m街坊，4～6所住宅，

几何形组合活动空间， 城市户外活动的空间 近代忘记了它了

开始形成了一套规划体系。

4

H.C.C. 79.9.25. A.m.

四.罗马.

综述. 3世纪B.C 征服意大利. 不断扩张. 埃及、北非、高卢、(法、比)

欧、亚、非 横跨. 罗马帝国. 3世纪A.D. 伯然衰落. 四世纪. 东、西罗马

五世纪. 西罗马灭亡。 城市星罗棋布. 意大利和西班牙.

①行政中心. 罗马.

② 军事营寨城 Timgard. 数量多

③ 文化休养城. 庞贝城

④ 商业城

罗马城: 盖在七个山包上.

Tiber plain

冲积平原上. 山不高. 有些陆沼泽地. 战争时的要塞性. 在山头上发展. 形成罗马的中心. 条条大路通罗马. 不断地改造自然状态. 不断地扩张, 用水路. 逐步发展起来的, 在这种自然条件. 造成的大城市. 城建技术的不断发展.

100~125万人. 相当地密集

比较紧凑。 多万平民.(集会场所) 无合理的规划系统.

大火之后, 按棋盘式. 28 图书馆. 2剧场. 34 凯旋门.

21

给水道.

4

带来城市的活力，town patching
艺术上变化的黑广场　公共建筑　Fora = Forum
市民集会的地点，比较完美的公共建筑，柱廊，商店，庙宇，巴西利卡
一直到联系好起来的广场群，是城市的心脏，重大的政治活动
在广场内进行，布鲁特的讲演，在柱廊的前方。
共和国时期与希腊晚期相接近，不规则形的，越来越完整。
梯形的广场，希腊也有（埃索斯）　完全开放，干道穿过

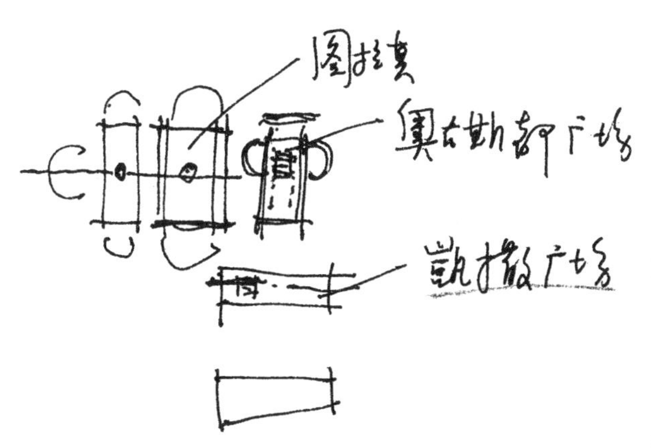

封闭的矩形，
完整的轴线，
有些敞廊，维纳斯庙
凯撒的守护神，
" " 的铜像，
封闭的空间，庙宇为中心
有轴线，借鉴于庞贝。

奥古斯都，凯撒的继承人，
个人独裁，大帝，个人崇拜
战神，半圆形的柱廊，
一圈的小柱廊　把庙宇衬托
出来。　千步廊，把天安门突出来
完全封闭，与城市其它部分加隔绝。

图拉真，最大的，轴线对称，空间序列，几进广场。

加强纵深，进深的布局，方的，横的，大、小的院子，开与合的

变化，纵与横的变化。为孔庙，横与纵，交替的序列，

加深主体建筑的印象。借助了雕刻，小建筑，附属建筑，

对皇帝的崇拜的手法。图拉真的像，纵横的交叉点，

35米高的图拉真柱，纪念柱，螺旋形的雕刻，浮雕，一个画

卷一样一直到顶。两次远征的史迹，顶上图拉真像。

对后来有很大影响，超过了罗马，如法国

院子小，柱子高，印象强烈。

对维和宫的木雕，在宫内，头部完的，非常高贵，对神的崇拜，

对皇帝的崇拜。各时柱子的高度，有浮雕带变窄。

特点、① 城市、公建，规模增加，广场没有条理（比希腊）什么东西

都有，混杂乱建

② 广场形式复杂，装饰手法多样化，中轴线，方向性，广场宏伟

③、与周边的结合，对景，对 Capiteline 山，

从某个角度看山

④、半圆形的广场，追求雄伟、壮丽，利用地形、改造地形

奴隶劳动，人工的改造较多。

阶级性，仪典，传说，国家大事。奴隶，贫民，工人不能进入广场。

华丽的公共建筑 和 奴隶平民的住宅，

竞技场，5万人，浴场，11座，竞走场，斗兽场。

居住建筑，与希腊不同（四合院的住宅）罗马，公寓式的住宅

四世纪，1780所，四合院，46000多所公寓　也有四合院

邱、周

城市拥挤问题发展。

四合院住宅，中心是一个方的大厅，天井，集中雨雪，二层院子，加上柱廊，(豪华一点)

公寓式的住宅，大量地发展，出租的房屋，其他城市也有，Ostia 城 楼梯多的少，一般人住的，楼梯草之，越盖越高，3~4层，5~6层，或更高，地震时，投机商，经常地发生，火灾与倒塌，对层数进行控制，生活条件差。 四合院，家与对内院， 公寓，家门朝外 不安静，清洁。 怕火灾，没有大的场地方，但当时罗马城 100~125万人，复杂的市政工程建设，城市用水，北京水的问题很尖锐，能容纳多少人、和工业？

B.C. 578年，巨大的下水道 184年 B.C. 整坏石拱

沿降地道去坟来的，明沟→暗沟，

引水，从河中取水，四世纪末，B.C. 污水排入，不能用河水，从城外引入，总共509公里的引水道子系统，相当了不起

312年 B.C.，最早的引水道，Aqua Appia， 91公里

144~140年 B.C. 建成， 166~94加仑/人 供水量

62英里对引入的。

Anio Novus. 105英呎，水头， 自己的蓄水池

交水费。大多的住上层阶级 挥霍掉了，1¾百万立方米的用水量。 到龙头处去提水。 11个大浴室，926浴室

1112个喷泉，供水的部， 247个蓄水库，

桥梁，跨过 Tiber 河，8座， 街道石板铺装，明沟

市政管理人员，125万人。大量的奴隶劳动。到後与陆地的控制。

中世纪时，西罗马灭亡，3c的罗马荒废，神地，剩下1万多人。大量的城镇　营寨，休养，商业。

营寨城市：驻扎军队，给部队建造的，有一定的规划。方格形的平面，主要干道十字交叉，盖一些广场，公建。巴西利卡。

北非的Timgard做得好。两条主要干道，1小时慢慢走。

Corda　凯旋门：两排列柱，内为车行道，外为人行道。近似方形。街景壮观。东西12排街坊，25×25m　南北11……

Decnumanus

D

1140呎　30英亩

罗马城市规划布局的代表作，城市关厢就乱了。

北　西边为海湾

休养城：Pompii　79年A.D

完全保存下来，火山爆发，3世纪，原为希腊的殖民地，200～100年B.C加以改建罗马的样子。位置很好，那不勒斯海湾附近，美丽富饶，椭圆形。4/5英里，2/5英里(宽)双层城墙。2.5万～3万人。8个城门。路石整齐铺装，10m宽(32英呎)，26英呎(次要路)　18～12英呎(住宅路

南北向的广场。市政厅。

500×160英尺。

柱廊环绕，统一公建形式

北

市场

神庙

所有的车辆不能进广场中去。

已经创造了步行区的概念、规划方式。

广场外布局。禁止入内。广场内。117×33米

0.37公顷。三面柱廊。二层柱廊上面。

朱庇特神庙对着维苏威火山。

阿波罗神庙、菜场、市场。

改善了自然环境，主要建筑轴线与广场的关系。柱廊遮掩了后面的建筑的混乱。两个剧场，容纳5000～1500人在广场附近，大的露天剧场2万人，全城人都可容纳。区域性的文化休息中心。两个主要的公共浴室（北面）。主要大街的两侧为商店与手工业作坊，与住宅完全分隔开（与住宅）商业与生活不相干扰。住宅都有内天井，通向庭院。住宅2～3层，5～6层不等。

Sallust 住宅。

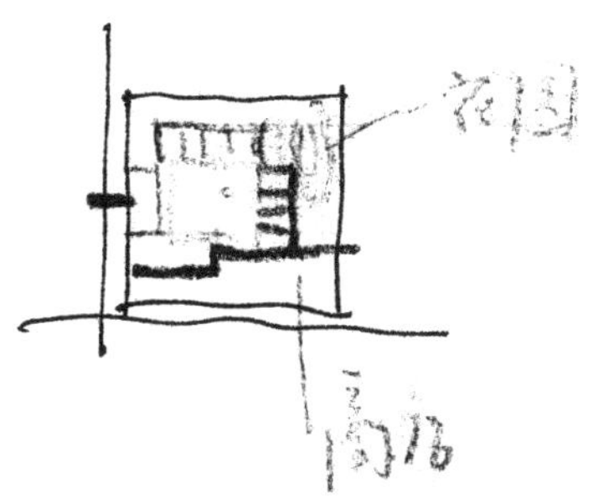

77

主要街道，有的不走车，摆路石。 人行道，车行道分开。
道路分工。

罗马规划理论：

威特鲁威斯： Marcus Vitruvius

1412年发现他的手稿。阿尔贝蒂的建筑十书受到他的影响。城市规划与市政工程，和当时全面的，位置，城防，总体，局部广场，各种用地，方向，公建位置，特殊地区规划，精辟的见解，城市与环境的关系。十大古书之一。早已提出比较"合乎卫生条件，地点高爽，无雾霭，温度适中，无沼泽；若在海边，朝西，朝北，热气逼人。炎热地区，温度对居住不利，夏季处理炎热问题，冬季问题不大。杀一条牛做牺牲，肝脏颜色的就不好了。食物与饮水，健康的肝脏，不宜于人的健康、构居住处，环境卫生。克里特岛，羊的脾气不一样，自然形态城市地理学，如何处理沼泽地带，与近代理论相符合。人的头发的含水银的量，松花江的水，古已有之，美术史的课，生态，卫生工程，广泛的了解，规划与建筑师的要通城市。充足的食物，道路交通，靠近河海，筑城墙，打基础，圆形的实在城外，"马面"中国的，弓箭的射程，沈括的梦溪笔谈，小气候，街道的走向，巷内不刮风，冷，热，湿风的危害，西北风咳嗽，南风生病，风向图，(八个方向)

小轴
空地防守
大轴

一种想象的规划原则。
文艺复兴，直到近代，
作为实践的一种理想。
①不只是对通风，公共卫生，防卫，市政
城市中气候等。②调查研究，很科学地 科学化。
③但把加以条理化，系统化，不仅是表面现象
理性地解释，知道为什么，合理地建成城市。

罗马，城市上重要的篇章，
四种类型的城市。
第一座的大城市，一系列的，给排水，居住，防火，土地套路。
中小城市，规则的街道，街景的重视，公建的分布，对景，
广场通风居住，不对称，不规则的表现形式。 住宅设计，多层
出窗，值得总结，完整的理论，比西洋丹麦斯的体系
更为完整，影响到文艺复兴。

中世纪封建社会的城市

中世纪综述：开始衰退城市，比较复杂，
公元前500年进入封建社会（中国）
西欧，城市失去了统治地位，逐渐变成乡村。
罗马大城市，七世纪，3.5～4万人， 九——十一世纪
手工业和商业城市建设起来。

88

封建主与农民的矛盾，大小地主聚居的堡垒，城乡对立的矛盾更尖锐了。经济闭塞，封建割据，发展缓慢。

5千～1万人的城市，半农业的状态。哨所，营寨，遍布欧洲城堡式的城镇。在山顶，高原，小岛，有险可守的地方适应地形条件。火药传到欧洲以后，城墙加重，发射距离增长，旧城墙，筑了二道。宗教的发展，势力很大，统治全欧物质和精神，神权，修道院形成一个城市，以教堂作为市中心，广场，市场，市政厅和教会，教堂广场，市政厅广场。水源不便，井水，无下水道，环境卫生很不好。

建筑艺术，早期内因地形形成，不能说完全没有规划，设计形态选择地形，环境，广场小，教堂大，街窄，对神的崇拜，宗教气氛。

罗马城镇；筑了堡垒→商业；农村发展起来的；防御而结团的城镇 Bastide town，村镇为了防御。

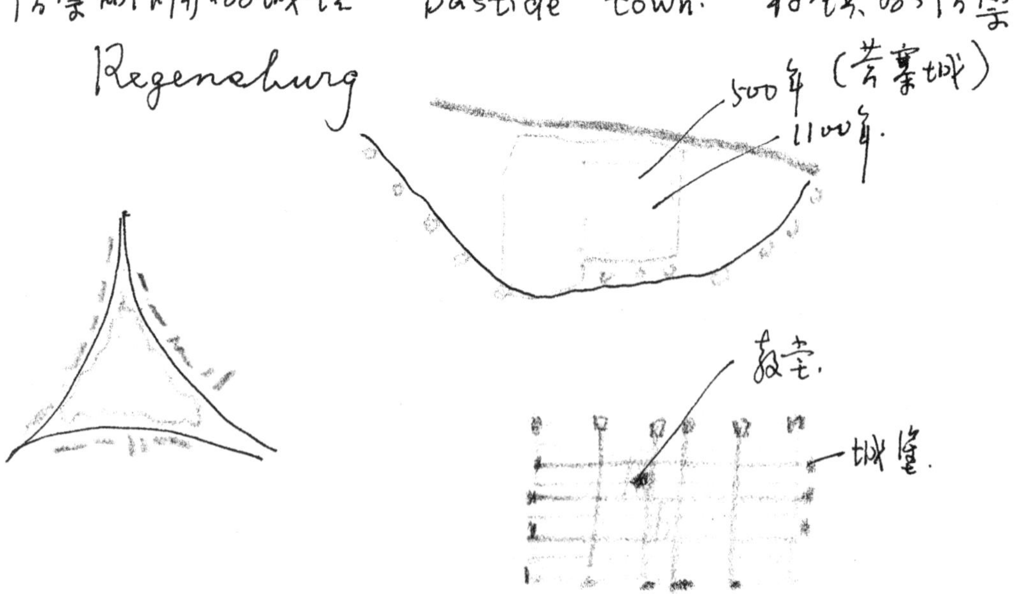

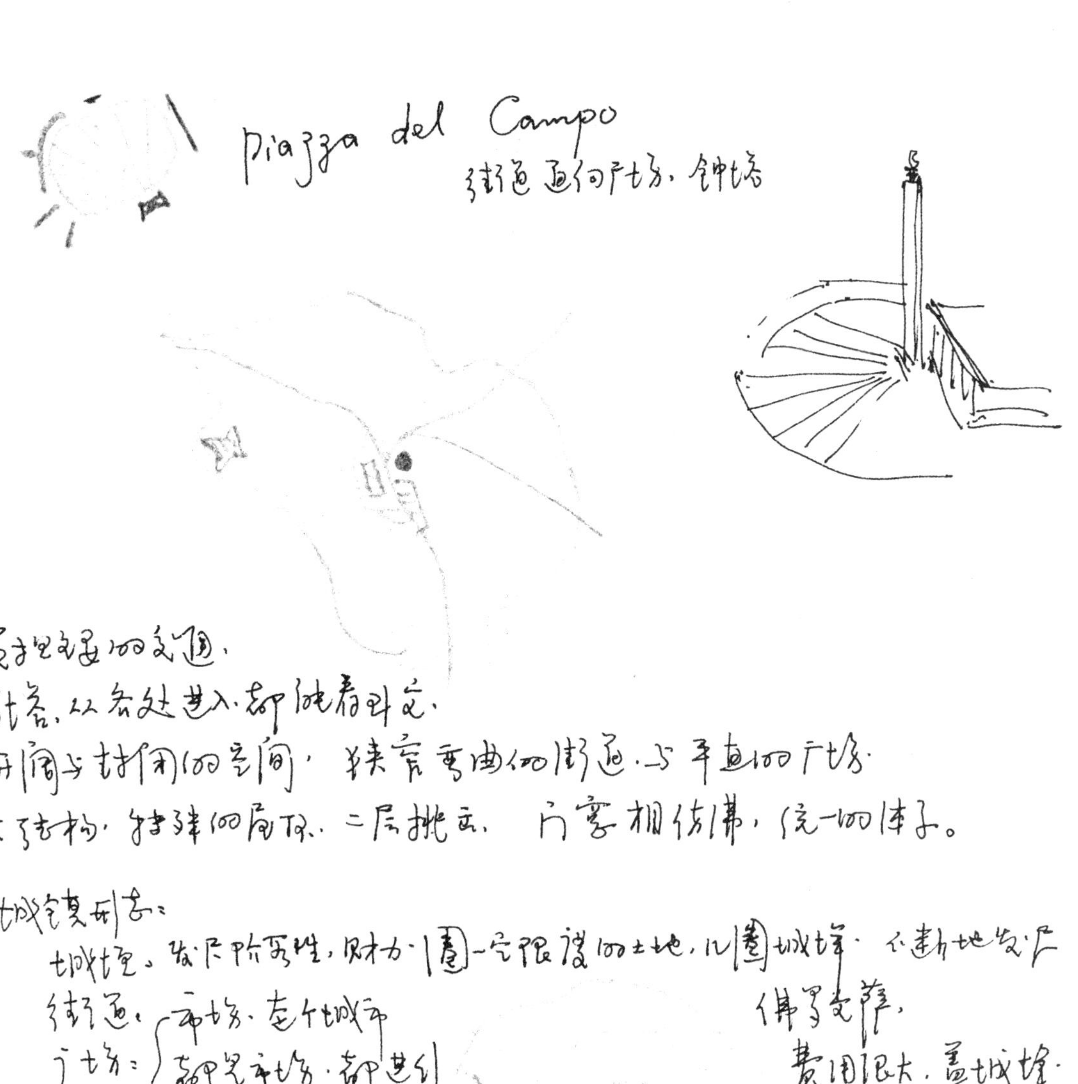

资本主义经济的支配，

钟塔，从各处进入都能看到它。

开阔与封闭的空间，狭窄弯曲的街道与平直的广场。

木结构，特殊的屋顶，二层挑出，户家相仿佛，统一的样子。

城镇特点：

城墙：发展阶段性，财力，围一定限度的土地，几圈城墙，不断地发展

佛罗伦萨，费用很大，盖城墙。

街道、广场：市场、各个城市

都是市场，都进行

商业和手工业活动，

交通街与商业街，

商店沿街建筑，

内部活动都是分别，　十世纪后，车到。

R. Arno

城里拥挤，不卫生，沿街房屋商店，村落和乡镇一样。

庭园与果园，拥挤是一个错误的概念。

供水来解决，瘟疫。人口很小的情况，和绿化农田相结合，比例并不严重，　路易斯·芒福。

沙里宁的评价：失去了中世纪的特点，直接的祖先。

19

城市地很慢，卫生条件，希腊、罗马的给定。文艺复兴也不讲卫生，麦克郎基罗，不洗澡，香料涂身，为了上帝，喷泉。

规则形的街道网，前引街，宽窄与人流有机地配合。利于防守。不规则形状。亚里士多德，防御上讲，不规则的好。战争频繁，短兵相接。

设计概念，仅从地图，看不到三度空间的自然美。具体的环境中看到空间的形态。绝不是两度空间的平面图。密切地与当时的生活，建筑形态联系在一起。时代的风尚，闭塞的空间中求得变化，建筑与自然的关系处理得好。美丽的山形与地，水色，山光，美丽的自然形态，和整个大自然结合在一起。

意大利，奥比多。Orvieto

建筑增加大自然的细部而已。

建在高原上。

钟塔，苏名，文艺复兴威尼。（不准开炮）。

小雁塔附近盖高楼，我看过了。桂林山水甲天下，不是旅馆甲天下，不做大文章只做小文章。

自然形态是非常重要的

不要与自然争美，镶嵌在大自然之中。有一个联系的概念 Correlation

城市与大自然相结合，加以组织，特有的个体构图，雕塑剧各种东西，不能离开其它，和自然结合，式样的统一与变化，不规则的东西要研究，《Citta》这本书

Erbe广场。

人们以为是四边形，在视觉上完全的印象，

中世纪的贡献不是古建筑失去的东西。

很难了更多的排索，工业革命后，回头看中世纪的小城镇。

文艺复兴期的城市建设

一、文艺复兴时代背景与城市

二、"理想城"

(一) 概说：

(二) 阿尔伯蒂 Leon Battista alberti

(三) 达芬奇 Leonardo de Vince

(四) 斯卡摩齐 Vincenzo Seamozzi Fra Giocondo

三、十六十七世纪意大利城市

(一) 罗马城

① 概述

② 干道的开辟

③ 广场的建设

Popolo 广场

The capital 广场

St. Peter 广场

讲文艺复兴，在城建史中很重要的一个方面，14～15世纪封建社会内部资本主义萌芽，银行家、手工业家、商人共和国，中世纪的城市结构已不适应，活动多样化，人口增多。

14～16世纪欧洲思想文化运动，对科学、文学、的发展，作出了很大的贡献，"最伟大的进步的变革" 反封建、反宗教、反神学反映人民的利益，人文主义。 恩：自然辩证法，导言中的一节话"

"需要和产生巨人的时代，给近代资产阶级打下基础。专业知识，四五种语言，多个部门

丢勒、筑城学的作者、雕刻家；费拉锐特未成图为今之的城市

九年全部在时代运动中，参加政党进行斗争。笔和书，和剑。完人。

不是书斋式的小心翼翼的庸人。　进行了高度的评价”

希腊、蒂伯丹麦斯。　　从思想家，理想城，大师讲坛。

不为中世纪的神权所束缚。该的局限性。用资本主义代替

封建主义，伟大的历史作用。巨匠的论述，思想史上的启发。

突破时代局限。研究当时提出的问题。旧城容纳不下，改建广场

与街道。生产力的局限。实际上的局限。维尼斯圣马可广场

交易所、行会、教堂、市政厅、贵族住宅、宫邸（以上）组成广场。十字街解放

二、理想城：社会经济与建筑艺术的统一。位置选择、气候、水流、河

湖边上。城市的防卫。火药传入西欧。星形是为角形的平面，包围最大（最小的城墙）

空间有利作战，容易防守。商业活动的要求。

建筑艺术和市政建设得到重视。建筑书，细致地论述。小建筑和广场。

追求开放的空间。时代的局限。实际上不能进行大规模的规划。

生产力的局限。思想史的价值。实践落后于理论。反映时代的内容

示意图。并不严谨。

（二）、阿尔伯蒂：受维特鲁威的影响。继承和发展。

早期建筑实践的结果。过渡时期的人物。近了幻想

主义的思想火花。启发了别人的聪明才智。象一个雪花式

的城市。建筑十书的论述：三章，说影响空气的日光和风

卫生。过寒过热。选地很重要。水、土可改变，空气很难改变。

Ovid：说“水不流动则腐”空气不流动也不行。

区域、道路、风向交通、风水说、两山之间不要盖房。

低洼处、潮湿气。雾障说。小气候，山的反射。

风景与大气候，科学与功能。

五章，区域的好处，周围空间，防御工事，城墙，研究了古代的城市，增加居民的余地，当作余地一定要有。美好的空间装饰和艺术城，游览道路，山，海，景色变化无穷，不断地注意古画，史画，不要到枯燥，旅游区规划。古代的思想财富。

(三)、达芬奇：非常了不起，"永恒性的微笑"，才智，笔记本中的东西都用模型做出来，人类的天才，最早的机关枪，唱歌天才，发明机械，平台口，筑城学。

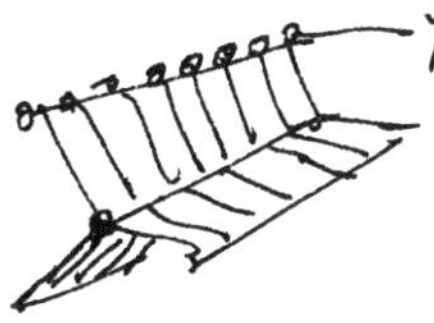

专家，不要做人们的好事，

新的领域，"一心只管专业者"

"两耳不闻窗外事"，多问两问。五户一道好。

不仅是建筑大师，城市与区域发展规划，革了工程师，

并未完全实现，米兰城的顾问，17年，(1482年 began)

1484年，米兰，城市病，大量人的死亡，市政专家，重建城市，降低密度，十个新城，每三万人，五千幢住宅，最早的卫星城的设想。限制大城市发展。

人行道与车行道分开的先驱者。

水网城市设想。

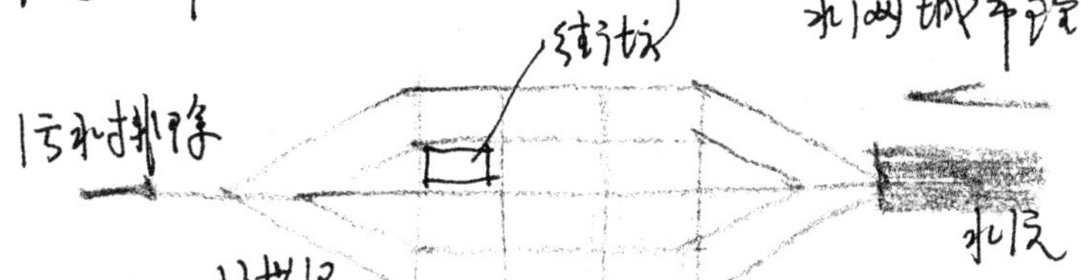

苏州城，水网城市最好，现只剩三横三竖

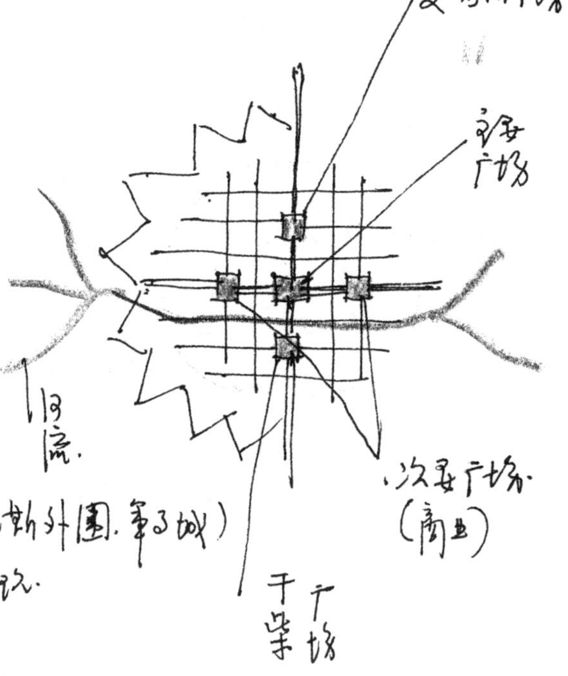

(四)斯卡摩齐：也拿了道路十字用地划分的思想，分区规划；艺术构图，大广场，大公共建筑，干道，作为构图轴线，作为城市规划的骨干，理想图未实现。

Palma Nova 城市（威尼斯外围，军事城）1593年实现。

九边形（中心六角形）

六条路

三角形的城堡

交易所广场
主要广场
旧河流
次要广场（商业）
干道
广场

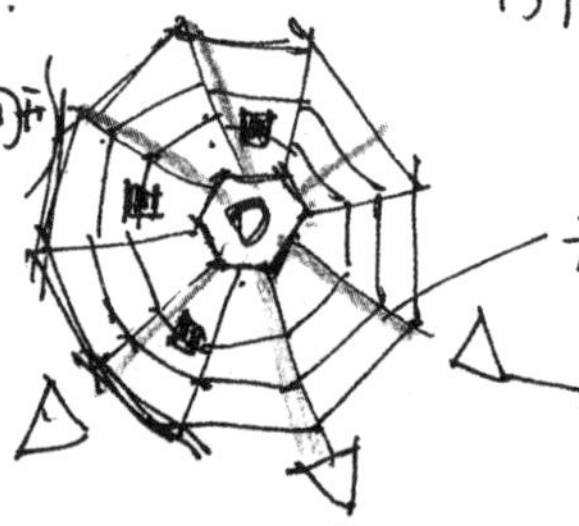

一百年以后，西西里岛 Grammichele，对后世的影响

1666年伦敦大火，建筑师规划，不见得当时能实现，重新为人们所重视，献身精神，思想解放出来，毕业设计，真知灼见，讲不上工资也不怕。

三、十六、十七世纪意大利城市：

(一) 罗马城：地中海，失去了主要贸易地位，转到大西洋去了，佛罗伦萨，红衣主教出，教皇 Julius II 世 1503—1513（被英国所忽略）宗教是政治统治的一种形式，不受经济危机动摇的城市，集中于罗马，经济实体关系的，用人文主义的艺术，巩固自己的统治，廉价的劳力，总建筑师 Fantana，中世纪的教堂，广场，花园，剧院，失去了高高，顽固的宗教废墟，斯佩克子摩，保留一条小巷的街道，教堂的钟声，奔放开阔，巴洛克（空间概念，体化，有成就）

11

干道的开辟与广场的建设。

实际交通的需要，主要是为了公共建筑艺术的措施，用干道串通起来，联系起来。

街道本身的构图已产生透视。

一点透视，文艺复兴时期发明的。

三条道路集中于一个广场，开创的对后世有很大的影响，凡尔赛、列宁格勒、苏联专家、西安、兰州，来源于 Popolo。

中世纪留下的，都指三条放射路。

Popolo

S.Peter

Capitol

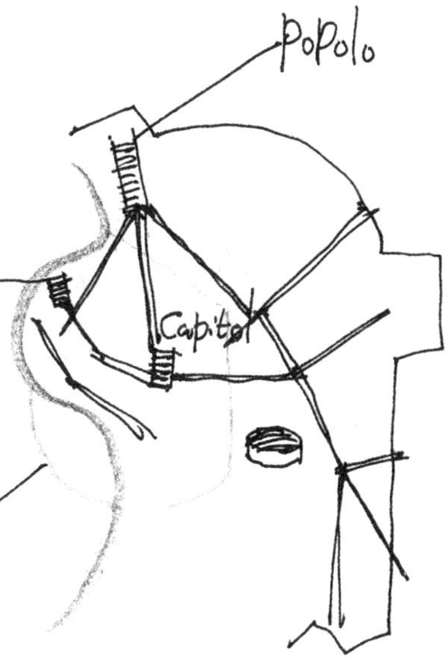

③. 广场的建设：

Popolo 广场，巴洛克艺术，对后大修修地。十九世纪，完全建成。对后世的影响很大。

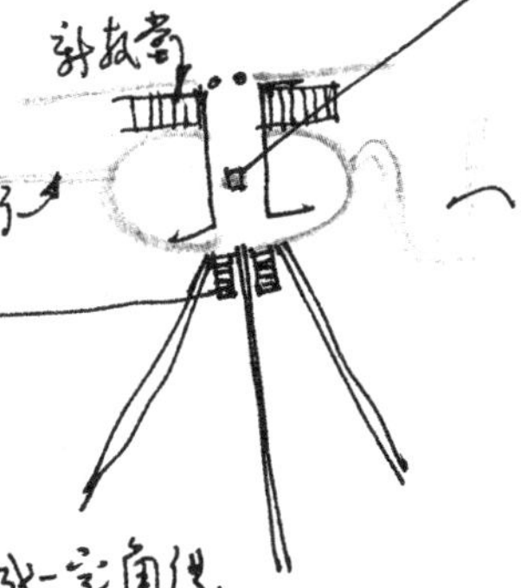

新教堂

方尖碑（三条路的交汇点的对景）

通向 R.Tiber 的街

花园 Pincio

一对巴洛克的教堂

The Capitol 广场

建于小山之上。

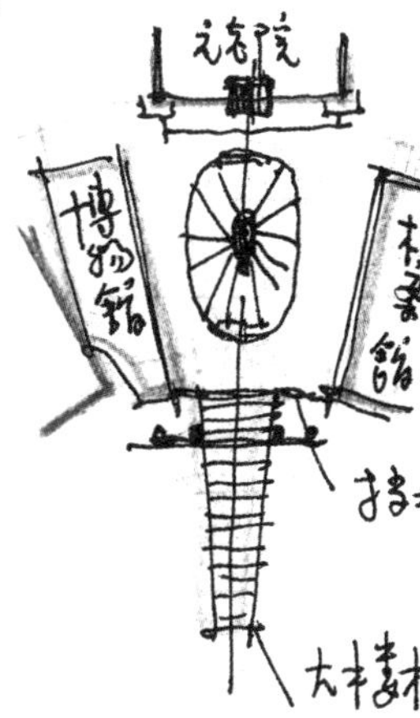

元老院

博物馆

档案馆

挡土墙

大坡梯下去，呈倒丁形。

不规则形状，成一定角度

1540年，米开朗基罗，盖博物馆，形成"丁"形对称的局面，外部空间对称。三幢建筑物不是同时盖的，包括广场的铺地。根据圆的图的椭圆。财力充足之后，重点是元老院。加了很多的台阶，与钟塔、雕像，形成环境的空间，一种彩色。

向心的开花的图案，使雕像不跳动。

广场的铺地大有学问，可以做很多文章。要么粗糙，细腻的东西，要经得起推敲的，依靠手下描情施工配合。

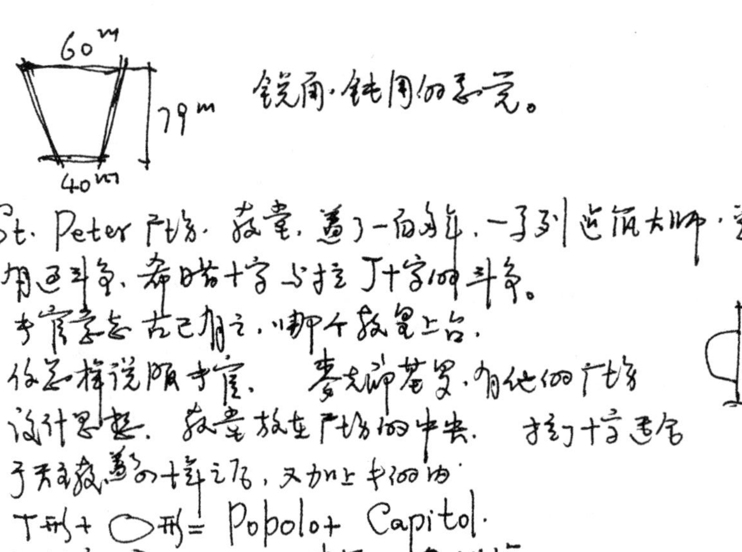

锐角、钝角的系统。

St. Peter广场、教堂，盖了一百多年，一系列建筑大师，总在讨论方案，

有过斗争、希腊十字与拉丁十字的斗争。

专家说古已有之，哪个教皇上台，

任怎样说服专家。 麦克朗基罗，有他的广场

设计思想。教堂放在广场的中央。 拉丁十字适合

于天主教遵守的十字之后，又加上中间的

T形＋○形＝Popolo＋Capitol.

用柱廊围成的，加强建筑的纵深

地区逐渐升高，都可以看到教堂。

视线集中，解决透视压缩。

装饰性超过了实用性，非常高大的教堂。

超过人的尺度。

（二）佛罗伦萨：

1. 概述

2. 广场建设 Piazza Della Signoovie

Piazza Aununiziala

行政城市、防卫城堡、经济繁荣、政治教会，但丁、麦克朗基罗的故乡。

十三世纪大规模发展，多方形的城市形态。集会的广场，房子城堡形的，95m的

钟楼，13～15世纪，控制了整个广场。

Palezzo Veochio（大体上的处理，非细致的雕琢。）

精

leggie die lauzi（精雕细刻的建筑，细致的陪衬，对比手法）

乌菲斯街（1560～74年）

Bazaru建造的，500来米。

12

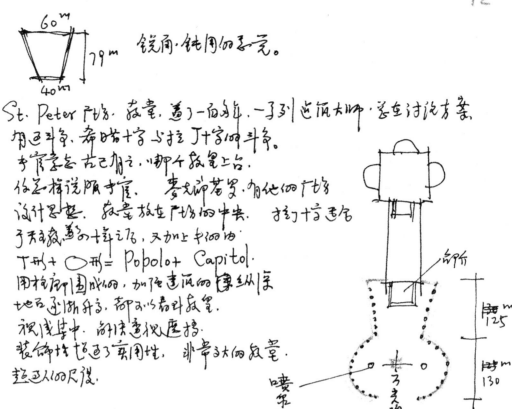

通到阿纳日的一个柱廊，一个拱门，自然的景框，高耸的钟塔。
要想作一圈拱廊，大卫像非常精彩的，蘑菇石，做背景。大卫像是麦克朗基罗的杰作。"佚斗之塔" 没有这个雕刻家，这个广场就没有了。现放了复制品。要发生时的作用。建筑与雕刻的结合。其位置开放。 首都机场的壁画揭幕式。

Aunnunziala 广场

十三世纪教堂
新加七开间的拱廊
修道院
以来的街道

1518年，盖修道院，重复使用了拱廊
与就非常统一完整，加一些雕像与骑马像。一定的主导地位。
广场 60×73m，并不大，尺度好，平易近人，亲切，统一。附属建筑物，小建筑与广场空间完全配合的，阿尔伯蒂。
不要以我为中心，压倒别人。
不是最高的，利用它的有利条件。
甘当配角也很不容易。更难做。
毛主席纪念馆（天安门广场）。
华盛顿的Mall，占地很大，东厅与白宫。
建筑不能脱离，　林肯大街，立正，稍息，向右看。

78.10.5. p.m.

（三）威尼斯城

① 城市概述

② 圣马可广场

四. 17～18世纪专制时代法国城市

① 概述

② 巴黎

i 凡尔赛 Versailles

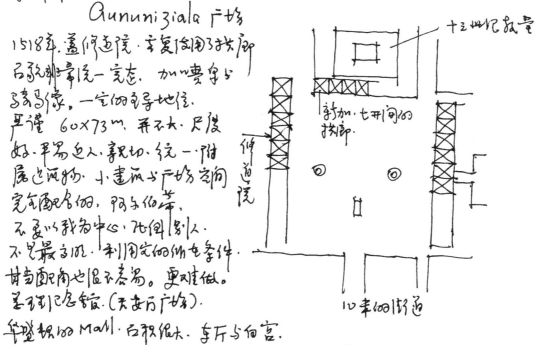

ii 香榭里舍大道 Avenue des Champs Elysees

协和广场。 星形广场

不可抄袭人家，关键在于自我创造。 13

Vendôme 广场

五、法国资革命时期

别杜的规划建筑思想

六、伦敦的建设

1666年伦敦改建

七、工业革命前一阶段

城市建设中心

(三)威尼斯城

452年，为躲避匈奴而开辟的，在一群珊瑚岛上。

商业、消费城市，

威尼斯商人，会做

生意，相当长时期的

和平生活，政治上稳定，文化上就繁荣，

艺术家很多，提香，提诺多多，当画家，

表现豪华、奢侈的生活，

Titean

Verovese.

东方文化与本地文化的结合，

元朝，马可波罗也是威尼斯人，

395桥 118个岛，运河，

是中心干道，分成两部分，46条大运河，48个小巷通向大运河，10个大教堂

主要在河边，六个岛联成一片，

城市结构特点，除圣马可之外

有小的广场，河道的雕像

半径较好，也在衰落，

单纯为旅游。

不能闭关自守，专制。不坚持与活泼，只能搬

旧貌美丽以后，衰落了。

岸边造堤，后又造铁路，大运河2英里

1846年修铁路，

1891年清除贫民窟，改善环境

13

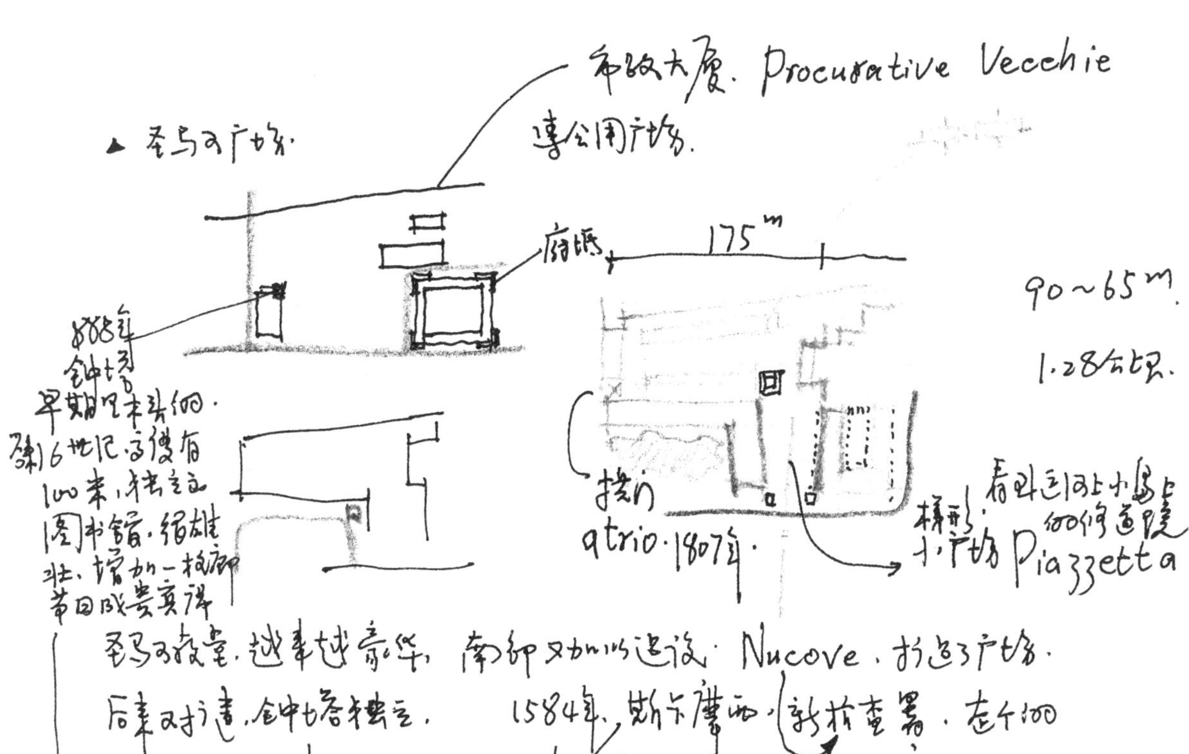

圣马可教堂，越来越豪华，南部又加以建设 Nucove，扩建了广场。

后来又扩建，钟塔独立。 1584年，斯卡莫齐，新行政署，整个的

广场就统一起来了。不是各搞一套，采用了图书馆的柱廊

1902年突然倒了。寻找这个图样，按照给样子建造。

从君士坦丁堡搬来两个柱子，成为城市大门。从土耳其抢来的一个铜马。

完全是为了广场习惯，露天客厅，最漂亮。（拿破仑）。

封闭与开朗结合。活动与视觉相结合。不规则、不对称、均衡

L形广场，扩大与集中。广场与建筑结合。空间里有层次的。

经拱门进入就形成一个画框。钟塔，加强了教堂的纵深感。不同的视觉

地变化。水平与垂直。简洁与丰富。主从关系，不断变化。

建筑形式的多样统一。 1309～1424年建的总督府。二分之一的实

墙面，象锦缎一样。柱子十分强劲。

和建筑绘画雕刻艺术的结合。广场的铺地，象两条地毯。对称性教堂

因势利导。对立统一的结合。1000年的时间完成

作为一个典范。静态空间构图。经过各时期的绘画，从各个角度

14

来描绘广场。边框。实引者有绝对的自由。（莱分、柏布西）。

都来称赞。Sitte，更完美的边框背景，现已都成了博物馆。

现在也在衰退，旅游者多，居住者少。1950年下降。4～10月旅游

2.2%的速度下降。不卫生，供暖，隔湿，维修。31%的房子需

要修理。太旧，老，破。1966年1淹水的后．

海底污染，珊瑚礁。旧城市的维修。船。汽龙船一样。汽船

破坏了宁静的气氛。

四、17～18世纪专制时代的法国城市。绝对国家。

①概述，商业繁荣，政权集中统一，大规模的城市建设和规划，象征

他的独裁统治，为专制服务。

四合院式的封闭的广场（文艺复兴式）放凡尔赛以后就不一样了。离巴黎的

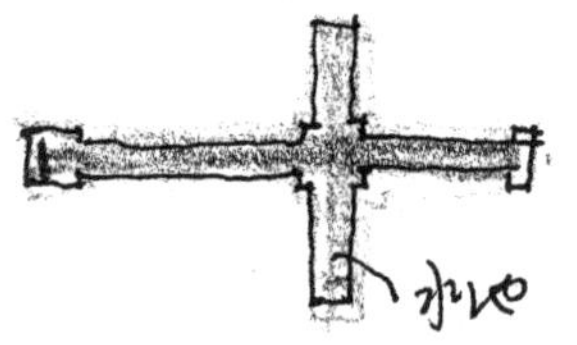

宫殿 20～25° 西南，23公里，原来猎屋，17世纪，对边缘路易十四。

东西长3公里，园林45公里，构思 Le Notre

按照王来，采用轴线加以联系，横轴纵，放射轴线 1670～1710年

完成 宫殿为构图中心，地形的控制，三条放射路。

视角＜60° Goose foot，鹅掌式的构图，广阔地运用。

后来进一步发展，轴线，对景的画料全本。平台、喷泉、水池、树木等天

空也组织进来了。庞大的视觉观赏的结构。路易十四，太阳王。Sun King

影响深远，巴黎改建。

香榭里舍大道 Boulongue 1667 1218m 星形 杜乐丽花园 卢浮宫

与凡尔赛相似

2776m。凯旋门。

清华的颐和园。3公里

14

把道路分成了，不光是马路宽度。120m宽香榭丽。

影响宫苑，路越窄，抓几个节点，两边大量地种树，绿化好。

底层商店，房子统一，次要的陪衬。 两香榭丽三个塔。

路易十五，调和广场，（路易十五广场）

完全对称的古典主义的房子，100来年

摩达那教堂

桥

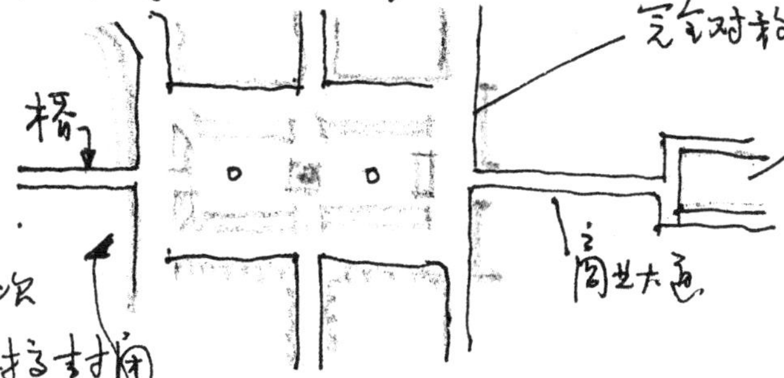

1775年

1748年，组织两次竞赛，大多数搞封闭式的广场，选中开敞式的广场。

塞勒河的北岸，接卢浮宫前花园，（来明叶）

南北245m

东西175m

原有壕沟，深4m多，8个雕像，路易十五骑马像。

商业大道

→ 花园

喷泉13m高，绿地引入广场，使雕刻像在房子后边上。

拆除了路易十五雕像，在此处死路易十六，从埃及，22.8m，方尖碑。

广场很需要这个方尖碑，变成交通枢纽，华灯初上，天空颜色，美！

严谨，而不封闭的。‖ 1799年，Vendome广场，Mansart设计的，法式四坡屋顶

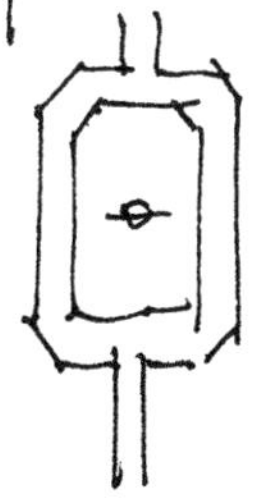

上面住宅，下面店铺，统一、统配，

城堡，加山花，路易十四雕像

构图严谨，与现代汽车交通有了矛盾。

凯旋门，49m高，44.8m宽，36m高门洞。

采取最简单的构图，浮雕的尺寸也很大，人有5~6m高

十二条路，40~80m宽的大道

东西各有一个凯旋门。

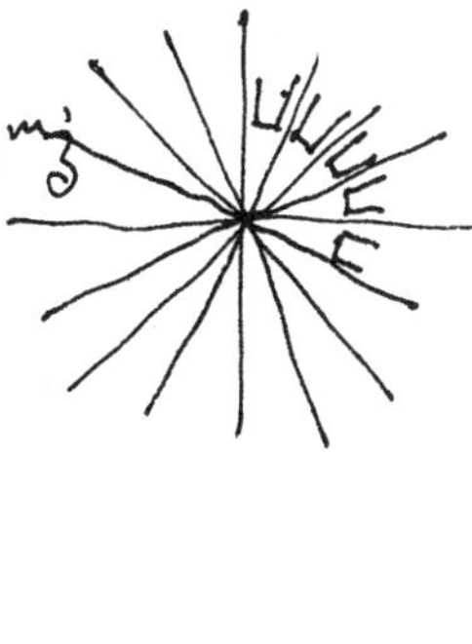

15

32条放射道
对着皇宫的尖顶

宫殿

对后来影响很大，Karlsruhe 德国
时刻受皇权的支配，
华盛顿的规划，林肯纪念堂，华盛顿纪念碑。

五、法国资革命时期。 突破尊卑等级观念
到杜的规划理论思想 C.N. Ledoux 一个真正的建筑师不
会因为给穷人盖房子而不成为建筑师。 盐场的规划。

Ville Idéale
de Chaux
小城内，人人都平安乐，
平等。1773年构思，1804年
写书，画插图，只盖了一半
工业放在当中，住宅都是样
房子像另一样。追求理想较
很早的一项。

六、伦敦的建设：
1666年伦敦改建，
王朝复辟，君主立宪，资本主义
最早，人口50万，大火几乎毁了
整个城市，重新规划，经济实力
Christopher Wren 被采用了。
伦敦搞几个中心广场，交易所，邮局，
后面教堂与王宫的位置了。 海运码头，其它均是方格形。
社会上的认识已经是资，而不是皇国王，反映资的政治利益。
实在资，规划并未实现，划时代的意义，仍然故旧，并未改成。
对后来的影响。大火之后，吸取了教训，放宽街道，防火
材料，房屋的控制，层高。 1750年75万。

七、前一阶段，工业革命前小结：工业革命后城市变化，
留后来讲。①城建是社会政治、经济的反映，奴隶，封
建，中世纪，文艺复兴。城市与社会的关系，经济繁荣是
由城市建设的前提。
②城建的阶级性，战争的防御，贵族与平民

15

君主的权力的炫耀。整体上完在的规划。

③各种不同的学派。発挥的一页，可继承的方面。

有价值之处：旧城的改造。可取之处：发展的依据。

④城市文化互相影响。对本国和他国，对当时对后世。

⑤. 规划思想，从必然到自由。先驱者的作品。

独创、中肯、想。 灿烂。58年在村里的。

管理保留。

79.10.24. 星期三. a.m.

第二部分. 工业革命后的城市规划.

一. 资本主义工业革命与城市发展.

(一) 资本主义工业化与城市.

(二) 十九世纪欧洲的城市建设.

1. 伦敦的 square

2. Hanssman 巴黎改建.

3. 维也纳的改建.

(三). 19世纪、20世纪的美国城市规划.

1. 资本主义工业化与城乡人口变化

2. 美国城市规划及其发展.

Willoiamsburg

费城

纽约

二次战后，城市有很大的发展。战后的住宅讨论也多起来。全国在战后解决资本主义的问题，50年代又有发展。我们就不细讲。

"大工业的建立，美洲的发展，世界的市场，工业商业、航海、铁路越是扩展，资城扩展。完全不同于金字塔、罗马水道，……十字军远征……完全不同的奇迹。"共产党宣言。

乡村受城市的统治。资日益地消灭财产的分散状态。创造的生产力比一切过去的大。从地下呼唤出来的人口　　"英国工人阶级状况"恩。用"工业革命"

技术变革＋社会变革。（生产力＋生产关系）。蒸汽机的发明。大工业→大城市→吞掉了附近的农村。生产、生活的改变。城市的迅速发展。超过了过去任何时期。伦敦、巴黎、东京。大城市急剧地发展，不仅是技术变革，也改变了经济地理面貌。不只是一个城市，不断地扩大。工人生活不断地下降。居住区的两极分化。贫民窟的出现。（slum）在《英国工人阶级状况》做了无情的描写。西方规划家很重视这本书、梁先生的朋友，大量地引用这本书。贫民窟的问题以后再讲。

不合卫生间距。

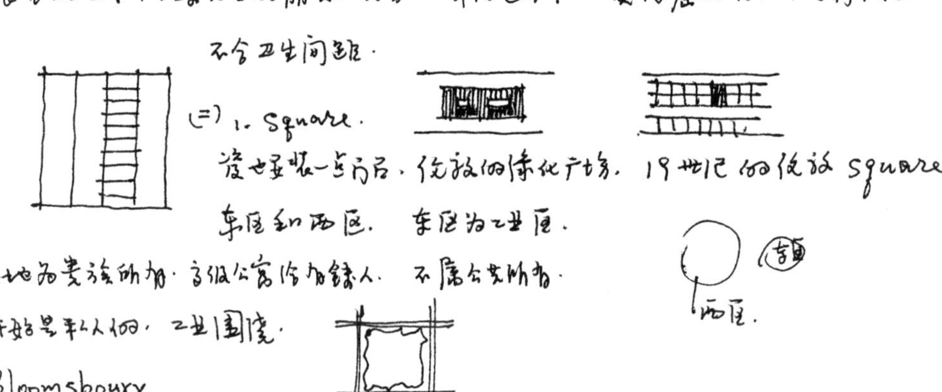

（二）1. Square.

资本主义上台后，伦敦的绿化广场。19世纪的伦敦 square

东区和西区。东区为工业区。

土地为贵族所有。高级公寓给有钱人。不属公共所有。

开始是私人的，工业围绕。

Bloomsbury

Regents' Park. 摄政公园。　　John Nash 所设计。保证皇家有最大的收入，搞一点绿化，美化一下城市。保证中产阶级的方便与卫生。城市越来越大。享受接近绿地、接近自然，只有皇族，其次是中产阶级，劳动人民谈不上。18世纪，约15个广场（多起来）。1889年，通过法案，广场里一片土地，封闭的花园，四周房子围绕。栏杆围绕。住户有一把钥匙。中间一块草地。把卢兰纳拉处改造为广场。　　19世纪，巴斯城 Bath 工业革命的产物。最早1812年始建。休养、温泉城。

也是 John Nash 设计的

三层联排住宅

Park crescen

半圆地。

联排式房

手法、联排式绿化、

近代居住区设计、来源于巴斯城、半开半闭。 18世纪中叶、伦敦衰坏、bath城成为避暑圣地，上面一排柱廊、古典的手法、工业资迅速壮大、宫殿建设停止、住宅反而建、成为当时潮流的东西。(半包括工人住宅)，其他是漫无节制的发展沿交通干线、盖一些房子，不是联成一片。居住情况很恶劣，才提出贫民窟的改造。

1909年 前后、有一定的积极作用。平房盖不了就盖公寓、控制了密度

slum clearance. 住宅与城规法(英)，1919年正式批准，伦敦北部的一个住宅区，只做了一点土地利用规划，做一些联排住宅。 1909年最早的一年、成立利物浦大学的城规系

1910年召开了伦城规会议，影响很严重，才出现了城规法。

法国有一较大的、Haussmann 对巴黎的改造。 1852～1870年、17年巴黎改造、对他的评价、甚说不一，已出现了铁路、成为交通纽带、工业发展、人口增多、阶级矛盾尖锐、暴动、罢工。 1852年有一次暴动、有改造目的：城建要好、把工人从市中心的贫民窟、撵出去；② 清除一些小胡同、街巷道。③ 大的林荫道、骑兵炮兵调动、工人难以进行街垒战 ④ 把城市中心与火车站打通。⑤ 街道较小、阳光空气环境改善。⑥ 盖大厦、以装饰为主。校园一些、兵营、为了好看、装饰街景。 多种多样的目的。

火车站

地图上看不出规律性、开辟了南北大道、加以延长、形成很多大十字。开辟环路、联系巴士底和协和广场、形成内环。 外环与内环的交通联系起来。六～七层高的房子、底层商店、上面住宅，阁楼住佣人。 徐悲鸿在巴黎住阁楼。临街立面相同。两个花园、巴隆、威斯那林、连起来。 市内搞绿化小广场。

华撷法。 Haussmann、组织了一个城规技术班子、种植树木、进行绿化做了努力。得到一些经验。①新开的路、不是拓宽原来的路、更有经济效果、旧的房子打通、阻力更小、形成新的建筑效果好。② 大片绿地、产生了一定的卫生、观赏的作用。③ 解决交通起了一些作用。 对华盛顿、堪培拉、东京的规划都有一定的影响。城市改建的办法、为统治城市。 批评也很多、改造工程量也未解决城市贫民窟的。 恩格斯："造成一批依靠政府的近代世界的无产阶级，着眼美观交通、公共卫生 结果、最不象样的陋巷消失、但又在别处出现、立刻就出现。" 驱逐到附近的贫民窟、城市结构的衰退。

17

技术上也有评论，街景，给人的得到印象：急于显改变城市面貌，土地阔绰。连续漫长的商业街，上部为住宅。交通街以商业街来加区分。Haussmann，作为君主时代的化身得到为时已晚，为的作工业城市规划者，为时尚早。巴洛克时代城市规划的最后作品，浪费大量财富和力量。

Haussmann，改造，使有其名。巴黎的优秀之点，早已存在。市中心的城岛卢森堡宫，卢佛尔宫，早已存在。利用商人和土地投机者来投资。Cobbert 的城市指，更造成城市的混乱，控制城市规模，尤为预报不得而入。主要的道路轴之间，三度空间的规划，他这里什么也没做。仅仅是开路，一条交通便带，附近仍是杂乱的老城区，道路铺装，上下水，照明。　　M.I.T. 大加赞扬。

绝对化式的街道改造 ⟵ 苏联 ⟵ Haussmann，不能生搬硬套，做法上有接近之处。

3. 维也纳的改建：（在城市美化运动中讲，折城墙，以环形林荫道，转了大街）。

（三）19、20世，美国城市规划：

美国发展比较晚，现在介绍城市城市，但不全面。18世纪末美国的人口，农村人口，19世纪中，美国占第二，1894年跃居第一位。城市人口主要来源是移民，20世纪初，1907年120万移民，国家工业化，城市迅速发展

5.1%	1791年	0
15.3%	(1850)	64
45.7%	1900	50
60 %	1950	106个
73 %	现1973	

十万人以上城市

纽约 ⟨ 1800年 7.9万人；1920 560万人

引起人口的迅速增长，交通，卫生，住宅区的问题。唐人街，小意大利区，与豪富的对比，也讲到旧区的改建，以上海城隍庙，大居民，居住拥挤。1911年，4~5层，住户自己生火取暖，十九个人拥挤在一个小房子里，开旅馆，商店。无城墙，殖民地城市，与中世纪完全不一样。纽约，曼哈顿，新 amstedan。比较朴素，非常生活有限，有个公共广场，也可划分，土地有的是，街道宽，地段大，小镇，有美国味，很生动，把这些小镇保留起来，区域性的地方特色。New England，保留旧房屋，开朗的空间没有了，富有者才有马车，移在市中心，情况良好，美国北部以上。

17

南部是农奴制，城市中心、行政长官的官邸、教堂、教会、会馆，贵族花园式的庭院

规划平面，保持了人的尺度。（城市美化运动的设计的平面）

- 维多利亚时代，大城市更无规划，大城市贫民窟发展，一个街坊连一个街坊。

费城：第一个格形的城市。

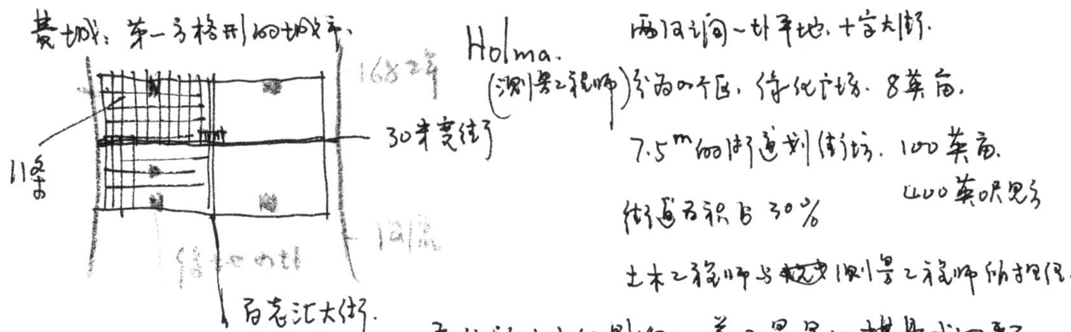

两河间一块平地，十字大街。分为四个区，绿化广场。8英亩。7.5m的街道划街坊。100英亩。400英呎见方

街道面积占30%

土木工程师与测量工程师所规划。

后代较大大的影响。美国最早的棋盘式的平面。(gridiron)

对后来影响很大。私人的地段单幢的房子。

- 纽约发展的历史。1626年，殖民初期。Peter Minuit。24块美金从印第安人买了曼哈顿岛。1811年官方的规划平面，街坊、155街，只是十万人的城市。大胆而有趣的规划。曼哈顿有山、水、树的不平的岛。不顾地形、现状道路也不管，从新打方格，均匀可以出售的小方块。

东西大街，79米间距（260呎）

（600～900呎）← 182～274m

79m

中央公园后留出

单调地段，限制与房地产，因为昂贵的房地产，不必再找地点，大家都一样好，立法、销售、规划、都容易，地图上就成了。这块地都不必去看。高低不平、都加以处理，削平了。

史无前例地时期，扩张，倒卖土地，谋利的商品。

根本无规划的概念。造成交通的不方便，去太太家一个喀巴特车子迷住＝去太太带狗。出租汽车，计时付费。

去看1使自骄各人的家里去，去看城市的希望，没有什么变化，烧掉的房子，必不坏掉，国家失火，还是自己放的火。拆掉房子变成停车场，发了财。

旧金山，多街坊式，鱼网平铺在一个山头上，坡度非常陡。

大战时，为地产商人规划，不是为社会利益。为何有利于营业，投机，房子加多。分划式道路，有钱人搬走，土地所有权是神圣。工厂选便宜的地段，水电、上下水，铁路占了大片中心区，公寓式代替了分划式，城市代替了小镇，行人也成了问题，汽车从四面围到了中心。多街停车。街道拥挤。　欧洲希腊古迹的印象，加以效仿，法政，中心区，搞一个复古主义的广场。移民进入旧区，贫民窟，扩大经济的封建制度 Economic feudalism 摩天楼起来了，2~3万美元/1m²，交租的与税更大，摩天楼成为变主体，小城镇，也要模仿一下。

汽车冲破了界限，噪音和烟雾，中上层到郊区去，旧的住宅空闲着，电梯的发展，超高层大楼，工厂也向高层发展，给市政带来庞大的费用，人不断地走了，财政危机，铁路破产，救生起了一次，打扫了贫民窟。贷款的机构，欠债，保护区，管辖区。大城市的衰退，40年代，我们的城市能否存在。1932年，哈佛大学主任格罗皮乌斯——西班牙人，巴塞罗那大学城研所，"我们能否建造城市吗？""只有一个地球"，环境学派。Can our city ~~life~~ live？46年就来了，这些年的干扰。粉碎四人帮之后去了湖广、沪、苏州、青岛，城市发展的一些问题，还是要相互存在，相互产生，体现出，交通阻塞。四个现代化，我们要走自己的道路，有很多危险，青岛，比海岸，污水，海滨，两次暴走洗澡弄了一身油，汽锤，城市污水早已超过，桂林，唐山的条件。城就要走中国的道路，改合地区门前开发，中国式的社会主义道路，怎么样走？我们没有土地投机，"大院主义 各自为政"，新的都是最好的大院，清华等一带绝水。

从空想社会主义到花园城：

一、空想社会主义的历史背景：

二、资本主义萌芽时期的空想社会主义：Tomas Moore 的乌托邦

Campanellas 的太阳城

三、空想社会主义学说的进一步发展。

(1). 付立叶 Fourier 的法郎吉 phanstery 1772~1837

"新的工业世界和社会世界"一本书，引导和谐制度博爱制。对资本主义进行严厉的批判。入骨三分。恩格斯评价很高。马克思认为只有付立叶一人。生产的分散与不协调，个人分散进行的，依靠欺骗别人得到好处，"每个人对全体、全体对每个人的战争"以协会作为基层的经济单位，1500~1600人，人的性格各有不同。

(2). 欧文的合作公社 Owen

(3). Buckingham 的合作禁欲公社

(4). Pemberton "快乐殖民村"

四、近代城市规划理论初期

重大发展— Howard

花园城

理论、实践

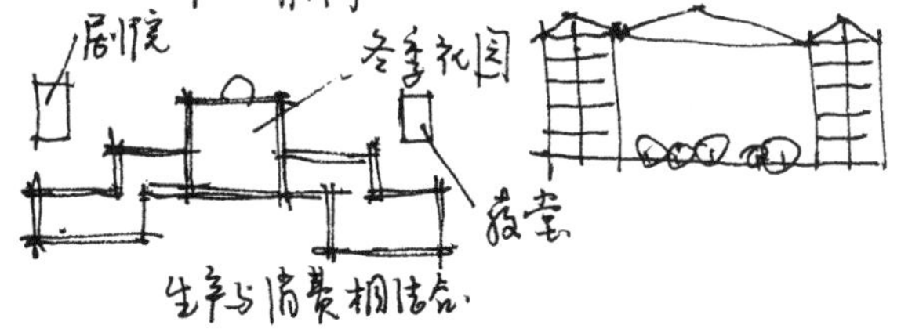

五、小结

一、环境污染，出了十大公害事件，主张社会改革的人，城乡对立，环境恶化，已经看出一些矛盾，到现在大城市仍然是一个棘手的问题。先辈的思想，当然也有局限性，慈善家的一些理想与实验。

二、托马斯·摩尔，写一本书"乌托邦" utopie 来说拉丁"莫须有的地方"社会改革的理想。"我的腿了很短，别致不下来。"城不要太大，免得和乡村脱离，和农村轮换，通风良好，200呎，生产归公，公共福利设施，从不闭户。有了54个城，10平方公里，相距32公里，"城市群"。Andereae —— christian polis。1568~1639年 Campanellas city of sun

无富人、穷人，工作＜4小时，读书娱乐，休息，人民选举，私有财产是罪恶的根源，表达了当时人民的愿望。智者管理政治，组织生产，集体公共食堂，半年安排一次住宅，坐过三四十年的牢，七次刑罚。必要的东西都是公有的。没有任何私有财产。七个通讯员组成，七圈防护墙，典型中世纪的城市。公共建筑群，有文字的走廊，圆顶建筑，各种建筑材料，七盏长明灯。比较幼稚。已经看出了社会矛盾，代表了封建社会的小生产者的恐惧心理和反抗情绪。

三、城市矛盾进一步尖锐：超阶级的改良的空想。

旅馆、客房、地下廊 1823年绝妙的学生，完成了第一个实验性的住宅，未来的社会主

19

大生产的基础之上，只停止是空想。在美洲搞了几个移民区，120万法郎的股份公司，后来都失败。四十次尝试，几年后就失败了。

洗气浴、洗衣房、教育机构，住了1600人，

一百年前盖的。

欧文，1771—1858，机械、工业生产、失业增加、社会问题。

制度问题，应该搞共产城，团结合作的公社，以农业为主。

独立性的经济单位，无剥削和阶级。人是环境的产物，假若改造好地规定。

城市的规模，3岁以上的学习仅住集体宿舍，这城的外围是农田。

农工商相结合的大家庭，通过周边的制度加以改变，消灭城乡差别。恩格斯评价很高。欧文也是实践家，组织合作社，到美洲去搞实验，最早建立了托儿所和幼儿园的人。美国买了三万英亩的土地"新和谐村" New Harmony。一千人参加实验活动，1826年，公社的组织法，设立了各种部门，1828年，瓦解，损失了十四万英镑。他倾家荡产，离开了上流社会。1839～1845年，又开，又瓦解。所有的房屋围在中央空地上。"欧洲制订了一切详细的细节，总图、鸟瞰图，如此内行，专家看来也是如此。"详细的房屋设计。留下了重要的一页。2000篇文章200次的宣传旅行，奔走呼号，不可能不产生一定的影响。

3. 白金汉的维多利亚城，合作禁欲公社，Associated Temperance Communism

一万个居民，一千亩土地，不同的阶级住不同的房子

1000套住宅，20呎宽的路。 中间灯塔，公建，商店，外围是作坊。

城市有一个固定的大小，不同的等级，阶层，通气机，卫生隔离，半英里以上。

有绿化地带围起来，股份公司所有，居民拿股票。

4. Happy Colony" 新西兰实验，地便宜，2英亩土地/区，搞了十个区，受到杜的影响。

绿化，雕塑，结合到城镇，不仅有功能价值对后来有影响。圆形是付出最大的形象；城市应有一定的规模，居住与工作相结合，对住宅的重视，对后来有很大的影响。不是为了复古，思想的影响，不断地发展，实践，每个时代，增添新的一页。

四、欧文等人的实践。工业慈善家。都提出这个问题。不能不做某种改革。

Titus Salt（英国人）。搞了一个Saltaire。社会调查，人口组成，先盖工厂，后住宅，学校、教堂、医院在最后。1853年开工，100厂外已盖好，工人坐火车来上班。设法避免空气污染，水污染，工人免费享用的炉火，住了四千多人，170人/英亩，因此被广泛的宣传，封为男爵，同情工人。

德国大军火商克虏伯，Cronenberg 培养工人对自己环境的热爱，把它当故乡，迷恋城市的运动。1879年，伯明翰，Bournvill。Post Sunlight。搞了一个工人村，1888年，规划了一个中心，公共建筑均匀分布，住宅围绕花园，建筑风格各种各样，前后有花园。

花园城：一个公司的职员，写本的著作"Tomorrow"一条走向改革的和平道路，改为"明日之花园城"解决城乡对立。三个磁铁的理论，各有优缺点。城市大于乡村，耳目刺激，闲暇与设施不足，marriage。有计划疏散大城市的人口，规模，居住接近工作，小型有一定的福利设施，要绿的地区，要有各种文化福利设施。要有农业地带，为居民很好休息。⑥统一规划，后建设，建一定的道路系统，控制密度 ⑦土地不能私有，公司所有 ⑧市政，合作的企业 每一个城市自负盈亏。⑨要有一定的农业地带。卫星城，3万2千人。思想文化的继承性。

三个磁铁

中央城市 58000人

花园城

牧场

⑩排污物作为农业的肥料

也有个人自留地。议会控制开发计划，控制城市规模。

城市群的概念。cluster　240公顷　400公顷城市用地。

外围是永久性的农业　中心是5.5英亩　四条放射林荫道。

145英亩的公园。外面水晶宫，花房场，冬季花园。果园，牛奶场。

搞实践建设，两个新城 Letchworth Wellwyn。经过了一系列的斗争。对花园城有不同的评价。本世纪初已经成形，由于对社会关心而开始。相辅而生，是一种进步的反映。对环境进行全面设计规划的探索，不仅是花园城，区域规划，新的居住区——社会性的城市 贫民窟的人们，来建设有的城市。旧城得不断地改革。阶级的局限，政治上是改良主义，进行和平改革的道路。影响是深远的。新城的建设。

小结。空想社会主义思想影响。政治上的评价，恩格斯对其他们技术上的肯定，幻想的外壳包含着"天才的萌芽"。纯粹的空想，抛弃了一切的革命运动，体系的创始人是革命，信徒成为反动的。请求资产阶级发软心肠，进行施舍。傅立叶相信慈善。

20

12岁钟表修理学徒，依靠一个人来。革新，树立农庄主，产生了成就。

学校的思潮，生产力升起，可以指令社会大楼。法国马赛公寓。（住宅素很不合用的）规划引法中更有两点

① 重视前一代人的前一个时期的思想财富，智慧的火花，思想火花，开花结果。② 多出成就的 ~~必胜的信念~~

必胜的信念，要有信心。规划先用统，学官意志（后来产生的影响） 意志、信心、毅力。

临时的措施，资本主义的手

大城市改造 —— 新城建设

（一）花园城的实践：必须搞一个小的花园城，拿了他的来说话，四五年后，广泛宣传，13个人（志同道合的人）花园城市会，不仅停留在学会上，（很有地位的人作后援）工业家都有好处。3822英亩土地，哈瓦组织的建筑师 Parker、Unwin。资金不够，社会嘲笑，劳动效率与卫生条件。艰苦的（摸索）缓慢的发展过程。

1903年	400
1910	6500
20	10200人
30	1.5万人
39	1.8
1941	2万人

对城市很有影响，出版刊物

一次大战，停歇。战后，和平的生活，国家也许多贷，住宅的补贴金。50个新城的运动。

依靠政府不行，又买了一块地，第二个新城 ~~Well~~ Welwyn 离伦敦20英里，发展快一些，4万人（规划人口）

~~2??~~ 2378英亩，47年，才到五万人。

铁路分成两半（如石家庄），团结仍然不够

（二）花园郊区的发展：

引起人们的注意，社会问题更深，改善居住条件，新的就近工业的产生，

"Hampstead" Garden surburb 花园郊区

城市人口不断增加，繁华地区改造不可能，往郊区跑，近郊区搞一点地最现实。许多人将地出售，密度也比较稀，比花园城更吸引人，人家以为就是花园城又在近郊区。Urwin设计，剧场低密度，比较开阔，一英亩12户住宅，写了一本书"拥挤一无所得" Nothing Graind by overcrowding

哈瓦文章反对，只解决住宅问题，不解决社会问题。花园城的全貌叙述：① 有计划地疏散、迁移人口和工业，有一定的规模，② 城市大小有限制，接近工作、商店、社会中心，小城镇的好处，③ 适当的设施 ④ 改善城乡关系（城市周围永久农业用地），农民到（有利工人、农民）市场和文化中心，⑤ 有计划地控制（道路系统、城市结构）人口、密度，⑥（花园）形成邻里单位的（团体） ⑦ 统一土地所有权（比较流动的） ⑧（城市是一个）合作运生

组织者

实际上花园郊区仍在发展，先搞道路，先地下后地上。| 赵鹏飞到美国去看了看。

边缘 —— 大规模出现 ~~⑨ 城市发展有一定的农业地带，3.2万人，这些落在也提出了五万人，也许是十几万人。~~

（三）花园城运动果实 —— Barlow法案。1937年，工业人口分布委员会，研究人口的合理分布，住在大城市带来的一些弊病，合法的措施，提出一个报告书，迅速实地又艰苦的工作。北京的居住问题，有计划地解决一些问题，必须疏散工业人口。

有名的报告书被采纳了，又通过了其他的报告，提出了伦敦区域规划

County of London plan.

又提出大伦敦规划.

Greater London plan.

战后~~巴洛方案~~ barlow方案的继续. 大战中间, 研究改建. 改建伦敦, 要盖新城, 住宅不够, 造成房荒.

第三讲.

一.

二.

三、花园城市思想采纳为英国城市政策.

1937年"工业人口分布皇家委员会"及 Barlow ~~法案~~ 报告.

("Royal commission on the Distribution of Industrial Population")

伦敦规划

四. 新城的建设

第一代新城 Harlow 哈罗 (1946~49年 [50]) 44年新城法. 8+7个=15个 伦敦. 3个苏格兰. 组织了开发公司. 1~8万 60万人

二 " Hook, cubervaull (1961~66年) 9个新城. 吸收大城市过去的人

三 " Milton Keynes (60~70年代 [后期]) 伙伴城市, 城市群. 不包括苏格兰 33个新城

英国伦敦新城面临的问题与当前政策的变更

五. 法·日·美 新城建设.

和各部门的机构研究比较, 调查人口稠密, 工业配置平衡; 造花园城, 建郊区卫星城. 无固定办法. Barlow [法案] 报告得到英国政府的采纳。

1942年8月 大伦敦规划. albercrombic [报告] 搞的 ([illegible]的老师)

1919年 都伯林的规划 (爱尔兰首都), 搞竞赛的, 得首奖. 成名之作. 包括全[illegible]规划, 中东耶路撒冷的规划. 大战之后, 有相当的贡献。44年完成规划. [illegible]的著作. 30英里以内统一的安排.

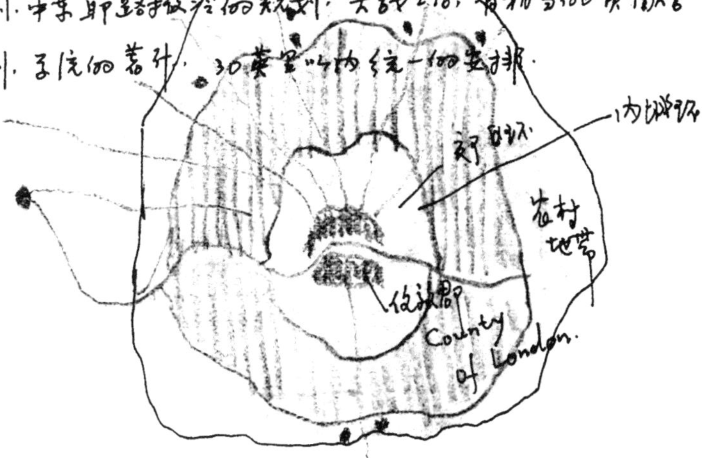

存在很多问题，沿道路带状发展，居住很不卫生，从住宅到交通拥挤，这不是好东西，象章鱼一样。

伦敦 115万人 1800年　650万 1900年（仅次于纽约）　829万 1954年　占20%×全口人口

Ribbon Development　不好，北京从西直门到香山，40多公里，不要连成一条街，很不好（有人说）。美洲没有办法，没有自控，有条件不要这样搞。中心区交通与居住混杂

伦敦一二千多公里，50万人。从郊区到市内上班，北京相反，住在城内，到郊区工作。

伦敦有个基本设想，五个设定 ① 非依存的，一般不将工业大工业，从中心区疏散
② 从拥挤地区疏散 103.3万人口（工业人口），从中心区 136人/英亩 降为
③ 在个大伦敦的人口不再增加，人增加只在前的限制
④ 能否建成为世界大港，否则伦敦会 ~~失掉~~ 萎缩
⑤ 规划有权力包括控制地价。　如果不是，规划就有问题（有一个保证）。

规划原则 ① 已成区不再扩大，周边要搞绿地。
② 城内过密地区人口要迁出人口和工业
③ 固定建指标，而新建和增加人口，迁到卫星市内
④ 明确功能分区，住宅、工业、商业、文教区之间用绿地隔开，加以分割。
⑤ 改造道路系统，统一的放射环形，4个环。① 内环 ② 郊区环 ③ 绿带 ④ 外环

△ ① 内环，疏散100多万人口出去，建成一个人口密度不高，疏散，
② 郊区环，不准再盖，直排式联排式，二层，人口密度不高，基本上不动，尽量保留地，用控制地价还一些房屋
③ 绿带，5英里宽，保留作为休息用地，小镇适当增加一点住宅，根本不建，农田
④ 外环，8个卫星镇，~~疏散人口~~ 主要的人口疏散地带，ongar 这个卫星城没有建，原来别人的理论和实践 R. Unwin，20年代就有设想，但是 albercrombic 集大成者

形成居住区，小学为中心，周围都是学校，道路流畅，过境与地方交通分开，不搞沿街建筑，道路分区，5千~1万人，干道包围，住宅区无过境交通，干道有三个环，A环，B环（北京为三环）

伦敦绿地　两郊有公园、绿地和楔形绿地，把西郊联系起来。不同类型的住宅区，独立，双联，不同家庭组成，连排联二层（英国人习惯），三层公寓，7~10层高层公寓。1946年英国正式通过新城法 New Towns act.

正式盖8个新城。albercrombic 非常得意，踌躇满志。
49年他得英国金质奖章。第二次世界大战后一个学会议，对我不是很中肯。我们回去工作若干年，学术上很尊重他。但后来伦敦又没有按他的做，对他的规划意见不多了。后来他得英国金质奖章。

四、新城的建设，8个新城，伦敦以外，7个，共十五个新城

①1946~49年，伦敦8个，其他7个。
②1961~66年，设计9个新城，吸收大城市过多的人口，促进各个地区的发展。
③60年代后期—70年代，城市群的概念，不包括爱尔兰（28），包括爱尔兰33个
44年新城法通过，组织了开发公司。

Stevenage; Harlow; Cralvley; East Killrid; Cumbernauld

Harlow 37公里距london。8万人，6320英亩，4个住宅区，2万人/个，半径800米

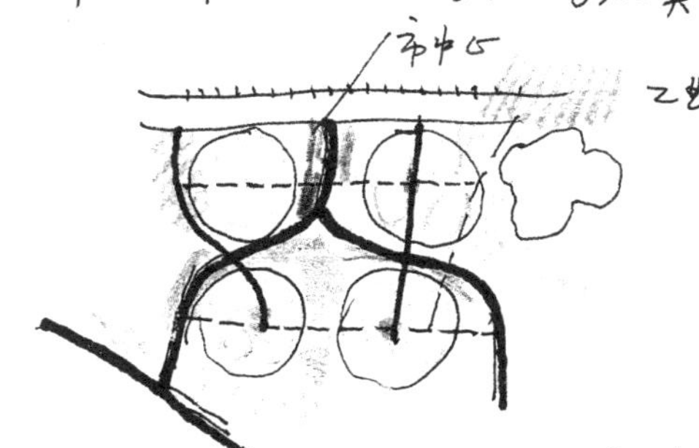

3~4个邻里单位，小中心，400米
小学，商业点。→分为住宅群，150~400户
有俱乐部，有相当的特点。
建筑与绿地相对地集中，用地分为几大块。引地建市中心，现有树木不动。

利用不能修造地区，分块成团，经济上合理。挖山开路，遇水填沟，东坡与头山炸平，树也砍掉。二个工业区，与居住区分开。③居住区分为几个等级。邻里单位以小学校，食堂，步行十分钟，400米。housing group。儿童游戏场为中心，变成居住区。bank，post off。

④市中心，中学几个邻里之中，大专学校。⑤道路分工明确，快慢车道，两个快慢速道通各个邻里单位的中心。有主干道，区内道路，死胡同，Cal de sec。路上要有一个活动的景观，安排要有变异。道路景色，要有比较宽的视野。⑥市中心，无过境交通，引地。哈罗，轰动一时，50个国家，1000多次参观访问。对全世界都有影响。战后城建史中很重要的一页。虽然后来进行了改变。

对资本主义的东西要进行分析。

特点：①位置在大城市依环形分布，交通方便，不是平地起家，几千人的小镇，铁路公路。

②3万人花园城→6万人新城，哈罗8万人→10万人，不断加大。

③工业布置，服务工业，大中小企业，④5000~1万人居住区，邻里单位，道路分级，道路形式，建筑群自由式布局。

⑤用地很大，密度小。从历史上看，12家/英亩，（unwin提出来的）

新城建设 25人/英亩，居住净密度 50~75人/英亩，哈罗 花园城。
840英亩每万人，密度过稀，这是致命的缺点。
790英亩/万人 哈罗
这是第一代花园城

第二代：Hook. 未建，56年，规划

Cumbernauld（人口七万）道路：要抓主要矛盾，就是内环、外环道路（成规受挡），自由道路很短了。

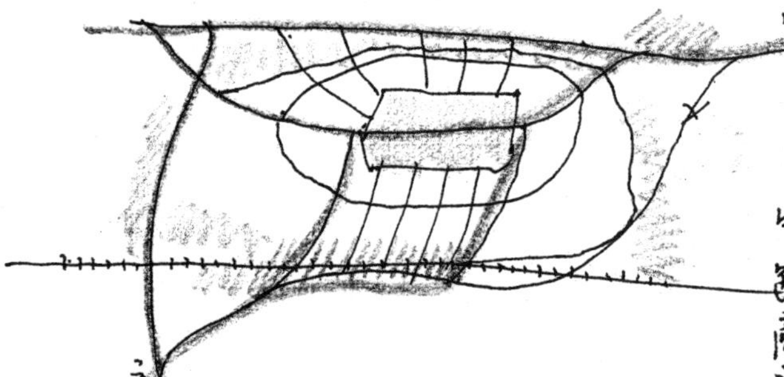

哈罗是道路上分析出来，先图解，后规划。中心部分带状，路上有平台（二层），商店在平台之上。交通从下面穿过，车行、步行分层，地面作为停车场，自动电梯。无论在哪个单位，都可以到市中心去。

目标：2/3的住宅在0.5公里以内。

住宅1.2公里半径范围之内到中心。不像哈罗那样分散（散步距离），道路上带来不方便。好的环境，更集中些。更为直接的道路通到中心区（规划按每家一辆）汽车进行计算的。（集中式的城市）实际上突破了步行的范围，二倍。车行、人行绝对分开的方案又被突破。

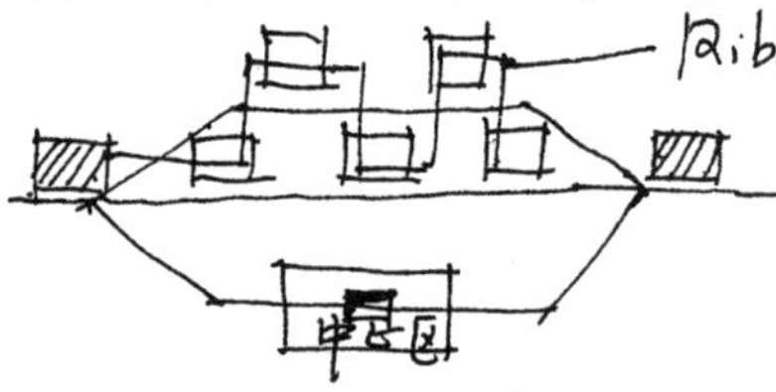

Ribbon Road.

向上后发展。

中心区

如何评价？规划局做了些工作。

第三代 Milton Keynes 宣传并不比哈罗少，（这些年）我们正在搞大批判，资料也比较多有特色。住区面积比80公里（?）

8900公顷（面积），原来人口4万 → 25万（规划人口），77年8万人，按此规划做了相当的探讨。对未来社会：就业，医疗，教育，（交通）。（研究道路了1个月。）70多条基本的目标，6个基本的（规划的）思想：

①（基本的说要）要有各种各样的就业机会，改变传统的（社会的、文娱）居住概念，（改变按）服务半径（为基础的规划）。分级的布置结构 Four tier system，随经济增长，人民生活提高，各种生活需要。不要如哈罗框死了，不能改变了。

②交通要极为方便，行动的自由，（来去方便，组织城市的）各种活动地点都有方便的交通。家庭、工作、商业。各种变化的活动（要有）多样性的公共与私人交通，（有轨）等值竞争。

③社会平衡，多方面的人，（选城市各阶层的）工作、水平服务。东炸（?）8~10万人，只有一种就业的机会，丈夫去了，妻子找不到工作。除非夫妻同到。不熟练的工人（选择的工人），服务人员，（到新城找不到工作）社会是一个很复杂的东西。不枯燥，（冷冷清清）希望到市场去转一转，人喜欢热闹。

④吸引人的城市。哈罗也是热闹，很快不吸引人了，住的散。

⑤群众参加规划：Public Participation，人家指责了的三结合，按我们叫三结合，人家很像是流于形式。很重要的一条。

2

墨西哥大会我们这段讲三结合.

对比西方年青 无可非议 到旧的住宅区里去,(接住的要求)改旧房改造,就结合起来,结果 没有大建筑师的架子 那么多年像

来说。赤脚建筑师 群众很欢迎。好的传统也丢了。都要读,(读一段话更好些) 正是说一段话"

我们把

这两个人也成了名。(罢课,占地盘)。中门来的成果。

对住标准宽了,坏的影响、文化大革命的影响

⑥ 规划方案讲究经济性 | 搞了很多试验,现在很难下定论.

利用新的计算数学. 有些 想法也很难,是否就是成功的.

是否成功? 介绍一下。

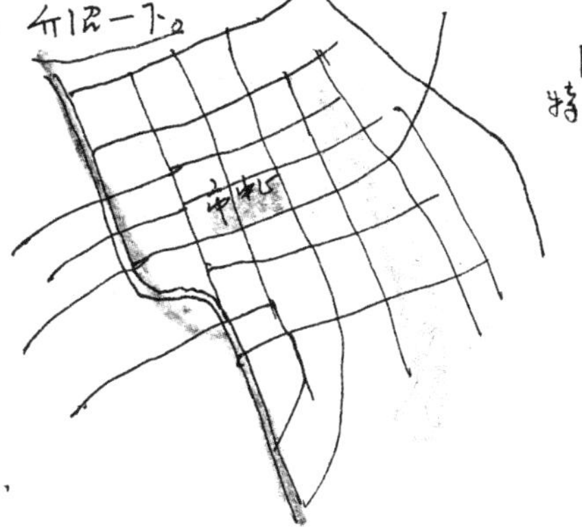

1公里的方格网,居住区在内

特点之一,公建分布,上下学也比较自由.

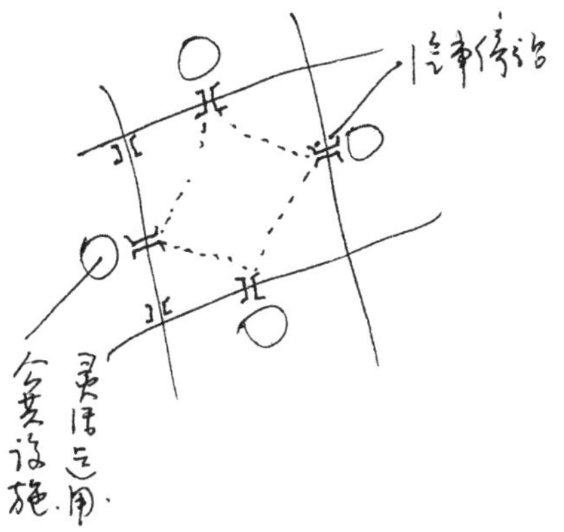

立交桥很好.

(1975年12月 Arch-design)杂志有此介绍.

伦敦新城面临的问题和变化,

新城建设二次战后成为城市建设的潮流,作了贡献.

46年新城法. 由于社会、政治原因,情况复杂,面临问题,解决的问题也很

小城镇的规划得到,1902年提出一直未采纳。

有限。人口增长不断下降,就业少,难以维持繁荣的局面,小城镇建设,进展缓慢,到现在对于

近70-80年 有的停滞了 失业人口增加 从第一代 到第三代

收缩与停顿的状态,已完成的,保存完整的住宅缺乏并未解决,

进行了一些建设.

大的目标,产生

搞了一些区域规划,容纳更多的人,以吸引到新城,减轻对老城的压力。

这个问题 评价 引导建设 净化 人口 控制疏散人口

并不如此理想. ① 疏散的政策究竟如何, 54~68年, 大工厂减少了28%, 483千内环 784

旧城仍然面临

制造工业减少了→71万. 多余的,办公楼大增,贫困与失业增加,新城搬了旧城的工作岗位.

7%的人到新城住

的工作岗位,新城并未解决社会问题, ② 旧城区未得到应有的计划改造. 表现不能子孙在新城的史书上.

旧城如何改建

去有我去了

伦敦就进行了改造,旧房更新,仓库→住宅区,工厂→旅馆, 自行设计的很好.

接 能吸收的人口,疏散

好处给外地厂商接去了. ③ 十城只吸收了 8万人 总共吸收了五十万人,外迁的

更增加了伦敦的压力

只占总人口的5%,外地跑到伦敦来的,低工资的人,没有解决.

④ 理想 十五年间经历的城市,要很太稀,生活上接触少,是封闭孤独。环境不好,污染.

过去的工业区规划,已经形成了污染,打破了传统的隔离的概念。对于新城的 已经过时了.

工业就搬去住宅区里面.

概念也发生了影响。⑤ 房租占到支出的$\frac{1}{4}$,千方百计地买房子。到时候再卖

减少了上下班的拥挤。 过去是出租,现在人们都想买房子。 我们是分不到房子

住房危机，汽车城市……改善城市面貌……1976.1月，住房当局宣布。

改变疏散人口的政策，……新城对改造旧城是不利的。……

14个新城……来了新城。英国不景气比较严重，社会永远不是静止的，思想在变化。

对社会内部旧区……

但，新城运动，是大城市发展的一个重要的方面，不是……规划……

城市会议……住宅区，……房子，100年以上。……

……大城市的道路，世界各国都在研究。

不能只搞建筑，……住宅，交通，环境，……

严重性还在后面。各国有各国的道路。

五、法，日，美，新城建设。……

巴黎盲目发展，缺乏服务设施，1958年制订法令。……

62年……区域规划，65年，公布巴黎地区……计划，到2000年

计划建设五个小城市，18个……

Cergy-pontonize

St. Quentin

Marne La-Vell

Evry

Melum Senart

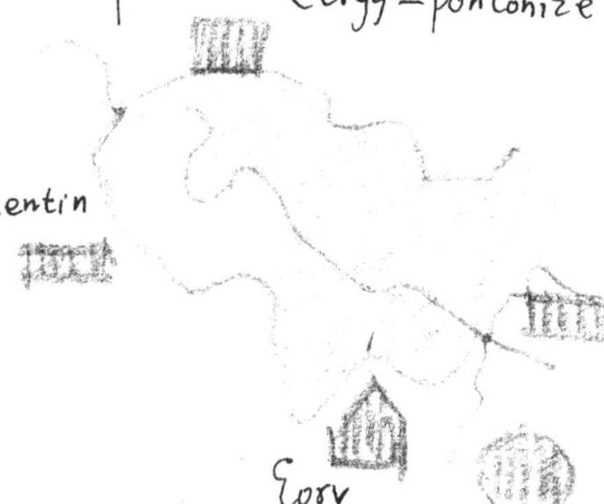

25000套住宅

70年以后，……法国……的作法和英国不一样。

建设比英国快，……十年时间，建成……，10~15公里，高速公路

铁路，方便的联系，距离比较近。……

② 利用原有的基础，……

各块地区有绿带，……

③ 建立功能的中心，……

④ 城镇中心……文体中心，……

……服务设施，⑤ 有大片的绿地，25公顷

⑥ ……新城中试验新技术，大板。不一定适合我们，……60万人口，……

……房子比较怪里怪气……

我40年前学建筑，是花一段的古西不了，——不是复古 华揽伙计请华来讲。敞开门也在找。

美：华盛顿，也在找。多种多样的可能性 日本也在探讨。东京、多摩、筑波，我就不讲了。

城市规划代表团，15日去日本，访问日本。已收集大量资料。请他们讲。西欧各国都在找。

象二十年前广亩式的，大同小异。

都是单位。

urban pattern (model) 6B.

第二部分 第四讲 城市结构形态（模型）的探讨

一、概述。

二、理论介绍，特点分析

三、评价：

一、大致的发展过程，怎样解决城市危机，从空想到花园城市，从社会改革的角度，不局限于解决城市问题，这是一条线。英国伦敦的大城市，陆续搞了一条途径，改革，新城计划，也在陆续探讨，法国、日本，这又是一条线。你们还可以找出几条线。更好的城市结构，企图从技术方面解决城市问题，工业区包在城市中间，从规划方式上来解决，不同的路子，搞建筑的人，搞的。分析问题的出发点。

二、1. 西班牙建筑师 Soria y mata 带形城市理论

La Cinded Lineal (1882 or 1894)

城市沿交通干线建设，可以无限延长，马德里→北京，道路两边发展居住地带，将铁路、公路，象树枝一样在路旁发展。把大城市散开来，电车已出现，利用发展这种技术，在马德里建立电车和电话系统（他首创），交通是一切城市规划的根本。城市随着铁路发展，方格式的道路，最便宜，以主干道为骨干，中间两条或更多的电车道，布置干管，他也是工程师。

城市 城市

电车道

40m

住宅地段，60呎宽，四周有空地，光线好，防火。把旧城一个个连起来，带来农业地区的繁荣。随地形而变化，靠山邕(?)，使城市回到大自然，农村人不盲目流入城市。马德里也造了一块。

24

大跃进时，刘少奇，在保定时，沿铁路线（市委书记）发展，与 Soria y Mata 线性相似。

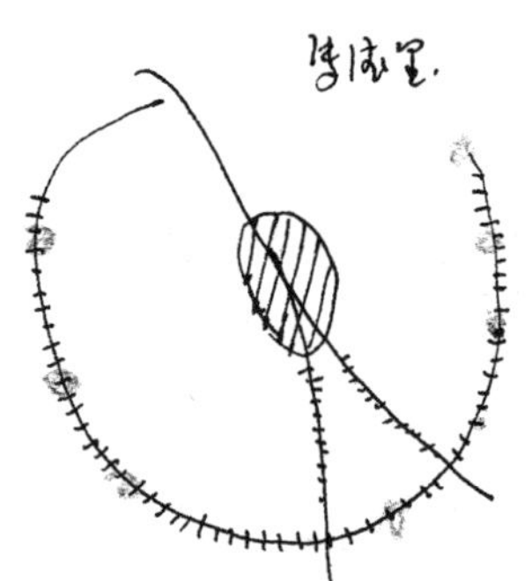

2. N.A. Milyutin 1930
Милютин
工业接近当地和交通
居民接近工业。

3. Tony Garnier 工业城市规划
1917年

与同代人相比，他了不起，早期学院派。
革特已指早期建筑。
他已拿全套的工业的设计
城市探选原料场地。
最早把功能分区、交通
条件好。带有一个新的水利
发电站。工厂、住宅、体育
交通，很明确地分开，
居住区朝南，南方，更好地
得到阳光。局部的发展不
影响城市的结构。完备的
运动场。当时的法国运动
并不发达。铁路通过地下道
连接车站，快速干道，试飞场。

他的居住区避免交通干扰，
已经不用周边式，摆脱了豪斯曼
改建巴黎的形式。
个体建筑、公共建筑街坊。
有屋顶花园，学校在绿化丛中
有完全分式的布局。已有邻里
单位的趋势。规划发展的转折
点。一个工业城市，只能够加以设计的。
联系到绿化、交通、废物处理，未来
对后来有影响

4

未能实现的理想，但然可以作为一个思想的财富加以发掘。

从厂址选择到新材料的应用，过去是一带而过，现在更加重视他们。

与此同时，也有其它的人，1917年发表工业城市规划。（大都市区域规划 大城市疏散，为人们把他做模型）

4. Unwin 1922，图书馆有他的书。他提出卫星城市。

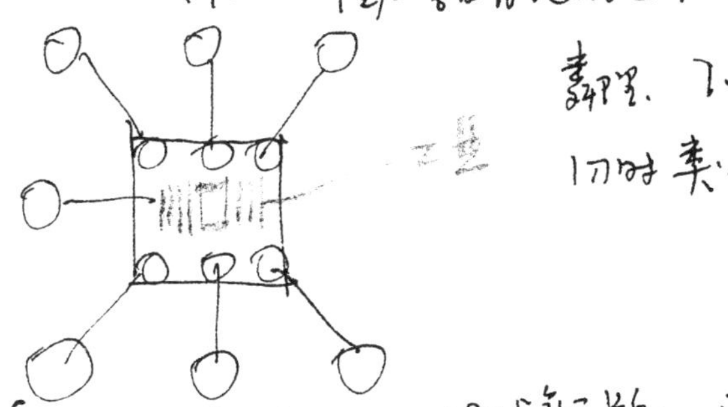

郊区 1.2～1.8万人。

同时类似的理论，有 Robert Whitten

5. Le Corbusier 1925年出版，巴黎的规划一直在作，多年的设计个人，没有业务生意，在思想上是个领先，并不局限在建筑领域，抓到理想就做文章，搞日内瓦联的方案，他没有得奖，跑到日内瓦法庭去控告，搞联合国大厦，没有采用他的方案，又控告。在南美的影响大。真正盖的只有昌迪加尔。“明日之城市” C.I.M. 1945年搞了一个规划方案 ASCORAL

中心区拥挤，大城市向郊区发展，汽车交通，说明规划的看法，反对花园城市人数增加，产生了根本的矛盾，中心区地价很贵，居住搬到郊区，建造卫星城不能解决问题，关键是改造中心区，周围要有绿带，这里城市的用地，有很多的利用。①要减少中心区的拥挤，增加交通面

②增加人口密度，减少建筑密度。

③增加交通，以及改造街道系统。

④绿地增加，安静、健康的环境，搞摩天楼

不能孤立地发展，联系街道，空地，楼群的交通。取消角道式的交通。中世纪是驴子走的道路、现在是人走的道路。曲线使人走得舒服，这里除去的观点。直线是有秩序的表现，搞方格形的道路，每400m一个交叉口，减少了道路面积，人行车行立体交叉。

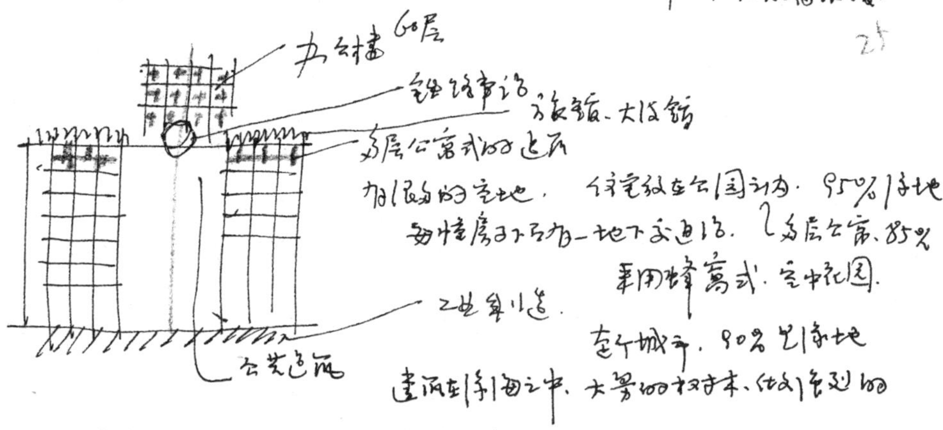

广州·白天鹅旅馆.

25

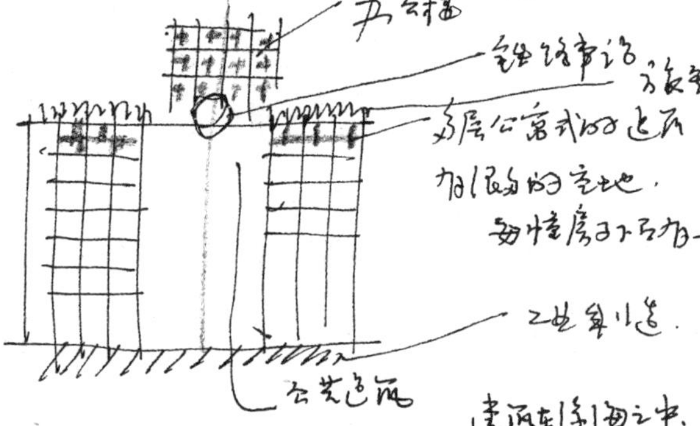

有限的空地。 住宅放在公园之内。95%绿地

每幢房子下面有一地下交通路。 {多层公寓、85%

采用蜂窝式·空中花园.

整个城市，90%是绿地

建筑在绿海之中、大量的树木、似以绿化到的

对比。总体布置应该多样化，细部应该是统一的。

Variety in general layout, Uniformity in detail.

细部应该标准化（工业化的要求）。总体生动活泼，有变化。

街道应当是：是私人铁路，不要穿过城市。中层宁可集中、人口越稠密交通越集中。现代的街道是一个工厂，它的管道四通八达。交通要分工，重载与轻载。三种街道，重载在地下；普通的；穿过的高速干道。

车站是交通的枢纽。街道的组成是两个交通路。电车放在地下。铁道火车站是城市的中心，做在地上，上面是飞机场。多层建筑 1~5万、24幢。

现在的城市缺乏秩序的，几何的，向空中发展的。以几何为基础，几何性是建筑的基础。造房子与造汽车一样。

技术上可以作为参考，只我们技术上的范围，看到了表面现象，影响很大。路过巴黎，伊斯坦布尔，结果很具体，耕作单位，放射形，直线形的城市，带形工业城市。提了一些变化，一般主张放射形城市。

埃诺新村盖房子。

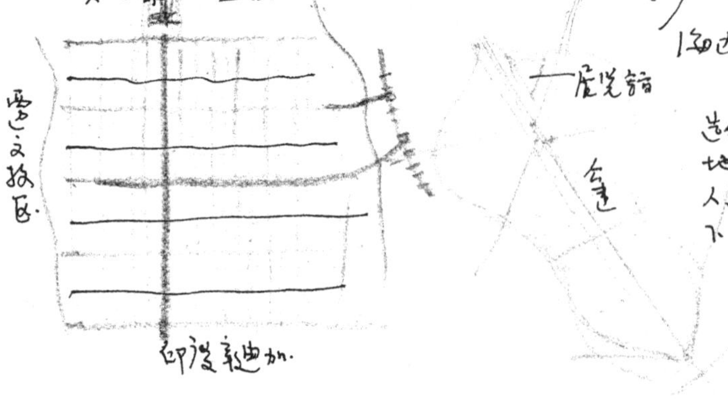

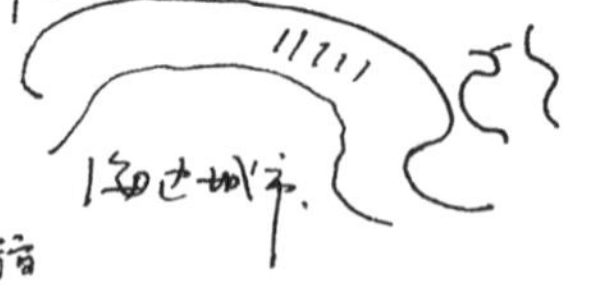

造价不低了，大量的金钱花在地下道路，做为路的平台，人造的喷水池，林荫道，不是朝着人的。

体形方块

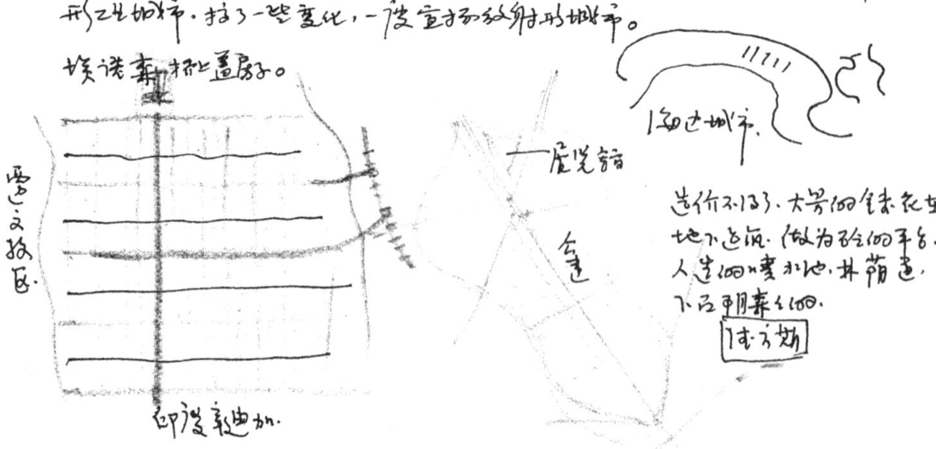

5

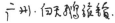

波兰建筑师 Mathew Nowicki 开罗近郊失事丧命。才华横溢。

尼赫鲁。接着找柯布布局。两大路之间。田 有如长安城的布局。

喜马拉雅山麓。800×1200m 街坊 每区住5千～15千人、南北走向的绿地

串通坊来

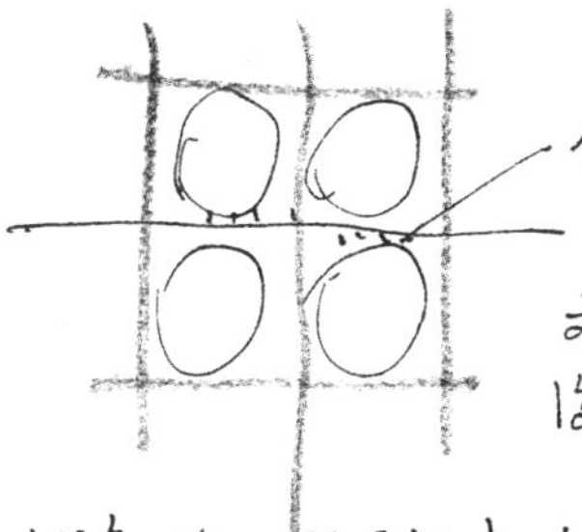

方格形的城市网的发展，有许多特别的好处：Gridiron

刘敦桢，55年去过一次，糟糕透了，根本就没有那么多的汽车。

得克斯：从概念出发，我们根本不能这样搞，蓬皮杜喜欢这座建筑。

丰放露，地下垃圾管道，四个现代化以后也不能做，一刹那的喷泉。

我们是十亿人口的大国。

6. F.L. Wright "Broad acre city" 农村型的小村镇

"城市的消失" 工农结合、城乡结合，一人一亩地，到中心来过一次，买了东西中心去董，房子漏水，打电话吧。 人租、地租、钱租，没有文化，讲究消费，应该以生产控制一切，十万人的大城市就不应该存在了。

turn down. build again. 底特律。

半径十分钟的路程，分散布置一些房子，搞了两个模型，居住出名，有机的生活，绿化是它好的家。多弗兰，访问，世外桃园。相当大的花园，在瑞士买一套花园。搞了一英里的摩天楼（超级）人口的增长，全纽约的人，都可以住。

7. 1942年伦敦上的偏移规划

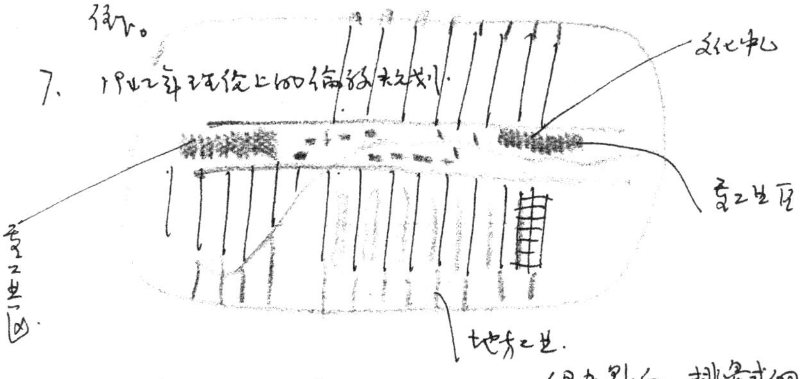

M.A.R.S. 平面。 T. Sharp。 很有影响，排骨式的，篦式的结构

26

带状的居住区，中间是交通和工业，受报影响很大。

8. Hilbersiemer，常与密斯在一起，在I.I.T教书，晚年一直搞城市规划、三本书，很怪的人，是一个理论家。①早期提出环境与污染的问题。1941年提出改造城市规划，工业的烟害，日照。

②区域的问题，从城乡结合来解决交通问题。

风向，各种图解。

并没有做什么实际工程。

晚年就是写书。

册. The Resurrection of Gridiron

棋盘式平面的复苏。

城市发展的机动灵活性。

现代城市难于控制，市政投资。

走方形的方格形。

特点分析，各有一端，言之成理，持之有故，汽车交通，环境污染，居住密度，用地，企图解决某一个问题，相对真理，不是万应良药，不变的法则，数学模型

②技术发展，规划思想也在发展，新的建筑出来，创造一些理论，应该提高对新事物的敏感。

第二部分 第五讲　　27国建筑师协会.　　SERT

CIAM · MARS Group

从雅典宪章到马丘比丘宪章（The Charter of Machu Picchu

结束语.

居住、工作、交通、游憩.　　City beautiful movemint

Burnham　巴黎美术学院、搞设计竞赛，城市的大功能.

1929年第二次会议　（在德国法兰克福）低价住宅，

30年在布鲁塞尔，合理的土地划分

33 38年 雅典、宪章、大纲、宣言.（城市规划大纲）

37年 巴黎，讨论居住问题、体息与娱乐问题、农业规划）→ 我们的城市能否存在？

47年 市中心建设.　英 Hareart city 市中心

十九个国家开会，33个城市讨论，阿姆斯特丹、巴塞隆那、华沙、洛杉矶、雅典、柏林、维也纳、苏黎士.

用同一个比尺，进行比较，做了调查研究.　西班牙建筑师 Sert 写了一本

整理成书，"（大会主席提出：）研究城市和建筑问题的广泛的实验室（不是直接规划建议），因为提出问题、技术操作建设，提出具体3条，现代城市哪里有毛病."

我主要用和研究根治的办法、城市的基本需要没有解决（技术的进步，电灯、上下水），混乱结构（没有封闭城市），城市生活要研究 urban

biolog 生态环境，人道主义（讲些建筑住宅，又发展了，从），城市要脱离周围的环境（主要提出），强调城：都市造（首先居住问题），

设计与规划的方法，人类得到健康，愉快的生活环境（以适应于需要，使），生物学和心理学（今天的不能适应人们）

的基本要求，城市与周围的区域要成为一体，走向功能的城市（大尺度的规划，才能挽救城市，提到）　住宅是城市的细胞

toward the functional city

urban biolog

早期英国生物学家，海吹毕利斯，（1854—1933）Patric Geddes（也是社会学家.）

在爱丁堡，观望塔，全面综合地研究，调查、经济、城市规划与社会经济联系起来. 另外 Lewis

Manfal　城市的分区，各建筑的功能分子，已有了一写的发展过程，最先能包括来. 城市规划大纲，

功能选择，四大功能彼此的关系.

对大纲的评价：从技术上讲这个大纲说是有一定的价值，当时局部地解决城市的矛盾，归纳了一下方法，一度成为资本主义纲领性的文件，

不只把建筑看做建筑本身，（现在看来还是这样）而看成城市生活环境，城市规划科学，问题并未解决，环境问题越来（回避了矛盾的根源，理论难以实现）

越严重，反映了一个时代的思潮，理论难以实现，梁先生说一付好药，药不对病.　当时认为对我们的有适用. 遭到批判.

前年在秘鲁开了另外一个会，在利马城利马大学 77年12月，一周的会，秘鲁宣言，围绕

雅典宪章，提出一个新的宪章（围绕雅典宪章）：小镇，保罗、马塞、修大台，

（马丘比丘）12月12日 到了马丘比丘，这是一个安第斯山，印加文化

文化遗址，石头建成，北面一个小镇：马丘比丘，没有被西班牙人发现，石头建成. 15～16世纪，

住过几百年，房子还在，秘鲁文化的一个象征，以前建筑师、教育家、规划家

第一次努力的结果。

如果产生了新的情况，需要修改宪章。做为我们的出发点，1933年的雅典宪章，基本原则仍然有效。过去做了多次努力去修改宪章，可能过时了，不是被否定。1933年 雅典是西方文化的摇篮。1977年 理查德森 独立的文化的象征 柏拉图的理想国 召开了国际建协大会。接一个华沙宣言。

"人·环境·建筑" 对已衰落的地区加以改善。

理查德森宪章的内容：① 雅典宪章 城市与区域之间存在不可缺少的统一性，对区域规划加以重新肯定。经济发展缺乏认识 城市化 过程正在席卷整个世界 各个国家 到不发展的地方。规划为执行提供需要的手段的方法 制订政策指导方针。有效地使用人力和资源已达到

urbanization 城市化，浪费资源的，城市发展的无控制的方针。居住区的拥挤、非常贫民窟。

规划要反映出 城市与周围环境的动态统一性，与区域协调。邻里单位之间，城市各要素之间 协调 功能关系 对人类的要求，进行解释和 地区之间

另外 包括：①经济规划 ②城市规划 ③城市设计 ④建筑设计。四个方面：经济、城市地理。

Urban design 哈佛大学，城市规划系、城市设计系（环境 （交通法）经济土地 街坊、街道、广场

风景建筑系（Landscape） arch 建筑系。 urban design：市政设计 建设 城 组织 古建筑 体量造型

我们已出来一方面，只要自己的一块房子，总体的大文章，无人可做。"已浪费掉为数不少的资源，经济规划与城市建设 地区的市价很大 周围已造了 对未来不搞区域规划，社会主义计划经济，完全有条件搞 脱节、计委——建委，我们最有条件搞区域规划。它偏应该摆在哪里呢？

带来一些 资源的浪费。用水的浪费、天津 十站没有水，区域的经济资源。稻田改旱田，上游改稻田，东北没有水，邢台搞厂 还要发电厂 各个部门各自为政。就大城市而论还不足以解决大城市的问题，自然资源要平衡 生态平衡 土地、水，为了自身的需要而对大自然的掠夺。到处发生水荒，达到饮水的标准。细水 净 用来 我们是大自然的一个组成部分 大量依靠 不顾一切地 大量城市用水要逐步排除。排水污水管道、水的循环 西川院子接雨水，水池、绿化。

水马桶、卫生、澡洗，如何利用水资源？森林的破坏，15亿亩农田 环境经济学，日本一致提

浪费土地的现象，高层建筑成了唯一出路。农村也浪费土地，世界已都在研究 田中的列岛的改造论，工业、人口的集中，开发内部的区域。 美国的T.U.A的区域规划。开发田纳西州，二类区的目标，21个水坝，航行发电 我特地去了一趟，做学生时，搞经济的， 控制洪水 1200万千瓦/小时。对世界各国都有影响。向了冲去了救援，电网连结了。 农业问题不大。 综合利用，发电，化学工业，淮南从矿 带动有开发区的 森林，矿业，成功的例子。

尼赫鲁印度也搞了区域规划。罗马尼亚 搞旧城改造 搞新城 有些 搞小城镇更好的 "世界只有一个地球" 打破 2000万居民，工业13%城市，伯世区，搞小城市

② 人口、城市增长，严重的危机，城市衰退，住房、环境恶化，农村人口大量外迁也愈发 1933年，人口翻了一番，生活水平提高 缺乏 生活质量 不能在自然 三世社会的特征，有钱的人搬走了。发展中国家，农民拥挤在城市的边缘 无法进 和市政的 发达国家 建立旧城。穷人留下，搬进来。 40亿→70亿 加剧了城市的严重性。墨西哥，每天5000人来。丹下健三，30亿人口人人 自发的居民区，解决了起码的设施以后 房子多的，天气也不冷。人口增加，生活质量下降。 农村迁移到城市来 如何解决这些人的居住问题，太难了？

海牙 阿姆斯特丹

③ 分区的概念，四项基本功能，生活、工作、休息和交通。雅典宪章 分为各个区域，分开来，牺牲了城市的有机组织。忽视了有机的结合，产生了孤立的单元。创造一个综合的多功能的环境 人是要动的，住在郊区坐汽车上下班。

28

东移一块西移一块，有的汽车自西带来。城建史。单丛先生到美国去参加活动无法开展，无汽车。

划分得太机械了实际也分不开。城市分散的发展。旧城区的工业，无污染的工业，在居住区。北京旧城

住房问题，生活的基本保障。灵活性，创造性参加设计和施工。

④ 居住区、住房不能当成一个商品来对待。墨西哥，因地制宜，按本人的条件，分期一间一间地加建。

光靠政府解决不行，人们交往中宽容与谅解的精神，不中主义的歧视，穷人区，黑人区，包括中国人。不同社会阶层

⑤ 交通运输：城市发展的基本因素，公共交通，代替现有系统，提倡公共交通。更加强劲，脱离轨道的运输形式。维护好，用完

交通。私人小汽车，限制公共交通的发展，城市发展的动力体系，小型公共汽车 minibus 私人交通大量的浪费，发展变化，很难先看到的。

⑥ 土地使用：合理有效地使用土地，土地有限，我们是土地单位所有制。土地私有制，要求立法解决，满足社会要求。

⑦ 自然资源与环境污染，特殊性，因为恶化的环境之中，完全实现理性的构想，空气和食品有害物，噪声。

⑧ 文物和历史遗产的保护，继承文化传统，文物的经济意义。"个性特征，历史遗址，国家民族的特征，旧城建筑保存要积极

我们要注意古建筑法，向pop文化挑战，美国不许拆，日本政府，京都奈良，英国也有，75年到现在，瑞典来的人，答复。

⑨ 工业技术。广泛地引进国外的"新"技术，技术是手段而不是目的。

⑩ 规划设计实施，区域与城市是一个有机动态的过程，

⑪ 建筑设计：创造人们生活用的空间，不是纸上的建筑，城市面貌的个性。

不是复古，现代建筑的新成就，新的时空观，内容与功能的分析 ① 空间的连续性，街道，广场

② 城市空间与园林，与环境的统一，再创造园林的地位，给人们留有再创造的余地，没有建筑师的建筑，城市统一、方匣子、奇形怪状的流派，建筑环境的统一性，留有余味，不断发展的过程，从绝对的概念中解放出来，强调民间，传统的东西。

结束语：本章回顾城市环境的不能照抄，宪章，两个宣言（去年提出的）

总结：① 极为简要地介绍，我不是搞历史的，各时代的政治，经济，科技，如奴隶制，罗马的营寨城，中世纪教堂，封建，资本主义，要政治经济的制约，社会主义的城市特点，值得研究，人民的生活，新城运动，影响各个社会，各个国家的。

② 当代的社会的复杂性，人口问题，能源问题，整个世界的动荡不安。不是锦上添花，要雪中送炭。中国也不能置于世界之外，面对中国的现在和将来。

③ 城市建设的传统不断发展，人类的文化财富，远古的传统，中国的，雅典城，巴西利亚，不是无创造，时代要有新的一页。

二战后有些病态的？我们的三段摩托，坐飞机从桂林回来，在机场坐汽车，机场也有，坐出租到北京，正想汽车

吕。

设计研究室　上午。

④ 规划在不断地进步、实践的检验。哈佛：有多大的价值、重新估价、帮助学位。　小区。

⑤、电子计算机、城市地理、人口、环境、经济、管理、设计学、各种学科的发展、多方面的综合。

科学的入口，地狱的入口。　马克思

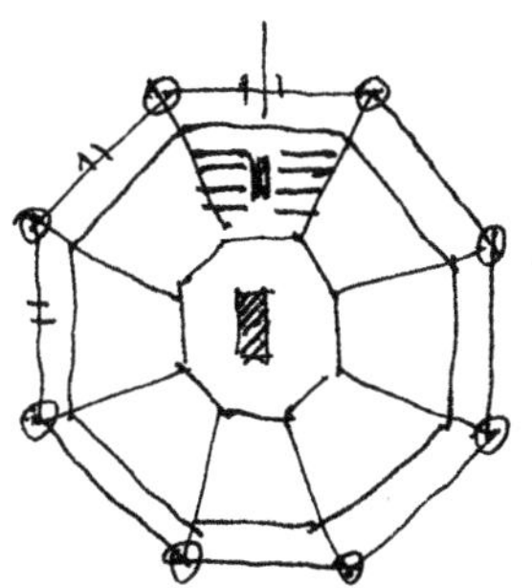

绿　化

姚同珍 先生

绿化　　姚先生讲　　P1

功能、演变、观赏特性，对环境条件、植物配置、认认北京的树、到植物园。
热带、温带、木本草本。

一、中国园林植物的发展和传统。简史：记载较多。秦汉的上林苑，3000余种，好的名称。司马相如：上林赋。39种，果树25种，乔灌木。汉武帝破南越，建荔枝宫，没有活，杀了几十人，进贡荔枝，除了乡土种之外不宜成活。宋代：75种，果树、橙、柚、枇杷、荷、芰、芦、石榴、棕榈、南竹、茉莉、辛夷、腊梅、桂花、丁香，药用植物，引进，按生态要求，水生植物，不耐寒的植物；一种植物大面积栽植，万松岑、梅岑、桐径、松径、合欢径。40%的景区和园林建筑以植物命名的，对以后影响深远。达到相当高的水平。（艮岳）峰亭，壮观的景色，大面积。荔枝、龙眼、葡萄宫。圆明园："内廷圆明园内工诸作现行则例" 89种。牡丹台、兰圃、梧桐、紫薇、玉兰、竹子、海棠，种在庭院里。多处种松、柳树、合欢多。

私家园林：王维。北宋李格非洛阳名园记，发展牡丹和芍药。天王院花园子：数十万盆牡丹。李氏仁丰园，百余种牡丹。茉莉、琼花、山茶、紫玉兰，同原产地培育的一样好。"传接以完本，与造化争妍，故芳芳益奇且广。""环溪"，松桧花木有千株。"皆品别种列"。1038年司马光，独乐园记"治东治地，百有廿畦，杂莳草药，辨其名物而揭之，夹道如廊，皆以蔓药覆之，四周植木药为藩，援命之曰'采药圃'"。南面有花圃，牡丹、芍药、名种和牡丹二株。花卉植物园。1082年周师厚107种牡丹、41芍药、82个其他。157种果木、刺花类89种、水花类17种；蔓花6种，共计536种。洛阳花木记
（1031年）欧阳修洛阳名园记。冀王宫花品。陈峋：洛阳花谱。王观：芍药谱。以牡丹芍药为主。15部（9部，牡丹芍药）。南宋迁居临安。范成大：桂海花志、范村菊谱；范村梅谱。赵时庚：金漳兰谱 陈景沂："全芳备祖"。陆游：天彭牡丹谱（成都的牡丹）。专化兰、菊。

明清：私园在江浙较大，形成一时的高潮 10多部、8部·综合。陈扶摇：花镜，比较好，完整的成就。利用自然、师法自然。两宋以后明清在...

9

季节的变化、使用节制，形态、色彩、气味、音响的特点、同周围环境的效果、组织各种构成景点。精益求精、牡丹、菊花、园林植物的极盛时。

木本：松、柏、竹、桃、海棠、梅、木兰、芍药、牡丹、玉兰、梧桐、柳、榆、槐、枫、桂、石榴、紫薇。

草本：菊、兰、芍药、荷花、芭蕉、水仙。

中国画、书法　诗中有画、画中有园、园中有诗。产生在历代建都的附近。

以江南一带、栽培采用，优美的姿态、色彩、气味、风格、强韧的耐力。

象征性的意义、日新月异、精益求精。

二、我国丰富的园林植物资源：英女花园师 Maggi Keswick Chinese Garden.

8章：爱花是中国人民自古以来的爱好。

杜鹃、玫瑰、木通、茶花、瑞香、百合、报春花、大花铁线莲、羊踯躅（杜鹃）

是在中国首次露面的、从中国引种的、大13条园的第一样的月季——生于世界

珠兰树、舞绸之路、紫色的荒花、紫藤、桂木（白花、赭黄花木）鲜黄的云实、

白桦——深兰色的果实、秋牡丹、鸢尾、麦儿草、花百合。大八仙花、大血藤、

兰色樱草、横草、木香花、爬在树上、扇形聚小花，1899—1911年威尔逊

65000个标本、1000多种引进西方、中国种植比例祖先久有已种植的花草，

从代延续下来的保守思想，理想、情操、的象征，诗经上已有记载。

幅员辽阔、气候温和、园林植物丰富、历史悠久、园艺植物的发祥地、园林之母、花卉王国。特点：① 种类繁多：7500种乔灌木（原产），西南山区最丰富。

英国皇家植物园 Kew 园统计，中国引种的 33.5%。

② 分布集中：种属，世界分布的中心

名称	国产种数	世界种数	国产/世界 %	分布中心
独花报春	10	13	76.9	云南、西藏、四川、青海
〃 〃	390	500	78.1	
杜鹃	650	800	81.3	西南
山茶属	150	220	89	〃、华南
丁香	25	30	83	东北、西南
绿绒蒿	37	45	82.2	西南
中国兰	25	40	63	长江流域、以南、西藏
木兰	73	90	81.1	西南、华南、华中

毛竹	40	50	80%	黄河以南
油杉	9	11	82%	
石楠	45	55	82%	
珠兰	15	15	100%	华南
槭树	150	205	73%	
海棠	22	35	63	

续2

卫矛，溲疏，绣线菊，栒子，芙蓉，花楸，菊花，腊梅花，含笑。

木樨，南蛇藤，红升麻。 60～70%

北美：600多种，欧250种，紫竹院100多种，分布集中，颐和园100多种。

蚊母树	12	15	80%	西南，华东，华南
含笑花	35	50	70%	〃 〃
椴树	35	50	〃	〃 〃

猕猴桃：河南，陕西集中，生地 果实营养价值高，Vc 100—420 mg/100克果肉，比苹果多20倍，柑，橘多5倍，藤本，爬在墙上好看，传到新西兰，一个果200克重，每年收入800万美元，出口1pound/1美元。

木天蓼，深山木天蓼：垂直绿化。

椴树分布广，树形美，花香，长寿，木质好，（大叶椴，小叶椴，条叶椴，欧洲各类的引进树，并不是菩提树）我国：蒙椴，糠椴（香山，紫竹院有）

引进树比较贵重。

③ 丰富多彩：梅花，花谱大梅谱122种，231种（解放时） 凤仙花233种，一丈红，花香味，茉莉花味，葵花毯，倒挂妖凤。 杜鹃属：落叶，长绿部分变化很多，矮小杜鹃，乔木杜鹃，24米高的杜鹃，胸径1.5m，大树杜鹃，花形变化大，颜色多，尼克松访华，陪同。

④ 特产繁多：独具一格，银杏，金钱松，银杉；水杉，水松，观光木，马褂木（鹅掌楸）珙桐（鸽子树） 夏腊梅，梅花，桂花，菊花，翠菊，荷花，水仙，牡丹，黄牡丹，芍药，月季花，香水月季，大花香水月季；蜡梅；杜鹃花 南天竹 绣线菊，龙胆， 萱草，兰，鸢尾，黄香梅，

红花檵木，红花含笑（甜味大） 活化石，新生代，第三纪以前，世界气候温暖，湿润，植物茂盛，银杏，水杉，广泛分布，直达北极，欧亚大陆。大冰川，覆盖欧美大陆，山脉为东西走向，我国是间断性的高山冰川，保存了很多古代的裸子植物，树属。银杏 18世纪→日本→欧美。 1941年发现水杉，轰动全世界，-30°C的严寒，也不怕高温，欧洲及印尼都能生长。

银杉，（广西龙胜，四川金佛山）1800m以上 高大乔状，线形叶，脉凹，银白色 花坪自然保护区，1400m高。

美要用一个三叉戟换一棵银杉。

10

腊梅：黄花，冬天开花，花期长，握手精良药用。磬口腊梅，素心腊梅。
背风向阳处。上海松江，500年腊梅，虎叶腊梅（古体）鄂西。滇腊梅。
神农架，4000亩一片腊梅。夏腊梅，夏天开花。

牡丹：中国名花，花王。荷泽 300种，洛阳 150种。日本 300种。伏牛山，野生牡丹，紫斑牡丹。
紫牡丹，黄牡丹。兰州，最大的牡丹。

金钱松：高大，干直。金黄色。五大公园树之一。落叶。杭州的
南洋杉，日本金松，世界爷，雪松。

二、中国园林植物对世界园林的贡献：2000年的历史，西汉开始，张骞，121~136年
西亚，16世纪初，葡萄牙来中国。1545年，甜橙，引种到里斯本。sweet orange
菊，茶，牡丹，芍药引种到西方，十七世纪初。鸦片战争后，逐渐深入内地，采集了
标本和苗木，丰富了西方园林的内容。1850年，成为专业化，英国，威尔逊，受威奇
公司的雇用，哈佛大学阿诺德树木园的支持，先后来中国五次，采集了十多年，1899—1918
1913年出版一本书，"在中国西部一个爱好自然的博物者""中国—世界园林的母亲"
轰动欧美，影响世界，园林之母的桂冠。松潘，挖走了几千个王百合的球茎。
腿打断了他。1万紫百合。付礼士 G.Forrest E.H.Wilson
住了廿多年，死在腾冲，30000多号，6000多种，1200种是新种。几万斤。杜鹃，绣球藤，
常绿杜鹃，从中国引进的309个新种。爱丁堡植物园，英国的园林面貌
焕然一新，滇西的高山杜鹃，与常绿杜鹃杂交，成为英国园林的特色
英国花园发生了一场新的技术革命。大树杜鹃，280年，d=2.6m。
朱红大杜鹃，培122个新品种。月季为英国的国花，（法国）蔷薇，突厥蔷薇，（百叶〃〃）
单瓣，夏季开一次花。1789年，月月红，Rosa Chinensis（四季开花）
香水月季。Rosa ordorata，香味（茶花香）把欧洲月季的品种推向一个
新阶段。 麝香蔷薇，1867年，杂种香水月季。Hybrid Tea Rosa。
16000种以上。 peace。 tree Rosa 培育耐寒品种
玫瑰，花小，叶皱。门，纲，目，科，属，种。1807年，木香，传到欧洲。
缫丝花，七姐妹，保加利亚，玫瑰花。~~中国→土耳其→保~~。
茶花在国外享有盛名。欧洲广大群众，陆地栽培。山茶花，东亚原产，从日本传到欧洲，
1739年，重瓣茶花从中国传去，变异性很强，有性繁殖，营养繁殖，都会变化。3000种以上
怒江山茶，及其杂交种，耐寒，花期长。云南大茶花最好看。澳洲，北美南部已相当
盛名。'Inamorata'皇家园林奖，（怒江与云南杂交种）。香味：浓香，甜香，
麝香。抗寒：华盛顿以北陆地过冬。黄色茶花。 银杏，水杉，玉兰，水松，珙桐
泡桐，樱花，竹，松，柏，大部分来自中国。

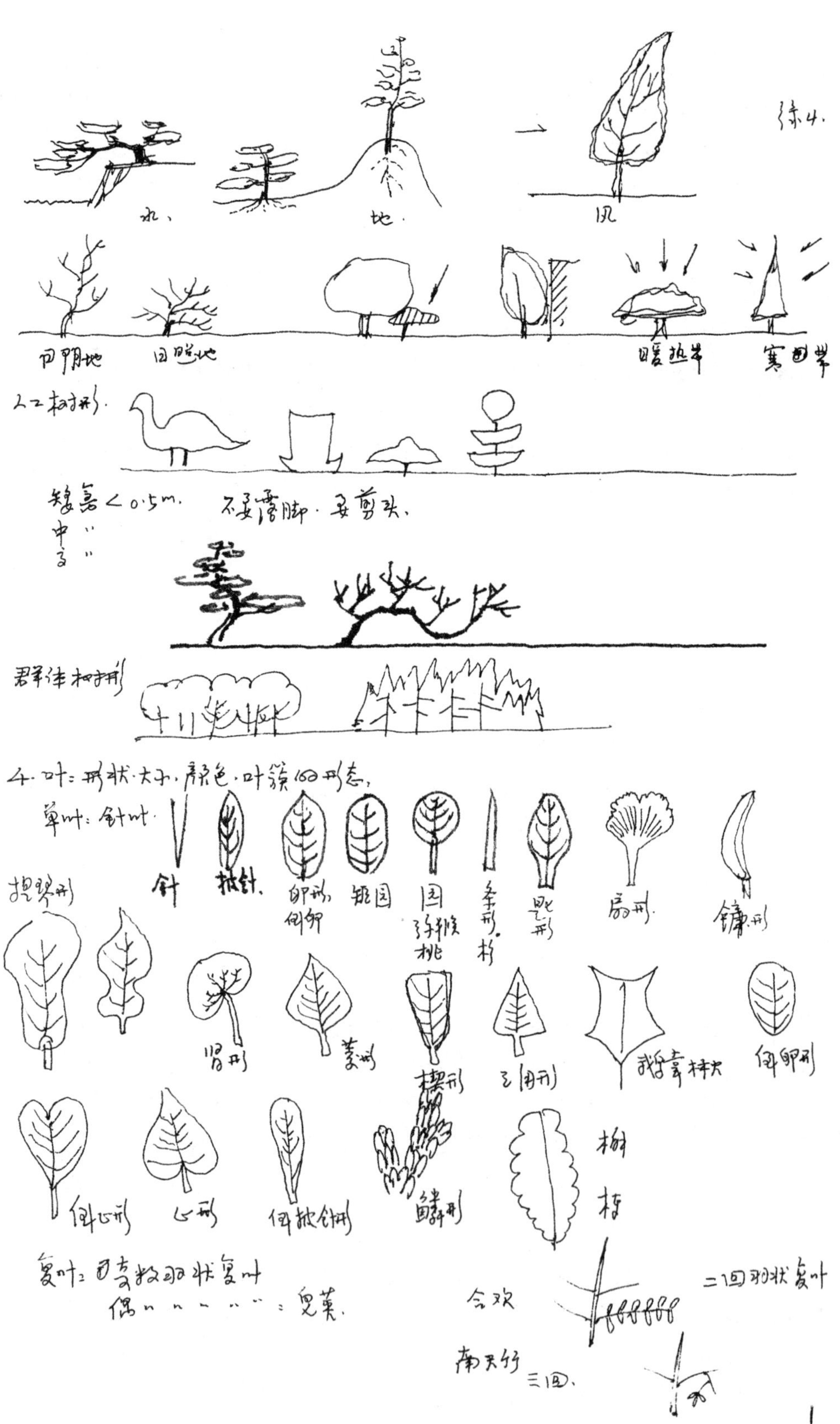
续4.
水.
地.
风
耐阴地
耐晒地
暖热带
寒冷带
人工树形.
矮高＜0.5m.
中 ..
高 ..
不要露脚. 要剪头.
群体树形
4. 叶：形状.大小.颜色.叶簇的形态.
单叶：针叶.
针
披针.
卵形
倒卵
椭圆
圆
条形
匙形
扇形
镰形
提琴形
肾形
菱形
楔形
三角形
戟形
倒卵形
倒心形
心形
倒披针形
鳞形
复叶：奇数羽状复叶
偶 .. .. ：皂荚.
合欢
二回羽状复叶
南天竹
三回.

七叶树

掌状复叶：

棕竹

棕榈、椰枣、蒲葵，叶子比较大。

巴西棕，叶长20m。

松柏：茎目发芽小，榆、槐也小

丝兰。

构骨、线柏、芭蕉。

黄莲：叶子很大，可坐小孩。

龟背竹。

铁树。

革质、反光能力强。

夹竹桃、桂花。

纸质、膜质、半透明状，恬静。

he 徐？

花灌木：文冠木·醉鱼草·十蘖·栒子·连翘·金缕梅·八仙花·蝟实花·山梅花·火棘·杜鹃·绣线菊·丁香·锦带花属

花卉：马兰·射干·翠菊·菊花·飞燕草·石竹·龙胆·萱草·徐低菜·报春花·雪月草·

柿子传到日本，19世纪传到苏联。柑桔，2500年历史。香橼·医药用。北欧建温室种柑桔，盛极一时。1493年到美洲，柑桔在南美，北美南部成为主要的柑桔产地。华盛顿脐橙（原产中国）橙柑，蜜柑。栗子：抗栗疫病。美洲发生此病几乎毁灭栗种栗树。荔枝龙眼，2000年以前引种。热带珍贵的水果，引种到国外。

（三）园林植物资源的现状：不合人满意，良种失传，濒于绝灭，长期不受重视，十年浩劫隐匿于民间。黄香梅，范成大："而叶湘梅 亦名黄香梅，亦名千叶香梅，花叶至20余瓣，心色微黄，花头差小而繁密，别有一种芳香，比常梅尤浓美，不结实。"传到日本，中国已绝种。重阳开的梅花。寒牡丹（冬牡丹）11~12月开花，也已失种。四季莲（儋州）。→我以为日本买。59年，菊花1100种。现剩下几十种。家底不清，混杂品种，破四旧，名字都不清楚。草花混杂，品质退化。自然保护区。百日菊万寿菊，东湖，从丹麦引种，看是引种第一代多，混出带来病毒。放任自流，缺乏管理。现代设备，遗传物质基因，存储库，传保种子，营养器官，花粉，组织培养，根的生长点。成立基因仓库，Kew园成立 gene bank，野生种子，干燥处理，5~7%的水分，低温 −20°C，相对湿度14%，存1~200年。搞完51年，种子资源了，与世界交换100个以上乔灌木，果树2000种，花卉7千种。花卉出口。园艺区的保护。

三章：园林植物的观赏特性：色彩，形状，风韵；花枝招展，姹紫嫣红，四季四时不同。朝夕寒暑，冬去春来，嫩绿的枝头柳，百花争艳，迎春，连翘，桃花，榆叶梅。

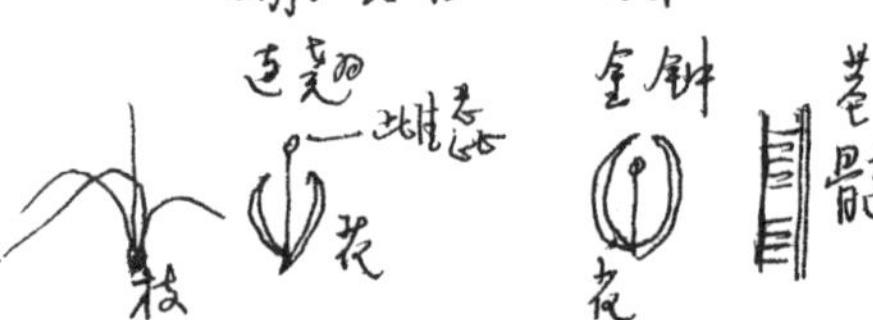

→秋色叶：

春花秋实，柿子，石榴，山楂果，黄栌，季候的变化。松：幼年 壮年 老年 200年以上

疏影横斜水清浅，暗香浮动月黄昏。（林逋） 咏梅

natural music

松涛，竹韵（切切私语）

丰富城市的艺术风，产生自然柔美，高尚的情感。思想表达的寄托，松柏坚贞不屈，四时，长青，富贵，牡丹，芍药，花相。周敦颐：出污泥而不染，濯清涟而不妖。花之君子。"剪裁柳絮随风舞，轻薄桃花逐水流。"

送春那堪更北枝，年年自分著花迟，高标逸韵君知否，正在层冰积雪时。（梅） 国花

咏腊梅诗："雪虐风饕愈凛然，花中气节最高坚，过时自合飘零去，耻向东君更乞怜。" （陆游）

岁寒三友：松竹梅。

2

月桂树、桂冠。橄榄→和平，月季→爱情。棕榈
热爱祖国、人民的感染力。西非中国园林，一品红，竹，仙人掌 热带的植物，干热
西南的园林，伊斯兰教。
乔木：明显主干。灌木：无明显主干。藤本：蔓生，爬山虎（吸盘），果实，葡萄（卷须）紫藤（左旋）
草本：花卉，草坪。
树冠、树形、大小、风格：叶形、色、大小，主干形、高度；枝干形、分枝；树皮，小枝
根裸露，榕树的气生根，高大乔木的花，有全貌，不是主要观赏特性。落叶
小乔木。玉兰花，先花后叶。西府海棠，樱花，杏花。先花后叶。要有背景。
蓝天或常绿树做背景。 灌木：枝叶形，花形，色，香，和人的视线接近
分隔空间， 草本：花叶颜色、形，草坪，杭州的草地，好。

① 高度：大乔木 一级 20m以上 中〃 二级 10~20m 小〃 三级 5~10 矮生 <1m	大灌木：>2m 中〃 1~2m 小〃 <1m	花卉：高 >1m 中 25~100cm 小 5~25cm

突出或偃和地形的变化，丰富的层次形成很好的空间。和人成比例的关系。
人工修剪与自然生长，随着时间的变化而变，动态
树冠：疏密度，形状，枝条，花，叶，天然形成或人工修剪。
偃卧形：梅花，鹿角桧。高翘型：铺地柏。悬崖型。拱枝型：迎春。
曲枝：龙爪柳。盘枝：嫁接，草或枝。
风土差，用培形，庇荫。分枝的方式，小枝的长短。二枝：云杉（白杆）
圆锥形 馒头柳 小型分枝多纤，又小又柔。
垂柳：安静，苍松：古雅。
柔软，纤细，丰满
叶的大小，质地，分枝方式 悬铃木
孤植树与背景树的对比，可以突出主题，柳植水边，垂直与水平线条的对比，
性格，又相一致。
树形：多一个干，冠干。
直干圆柱 直干圆锥 直干伞状 卵状 球 伞 钟
斜干不规则 垂状 多干顶冠状 悬崖自然冠状
直干顶端冠状 蔓 株立冠状 半球冠状 地表冠状

城市园林绿地系统

朱钧珍先生

城市园林绿地系统。　　　　朱钧珍。

1.作用。 2.发展过程和方针政策。 3.分类与定额指标 4.规划布局。

作用：① 改善环境，改善小气候、遮荫。绿地的总辐射量是空地的16%

② 调节气温。降低2~3°C，5~6°C。杭州。公园草坪比街道低2~3°C 比广场低4.8°C，冬天高0.5~1°C，主要在于夏天35°以上高温时间。绿化可减少高温持续的时间。6~7小时，减为4~5小时。绿化减少了三小时。超过36°C增加中暑的人数。

③ 增加空气的相对湿度，大7~14%（比空地） 200斤水/一棵树。南方要注意通风。

④ 防止风沙。树高的35倍（防风范围） 北京的风沙，重视街道的绿化 风沙从内蒙来。雨量600 mm/年。北京。人防。地铁。V>5米/秒。风砂即起 铺草皮。30万m^2草坪。

⑤ 净化空气，灰尘，有害气体。细菌。SO_2。H_2S，每年一亿T，中国1千万 北京31万T，西部3.1万T，370T/天。降尘。10微米以上。<0.15毫克/m^3 零风速 市区，全部超标。阻挡灰尘21~39%。最高61%，冬天。20%（树干）。灰尘停着。洋槐。白腊。柳；覆着。附着。核桃，毛白杨。板栗；粘着：松叶。粉液。槐柏。20克/m^2 核桃17克/m^3。洋槐 9克/m^2 草地吸尘很好。工人体育场 99年 0.52 mg/m^3，比露中0.88 mg/m^3，月坛儿童游戏场 2.67 mg/m^3

大风时 天坛公园大草坪。无风。三里河。0.77 mg/m^3。百万庄。9 mg/m^3

三种污染环保用。SO_2，1500万T/年。全国。30万T/年。北京。标准。0.15 mg/m^3 距首钢1500 m。绿化处才0.02 mg/m^3 垂柳 10 kg。每月吸SO_2 挥发性物质。杀菌。松。榆。侧柏。迎椿。樟木。疗养院。1公顷。槐柏林

2万个细菌/m^3，街道　　3~4千个/m^3 办公室　　1千/m^3 植物园

④ 制造氧气，吸收CO_2。无森林。500年O_2吸完。 0.03% CO_2 1%时危险。

60%是森林来的。太平洋绿藻。

1公顷 {900~1000公斤 CO_2 绿地 {600~730公斤 O_2 光合作用。白天比晚上大20倍。

• 减低噪声。闻域。痛域 130分贝。 公共汽车 64~90分贝 国 5T 〃 80~98分贝 图书馆 35 病房 45

3

18m，—9分贝。45m宽绿林 —15分贝。公园大片树林，26~43分贝。

最主要的是减少灰尘和制造氧气。绿色比较调和，绿视力的理论，日本人视野中25%的绿的颜色，减少肿瘤，减少疾病，延年益寿。杭州 73岁男 70多岁女＞

杭州确实比较干净。吉林，塑料薄膜厂，15000棵/2ha。

- 文化休息作用，如苏联科学公园，巨大的文化教育机构。广州的文化公园，绿地16.5%。绿地应占50%以上，否则成了文化宫。
- 防空与防震，隐蔽，过滤吸收放射性物质，绿地与人防结合，地下公园（株洲），地上园林，地下防空洞，草皮，防火好，绿地是安全的绿洲，疏散的作用很大。
- 结合生产，从植物本身的经济价值，菊花茶，香料类，药用，月季。
- 提高城市艺术面貌，树木装饰，底色，气氛，四季的季候感，增加诗意。

任务：收集现状资料：气候，土壤，植物。定性：不同类型绿地的性质，范围，面积，与城市性质有关，不只是形式上的布局。确定城市绿地定额指标；绿地布局，均匀分布，构成系统；树种规划反映城市特点，育苗方向，总图的一部分；分期建设计划，造价预算。规划与说明书。

发展过程与方针政策：生命论的斗争，七个阶段，倾向性的东西。①49~56年，实行大地园林化，全盘学苏，修造大公园，恢复旧公园，对人的关怀，绿地系统，陶然亭，紫竹院，兴修改建十九公顷，几十公顷，164个城市，只有25个城市没有公园。2.61m²/人全国平均，50~100万人的4.34m²/人，100万以上，2.07m²/人，上海0.47m²/人。②57~62年，全面普遍绿化，街坊绿化，与生产相结合，点，线，面，相结合。③63~64年，一年半的时间提高园林艺术水平，改善城市面貌，园林艺术提纲，风景区，吃，住，玩，看，游带。五字方针，陶铸提出来的。④65~66年一年半，任东兴传达，庭园革命化，种谷子，种棉花，[illegible]，公园革命化，一个中心，普遍绿化，四个观点。⑤67~72年，文化大革命，联合国人类环境会议，大破大立，园林即封资修，机构撤销，人员解散，把着盆景[illegible]，北京植物园是世界上最差的植物园，佛山，牛奶场，养猪，步入歧途，桂林园林处，卖包子，开封动物园，步入歧途，一场浩劫，受冲击。⑥72~77年，环境局，绿化，宣传环保热，向环保靠拢 ⑦77~79年，四个现代化，争取外汇，发展旅游，旅游热，人材培养。普遍绿化，结合生产，这条线一直贯穿，特征，普遍绿化，从园林里解放出来；变消费为生产，有组织有计划，有系统；变消极的为积极的东西。

三、分类与定额指标：（见小册子）

四、园林布局：216个城市，六大类①点状，块状 天津（上海）109km² 建城区，0.79m²/人 绿地4.87%，天津块状，1.25亩最小公园。上海140km² 建城区 0.47m²/人 绿地2.46%，最差，全国最小的，1.5亩最小的公园，殖民地城市特点。

投资少，占地小，利用率高，设施丰富，街道绿地，花园洋房的绿地公共化，

旧城改建，②块状，哈尔滨，郑州，广州，有一点规划

135万人	65万人	165万人
149 km²	73.6 km²	44.6 km²
3.04 m²/人	1.8 m²/人	3.13 m²/人 (6.1 m²/人)
37.7%	32.4%	21.6%

广州，陶铸书记，郑州新城，树种好，哈尔滨城市面貌比较好，与旧区结合。

③条状，带状，环状，苏州，合肥，西安，洛阳，兰州，—35公里长（2~28公里宽）

防风沙隔离绿带

第一干道，

滨河道，8~12 m宽

沿铁路 10~15 宽，

16条小河沟，南北向，

85年 3.5 m²/人

2000年 5.22 〃

西安：三环，路

138万人，100 km²，2.18 m²/人 27.5%

兰州，网状 54万 155 km² 1.84 m²/人

小园林一百多处，间道间距，50 m。

合肥，楔形绿地，拆城墙做环状绿地，菜地引入，

40万人，286 km²，4.64 m²/人，38.4%，逍遥经，杏花村公园，

④结合式，桂林，风景游览城市 25.2万人，26 km²，2.5 m²/人 18%

城市，风景，绿地，结合在一起，榕杉湖，新的西城区，

⑤包围式，肇庆，9.5万人，5.6 km²，0.28 m²/人 13.9% 城相依，鼎湖之一对

两江环抱，星湖居中，西江三峡，东方的田园，八景，

新会，6.5万人，4.62 km² 4.6 m²/人 25%，山和农田环抱

小城市，大公园，荒山绿化，公共绿地，家庭果

净化空气，七种主要污染物，3.33%发病率 —→ 0.26% 下降了 92%

园林生产 220万元，葵的加工，工业产值的 70%，国家只投资 2万元

⑥园林化的市中心：济南，泉城 七十二泉，不到 4年多停喷，4个泉群，

黑虎泉，10万m³/天，①珍珠泉，九女泉，②趵突泉，③珍珠泉

水位下降了四米，地下水开采超过，补给量 20万T。

⑦点线面结合，南京，长春，7 m²/人 31.5%，分布均匀，中轴线，灵动林荫大道

2.5 m²/人，30%，普遍绿化，绿带多，布局好，中山陵，雨花台，

降温 2°C，一3小时，

原则：①功能出发，全球四周，不从形式出发

②均匀分布，连成系统，洛阳，服务半径，道路连通，

③因地制宜，历史，地理，大小雁塔，秦淮河，

④与城市规划相结合，包头是失败的例子，

⑤风格，艺术性，不只从形式构图，城市的性质，遵义，历史名城 4

每个城市，有一个著名的树种，家家绿水，户户垂柳。

城市林，平原与相结合的园林

我国当前要普遍绿化，城市占的比重大，改善生产、生活的环境，主要的目的。

方针：普遍绿化，结合生产。布局：点线面结合。

▲居住区绿化：居住区指得很多，绿化指得好的不多。上海指得比较好，与经济水平关系很大，也普也不普 ①实例：②种类、指标 ③公共花园 ④宅旁绿化 ⑤爬蔓植物、盆栽

南京梅山生活区，西南22km，丘陵地，69~71年建成，30公顷，18000~2万人，90% 4层 33.8%（建筑密度）绿化70年始，纳入计划统一，75年普遍绿化，1万株树木，绿地面积10公顷 $4.84m^2$/人，全国最高，公共花园 $1.23m^2$/人，覆盖率30%，树高著15m，点线面结合，

注意公共建筑的绿化，医院、草坪、花坛、中草药，食堂前的松柏，对口实习性简单。

- 蕃瓜弄：火车站西边，用地5.2公顷，近1万人，五层 35.4% 建筑密度，没有公共绿地，有临街绿地（天目路）北面临铺组路，6m高墙和45m宽绿带，100db ⟶ 65db 水泥栏杆保护，2层建到那里，绿化搞到那里。
- 天坛南里，1100m×90m，10公顷，中西区4.9公顷，4~5层，30%建筑密度，杏形式的果园，柿子园，核桃，银杏，21%的果园。
- 南沙沟：（钓鱼台对面）700多人，付部长级，三层的，十一幢，小花园 $2100m^2$，$2.1m^2$/人 刺柳，银杏，元宝枫，香椿，泡桐，一条路一种树，花灌木36%，北面布置珍珠梅，2个月的花。
- 漕溪新邨，3幢16层，51m高，39m间距，1:0.78 | 79年种树，绿化困难，耐阴。
  6 " 13 " 41 " 35 " 1:0.85 |

  棕榈，夹竹桃，珊瑚树，罗汉松，低矮的小乔木，风速大。

② 种类和指标：公共花园，公建绿地，宅旁绿地，道路绿化，主路，支路，1~2行行道树 小路，1~2m宽，绿化，防护林，同宅低洼地，苗圃，花圃

生活居住用地占50~60%的城市总用地 45~55% 街坊用地占生活用地，

绿地占30%，$9km^2$绿地/$100km^2$城市 $9km^2$/$60km^2$生活居住用地

2.4 ha 小花园（曹杨新村） $1m^2$/人左右，（现状） $1\sim2m^2$/人

$5\sim8m^2$/人，全部绿地，30%以上覆盖率。

已绿化面积＝[总用地面积－(建筑物基底面积＋道路广场＋其他用地)]×现存树木株数/栽种树木株数 %

③ 公共花园，上海鞍山新村，$1\sim2$千m^2一个，距大公园1~3千m，调查129人，中老年人，退休人，2人为主 ⓐ花园利用率，绿化送到家门口，2~3次/天，600~700次/年，2~3次/大公园，3000~4000人/$1000m^2$小花园，ⓑ服务半径：$1000\sim2000m^2$/个 种园面积 不得<40%，R=200~300m，<500m，老年人走2~3分钟 低层高密度，ⓒ设施内容，$\frac{1}{3}$体育，50%散步，20%其他，$200m^2$打太极拳，老年人休息室 n千m^2，棋艺，花卉，ⓓ形式，封闭式，开放式（硬地面）

④ 宅旁绿地设计：朝南前院，小路以南后院。类型：树林型，大乔木，杨柳，以行成排，先绿化后美化，粗放。有啥种植啥，现实的形式，与房屋的距离，5~8m以上。

挡阳光，通风，楼北可以近一些，北方不要住常绿树，不要正对窗户。花园型：观赏型，有一定的范围，花木与常绿树为主。篱笆型：围成一个院落，广州，宅中（勒杜鹃）藤本，竹篱，花篱，十姐妹蔷薇，扶桑。 盆架型：花架，葡萄架。

解决西晒的问题，经济有效的方法，毛白杨，低2°~3°（室内温度） 11点~16点，正好是午睡时间，0.2~1.6°/小时，升温速度。 爬山虎，墙表面温度降低5°

喇叭花，（绿篱） 天山新村：珊瑚树（法国冬青） 山墙头移动儿童游戏场。分隔庭院 竹篱，围墙，晒衣服（树屏遮丑），养鸡（广州）

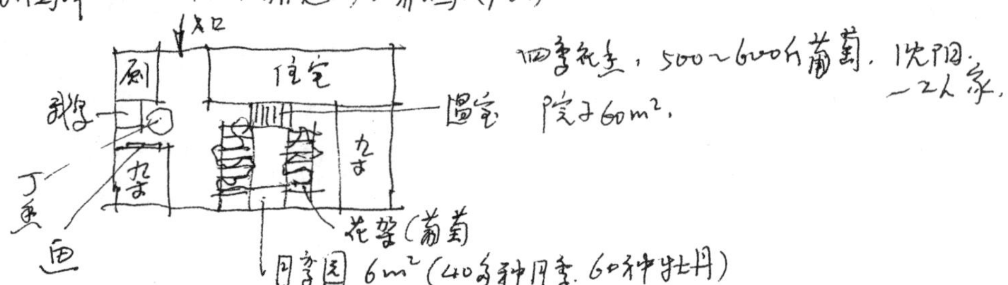

爬蔓植物的运用——点缀局部的绿化处理：木香，丁香，迎春，入口识别。

窗台，阳台，花坛，种竹子，立竿（种茑萝）花屏，花丛过渡（鬼子姜，菊芋）

阳台变成温室，落地窗绿篱；棚架，倭瓜；窗前垂花；盆花；阳台上花池 15 cm

• 屋顶的绿化：凌霄（红花）。

空中花园，沈阳，200盆，苹果，梨，葡萄。爬山虎，耐阴。

地区铺草皮，黄土不露天，中山大学的一教授住宅，天鹅绒草，芝草。

垂直绿化占地小，面积大，灵活性大，环保作用，防尘，西晒，分隔庭院，美化简便易行，枝条一插就行，结合生产。

5

园林工程

孟兆祯先生

园林工程。 30多学时，课程设计40学时。 林学院 孟兆祯。

一、竖向设计与土方工程。3~4学时，这是基础工程。地形骨架，构成园林的载体。
二、园林给排水，3
三、园路工程 3~4
四、水景工程。
五、假山工程。
六、种植工程。

圆明园已破烂，骨架还是好的

一、渊源：茅茨土阶，氏族社会，文字的传导人。

西周，墉：土墙的台子。周文王：灵台，灵沼，灵囿，台下有囿，囿中有沼。养物生，2公尺高的土台。秦兰池山池，于池中堆三山。唐高宗，武则天合葬的墓，乾陵

风水先生对地形有研究。

果亲王，瞻华宫。岸，山曲＜山洞（不通）／山的分隔

清，样式雷 包括土方。

二、竖向设计的任务和作用：发挥园林的综合功能，地形，地貌，在高程上的关系，海拔与相对标高。（一）造景：供游览，活动。利用地形组成空间。圆明园100多种景区，组织，分割空间的骨架。主要靠山的，颐和园，北海。另外，集锦式的。

（二）园林建筑的基址：北海《塔山四面记》"室有高下，犹山之有曲折，水之有波澜。故水无波澜，不致清。山无曲折不致灵，室无高下不致情，然室不能自为高下，故因山以构室者，其趣恒佳。"

（三）组织地面排水：及时，顺利地排除地面降水和污水，利用自然坡度，不完全利用沟管，绝对标高不够，或相对标高不合理。上海，长风公园，杭州，花港观鱼，自然排水。 北京动物园，加泵。 东单，沟管。

（四）为动、植物创造生长和观赏的条件，原生地区的生态环境汇集一下。山谷内的挡坝内的熊猫，竹子湿度。猛禽+峭壁，河马+沼泽。

（五）土方计算，估计造价，经济合理。

（六）其他要求，颐和园水面占3/4。蓄水库，济南金牛山公园，是一个航道，人防出土，紫竹院，十倍要扩大。

14

三、依据原则：

(一)、园林用地的类型与活动内容。如：高要求宁静、疗养、温泉、花圃、兰圃(?)，怕风，上山挡风。

(二)、相地、选址：避暑山庄，经过比较，降温的感觉，造了很多山谷，通风道，阻止穿堂风。(三)、城市规划对地形的制约。玉渊潭。(四)经济条件：垫10cm土，花了多少钱(?)……东单和天坛的两个山，利用和改造的关系。继承发扬我们的民族特色。苏、杭、含蓄，做瀑布，意译：挂上景中。意大利：台地(?)。写意自然山水园。(中日) 英：自然草原(?)

四、内容：

(一)台形式：大雁塔、小雁塔、烈士陵园、故宫御花园、上海虹口公园、鲁迅墓、古阁式(?)小台形。

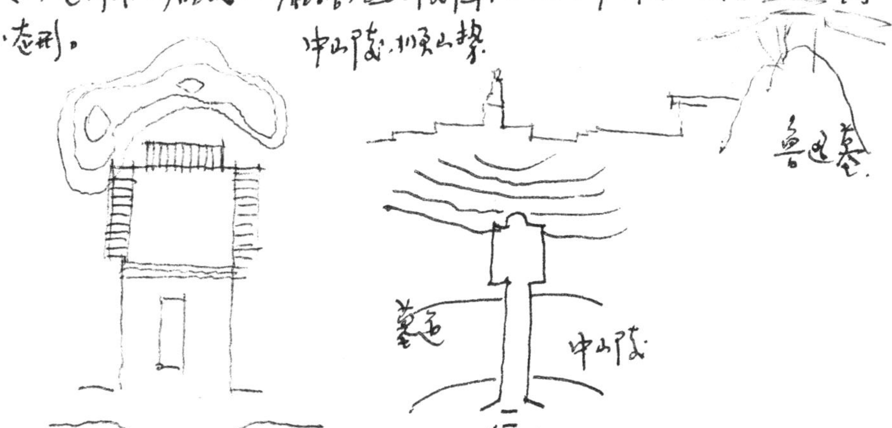

(二)、自然式山水园。1、土山类型。(1)、主景山，构图中心，山体体量丰富。长风公园铁臂山，瘦西湖的小金山，花港观鱼的牡丹山。拙政园，雪香云蔚(主山)，[illegible]山。黄浦公园，[illegible]山。

(2)、客山、配景山。长风公园的黑松山(?)
(3)、屏障：龙华公园、红岩山、拙政园
(4)、隔离划界，带状的环绕，模拟盆地(?)，分隔山
(5)、阜障

地的景观、坝子的景观。

2、土山的体量、位置和朝向。
和周围的环境相称，要有足够的底盘(主景山)
合适的视觉关系。1:3 18°，1:2 27°，1:1 45°，近距、园林，中间要大些。

万寿山 80m：475m=1:5.9(到涵虚堂?)　西堤 1:6，山高60m，设有佛香阁。
龙王庙 1:12。
北海 32.8m+30(白塔)=70m　积翠牌楼 225m
1:3。静心斋 1:8.7。五龙亭 1:6.4
景山 43m高+近距=63m。故宫北门 1:1.2。

2

拙政园，远香堂看雪香云蔚亭主山，13m高，1:2.6，加上树林，1:1.8

留园，35m，1:2.5，环秀山庄，1:2

大公园内，嫌小，小公园内嫌大，我们挖湖1.5m，坡度很陡，（青年湖）公园，只能叫水塘，20万m³的土方，堆山，12万m³，1:1.6坡度，用不了，30m的山，观景点，420m，1:15，1:11，起不到主景山的效果。主山的效果，1:7，10°，合适的1:3～1:2。

假山不宜居中，略宜偏远。中国地势，西北高，东南低，适宜坐北朝南。

庭园，3～5m高，公园20～30m高。

客山也很重要，配角，不要超过主山的$\frac{2}{3}$，不小于$\frac{1}{3}$高度。

主

客——欺主，

敬

客山，奔趋，

棒槌峰

倒影

3. 山体的轮廓造型。

山头

山腰

山脚

峰：高而尖

峦：高而圆

顶：高而平

岭：峰连成串

横看成岭侧成峰

山脊，山谷，谷、坞

宽谷，狭谷，坝子

岫，岸壁，磴道，自然风景的美感。

(1). 山脚和山麓：最底部山脚，山麓是山的基础，底盘，制约了山形的轮廓。一般易忽略底盘，而求峰高。《园冶》："未山先麓，自然地势之嶙嶒（起伏）。"

屋看顶，山看脚。主的论述，站得稳。稳如泰山。土壤的自然安息角，坍塌与滑坡，土壤的含水量不同，安息角不同。1:1.3～1:6，已经很难稳定，景山1:2，北坡20～25°，1:3，土方，5%₀，人眼看不出，排水最小坡度，即平地，1%看见，2%～5%起伏明显，广州到中山陵园，草地，沪，天山公园，草地好。5%～20%山脚。

断面要求有变化，底盘的土方量取决于山高，i=1:2.5，土包山高度的立方。

30m²平地，10m高，4000m²底盘，13000m³土方。

20 〃 16000 十九万土方

1

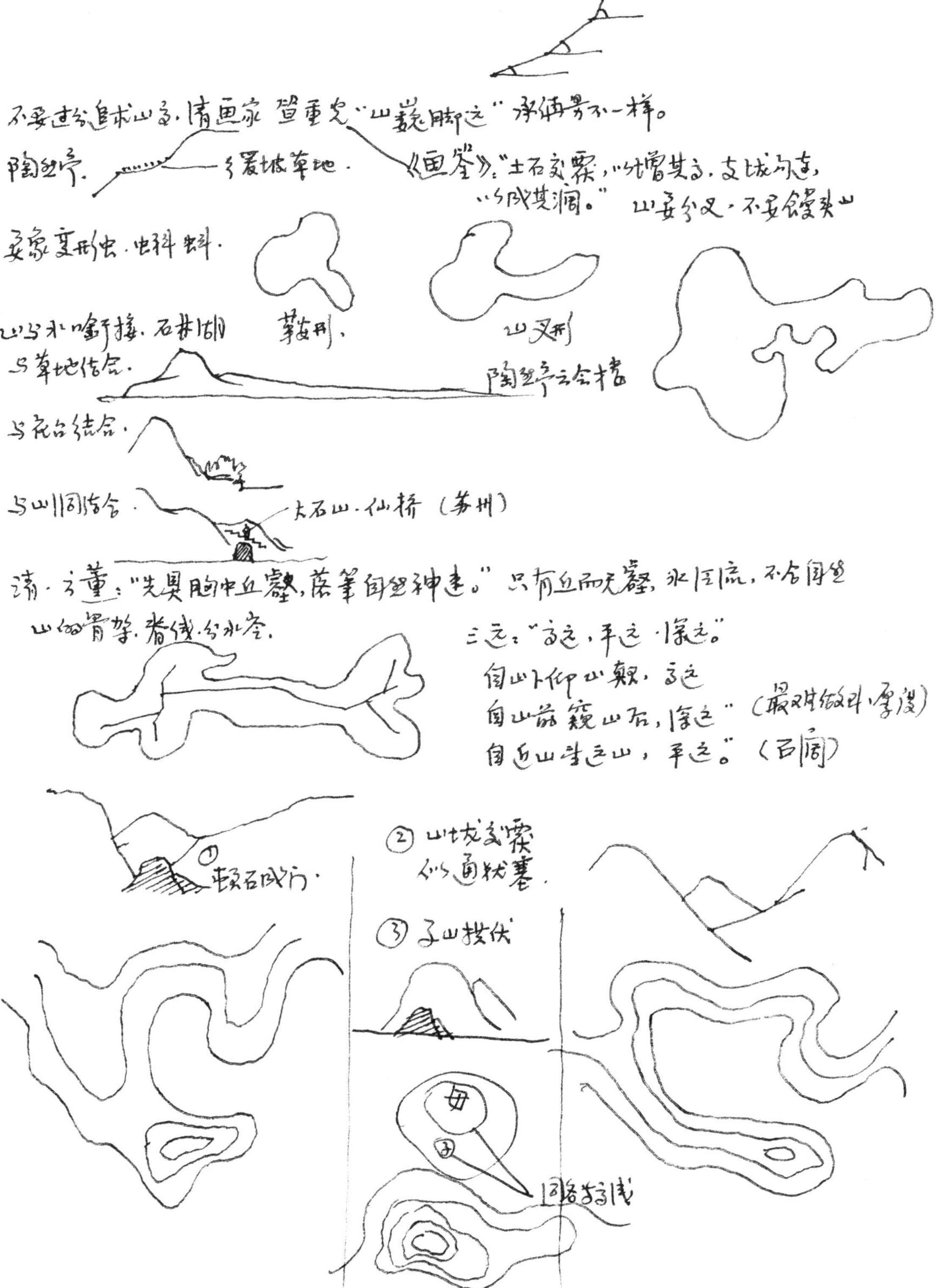
不要过分追求山高。清画家笪重光"山巅脚远"承接男不一样。
陶然亭
缓坡草地
《画筌》："土石交覆，以增其高。支垅勾连，以成其洞。"山要分叉，不要馒头山
要象变形虫，蝴蝶。
山与水嘴衔接，石拱桥
葫芦形。
山叉形
与草地结合。
陶然亭云会楼
与花台结合。
与山洞结合。
大石山，仙桥（苏州）
清，董："先具胸中丘壑，落笔自然神速。"只有丘而无壑，水注流，不合自然
山的骨架，脊线，分水岭。
三远："高远，平远，深远。"
自山下仰山巅，高远
自山前窥山后，深远"（最难做出厚度）
自近山望远山，平远。（宽阔）
① 顽石成门。
② 山坡交覆
似通犹塞。
③ 子山拱伏
母
子
回首相顾

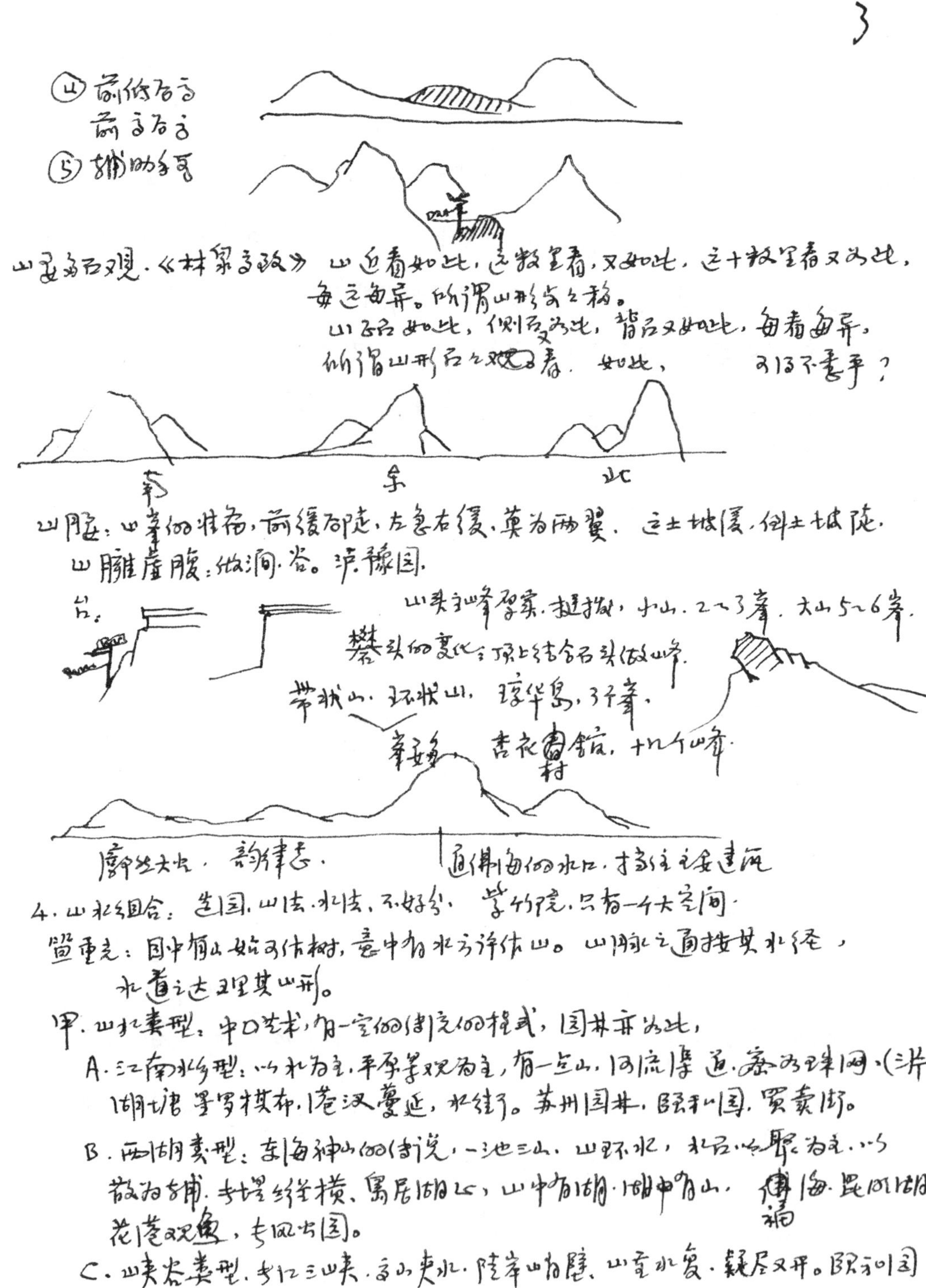

3

④ 前低后高
前高后低
⑤ 辅助手段

山至多面观.《林泉高致》山近看如此，远数里看又如此，远十数里看又如此，每远每异。所谓山形步步移。
山正面如此，侧面又如此，背面又如此，每看每异。所谓山形面面看。如此，可得不悉乎？

前　东　北

山脚：山峦的壮丽，前缓后陡，左急右缓，莫为两翼。远土坡缓，倒土坡陡。
山脚崖脚：做洞、谷。涉趣园。

台。

山头：峰峦，挺拔，小山2~3峰，大山5~6峰。

峦头的变化：顶上结合石头做峰。

带状山、环状山，琼华岛，3个峰。

青衣舍馆，十几个山峰。

静宜大光，韵律感。　直侧面的水口，才能连续连绵

4. 山水组合：造园，山法、水法，不好分。学竹院，只有一个大空间。

笪重光：园中有山始可作树，亭中有水方许作山。山脉之通按其水径，水道之达理其山形。

甲. 山水类型：中国艺术，有一定的传统的程式，园林亦如此，

A. 江南水乡型：以水为主，平原景观为主，有一点山，河流港道，密如蛛网，小洲湖塘星罗棋布，港汊蔓延，水街。苏州园林，颐和园，买卖街。

B. 西湖类型：东海神山的传说，一池三山，山环水，水包山，以聚为主，以散为辅。长堤纵横，岛居湖中，山中有湖，湖中有山。北海（福海）、昆明湖 花港观鱼，专项之园。

C. 峡谷类型：长江三峡，高山夹水，陡岸峭壁，山重水复，疑无又开。颐和园后湖。

d. 瘦西湖类型：河港道，挖开堆山，以水为主，长河如绳，水岸山低，直曲拐弯，水口处做文章，堤岸坡低，依山临水处

2

接连的·独立小院·风景只要有特点就好，不要千篇一律。

E. 盆地型：宜于中低，仰观，封闭空间，王维的辋川别墅，利用景虚，

文园，狮子林，杭州凤凰山，九溪十八涧。

乙. 山水用地平衡：圆明园5000多亩，水面一小半，山地1/3~1/4，土山200多个

累计长度30公里，100多个景区。 颐和园，290公顷，陆地1/4，水占3/4

北海，39公顷(水) 29公顷(陆)。 避暑 560公顷，4/5山区，1/5平地水面168亩

寺凤，562亩，水221亩(21.3%)大得多

陶然亭：74公顷，17.2公顷(水) 82.8公顷(陆)——绿化84.6%，道1.5%

沿岸多回堵塞。

3/10水，4/10山，《园冶》

丙：山水的结构（间架），山水树主从关系，意境，功能。避暑：试马埭(dai)（堤）

万壑松风(田半)，驯鹿坡，采菱渡。 用途，地形，景题。

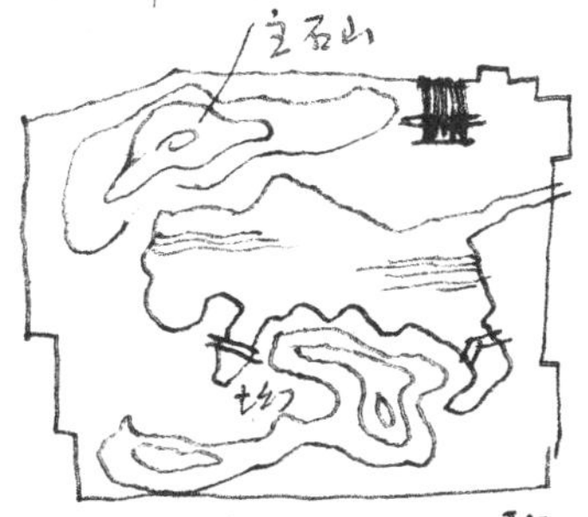

狭长形·秋霞园(明·上海附近

东 北

延伸深远·山光潭影·山峰△，聚则心闷，散则蒙回

江南大景观：镇江，金山寺，江中孝石，紫金浮玉，水大陆地小，水环山。

寺包山。 扬州：小金山，天宇咸畅(避暑山庄) 琼华岛(月牙廊)

环秀山庄

假山第一

雨季也不枯

1 问泉亭

2. 主峰

3. 补秋山房一角

4. 石室

5. 飞峰

6. 平台

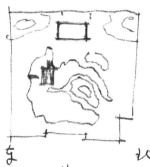

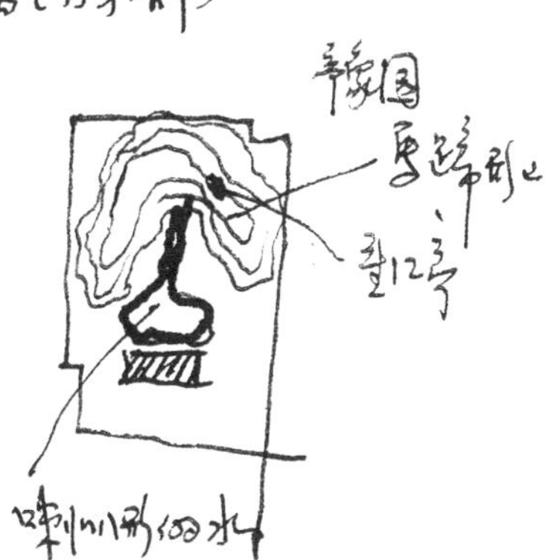

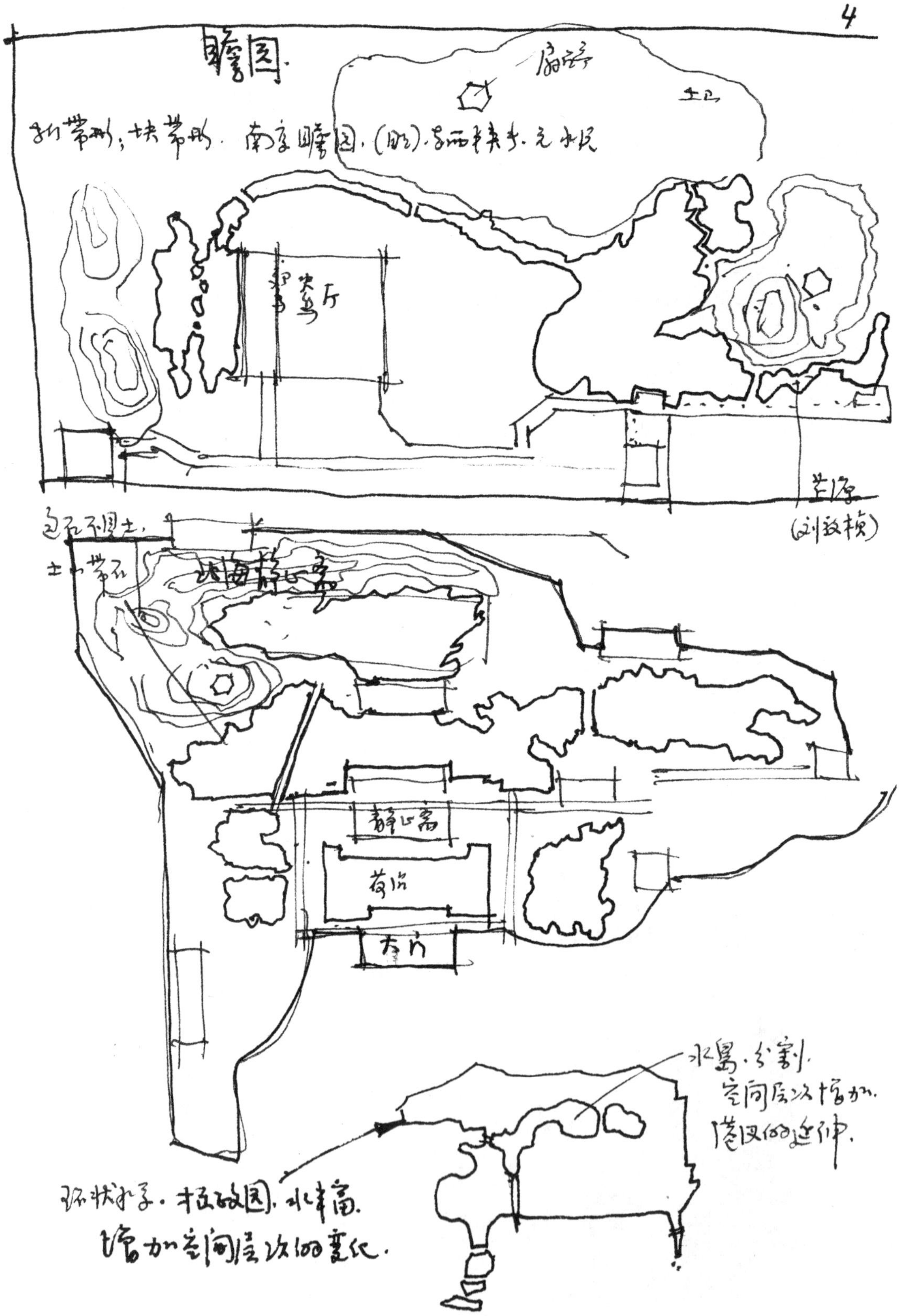
4
瞻园.
南京瞻园.
扇亭
水岛.分割.
空间层次增加.
隐现的延伸.
环状水系.拙政园.水庭.
增加空间层次的变化.

2.功能。

	单位面积使用定额	水深低限 cm	高限 cm	流速	总面积公顷
划船	800~900 m²/人	50	150	0.5m/秒	2.5
溜冰	5 m²/人	50	—		1.0
养鱼		>150	300-400		0.5
游泳	2.25 m²/人	>150	300(跳水)		
植物		150~180		2m/秒	1.0
戏水		10~30	100	1m/秒	

水浅鱼闷死，水生植物要浅，高度不能超过100cm.

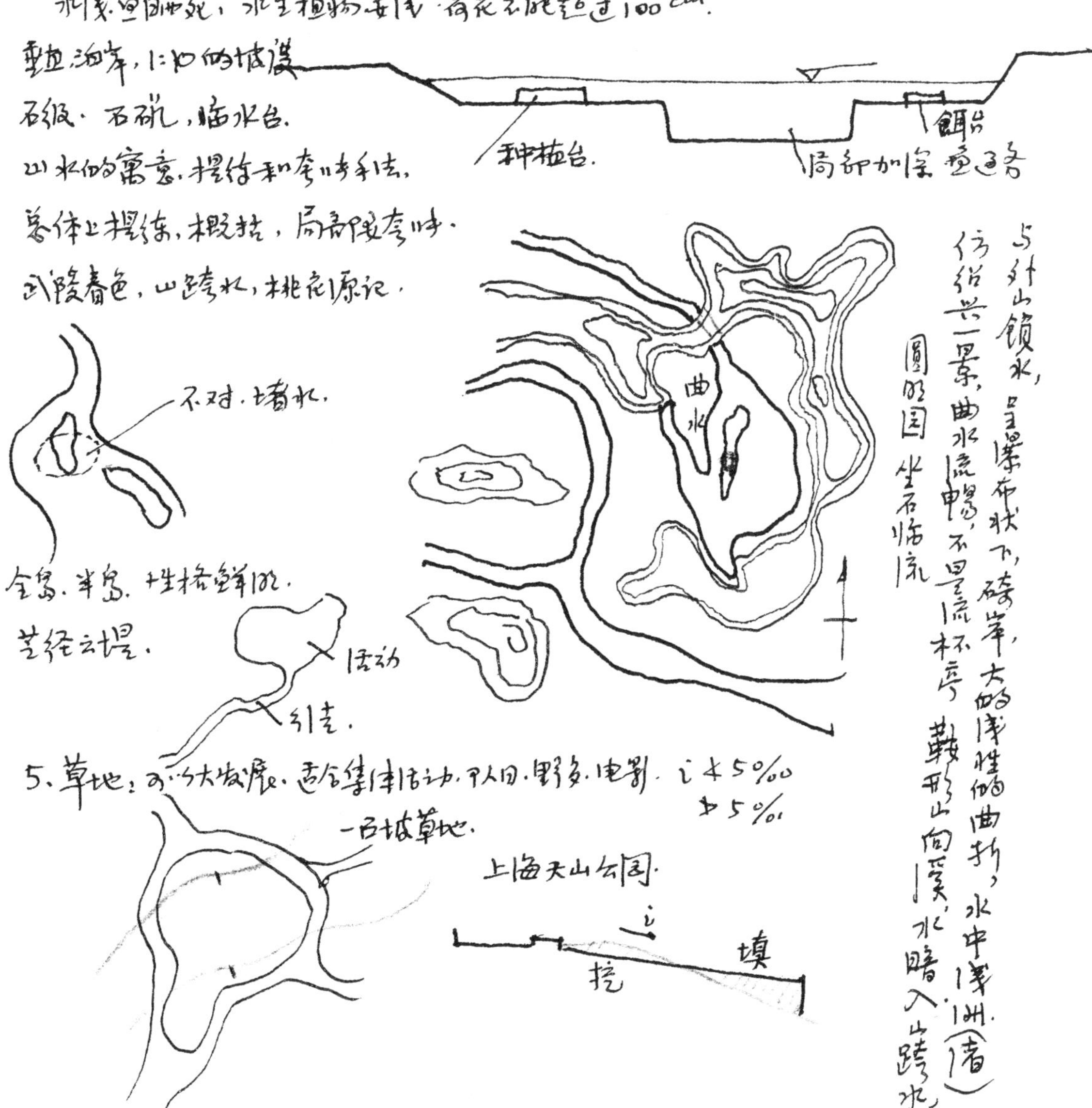

垂直驳岸，1:10的坡度

石级、石矶，临水台.

山水的寓意，提炼和夸张手法.

总体上提炼，概括，局部夸张.

武陵春色，山临水，桃花源记.

全岛、半岛，性格鲜明.

芝径云堤.

5.草地：可以大发展，适合集体活动，入口，野餐，电影. i ≮ 5‰ ≯ 5%

与外山领水，呈瀑布状下，矮岸，大的峰性的曲折，水中峰洲(岛)

仿绍兴一景，曲水流觞，不是流杯亭

圆明园 坐石临流

鞍形山向溪，水暗入山跨水，

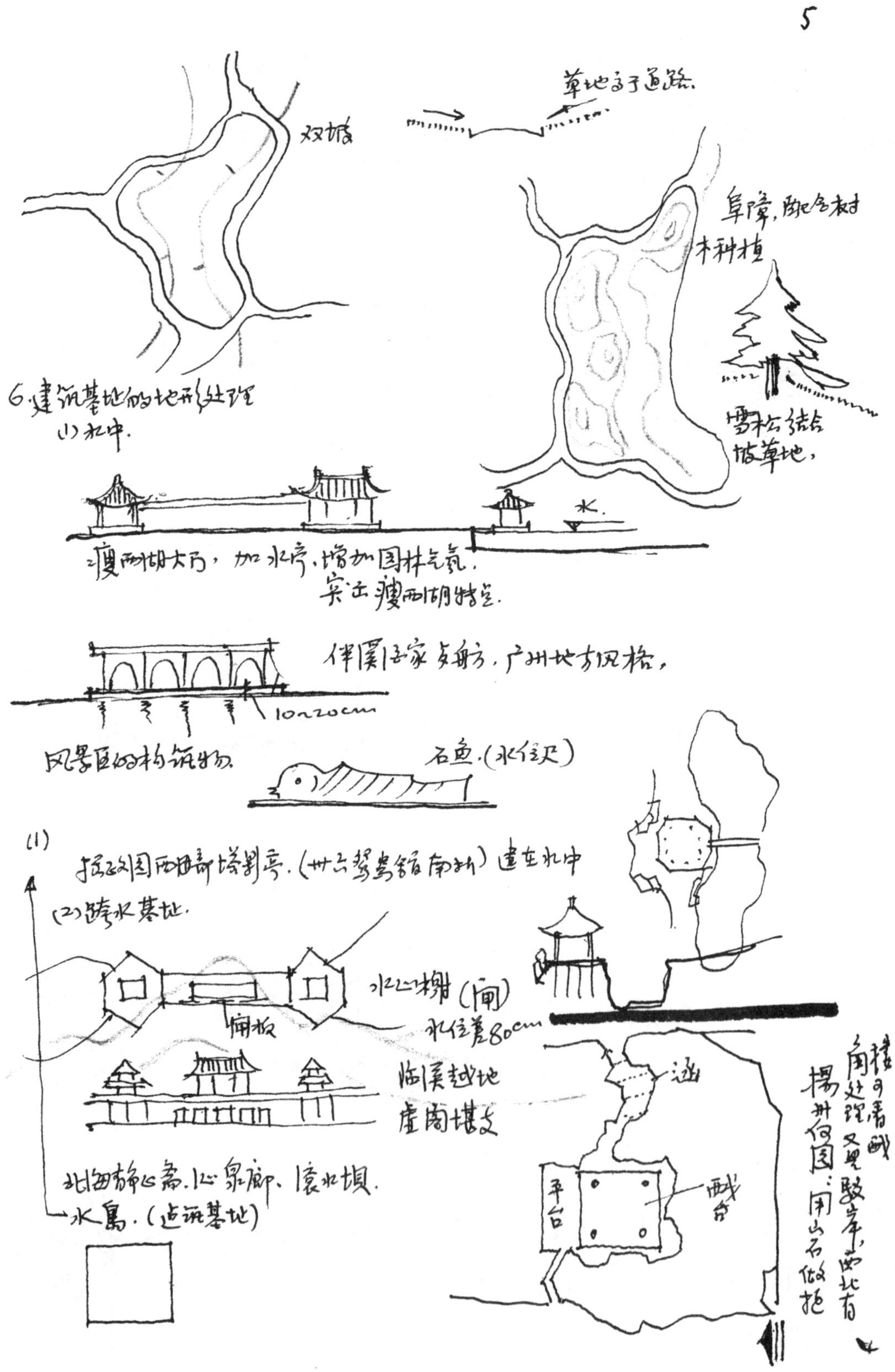

5

草地与子道路.

双坡

阜障，配合树木种植

雪松结合坡草地，

6.建筑基址的地形处理

(1) 水中.

水.

瘦西湖大方，加水亭，增加园林气氛.
突出瘦西湖特点.

伴园绿家与舫，广州地方风格，

10~20cm

风景区的构筑物.

石鱼.(水位尺)

(1)

拙政园西部塔影亭.(卅六鸳鸯馆南部) 建在水中

(2) 跨水基址.

水口栅(闸)

闸板

水位差80cm

临溪越地

虚阁堪支

北海静心斋.沁泉廊、袁水坝.

水岛.(近流基址)

涵

平台

戏台

楼阁处理又要驳岸，西北有可看戏

扬州何园：用山石做拖

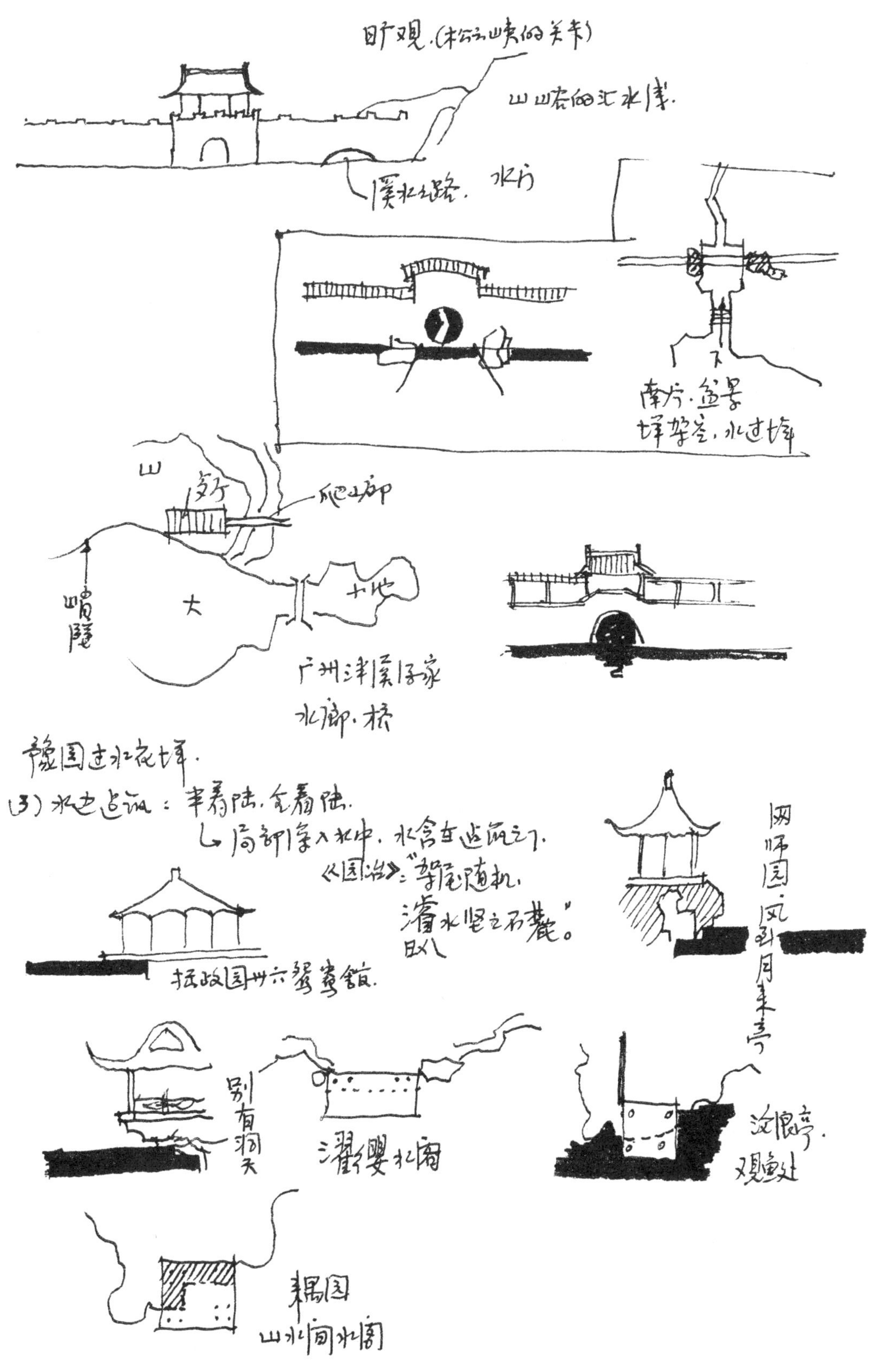
旷观
山
爬山廊
大
广州泮溪酒家
水廊. 桥
豫园过水花墙.
(3) 水边造屋：半着陆. 全着陆.
局部深入水中.
《园冶》
拙政园卅六鸳鸯馆
网师园 月到风来亭
别有洞天
濯缨水阁
耦园
山水间水阁

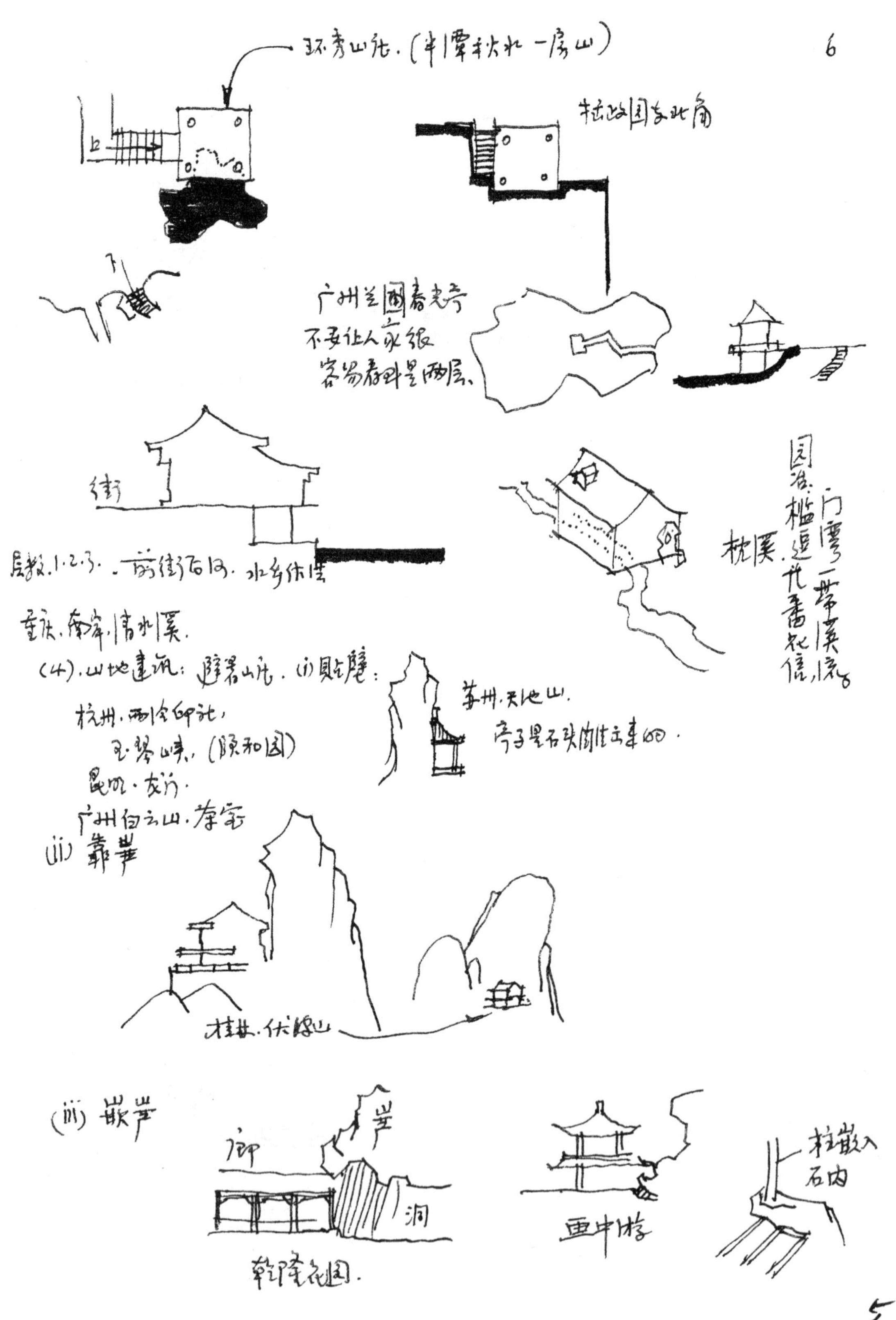

6

环秀山庄.（半潭秋水一房山）

拙政园东北角

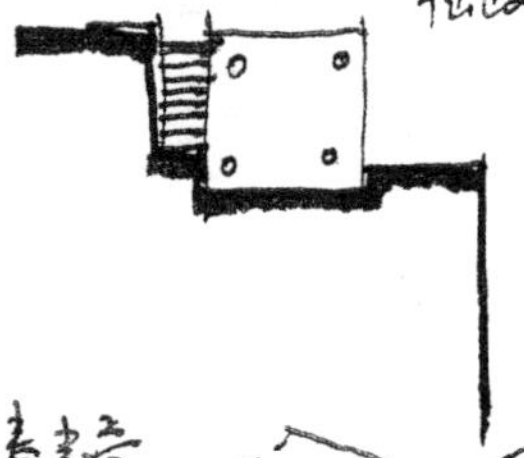

广州兰圃春光亭
不要让人家很
容易看到是两层、

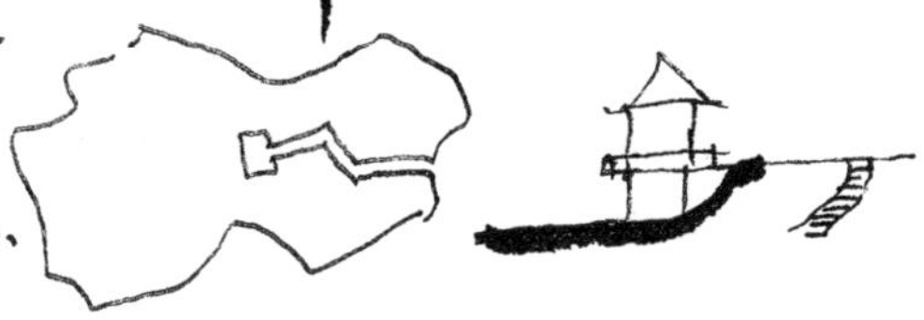

层数.1.2.3. 前街后河. 水乡住居

枕溪. 园冶. 槛逗几番花信, 门湾一带溪流

重庆、南岸、清水溪.

（4）.山地建筑：避暑山庄.（i）贴壁：

苏州.天池山.
亭子是石头雕出来的.

杭州.西泠印社,
玉琴峡.（颐和园）
昆明.龙门.
广州白云山.山庄

（ii）靠崖

桂林.伏波山

（iii）嵌崖

乾隆花园.

画中游

柱嵌入石内

5

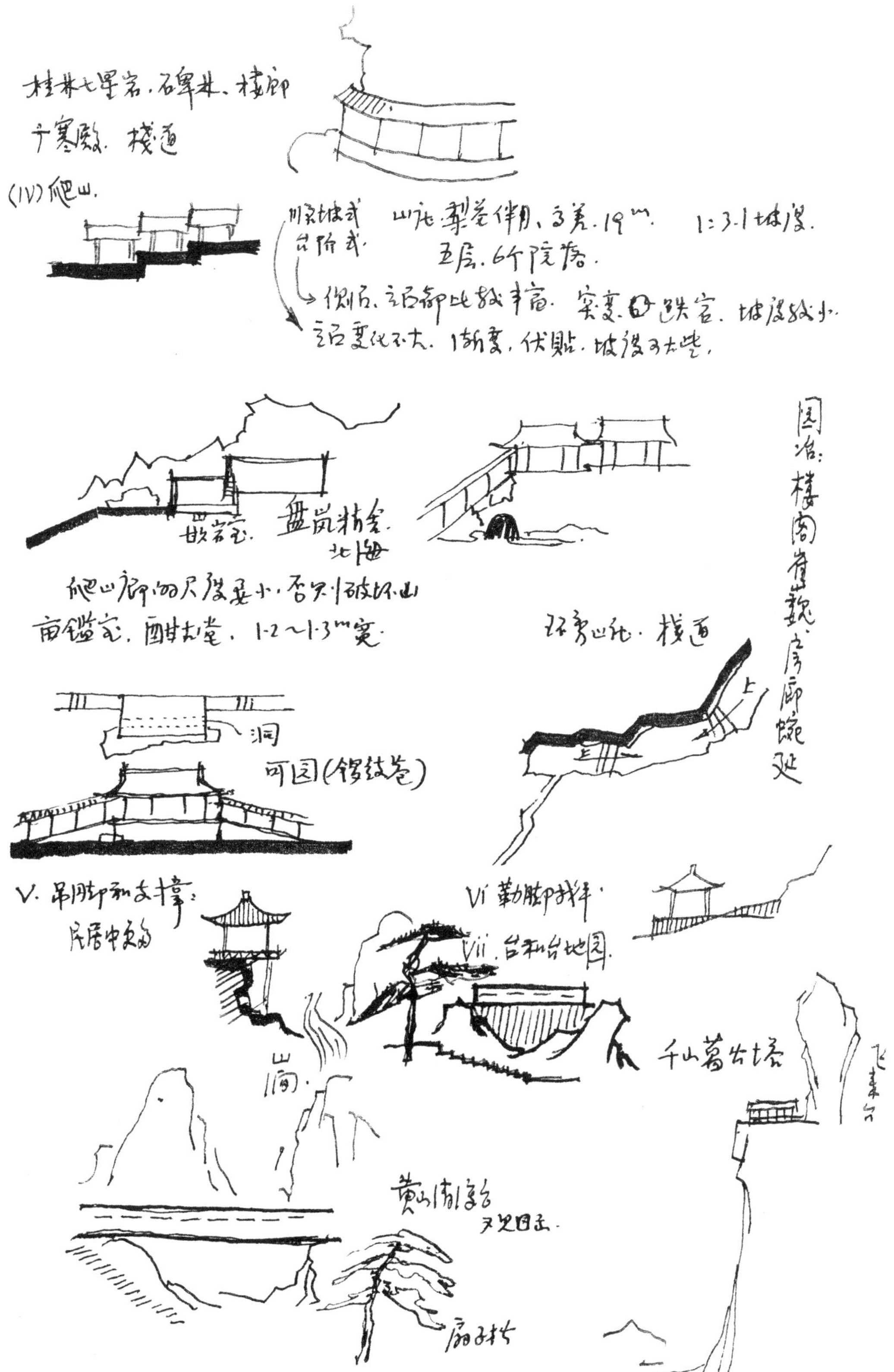

桂林七星岩、碑林、楼廊
栈道
(IV) 爬山
顺坡式
台阶式
五层、6个院落
爬山廊的尺度要小，否则破坏山
洞
V. 吊脚和支撑
VI 勒脚找平
VII 台和台地园
扇子松

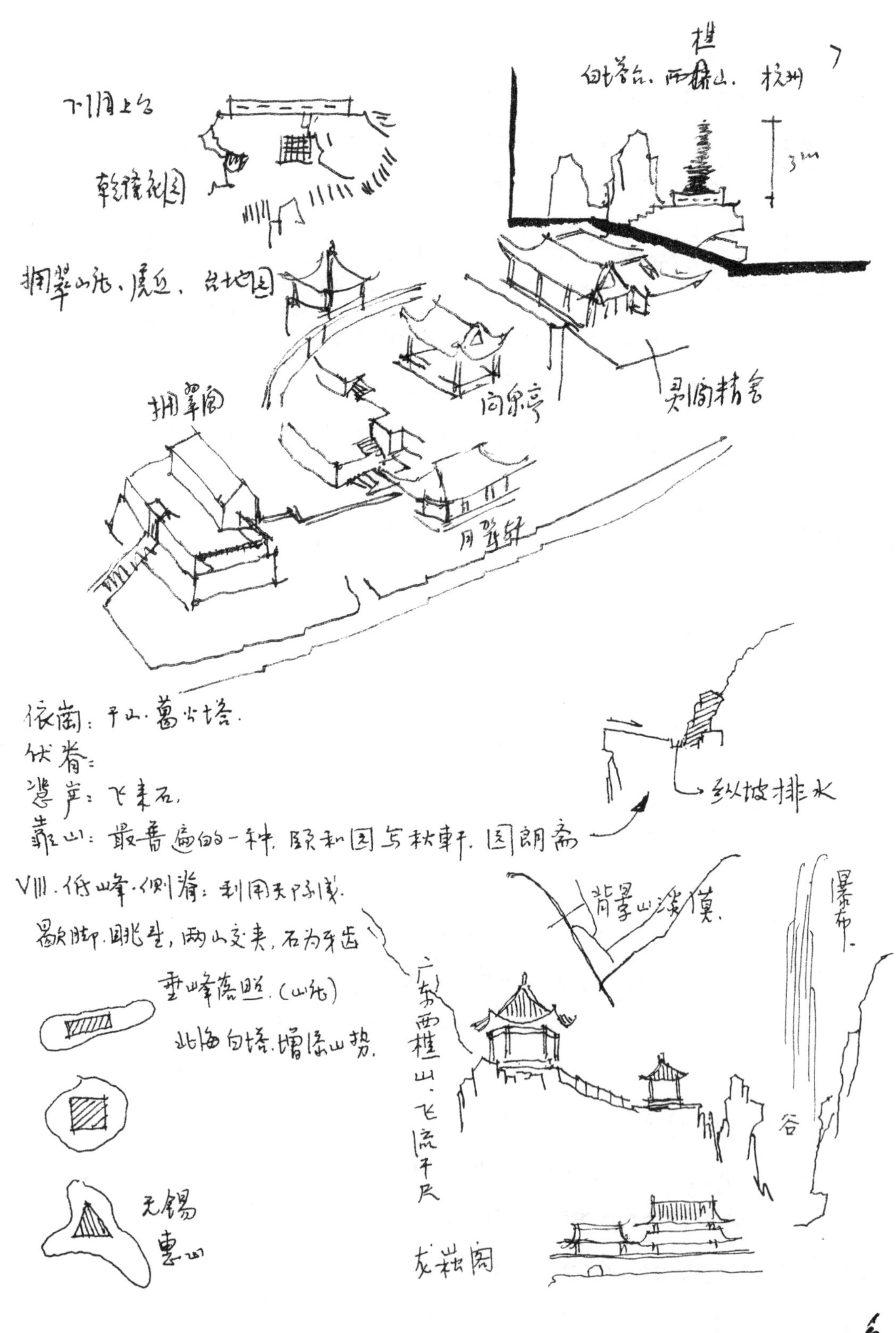

乾隆花园
白塔山、西樵山、杭州
拥翠阁
问泉亭
月驾轩
伏脊：
悬岸：飞来石
靠山：最普遍的一种
纵坡排水
VIII. 低峰·侧脊：利用天际线
北海白塔，增添山势
无锡
惠山
瀑布
广东西樵山，飞流千尺
谷
6

IX、高峰山巅、控制全局点、起结、开、合。"不宜乱处都话"

星湖 鹅

独秀峰 宝塔山

山庄，四个，棒峰落照 控制湖区，"南山积雪"控制东山 "四面云山"控制平原
眺望与借景。景物标志，迷失方向， (借景)。 相互呼应
山顶平的 鸡鸣寺（南京）处理成院落。玉泉山塔院，

X、沿山脊起伏蜿蜒："斜飞堞雉，横跨长虹"，紫气东来，组织山地排水，
柏 城墙 山脊
岩峦堆劈石（斧劈石，斧劈皴） 秋皴
参差半壁大痴。

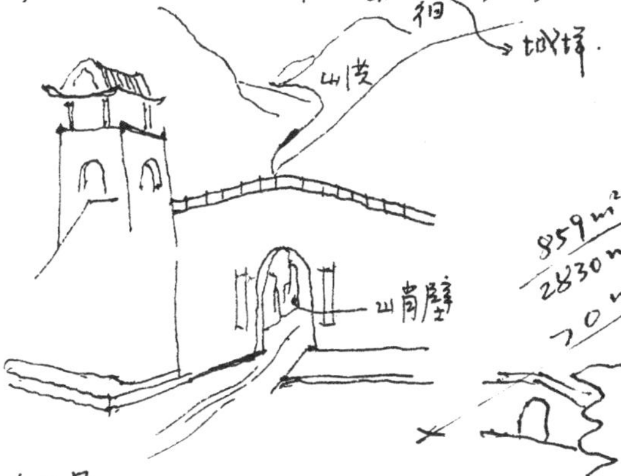

寅辉 山崖壁

859 m² 山庄 / 2830 m² 用地 / 70 m

XI、贴麓（山咀）
浮翠阁 扶疏园 笠亭 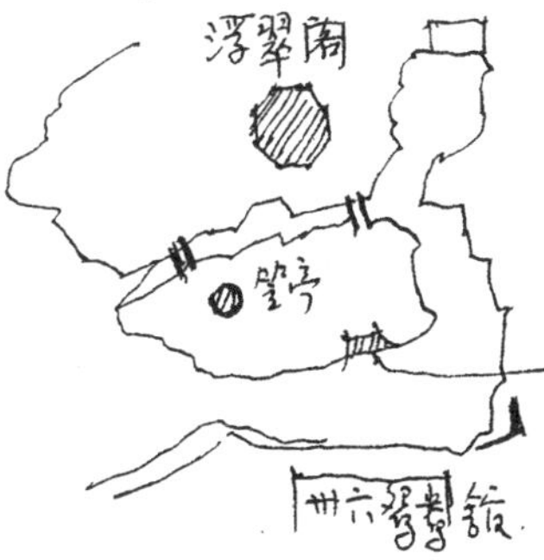
与谁同坐轩（锋芒毕露的处理，地位突出，体量小）偏巷（朝向）
卅六鸳鸯馆

山近轩（山庄松云峡）

险能运奇。 
轩：与崗（脊）配合（分散）
提供具有变化的基地。

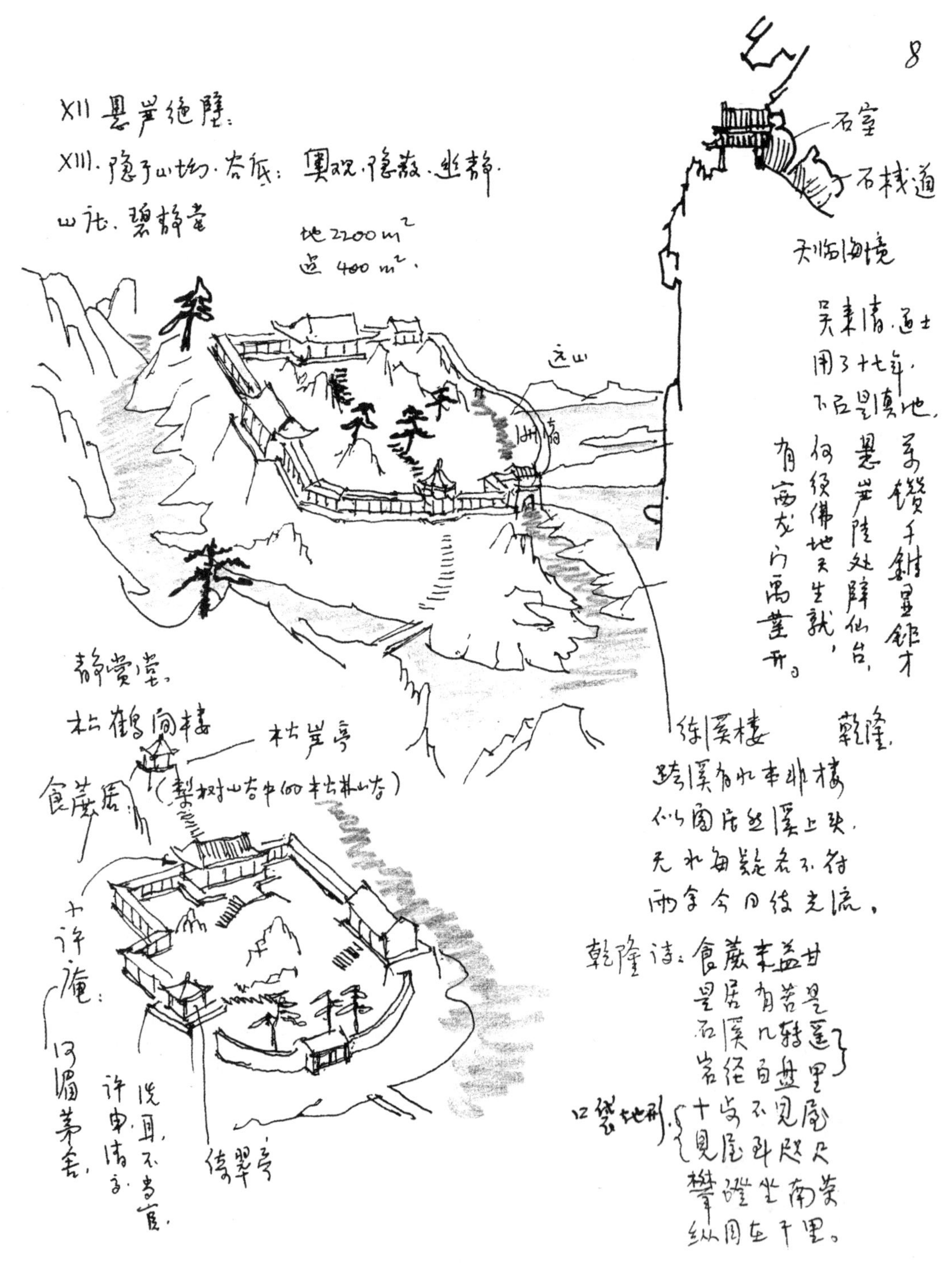
8
XII 悬岸绝壁
XIII 隐于山坳、谷底：奥观、隐蔽、幽静。
山庄、碧静堂
地2200m²
建400m²
石室
石栈道
天临海境
吴来清、道士
用了十七年，
下凸是佛地，
万镫千钎显镌才，
悬岸陡处辟仙台，
何须佛地天生就，
有窃发而离莲开。
远山
静赏堂
松鹤涧楼
松岸亭
食蔗居
(梨树山谷中的松林峪)
十许庵
峨眉茅舍
许申清字
借翠亭
乾隆
跨溪有水本非楼
似阁居然溪上头
无水每疑名不符
而今今日结足流
乾隆诗：食蔗来益甘
是居有苦是
石溪几转莲
岩径自盘里
十步不见屋
见屋到跬尺
攀蹬坐南荣
纵目在千里。
7

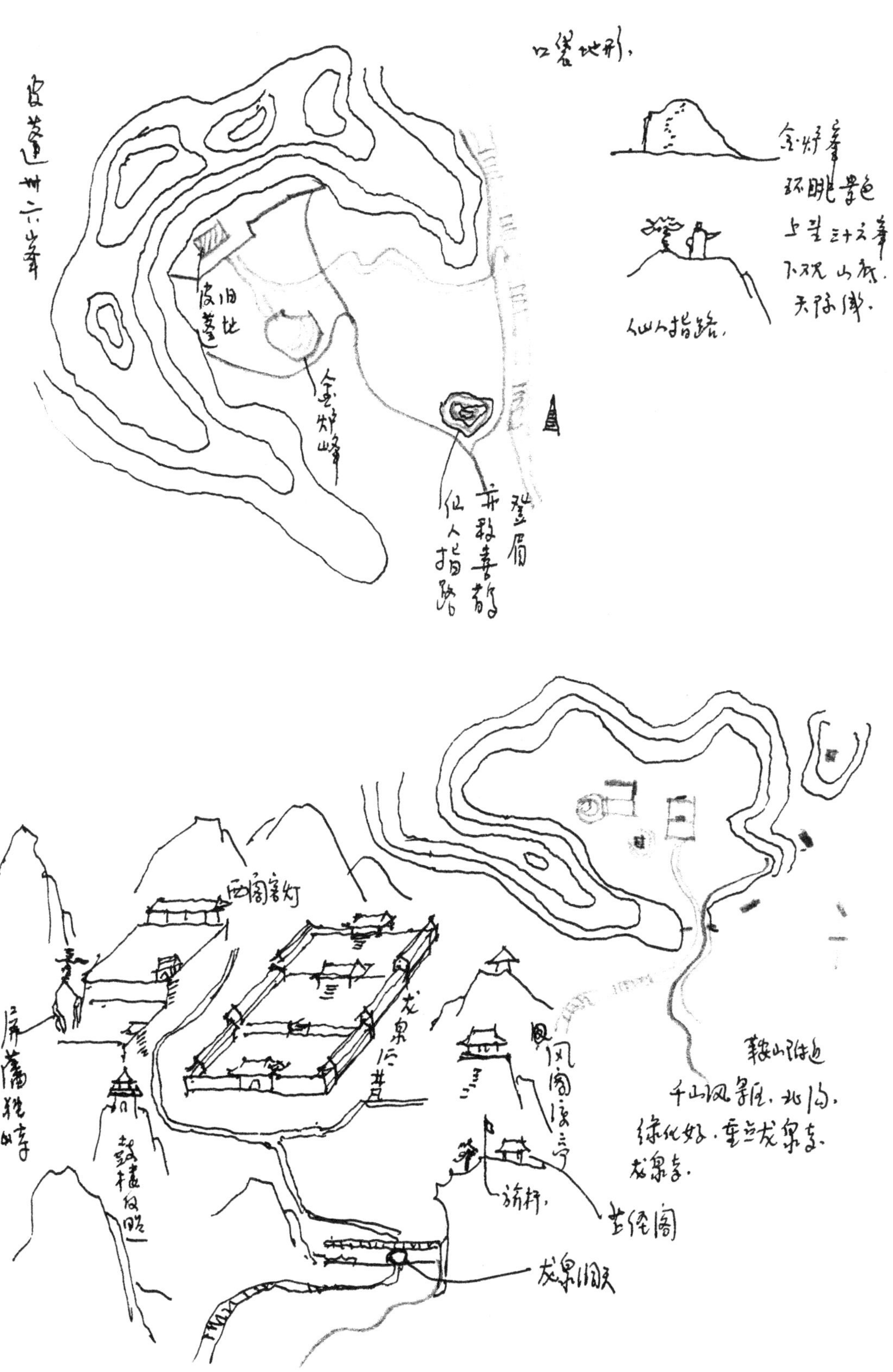
金炉峰
仙人指路

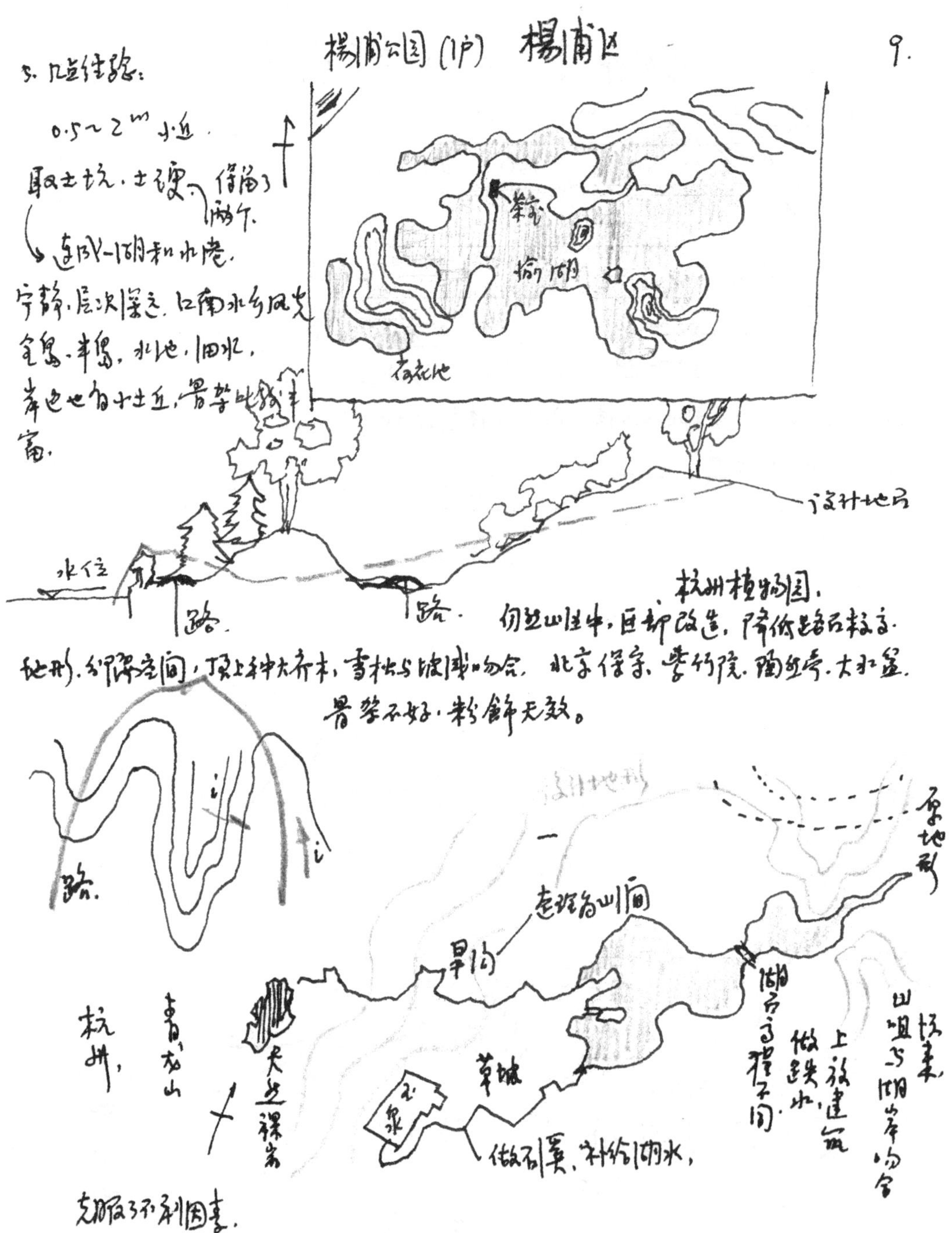

杨浦公园（1户） 杨浦区 9.

5. 几点经验：

0.5～2m 小丘

取土坑，土壤，保留了
两个。

连成一湖和水港。

宁静，层次深远，江南水乡风光

全岛，半岛，水池，回水，

岸边也有土丘，景势比较丰富。

荷花池

榆湖

水位

路。

路。

设计地面

杭州植物园。

仍然山丘中，局部改造，降低路面标高。

地形，分隔空间，顶上种大乔木，雪松与坡度吻合，北京保守，紫竹院，陶然亭，大水盆。

景势不好，糟蹋无数。

路。

设计地形

原地形

走路在山间

旱沟

杭州，

青龙山

大丛裸岩

草坡

玉泉

湖与道路不同

做铁水

上放建筑

山坡与湖岸吻合

做石溪，补给湖水，

克服了不利因素。

8

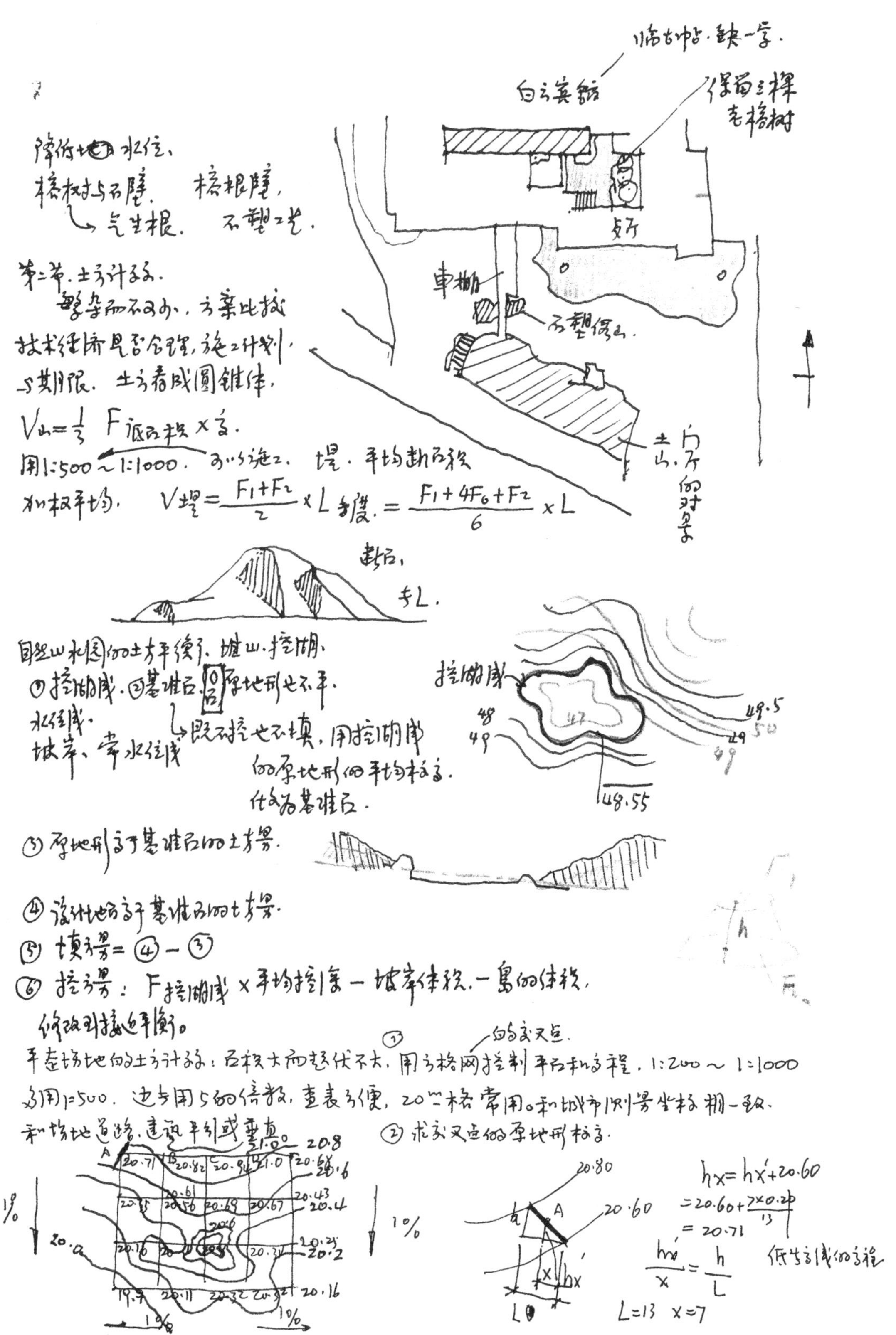

临古帖．缺一字．
白云宾馆
保留三棵老榕树
车棚
石塑假山
土山
降低地下水位、
榕树与石壁， 榕根壁，
↳ 气生根． 石塑工艺．
第二节．土方计算．
繁杂而又重要，方案比较
技术经济是否合理，施工计划
与期限．土方看成圆锥体，
$V_山 = \frac{1}{3} F_{底面积} \times 高$．
用1:500～1:1000．可以施工．堤，平均断面法
加权平均． $V_堤 = \frac{F_1+F_2}{2} \times L$ 拟棱 $= \frac{F_1+4F_0+F_2}{6} \times L$
断面， 与L．
自然山水园的土方平衡，堆山，挖湖．
① 挖湖底．② 基准面 原地形也不平．
水位线．
坡岸、常水位线
↳ 既不挖也不填，用挖湖底的原地形的平均标高．作为基准面．
挖湖底
48
49
47
49.5
50
48.55
③ 原地形高于基准面的土方量．
④ 设计地形高于基准面的土方量．
⑤ 填方量 = ④ − ③
⑥ 挖方量：F挖湖底 × 平均挖深 − 坡岸体积．− 岛的体积．
并使到接近平衡。
平整场地的土方计算：面积大而起伏不大，用方格网控制平面和高程．1:200～1:1000
多用1:500．边长用5的倍数，查表方便，20m格常用。和城市测量坐标相一致．
和场地道路，建筑平行或垂直。
① 的交叉点
② 求交叉点的原地形标高．
$h_x = h'_x + 20.60 = 20.60 + \frac{7 \times 0.20}{13} = 20.71$
$\frac{h'_x}{x} = \frac{h}{L}$ 依相似三角形
L=13 x=7
20.80
20.60
1%

3. 求平整标高 H_0　V：平整后的总体积　$V=H_0na^2$
a：方格的边长
n：方格数
V′：平整前的总体积　$V'=V_1+V_2+\cdots+V_n$

$V=V'$　$V_1=\frac{1}{4}(h_A+h_B+h_F+h_G)a^2$

$H_0na^2=\frac{a^2}{4}(h_A+\cdots h_T)$　$V_{12}=\frac{1}{4}(h_n+h_o+h_s+h_T)a^2$

$H_0=\frac{1}{4n}(h_A+\cdots h_T)$　$\Sigma V=\frac{a^2}{4}(h_A+\cdots h_T)$

角点用一次，边点用二次，拐点用三次　中心点用四次

$H_0=\frac{1}{4n}(\Sigma h_1+2\Sigma h_2+3\Sigma h_3+4\Sigma h_4)$，　$\Sigma h_1=20.71+20.68+19.90+20.16=81.45^m$

$=\frac{1}{4\times12}(81.45+409.4+493.82)$　$2\Sigma h_2=409.4^m$

$3\Sigma h_3=0$

$\doteq 20.51$　$4\Sigma h_4=493.82^m$

4. 求 H_0 的平面位置，在中轴线的交点上。

5. 求交叉点的设计高程：写在交叉点的右上方。　$i=\frac{h}{L}$　$i=1\%$　$L=10m$　$h=0.1^m$

6. 求交叉点的施工标高，记在交叉点左上角。

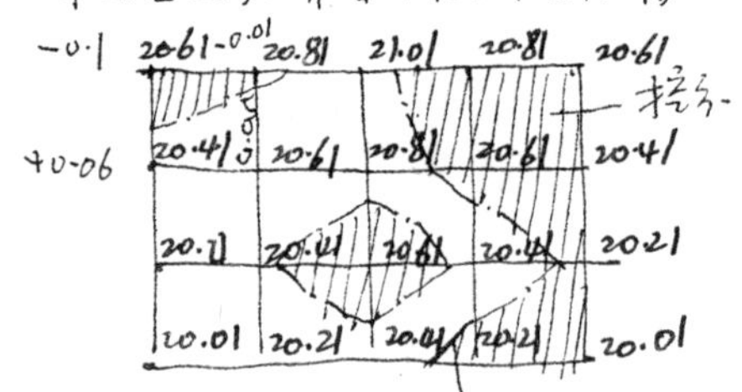

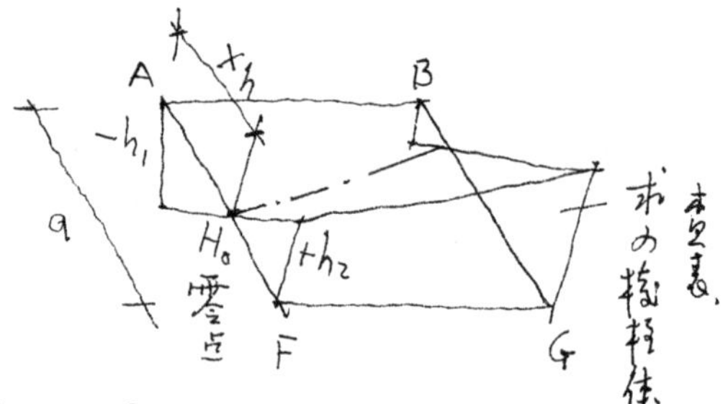

7. 求零点和零点线。X_h：计算角点（零点）至零点的长度。计算时用绝对值。零点线。

$\frac{X_h}{a}=\frac{h_1}{h_1+h_2}$

$X_h=a\frac{h_1}{h_1+h_2}=20\frac{0.1}{0.1+0.06}$

$=12.5^m$

• 也可以利用计算表。同济大学。零点用插值。

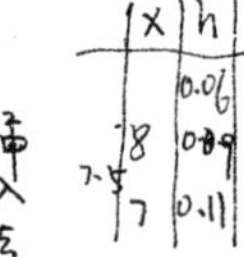

8. 分别求 $V_1\cdots V_n$。

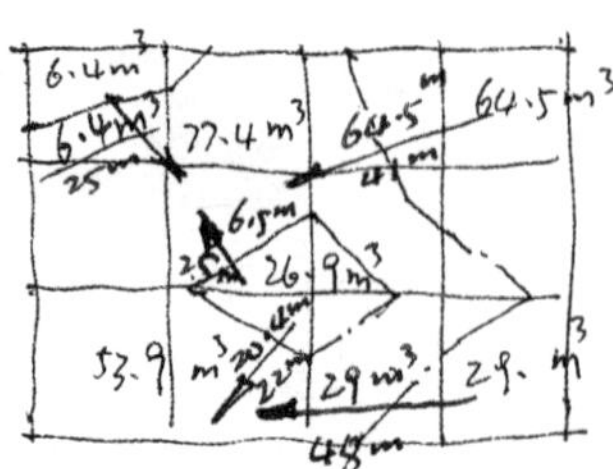

施工注意事项：1:500的模型。
⑴ 多挖方。方格可以适当地放大1.5倍。
⑵ 表土、底土分开，表土经过耕作的熟土，1.5m厚按的好土，堆山适合种植。

夯

3. 必须分层填筑，土壤用合适的含水量。

广州：锯末加胶，造山，上面再一个石膏做一个阴模，再套一个阳的石膏，真，又轻。原子釜，加剂绝，在玻璃钢板上电镀，不变色。

第二章园林给排水工程

§1、给水工程：与土方、土建交错进行的管道工程，为游览服务、造景服务。优质、温度、数量。溶定子的蓄水池，合适的水质，与人、植物关系密切。惠山泉（无锡），上海十大饭店单独供水，饮用水的水质有规定。唐·陆羽·茶经："质轻·味甘"乾隆·玉泉山水，斗重1两，扬州平山泉一两二厘，虎跑一两四厘，扬子金山泉一两二厘，济南珍珠泉一两二厘。无锡寄畅园，莫不以泉胜，得泉易、取泉工。

80.7.3. am.

避暑山庄

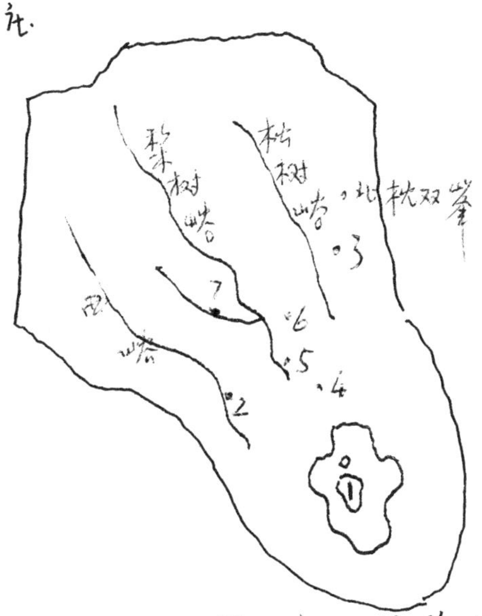

水情则芳，有一泉

1. 水芳岩秀：
2. 风泉清听：泉水、松涛、鹤鸣，文响诗
3. 泉源石壁，飞瀑
4. 远近泉声
5. 澄泉遶石
6. 涌翠岩
7. 观瀑亭

梨树峪口

水质好：注颜云母滑，漱齿茯苓香

千山风景区，缺水，未找到合适的泉水，不要破坏掉。

有泉处：大山低咽。

九龙山

寄畅园

二泉

锡山

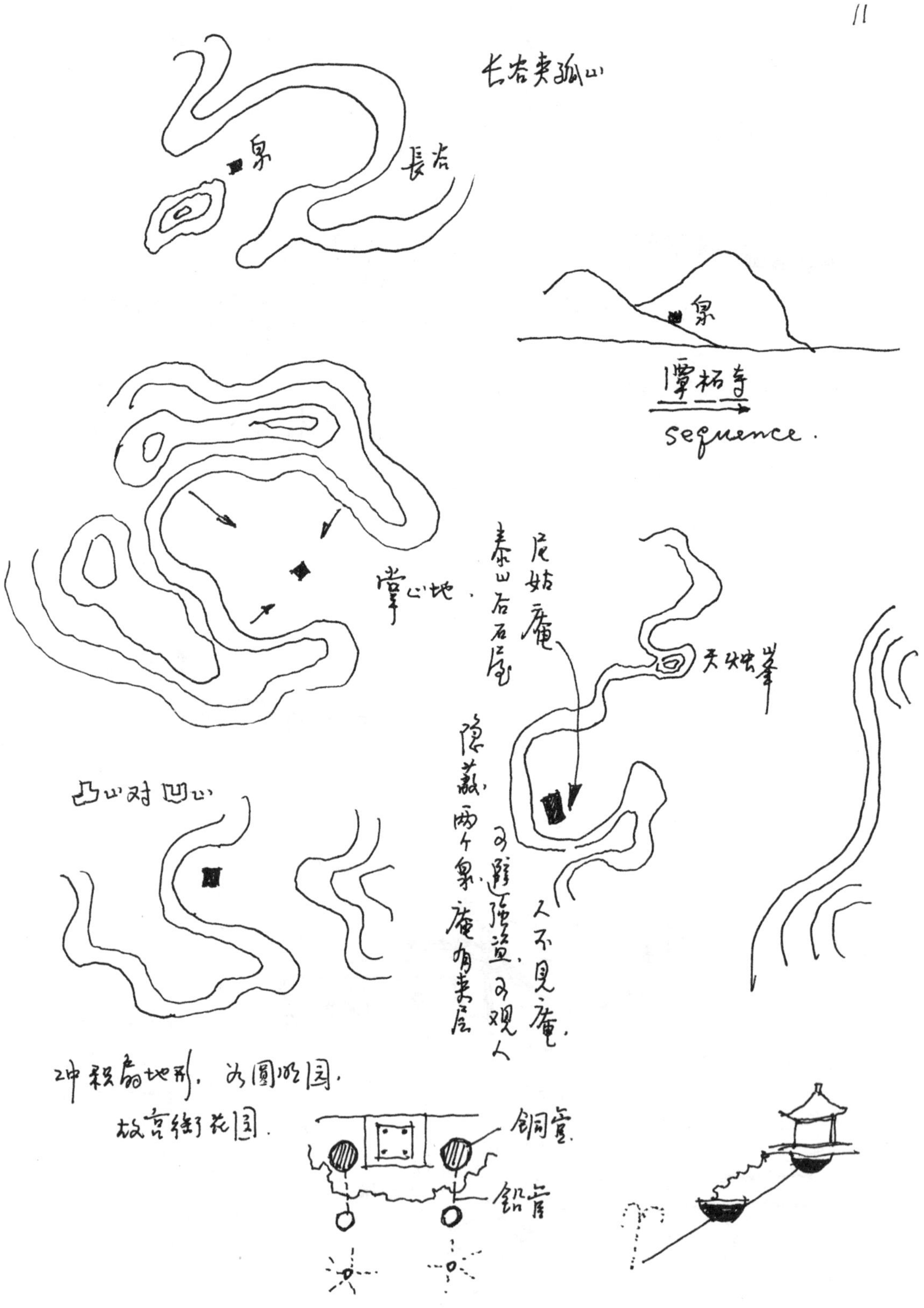

长谷夹孤山

泉

長谷

泉

潭柘寺

sequence.

掌心地.

泰山石屋

尼姑庵

天烛峰

隐蔽，两个泉，庵有来层

可躲避隐道，可观人

人不见庵，

凸山对凹山

2种穀扇地形，如圆明园，

故宫御花园。

铜管

铅管

10

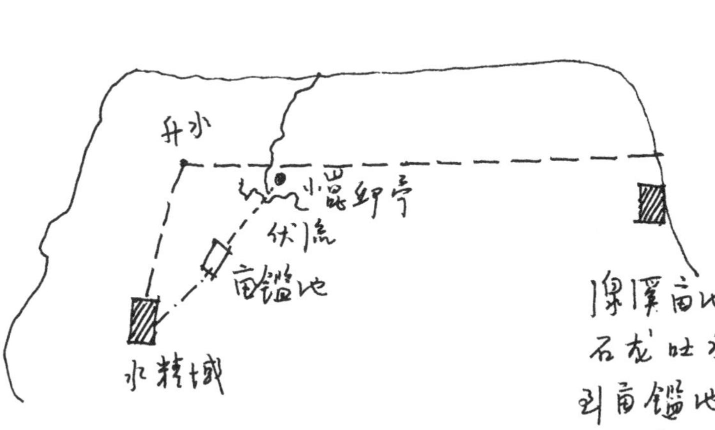

北海

石渠，转机运斛（枓）

濠濮画池，
石龙吐水，
到亩鉴池，隐而不溢，
到小崑邱，成一瀑，流入北海

温泉：
西安九龙池，
华清池

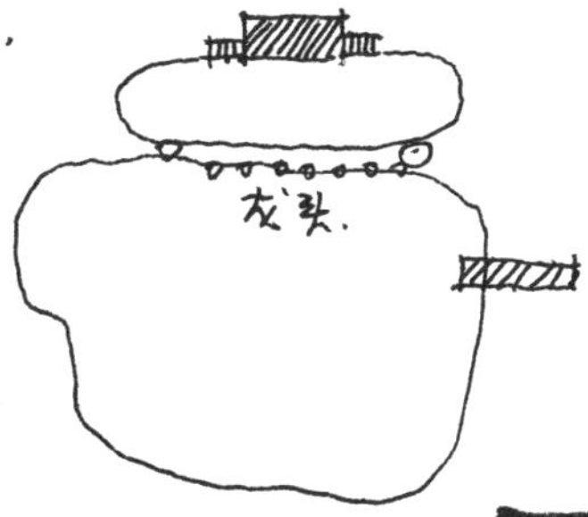

试第二泉因对照亭瞻窦
携小团月分尝以茗溪茶

泉院，洞，（若冰洞）

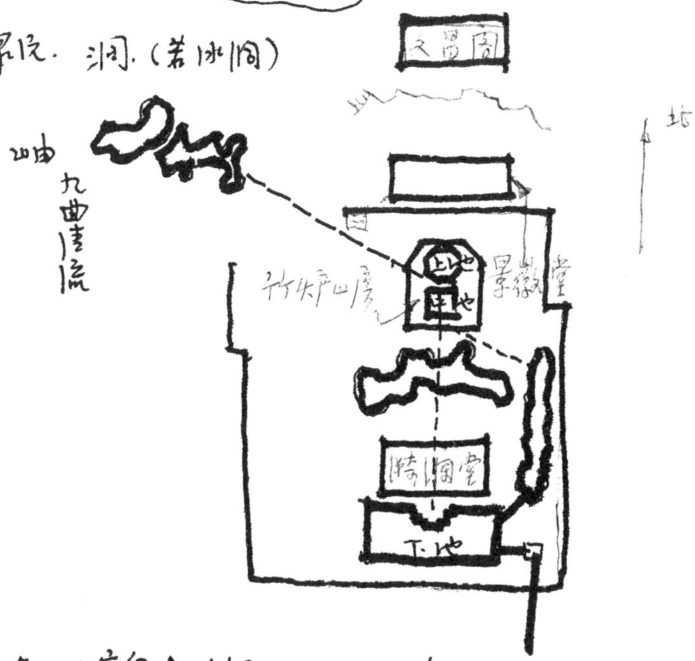

济南的突泉都枯了。

1972年1月20日，6:40，全市停电，4小时50分

59万m³地下水，泉水上位，上升半米，

采水量，增加了2.2万m³

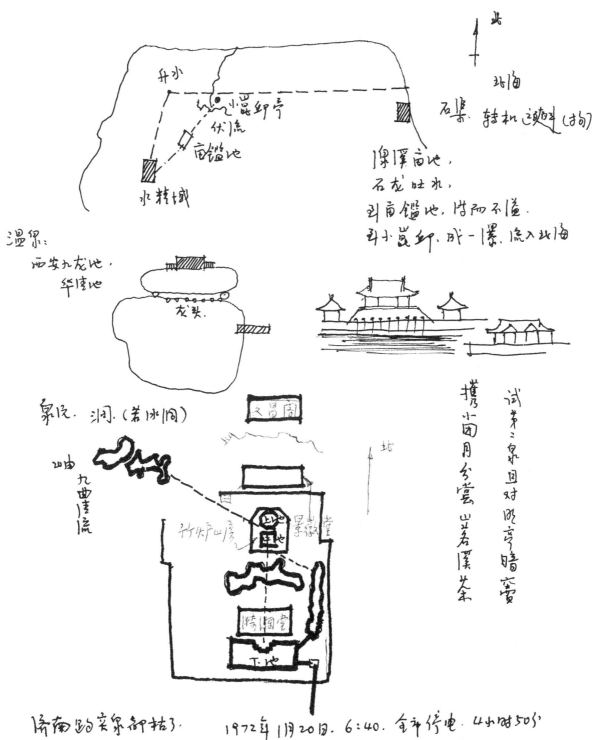

79年五一节，泉水升高20cm. 引黄灌地下.

二. 园林给水计算与管网布置.

① 游览饮用水. 2kg/cm² 压力的自来水. 大众茶亭.

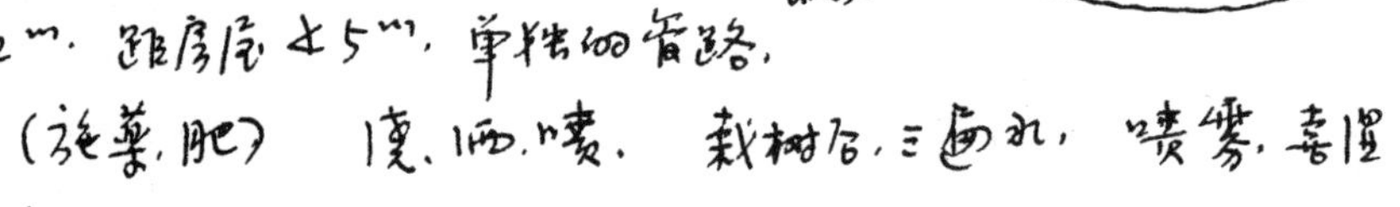

② 消防用水，古建筑，木结构.

距路边 ≯2m. 距房屋 ≮5m. 单独的管路.

九分人
饮水.

③ 喷灌系统.（施药，肥） 浇，洒，喷. 栽树后，三遍水. 喷雾，喜湿的植物. 纺织厂机00.

④ 人工水景：用水量大的. 用小循环。比较经济.

⑤ 生活用水。职工用

15～20公升/人. 多少 2公升/人. 茶室. 最多日，时的用水量.

日变化系数. 时变化系数. —— $K_h=\frac{\text{最多时用水量}}{\text{平均时用水量}}$ 升/日

K_d ↳ $=\frac{\text{最多日用水量}}{\text{平均日用水量}}$ 升/日.

流量 $Q=A\times V$ $m^3/秒$.

A: 管数过水面积 m^2.

V: 流速. 米/秒

水力计算表.

给水管流速. 0.7～1米/秒

$d=50mm$.

秒流量 $q_0=\frac{Q_h}{3600}$ = 升/秒.

园林食堂. 1千人次/日.

9:30～13:30， 15升/人.

$Q_日$ 15升/人×1000＝15000升/日

$Q_h=\frac{15000}{4}\times 1.5=5625$ 升/时. (1.5: K_h)

$q_0=5625/3600=1.56$ 升/秒.

水压的计算： 水头：米水柱.

$H=H_1+H_2+H_3+H_4$.

↳ 设计所需总水头.（引水管总压力）

H_1 引水点和用水点的地面高差.

H_2 〃 地面和配水龙头的高差

H_3 〃〃〃〃的自由水头

H_4 水头损失

沿程的水头损失. 局部的水头损失.

20%～30% 生活
20% 生产
10 消防

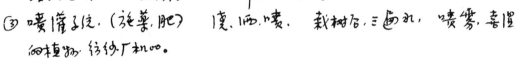

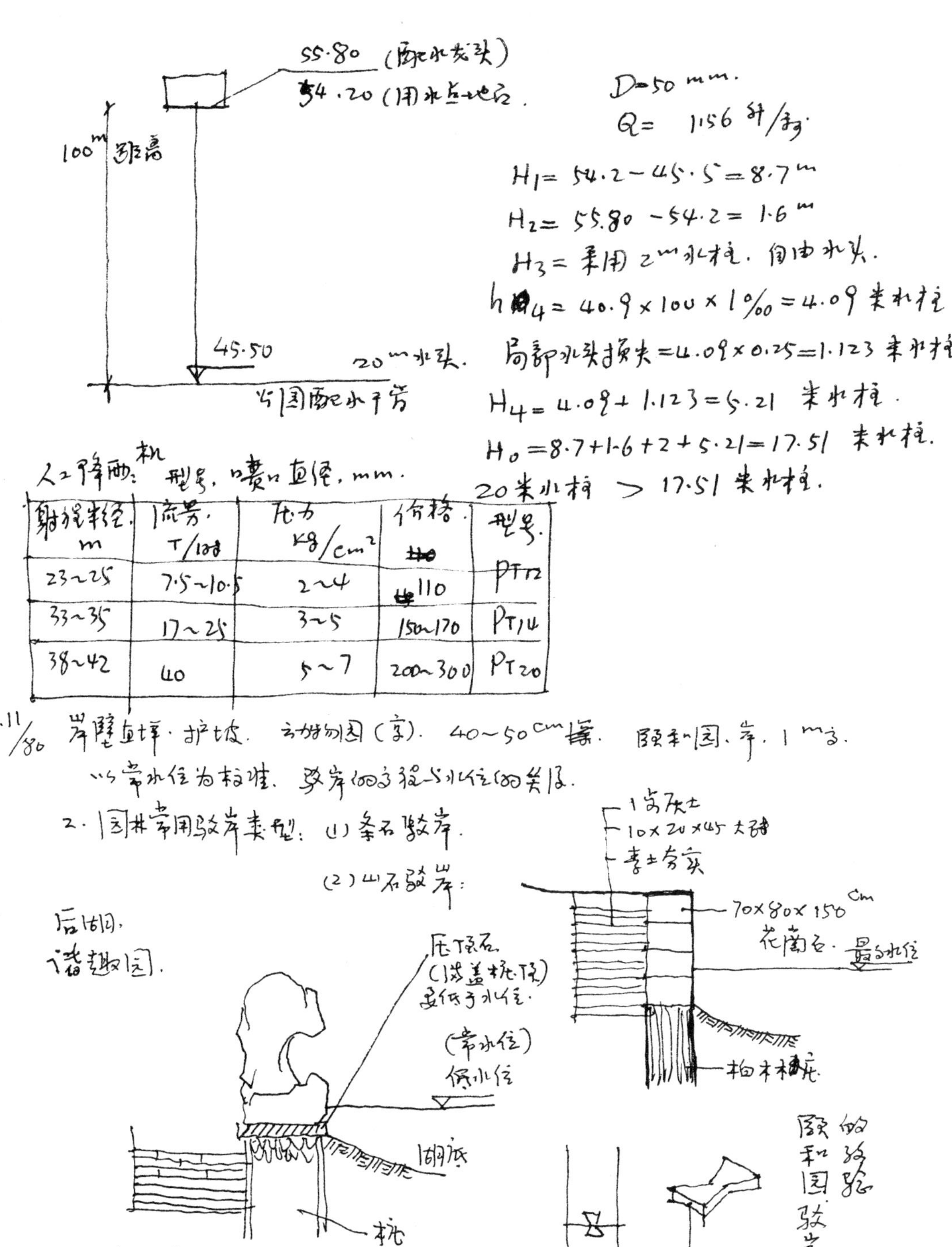

55.80 (配水龙头)
54.20 (用水点地位)
100m 距离
45.50
20m 水头
公园配水干管

D=50 mm.
Q= 1.56 升/秒

$H_1 = 54.2 - 45.5 = 8.7^m$

$H_2 = 55.80 - 54.2 = 1.6^m$

H_3 = 采用 2m 水柱. 自由水头.

$h_4 = 40.9 \times 100 \times 1‰ = 4.09$ 米水柱.

局部水头损失 $= 4.09 \times 0.25 = 1.123$ 米水柱.

$H_4 = 4.09 + 1.123 = 5.21$ 米水柱.

$H_0 = 8.7 + 1.6 + 2 + 5.21 = 17.51$ 米水柱.

20米水柱 > 17.51 米水柱.

人工降雨机: 型号. 喷口直径. mm.

射程半径 m	流量 T/小时	压力 kg/cm²	价格	型号
23~25	7.5~10.5	2~4	110	PT12
33~35	17~25	3~5	150~170	PT14
38~42	40	5~7	200~300	PT20

9.11/80 岸壁直墙·护坡. 动物园(宽). 40~50cm 宽. 颐和园. 岸. 1m宽.

以常水位为标准. 驳岸顶高程与水位的关系.

2. 园林常用驳岸类型: (1) 条石驳岸.

(2) 山石驳岸:

后湖.
谐趣园.

1:3灰土
10×20×45 大砖
素土夯实
70×80×150cm
花岗石. 最高水位
柏木桩.

压顶石 (须盖桩顶) 要低于水位.
(常水位)
低水位
湖底
桩
1.5~2m. 落在坚土层
D=10cm左右
柏木, 杉木
支承桩
摩擦桩
习惯用梅花桩

银锭扣(铸铁)

颐和园驳岸, 经受了几百年的考验

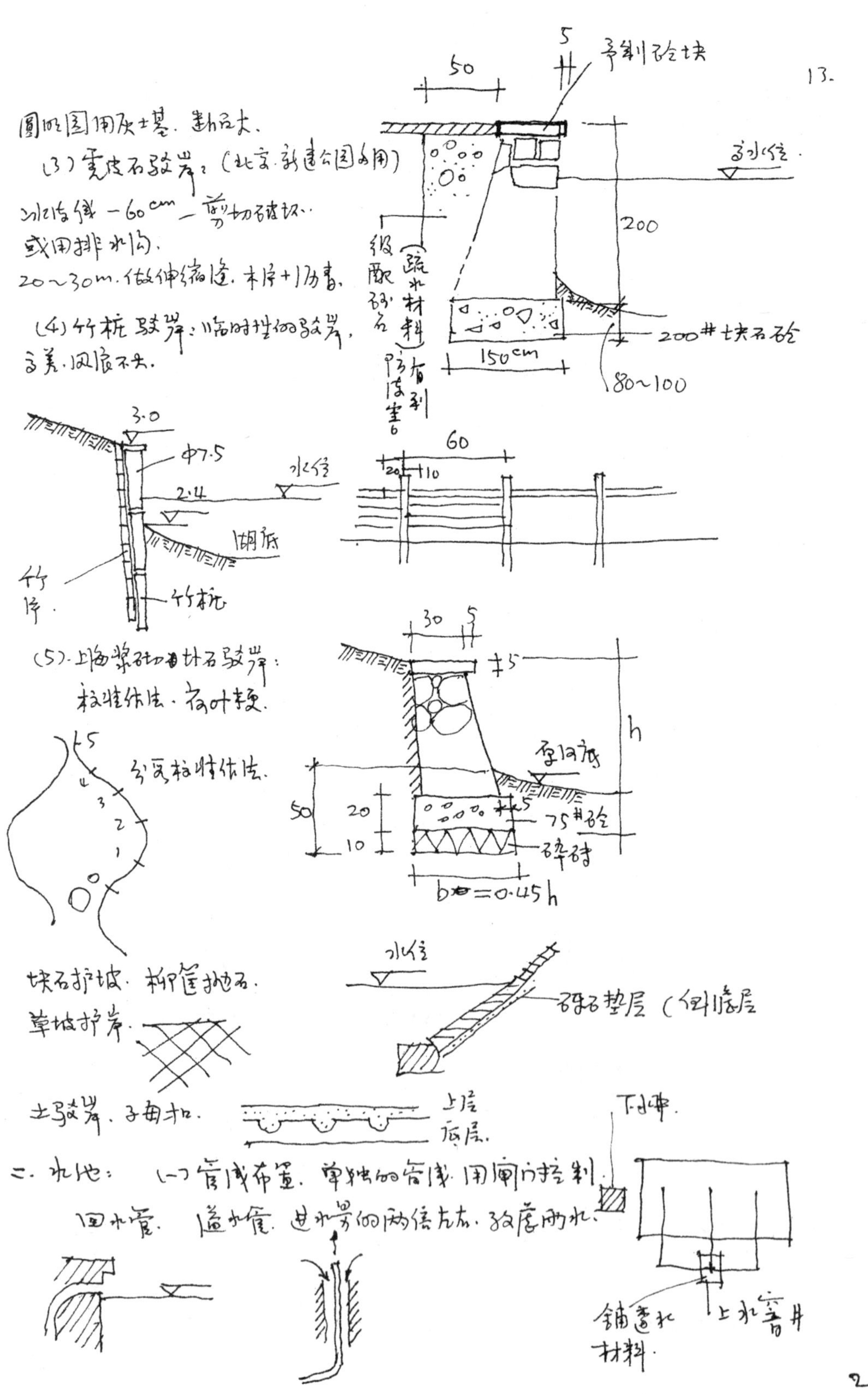
13.
圆明园用灰土基．断面大．
(3) 虎皮石驳岸：(北京．新建公园多用)
冰冻线 −60cm — 剪切破坏．
或用排水沟．
20~30m．做伸缩缝．木条+沥青．
(4) 竹桩驳岸：临时性的驳岸．不美．风浪不大．
5
50
预制砼块
常水位
200
级配砂石
疏水材料
防冻害
150cm
200#块石砼
80~100
3.0
φ7.5
水位
2.4
湖底
竹片
竹桩
60
20
110
(5) 上海浆砌块石驳岸：
30
5
h
50
20
10
75#砼
碎砖
b=0.45h
块石护坡．柳筐抛石．
草坡护岸．
水位
碎石垫层 (倒滤层
土驳岸．子母扣．
上层
底层．
二．水池：(一) 管线布置．单独的管线．用闸门控制．
下水管．
进水管．溢水管．
铺透水材料．
上水窨井
2

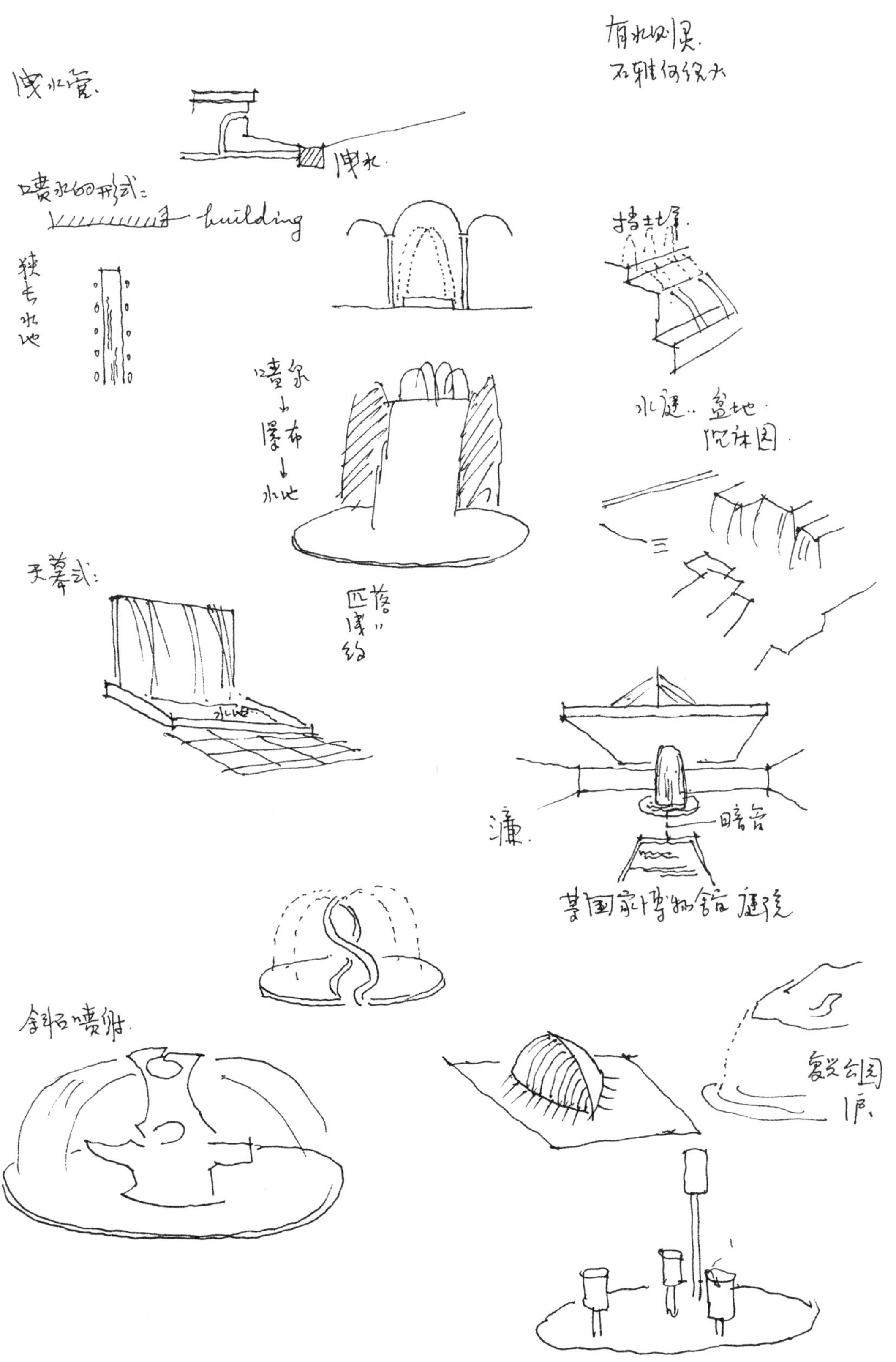

喷水的形式：
building
独长水池
喷泉
瀑布
水池
暗管

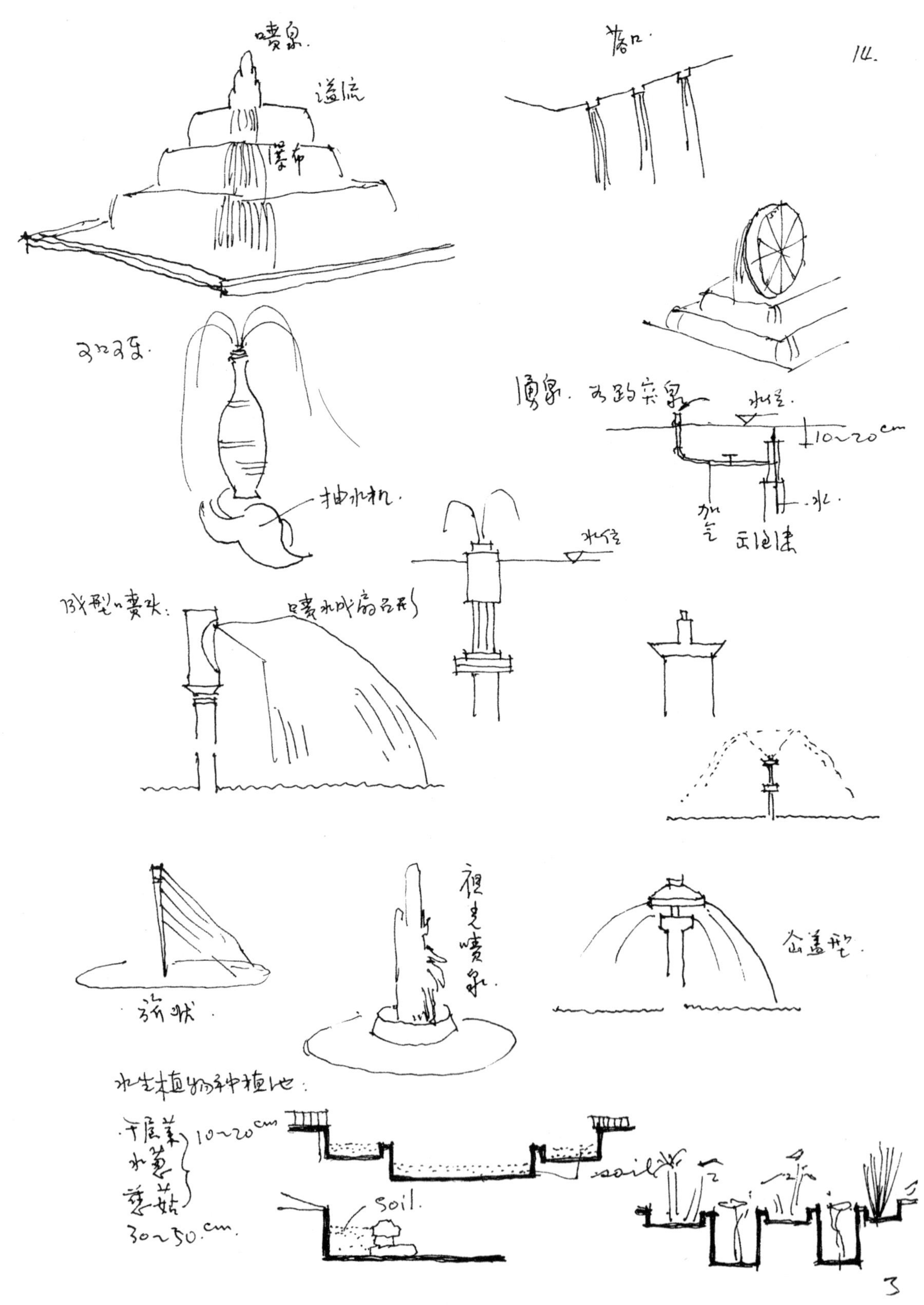
喷泉.
溢流
瀑布
14.
抽水机.
水位
水位
10~20cm
水.
扇状.
伞盖型.
水生植物种植池:
10~20cm
30~50cm.
soil
soil.
3

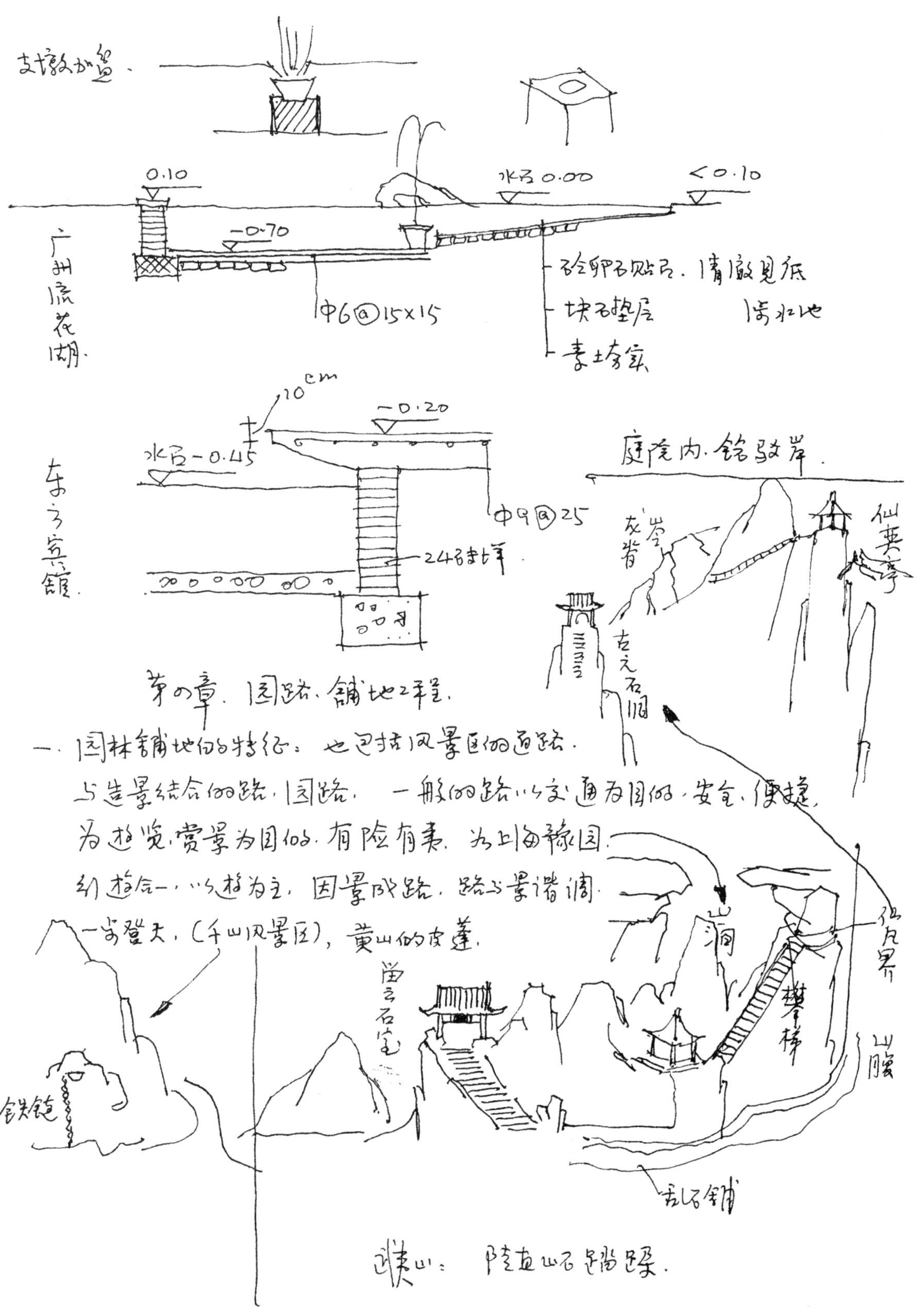
支墩加盖.
0.10
−0.70
水面 0.00
<0.10
广州流花湖.
砼卵石贴面、清嵌见底
块石垫层
浅水池
素土夯实
φ6@15×15
10cm
−0.20
水面 −0.45
φ9@25
24砖墙
东方宾馆.
庭院内、驳岸.
第四章、园路、铺地工程.
一、园林铺地的特征：也包括风景区的道路.
与造景结合的路，园路，一般的路以交通为目的，安全、便捷，
为游览、赏景为目的，有险有夷，如上海豫园，
行游合一，以游为主，因景成路，路与景谐调.
一步登天，（千山风景区），黄山的皮蓬.
铁链
留云石室
山洞
仙凡界
山腰
乱石铺
华山：陡直的石蹬踏.

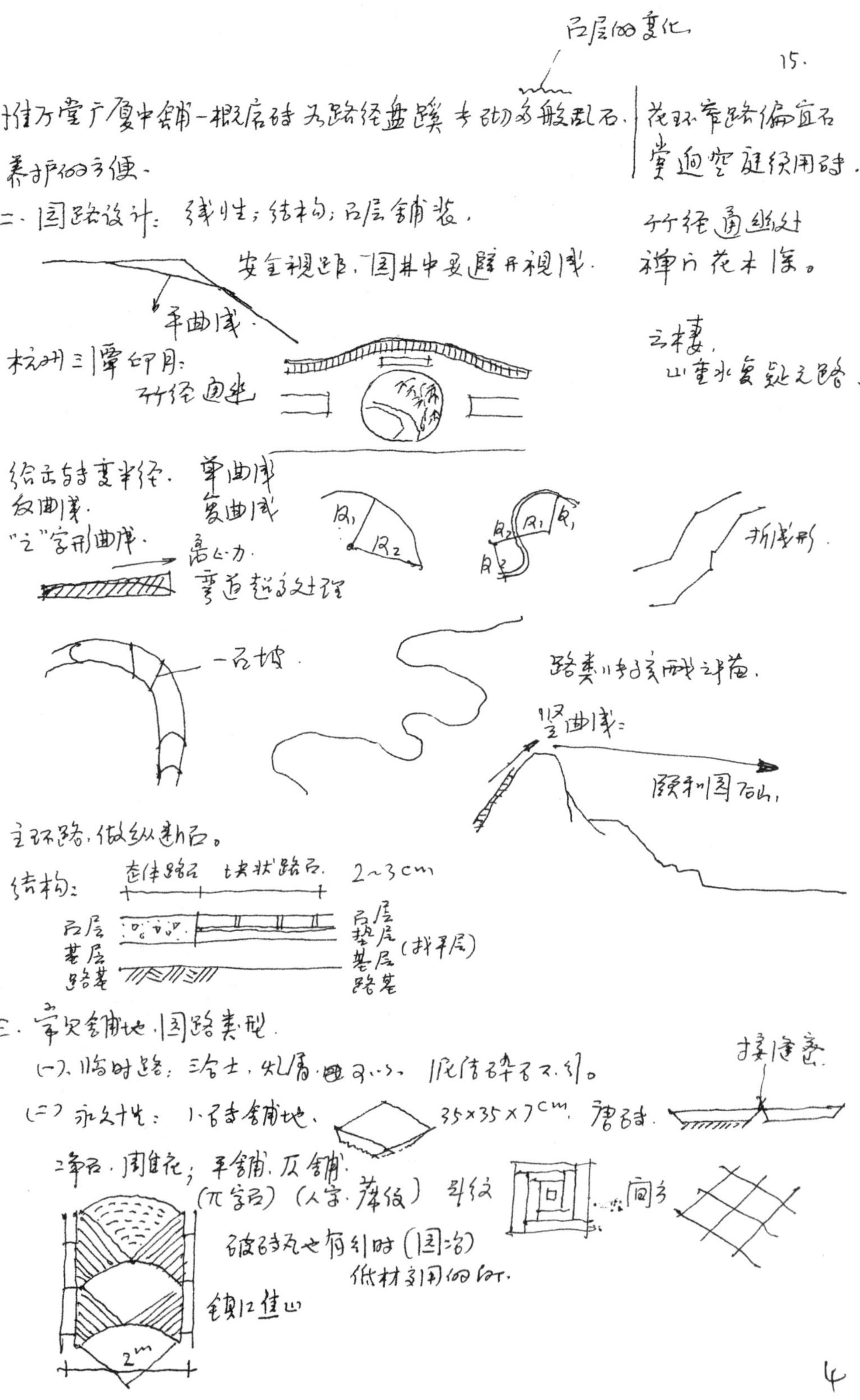

面层的变化
15.
花环窄路偏宜石
堂迥空庭须用砖。
二、园路设计：线性；结构；面层铺装。
安全视距，园林中要避开视线。
竹径通幽处
禅房花木深。
平曲线
杭州三潭印月：
竹径通幽
单曲线
复曲线
离心力
弯道超高处理
折线形
竖曲线
颐和园石山
主环路，做纵断面。
结构：
整体路面
块状路面
2~3cm
面层
基层
路基
面层
垫层（找平层）
基层
路基
三、常见铺地、园路类型
接缝处
35×35×7cm
唐砖
镇江焦山
2m
4

2. 鹅卵石铺地：防滑的能力，可结合图案，青、白、黑、鹅黄，

粒径变化很大，小的红豆，结构：垫干砂，石灰砂浆浇缝，冲洗，如南京玄武湖。

3. 花街铺地：江南私人庭园常用，砖瓦为骨，以石填心，石片、瓦片、缸瓦、碎瓷，取材广泛，结构简单，通气的结构，土壤通气正常。

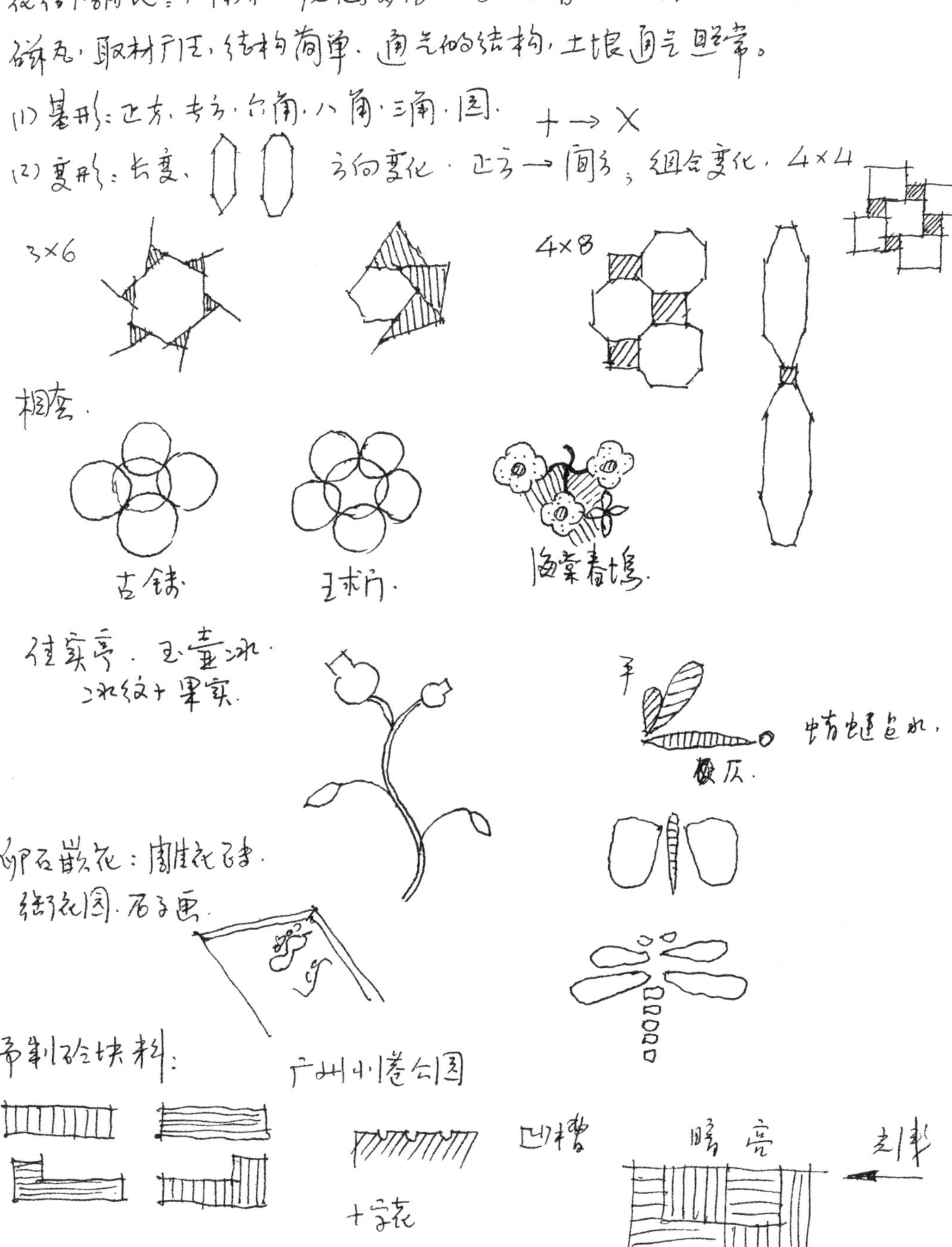

第五章 假山工程　　16.

§1. 假山的功能作用：中国古典园林中都有"无园不石"置石，应用的广泛性。"御山子"，真山为假山之母，"假山与置石"是不同的，数量少，体型小，不具备山形，叫"置石"。假山：石、土，模拟自然真山，材料多，体量大，完备的山形或真山的局部。

" " " "：以造景游览为主要目的，充分结合多方面的功能作用，以土石（石灰、炉渣）为材料，以自然山水为蓝本，加以艺术的提炼与夸张，用人工再造的山景、或山水景，叫假山。

"禹贡"夏传，松，奇石，以观赏为目的，春秋战国就开始了。

与盆景的区别：凝固的诗，立体的画，这个概念不准确。盆景是神想意游。假山是身游。

假山的别号："云根"：即山石，山的高处，叫云根，云触石而出。

山水画讲气韵，山石为精华。亦称"山骨"。《园冶》：堑里扫以查灰（灰土基），着潮（灌浆）尽钻山骨。

北海：牌坊"堆云"、积翠。

月来满地水，

云起一天山。　北海北岸：快雪堂，云起。奇云峯态。

李笠翁、一家言：有此君（竹）不可无此丈（石丈人，米芾拜石）。

御花园：堆秀，奇特的外形。

假山的功能作用：土山，石山，土石相间的山，土山带石，或石山戴土。

宋代发展成专门的工艺，石作，木作，泥瓦作。　明：计成（字无否，万历十年生）、张南垣（张涟，字南垣）万历十五年生，烟雨楼相传他作

清：戈裕良，苏州环秀山庄，常熟的燕园，

常州未园。他是常州人。钩带法叠洞

假山工艺的著名流派，观点一致，反对矫揉造作，不追求象形

为留余地，无锡寄畅园，市侩，罗列奇峰。

主峰土石带石，平岗小坂，陵阜陂陀，山上石称"礬头"（山顶）

山上种大乔木，无锡寄畅园，山石作藩篱，石如壁立，

梁柱结构不坚固也不逼真，勾带成拱，天衣无缝，黄石、湖石（燕园）

5

一、作为自然山水园的地形骨架。 主景突出式；集锦式，
↳以假山为构图中心、北海，豫园（沪）
瞻〃（宁）

琼华岛，白塔，

以山为主，水为辅，建筑比重小，

Rock Garden，岩石园，岩生植物园，主题是植物，岩石为植物床。

二、划分空间的手段，化整为零，园中有园，隔景，假山有灵活性，建筑尺度比例严格。假山，可大可小，为基形出，为画中白色、 拙政园，颐和园 圆明园

用假山划分，意境可以体现，武陵春色（桃花源记，溪，洞，巷，）

峡里谁知有人事，
世中遥望空云山。

结合障景。 大观园，一进门， 拙政园，腰门，
颐和园，仁寿殿。 残粒园，一块石头
苏州。

三、置石点缀建筑空间，宅园，庭园，亭廊环境。

谓之山石小品，留园的揖峰轩，四周点缀山石

因简而从，尤特致意。片山有致，寸石生情。
（指结构而言）
以简胜繁，寓浓于淡。

避免山石喧宾夺主，或权其点作用，植物也可点缀。

尺幅窗，
无心画，
李渔。

揖峰轩

花台。

20～30个
不同的置石。

四、实用功能：山石器设，石凳，石桌，石床，石栏，

石几，石槛，室内外的优良，不用搬动。 石桥
石屏风

特置山石。

驳岸，护土，分散地面径流，
降低

杭州、风笙，（以声的）风笙成韵，芦笛岩，管状结构，与地垂直，

石鼓，石号 因材制宜。 西安清真寺，上有乳状突块（白色）

与依建筑相接。 杭州植物园，山石作名牌。

违樟用石补。 玉泉停车场 卧龙松

广泛，灵活，具体的造园手段。

雨水

沿光凹径上爬。

斩云剑

泰山

§2. 假山的材料和来源. 17.

南京瞻园.(刘敦桢设计).不够 杂乱无章.大多的石头.

据宋.云林石谱. 116种石品.

明.素园 〃 〃 100多种.

计成:园冶. 15种,照现在的.掇山用.比较为全。

则分混乱.概括为几类.

吴王避暑.

一.湖石类. (一)太湖石.洞庭西山,消夏湾最著名.石灰岩,大理岩均有.

神运峰(艮岳). 质脆,扣弹有声.白或灰白色,纯种 浑润.溶蚀作用

石灰溶蚀.水溶. 弹子窝 → 环(深窝) → 洞 , 环洞相套

沟

皱. 玲珑剔透

圆曲为主,略带棱角,也是圆曲的棱.

1.5T/m³ 容易. 光洁丰润,纯净.

消夏湾.青灰色, 洞庭西山,井底洞. 苏州.沧浪亭园.仿井底洞.

皱纹比较大.(埋一点). 细纹比较多.

浑则皱

理则纹

(二)象皮青.扣弹无声.质韧. 北海.嵌云.畧西.

香山,艮岳. 北海.据说艮岳运来. 房山.大灰厂也产.

(三)仲宫石. 济南附近的仲宫石.青灰中带褐黄色.形体圆浑.透漏很少

皱纹较多.竖纹为主.体态灵秀. 趵突泉.黑虎泉.

(四)房山石. 北京假山的主要材料. 北太湖石之称. 新开的赤黄色.(土染的)

老的,黑黄色. 很少大的环洞.有蜂窝状的洞. 容重大.有韧性.静心斋

用的这种石头. 房山大灰厂.洋泉.

(五)英石.青灰色.叩之有声.质地坚脆.产英德. 大块的少.锐利 两面

白英.黑英.灰英. 广州.西苑.盆景.白英. 顺德.把灰英涂黑.

(六)灵璧石. 安徽灵璧县.产于土中.北色可洗掉.青灰.灰白色.质脆.

叩之有声. 盆景.室内摆设用的多.古代用的多.

(七)宣石. 安徽宣城.产.几种岩石.含白色结晶 似积雪.

北京.广州刻依玲珑. 六月雪. 利用宣石.

二.黄石类: 明代以前不用(记载) 太湖石多.松皮石.

原产常熟虞山

画家、黄子久（大痴）、姜太公（？），黄红色、细砂岩，节理石、垂直的。

一虎丘剑池、湖石、透漏瘦、壁立当空，孤峙无依，

多皱、多孔。（此线）上下。湖石的个体美。

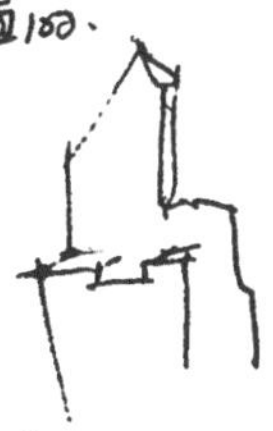

黄石、锋石、棱、层，沉实、稳重，豫园（沪）

耦园（苏州）

个园（秋山）

三、青石：京郊、洪山口，青灰色的细砂岩，

块状、片状两种，节理石角交叉，　　香山，见心斋，

又称青云片，　　北海 濠濮间，

四、石笋：条状山石，以竖纹取胜，

（一）子母剑（白果笋）两种岩石构成，母：砂岩，子：卵石，

共同沉积而成

（二）慧剑，乌笋，国花新亭，十二生肖，为柏树，从圆明园移来

（三）乌炭笋，为北里，天宝峰，壁山，西苑

（四）枯皮笋（虎皮笋）为龙鳞纹理皱，一是种子（？）特性的，一种不（？），

可以人工制造，一大一小，为枯树皮。

（五）木化石，故宫，避暑山庄。

（六）钟乳石，特置，或山洞，钟乳，石笋，石柱，

置石堪堆，就地取材，不要舍近求远，　桂林，从镇江取岘山石，

形成地方风格，水中采，土中采，避免打破，湖石。　黄石、青石，适合

打破，锋石与阴影效果。5cm d，50cm孔洞，打孔，1T左右的材料

最好，湖石要加以包扎物保护，（泥、木、草）　到土陵园，

§3、假山布置，

一、置石，（一）特置，仁寿石　Summer Palace，框景，也叫留景

孤

石峰（峰石），

自然依据，障景，对景，东宫门仁寿殿

路口，廊间，花台，驳岸，壁山，+特置

花坛，水池，花架，屋顶花园，书法中独字，构图完整，命名

18.

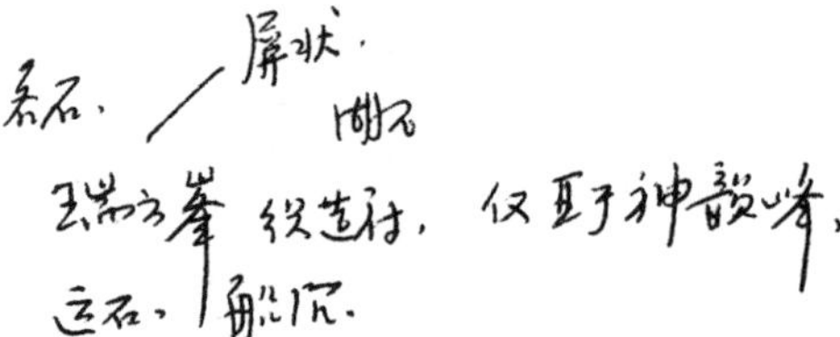

系石、屏状、湖石

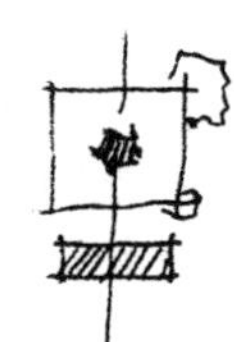

瑞云峰 织造府，仅亚于神韵峰，

立石、舫院。

冠云峰，留园，兼备透漏瘦，

玉玲珑（豫园），花石纲遗物，玲珑剔透，董其大一孔不冒烟，

绉云峰，杭州。

海珠花园，大鹏展翅，

海幢 〃〃 猛虎回头，入口对景，

岭南主以象形，

体量适当，轮廓突出，姿态多变，色彩鲜明，

障与透的关系，框景入画，背景衬托，视线中心

瞻园（宁）

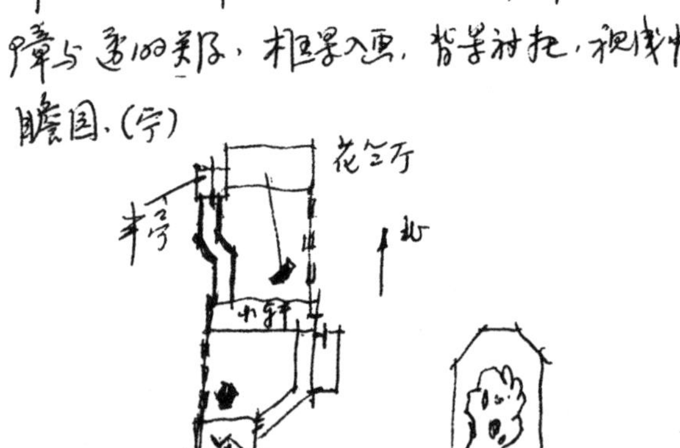

青芝岫，嵌十几个孔洞

乐寿堂

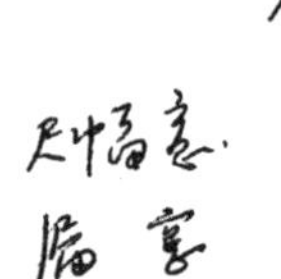

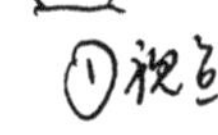

①视点

框的大小

尺幅意

扁 亭

台 景

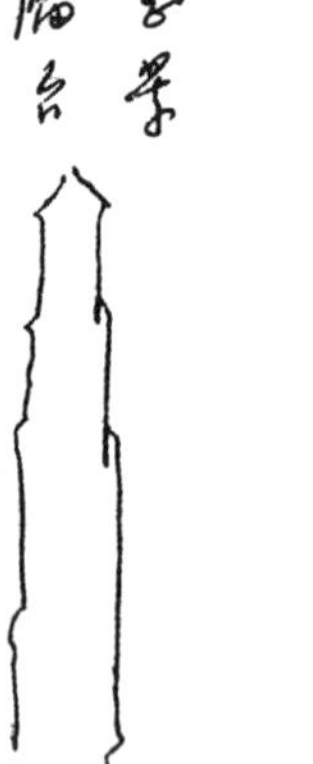

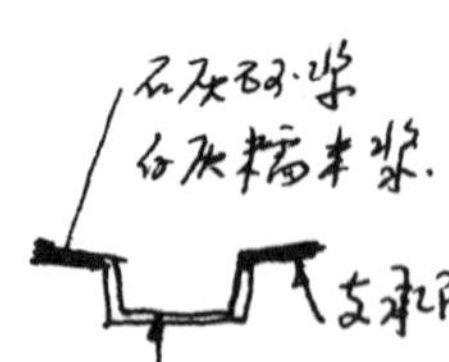

特置石脚的构图，

底座，盘，磐

重心线与石的头重合

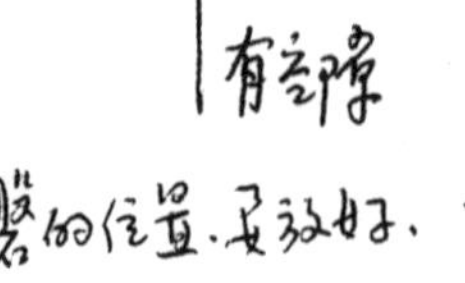

磐石的位置要放好。

7

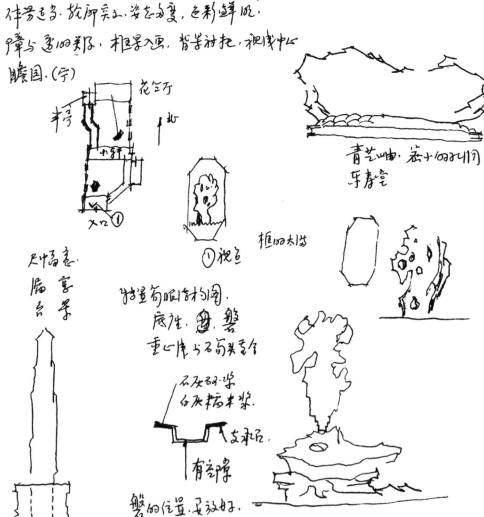

南京玄武湖，玉女拜观音，石笋头扫断门。

林泉耆硕馆

		高	宽	比例
↓留园、	冠云峰	18	6.5	1:3
留园、	瑞云峰	10	5.2	1:2
狮子林、	古五松园	8	4	1:2
怡园、	拜石轩	9	3	1:3

拼峰、上石、石一两块大石、（宁）莫愁湖，为缕赭云，（王某峰做）

(二)、对置，怡园，坡仙琴室

狂袍大袖。

西山女仙

中山公园水榭、

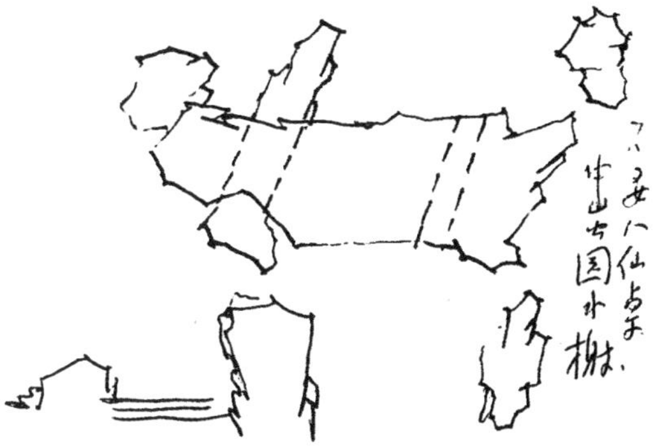

耦园

(三)散置：

攒三聚五，散漫理之，

组合时，粉墙、山坡、水边，结合护坡，

有聚有散，有断续，一脉既毕，余脉又起

主次分明，大小相间，

如人，

石，头、腰、脚，

立、蹲、卧，

卧-独为主，网师园琴室

卧式，看坡矛有根。

最忌閑置，呆摆，

中山公园松柏交翠，房山石+土山，

处理得很好。

江户，将军（山石）

(四)、群置：叔芳园（大散置）北海

琼华岛，西路，模仿樊头起伏。

嶂峰

(五)山石器设：石榻，女仙境 仙迹

听松石床，（无锡 惠山公园）李阳冰题字"听松"

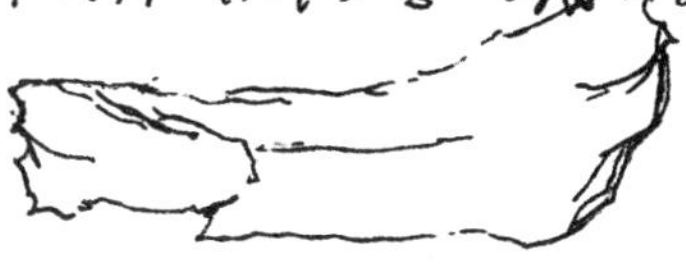

广州，软云石床，西城园，

清代从海中移去。

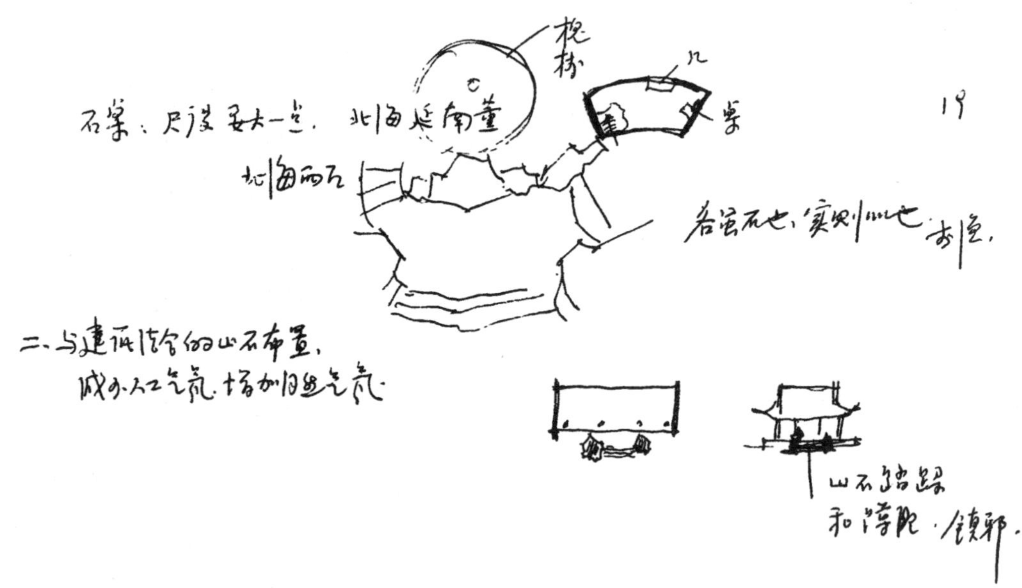
槐树
几
案
19
石案：尺度要大一些，北海延南薰
实则小山也
二、与建筑结合的山石布置，
减少人工气氛，增加自然气氛
山石踏跺
和蹲配，镇邪。

8

19

花台：南京瞻园。

怡园藕香榭、上伸下缩的变化。虚实对比的效果，无穷无尽的变化。网师园、狮子林、乾隆花园。

石：建筑前的台阶有"笑不露齿"一说。如云峰山馆、茶王府流杯亭、怡园烟雨楼，有时作抄手踏跺，如茶王府。

(三)抱角和镶隅：

石为台础，但看来好象是建筑在自然山石之上，如苏州环秀山庄问泉亭。（现仅存石台基）好象亭是建于水中石岛上。

镶隅也可以作出很多变化。

拙政园腰门前：视线所及处都有，湖石和地石结合处多做些书带草。

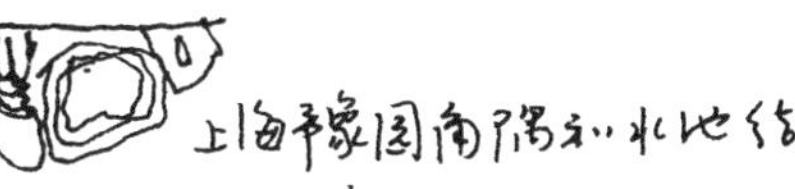

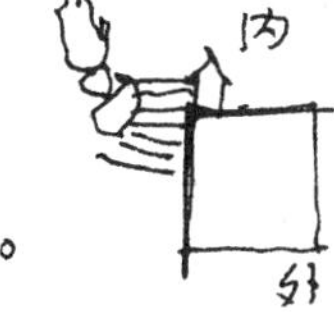

角隅也可以作出种种变化。

书带草

内

上海豫园角隅和水池结合成景。

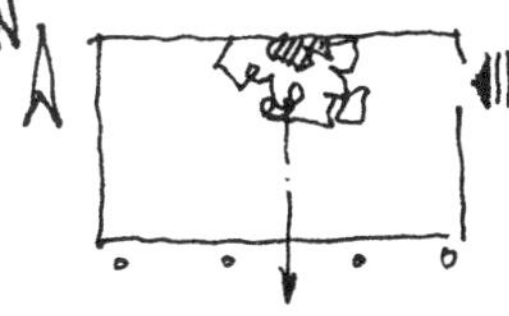

寄畅园也有，在亭角前做一个单景洞。要注意建筑的尺度和比例。

外

(四)粉壁、理石。

把精置花坛放在墙壁前，以墙为纸，以石为绘。（园冶）

网师园琴室也组合得很好，石的形体变化很多，蹲、立、卧的石。卧石特别好。这是北立面，墙暗的，逆光的竹很亮。粉壁理石一般在北面（南向）内都是这样逆光。

(五)廊间置石：在廊转折时与墙间当出的小空间中不到$1m^2$的地方。如网师园空间小，用材细腻，以小胜多。上海豫园。

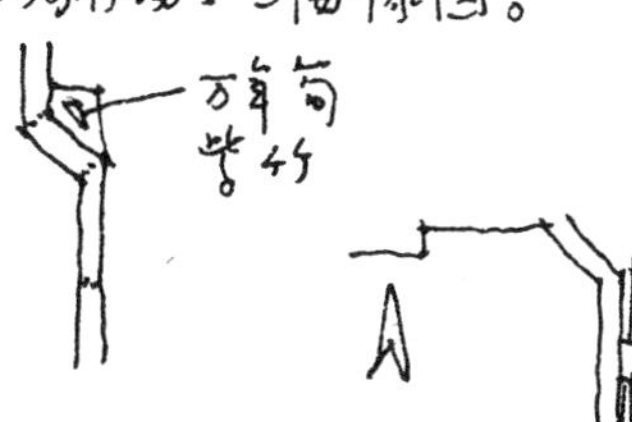

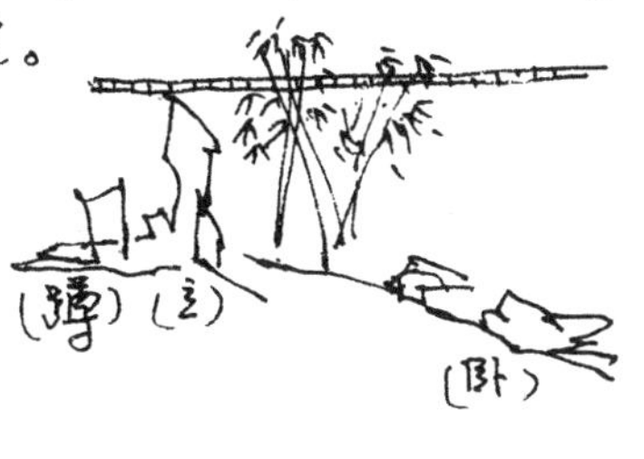

尺幅窗和无心画：

在廊与墙间很小间隙开一空间，两端有漏窗相通。

搜峰轩：无心画是带玻璃的，和漏窗不同，是清朝李渔创造的手法。窗叫尺幅窗，窗框内的画面叫无心画。李笠翁"闲情偶寄"有记载。

9

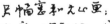

(六). 山石室外踏梯(云梯). 结合造型成为室内楼梯所占的面积。一般接在稍间或山墙处，这样不掩建筑的主要立面，及隐蔽山石的云山胜地. 室外踏梯直接通到二楼外廊。

用青石做成. 承托处的横纹. 成横云式. 云梯为主. 又与园中其它迭石相呼应。 云梯分贴墙造筑，或用木石天桥相连通。 又如网师园，云梯和山墙相通，楼梯和花台相结合，还有山洞。 留园假山室外楼梯.（一梯云）明瑟楼. 把楼梯间做成山曲的形式，而不是洞. 仍楼梯屋废掉时也，环绕墙边迭楼梯. 而把建筑主要立面留出来。

云山胜地

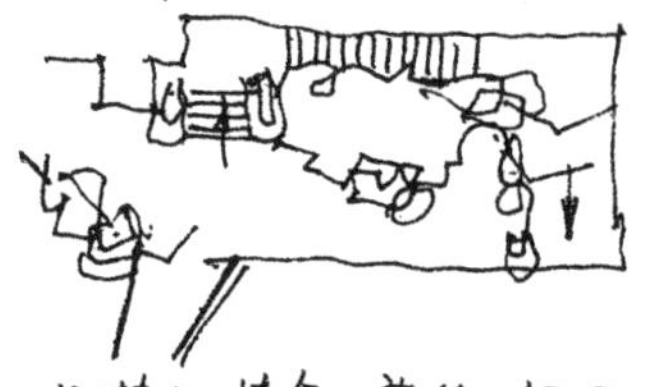

扬州寄啸山庄两例：

楼 外 界墙

院内楼上有环廊 故用梯较多. 主要升高在靠墙处，把楼和山结合在一起，"楼在山中，山入楼室"

过道 楼 紫藤 上 N

三. 与植物结合：花台. 低于地面的花池. ①可以提高地面，相对降低地下水位，如牡丹等需干燥. ②可以提高植物的观赏高度. ③可以组织游览线. ④花台类型. 可以结合各种园景构图.

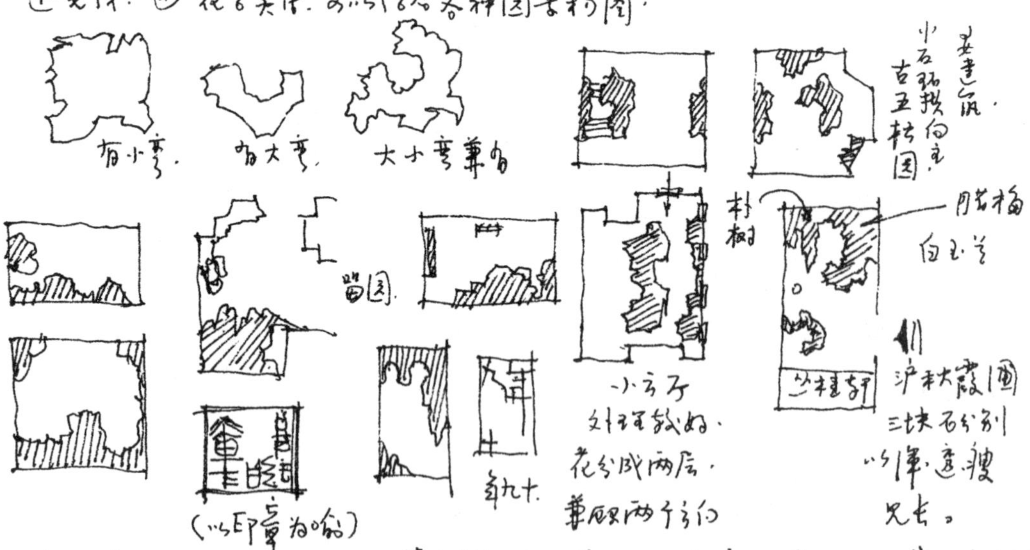

一般规律是把边、角、虚心。篆刻艺术中的手法可以借鉴，"宽可走马，密不容针"。

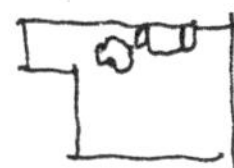

花台类的布置，如围墙那样围一圈，在角上升，下缩，错落聚散，不受到围限制。组合要力求有无尽的变化，南方佳例较多。北方有乾隆花园。

§4. 假山的结构

一、分层结构

(一). 基础. ① 有用桩基或石钉（苏州）加固土壤
② 扬州用灰桩或瓦砾桩。因扬州土壤有空隙，用铁钎打孔，捣入石灰或瓦砾。
③ 灰土基。

做假山同时，基础要加一倍。现在也用150#砼，做水下基础。

(二). 拉底：把石头半埋半露，选用风化小、抗压强、硬度高，体态不必太好，要分层山石整体的向背，要曲折错落，可大小相间，形成各种斜八字，要断续相间又要紧连互咬成一个整体。假山要使之加强整体，要安稳整平，将大而平的面向上，便于向上堆，但又可把小而尖的向上，再楔入支石。

(三). 中层. 主要是石的组合 —— 组合单元.

有峰、峦、崖、岫、洞、栈道、溪、谷、壑、矶、坡、磴

要注意 ① 接石压茬，要严密（也叫避茬）忌讳闪茬露尾。
② 偏侧错安，要避免出现方、平边、对称要使之不规则。
③ 避闸，譬如立碑侧立。
④ 等分平衡，造成前悬必用后坚以平衡重心。

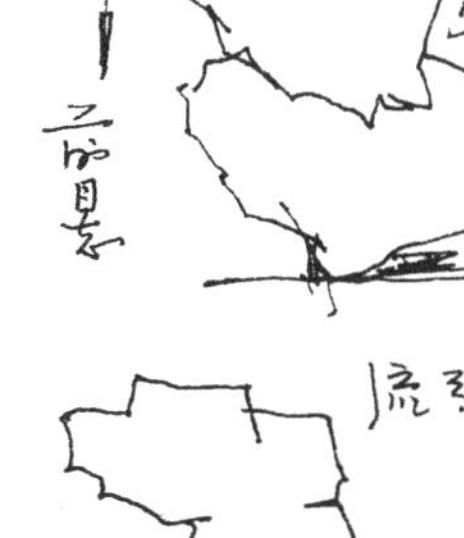

(四). 收顶 —— 合凑收顶.

用大石把下面分散的石头合拢在一体，可用一块或几块体量大、形态好的石来做成，如用斧之式

根据当地需要情况放层收顶可成峦（圆顶）、峰尖。

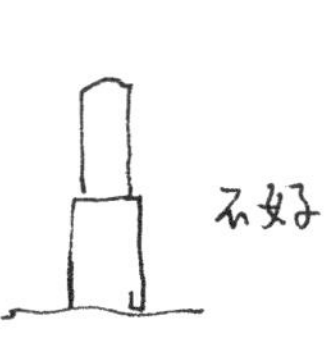

10

二、山石结体的基本形式：

①安：玲珑，要巧。有单安、双安、三安。

②连

③接：是何衔接，是注意重心及姿态。

④斗

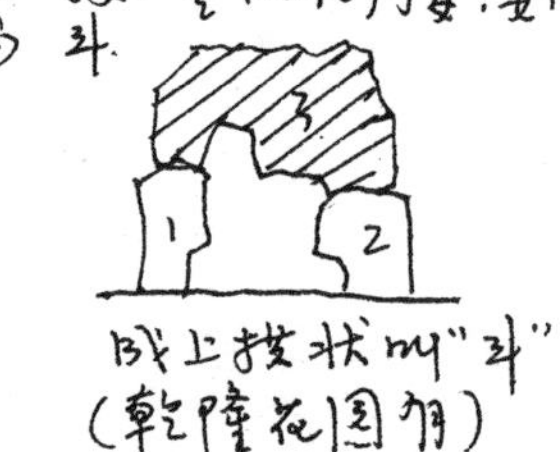

成上拱状叫"斗"
（乾隆花园有）

⑤挎：利用石在侧面侧悬，有时可用钢丝加固。

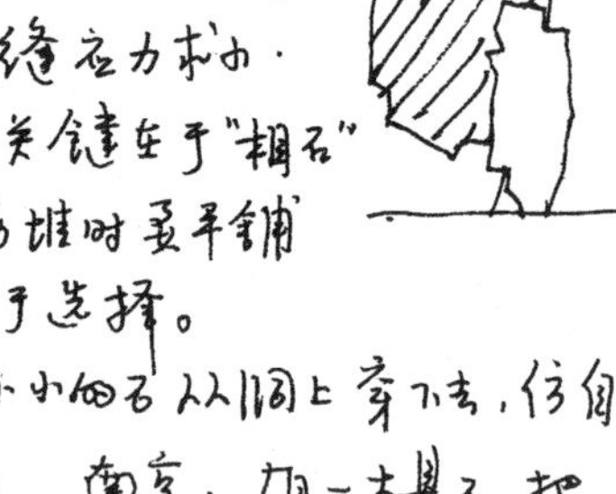

⑥拼：小拼大，缝在力求小，为小于2~3cm，关键在于"相石"，所以山石在现场堆时要平铺，都能看得见，便于选择。

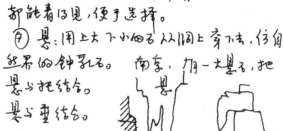

⑦悬：用上大下小的石从洞上穿下去，仿自然界的钟乳石。南京，有一大悬石，把悬与挑结合。

悬与垂结合。

⑧剑：立石笋，一般是独立石笋，而利用在山石上，做成"山""川""小"形"炉烛香台"。

⑨卡：如泰山的仙桥→

云南有一景，叫千钧一发

→

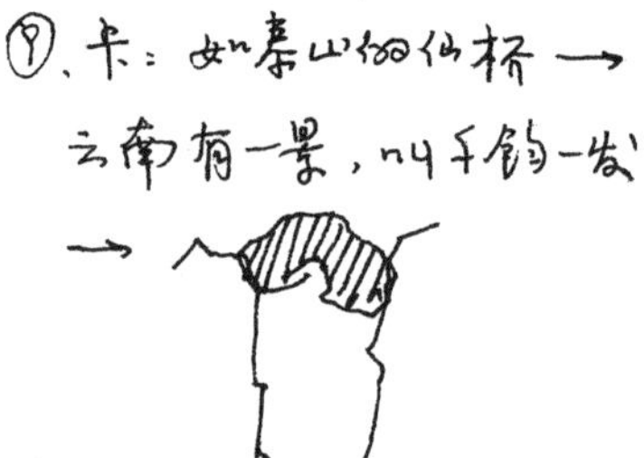

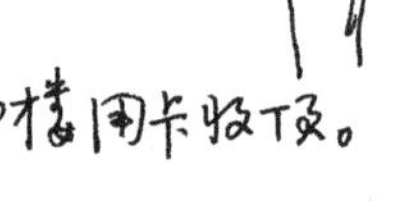

烟雨楼用卡收顶。

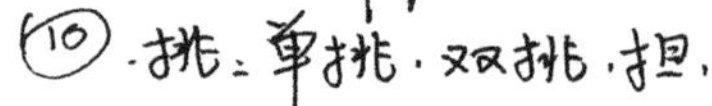

⑩挑：单挑、双挑、担，

打樵使挑石稳定，最好是看不到用一个樵打稳，可以挑两次、三次，最后可用"飘"增加姿态。石里应放在看不见处（豫园快楼）挑在挑出一个面就象岩石。

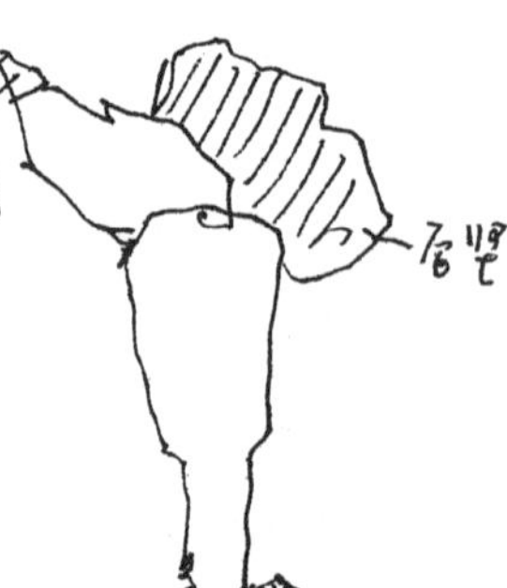

⑪撑，形成山洞，豫园复山。

三、辅助设施。

① 铁扁担：北海鉴心斋，悬石较多，挑出近两米，加铁扁担，做成龟蛇相生之景。铁扁担更常用于做洞。

② 铁扒钉，把石缝水平拉住

洞中常以条石垫里，洞挂石以挂住条石，扬州寄啸山庄用得较多。

③ 铁叉

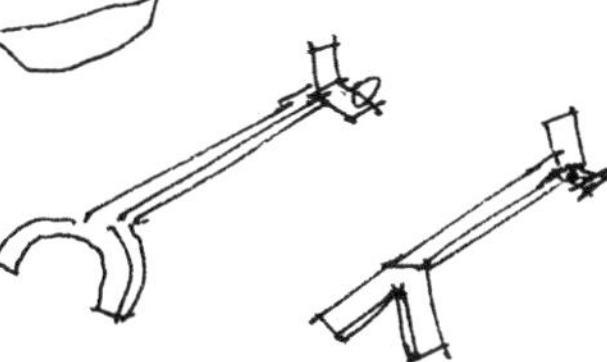

四、假山洞：

① 梁柱式，青、黄石。

② 券拱式。

③ 迭涩式

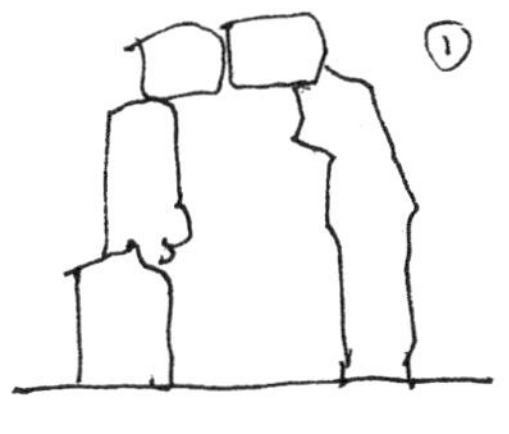

适于湖石。

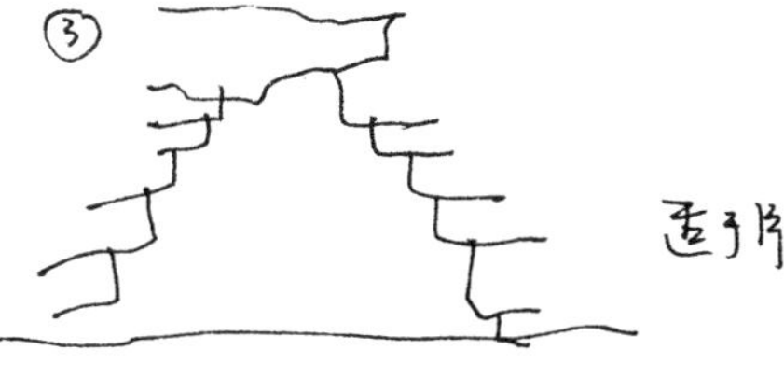

适于片石。

洞：有单洞、半壁洞。

洞在有几柱着实，洞壁石不是都受力，只有几处的柱不受力，其它则和墙一样，可以开采光洞，採光洞以石窝成。可以高低，低的则成为"地灯"（如环秀山庄）下部排水孔，和採光可兼用，有时却水纹光。

洞可以做成要先照有多层次。用拱券式的较好，顶壁为一体，比梁柱式的好。洞跨度一般不大，若跨大可作石柱，洞内可做假洞。

爬山洞，洞不在一个高度上，有台阶。

中国园林史

周维权先生

中国园林史　　　　周维权 老师　　①

苏州园林，刘敦桢。　履古鉴今。　4~5讲。　童寯比较的，建筑史主编写

网大路（中国园林史）　瑞典，汉学家，西岗　garden of China

乐嘉藻，童寯，江南园林志，北京林学院讲义，中国是世界园林之母。

园林定义：园苑，庭园，园亭，园池，山池，　甲骨文

園　土＝建筑，口＝水池，𧘇＝山石树木

garden. = gan + eden　= fenced paradise
围墙.　伊甸乐园

自然环境，天然风景区不能称园林，造园：设计，施工，有山，水，建筑，花木，造园四要素，有的没有水或山，有两重性，是社会的物质财富，又是供人们观赏，游憩的艺术创造，苗圃不称园林，是为了育苗，没有艺术享受的功能。有风格的流派，各民族，地区，有不同，主要的文化体系，建筑体系，园林也自成体系，希腊罗马，文艺复兴，专制园林，十七世纪，绝对君权时期，路易十四；英国式的园林，中国园林，日本园林，风格丰富多彩，中国历史最悠久，精致，变动不大，形式二种：规整式的园林，formal garden，绝对对称的，强烈的中轴线，凡尔赛宫，有的不一定有中轴线，阿尔罕伯拉宫，西班牙。

自由式，风景式园林，landscape garden，中国，日本，英国

中国：私家园林：宅园，郊外别墅。皇家园林：颐和园。寺庙，有园林，檀柘寺，碧云寺，万寿寺，　衙署，会馆园林。风景区，杭州，大园林。

大型园林：利用自然山水。小型园林，苏州，扬州。庭园：堆一点山石。模拟，放大的盆景。四周有建筑，空间内向。大型园林，空间是外向的。

• 特点有三：①利用天然风景，占有天然风景，昆明湖，万寿山，或模拟天然风景，如圆明园。　② 高于自然，与英国的完全模仿自然不同，再现自然。综合利用造园四要素，画论，天然山水的规律，写意的手法，创造景观，诗情画意，叠山，理水，寓情于景，情景交融。上海，黄金荣的花园，为一个杂货铺，日本园林，枯山水白沙上 5，7，9块石头，三五群。写意的手法，中国艺术的特点，对象的概括的再创造，不在形似而在神似，桂林山水，书法艺术，用笔，孙过庭，一点一画，中国的戏剧，诗歌，写意手法，中国园林，写意山水。以小中见大，环秀山庄，峡谷，北海静心斋，千岩万壑，扬州个园，四季假山，有一种联想。

③ 中国建筑，宗法社会的影响，严格的中轴线对称，中国的园林与此完全相反，凡尔赛宫，园林的处理法是建筑的处理手法，是建筑的延伸，故宫御花园。

2

排云殿，一组对称建筑，对大自然有一定的认识，神仙境界的幻想，西方的乐园
对山川的崇敬，封禅泰山，泰山、北戴河、会稽、禹穴。汉武，封五岳。封建社会
的知识分子，出仕与退隐，"达则兼善天下，穷则独善其身。"园林为园林退隐
的生活环境，陶潜，要求接近自然，乾隆，皇帝也受到影响，武陵春色。

历史：汉以前，成形时期，

两晋南北朝，两汉的发展，转折期，其他的艺术的影响

隋唐：全盛时期

宋：高潮时期

明清：第二个高潮，

清中叶以后：衰退时期，三山五园被帝国主义焚毁破坏，

起源：远古，穴居，渔猎，对大自然恐怖，村落定居，树木遮荫，集会场地，果树，
开始绿化，种菜，殷，周已经很普遍了。诗经：郑风，将仲子：无折我树杞
无折我树桑，无折我树檀。

狭义园林，B.C. 11世纪，周文王，灵囿、灵沼、灵台。（西安，遗址仍在）奴隶社会财富比较多了，
狩猎，由生产变为娱乐，殷代，喝酒，打猎。周，引以为戒，周书，伊训，其无淫，
无逸于游，于田。灵沼，人工挖的，堆成土山，挖出鹿骨，养禽兽，观赏的灵台，
以动物为主，也是一个生产基地，方七十里，百姓可以进出去打猎，砍柴，也是皇权的
象征，诸侯也搞囿，40里，也有管理机构，囿人，中士四人，下士八人，府二人。登记收益
接待宾客。梅，木瓜，杞，柳，吴王夫差，姑苏台，宫妓千人，

秦孝公十二年 350年B.C，迁都咸阳，商鞅变法，现咸阳的东北，

咸阳　咸阳　龙首原　西安

北面有九嵕山，山之南，水之北曰阳，咸，二也，
迁十二万户到咸阳，南面是他的园林区，章台，上林苑
正殿，阿房前殿，长两公里，宽一公里，上坐一万人，下可建五
丈旗。渭水桥，380步，68间，750根柱，

杜牧：阿房宫赋，三百里，

209 B.C. 陈胜，吴广，起义。刘邦到咸阳秋毫无犯，项羽一把火，烧掉上林苑，
汉建长安，前期乱，战匈奴，各地叛乱，异姓王，同姓王，叛乱，中央集权，
罢黜百家，独尊儒术。阴阳五行，儒家神秘化，董仲舒，相生相克，
神仙学说盛行，东海有神仙，楚辞中大量仙人，西王母瑶台，蓬莱仙岛。皇帝
要求仙，长生不老，徐福，郭家下海求仙，刘邦想建都洛阳，张良，主张关中，
关中险要，选择龙首原（高地），在长安城，未央宫是萧何造，汉惠帝五年，15年建成
周围65里，1里=0.414公里，宫廷占了$\frac{2}{3}$，西，南两面为园林区，东面平民区，
居住区和八个市，汉文帝，休养生息，汉武帝两项开支
用兵和营建，扩大上林苑，占了五个县的地
周围300里，离宫别馆七十多处，班固，西都赋

北宫　明光宫　桂宫　未央　长乐宫

中国园林史　　　　　　　　　　　　　　　　　　2

6山、13池，兰田→户县，上林苑，非常大，300～400里，12千万，有围墙，关中8水穿过（渭灞、浐泾、丰镐、涝潏。）36个苑（小的园林）养鸟兽牧场，御宿苑，思贤苑（汉文帝为太子接待宾客用）博望苑（迎宾客）

宫：建筑群，犬台宫、葡萄宫、五柞宫、扶荔宫（汉武帝征服越南）。"观"：辅助建筑，观天象，宿宇，25组，茧观、观象观、白鹿观、求仙、养鱼鸟、走马、柘观。台：求神仙，鱼台、凉风台，"池"：人工、天然河道，十几个，昆明池、太液池、影娥池（赏月），珊瑚树、烽火树，蒯池（草）3000多种动植物、37种树种（西京杂记），白鹦鹉、紫鸳鸯、动植物园，生产基地、管理机构比较复杂，水利归少府管（水衡御尉）下设五丞，九官。（铜川、狩猎）皇家的一个财富，物质上的收益。

- 长安城西建章宫，周围12公里，跨城墙做一个飞阁，公元104年建，前宫后苑，前殿，广场可容万人，26个殿。

宫

前殿

凤阙　　神明台

苑的主体是太液池（神仙的津渡），水鸟水草，大雁、紫龟、绿鳖，东海三岛。

一池三山成为一个格式。

神明台上铜人，承露盘，（北海仍有）

目的是为了求仙。

瀛州	方丈	蓬莱
万年长树 万珠鸟	3千里， 西王母 常来往	高二万里 广七万里 白玉台

- 甘泉宫，西北，秦朝旧宫，淳化，供太乙神。避暑的山区，5～8月，有点离宫的性质。
- 昆明池，西南角，供水源，漕运、水军，征服昆明国，打到印度去。

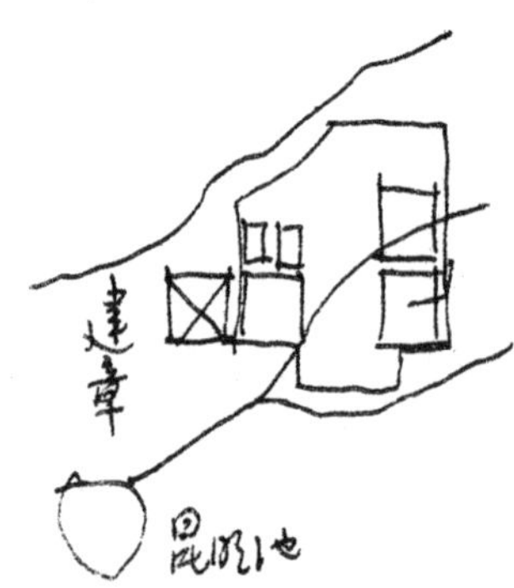

乾隆挖颐和园亦如此。三丈长的石鱼，牛郎，织女石像，现在还在。铜牛，耕织图，亦是模仿汉武帝

汉朝私家园林不多，成都侯，王商，开业园林，（在长安）

袁广汉在洛阳，大商人，家僮8～9百人　4里 东西 5里 南北

构石为山高十余丈，挖池，堆山，把罗石弄到上林苑去了。崇楼，修廊，

3

鸡明斗技，角抵不多，墓葬讲究。

河南，梁孝王，梁园：20里，人工山，（白灵山），浮石，岩，岫，雁池，水禽水鸟。

王莽，新朝，十几年，刘秀又恢复国东汉，25～220年AD，迁都洛阳，开始园林建设，距洛阳东十五里，北邙山，南洛水，军事进可攻，退可守，工商业发达。

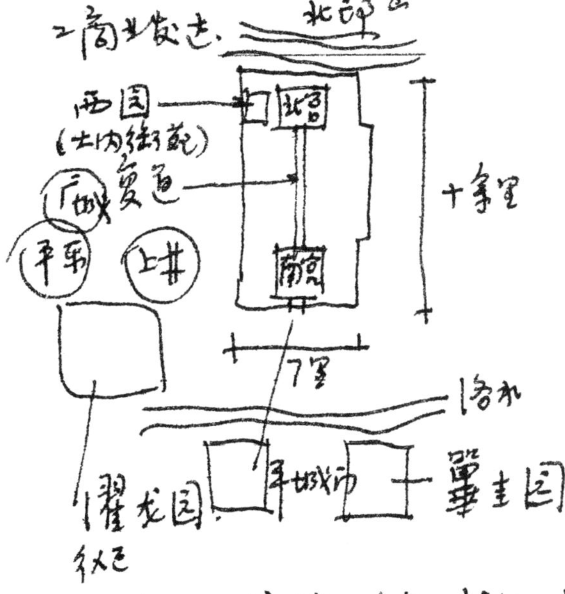

私家园林，也有一些，大将军梁冀。

二山脊（二关）

特点：①占地大，规模大，皇家园林多。

② 大内御苑，离宫（离宫别苑）主要是狩猎，生产基地，军事意义，首都拱卫坂来。

③ 朴素的天然山水，没有什么规划，简单模仿，居住，求仙。

园的：狩猎，生产，求仙，游乐。游乐是次要的，是中国风景园林的先型，雏型。（Prato-type）

• 魏晋南北朝（220～580 A.D）。

文化艺术，思想的转折时期。战国时期诸子百家，争鸣局面，汉朝董仲舒：罢黜百家，独尊儒术。玄学，道家，名托。曹家建安七安为盛唐打下基础，音乐，雕刻，园林亦如此，曹丕建魏，司马氏建西晋，华北的五胡乱华（匈奴，羯，氐，鲜卑，羌）建康（东晋），宋齐梁陈

北魏，拓跋氏，东西魏，北齐，北周，隋文帝统一。

政治动乱，九品中正制，上品无寒门，世袭的等级制，斗争残酷，向江南，八王之乱，五胡乱华，东晋到南方去，开发江南蛮夷之地

山水也开发出来，玄学-(出世的思想)政治动乱，士大夫阶级，祸福无常，求仙思想，无结果，消极的思想，古诗十九首，"曹操：对酒当歌，人生几何？"享乐思想，石崇，养歌伎，卅九子，客人不喝，斩首歌伎，杀了七、八个人，他才喝。放荡不羁，玩世不恭，清谈，竹林七贤，狂喝滥饮，倨傲出众，狂狷，对儒家的挑战，居丧饮酒，天地为房屋，房屋为衣裈，青白眼(阮籍)。服药，五石散，发热，发痒，行散，寄情山水，南朝旷达，风情东晋最风流。江南山水被开发出来，华山未被开发，秦、汉皇帝出巡，封禅，泰山，死在半路，南北朝，游山玩水，庐山、三峡、衡山，谢灵运，屐，登山鞋，"脚著谢公屐，身登青云梯。"田园诗，风景诗，陶渊明，山水画开始比较原始，佛教盛行，梁武帝舍身，鸡鸣寺，深山盖寺院，庐山，白莲社，本身就是一个园林，树林，园林也受到影响，提高了一步。运用山水的规律，观赏，描写的对象，突出造景，狩猎，生产的功能消失，模拟天然山水，也有写意的成分，形成过渡阶段，私家园林比较多了，规模不太大，缩移，写仿的手法。斗富的手段，附与园分开了。

私家园林：石崇的洛阳西十八里金谷园，晋宫，养老的，河阳别业，柏木万株，流水绕，楼阁观、池沼，庄园的性质，供游、养亲、宴客。潘岳写金谷诗。

城内的宅园，王济，宅园，洛阳伽蓝记，最好的一个，景阳山，象自然，树林遮日，月。经营园林，成为贵族的风气，寿丘里，园林区(贵族)

南朝，兰亭，公共游览，曲水流觞，谢安，搞了很多园林。

山庭，春夏山庭，

皇家园林：北魏，洛阳，宫城西面，天渊池(大海)，蓬莱山，仙人馆。

4

石崇 金谷园。

思归引："却阻长堤，前临清渠，柏木万株，流水周于舍下，有观阁池沼，多养鸟鱼。"

兰亭：公共游览的地方，修禊，绍兴仍有兰亭。（康熙时建，位置已变）

洛阳伽蓝记：北魏时佛教寺庙的情况。风气：舍宅为寺，实际上官僚住宅，改为寺院。张伦：景阳山，有若自然，其中重岩复岭，嵚崟相属，深溪洞壑，逦迤连接，高林巨树，足使日月蔽亏，……崎岖山路，似阻而通，峥嵘涧道，盘纡复直。

私家造园风很盛，桓元、贪婪、王恺，园林据为自有。

北魏，安定了一段时间，是拓跋魏，大同（平城）→洛阳，改姓元，全盘汉化，社会安定，寿丘里，每一个朝代都有一个园林，规模比较大

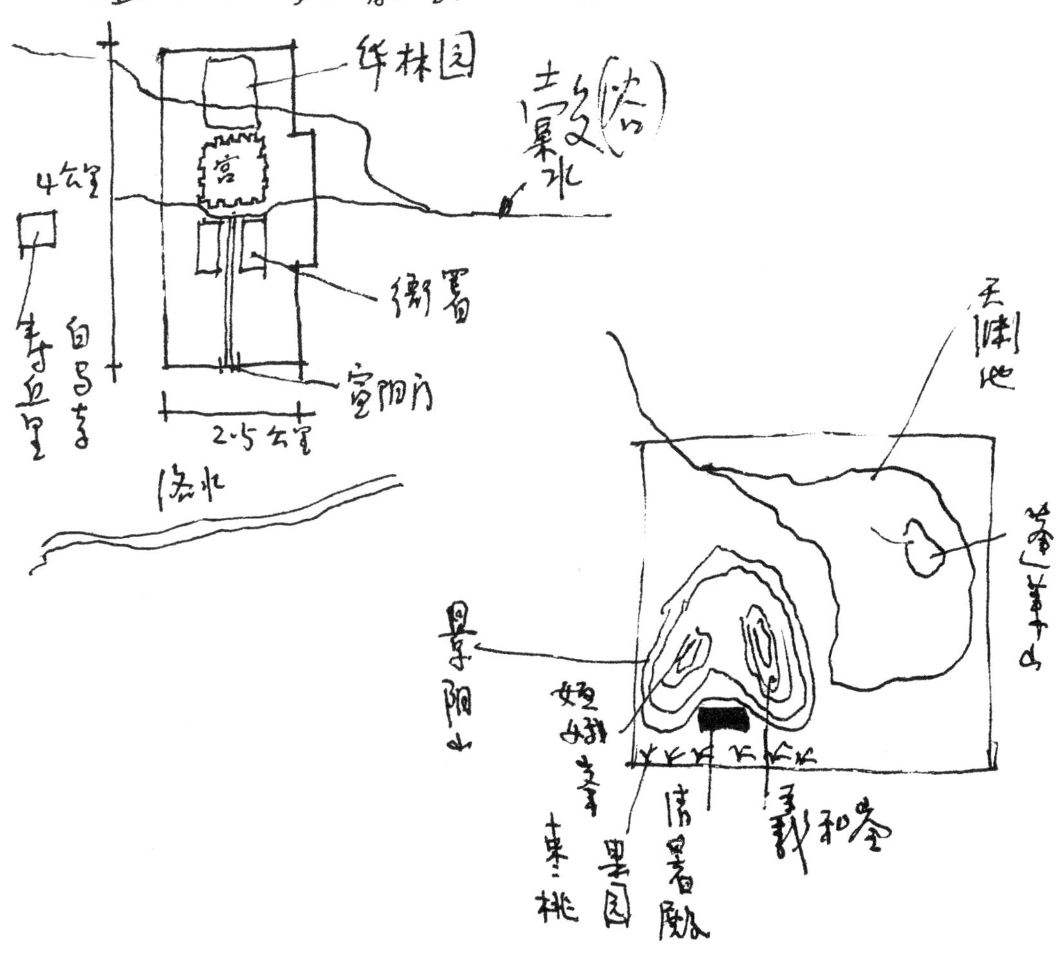

七、

蓝田、周至、户县，发现上林苑的先声，东方朔上书，

邺城：（临漳县） 曹魏→后赵。

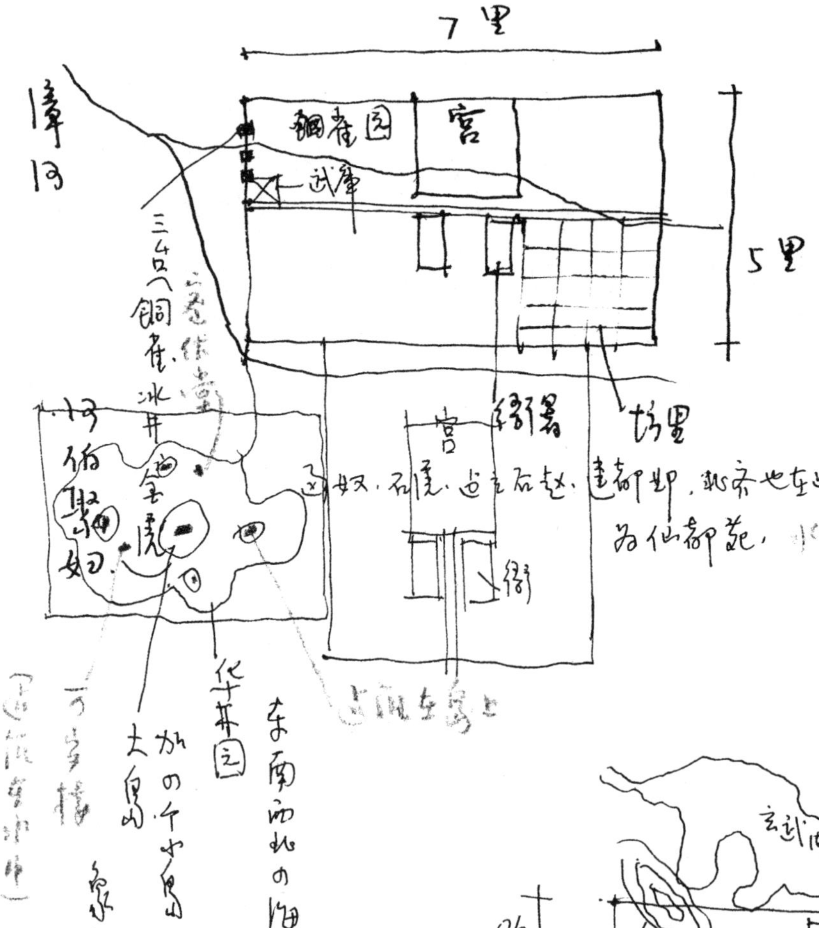

匈奴，石虎，迁至后赵，建都邺，北齐也在此建都，改名为仙都苑，

如九洲清宴（圆明园）、

南朝的首都，建康（南京）

梁：湘东王，萧绎，（后梁元帝）武帝之子。

建湘东园。

诸宫纪事："穿山构山，长数百丈，其上有通波阁，"跨水有斋处，连理堂前连理树，"山有山洞，二百余步，山上建阳云楼，借园外之景。也是经过设计的。

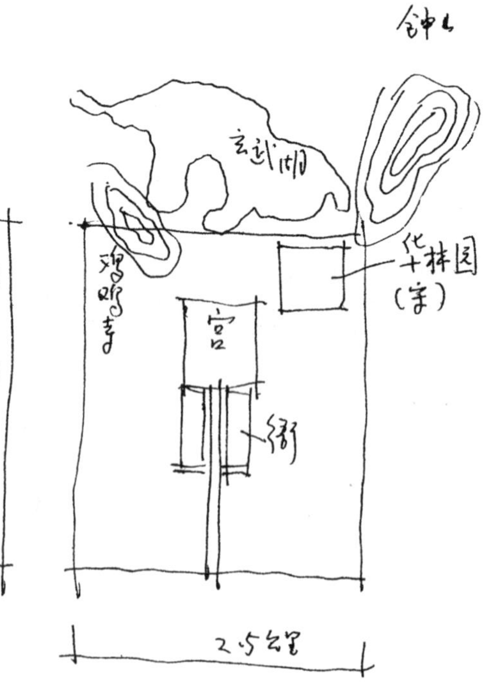

5

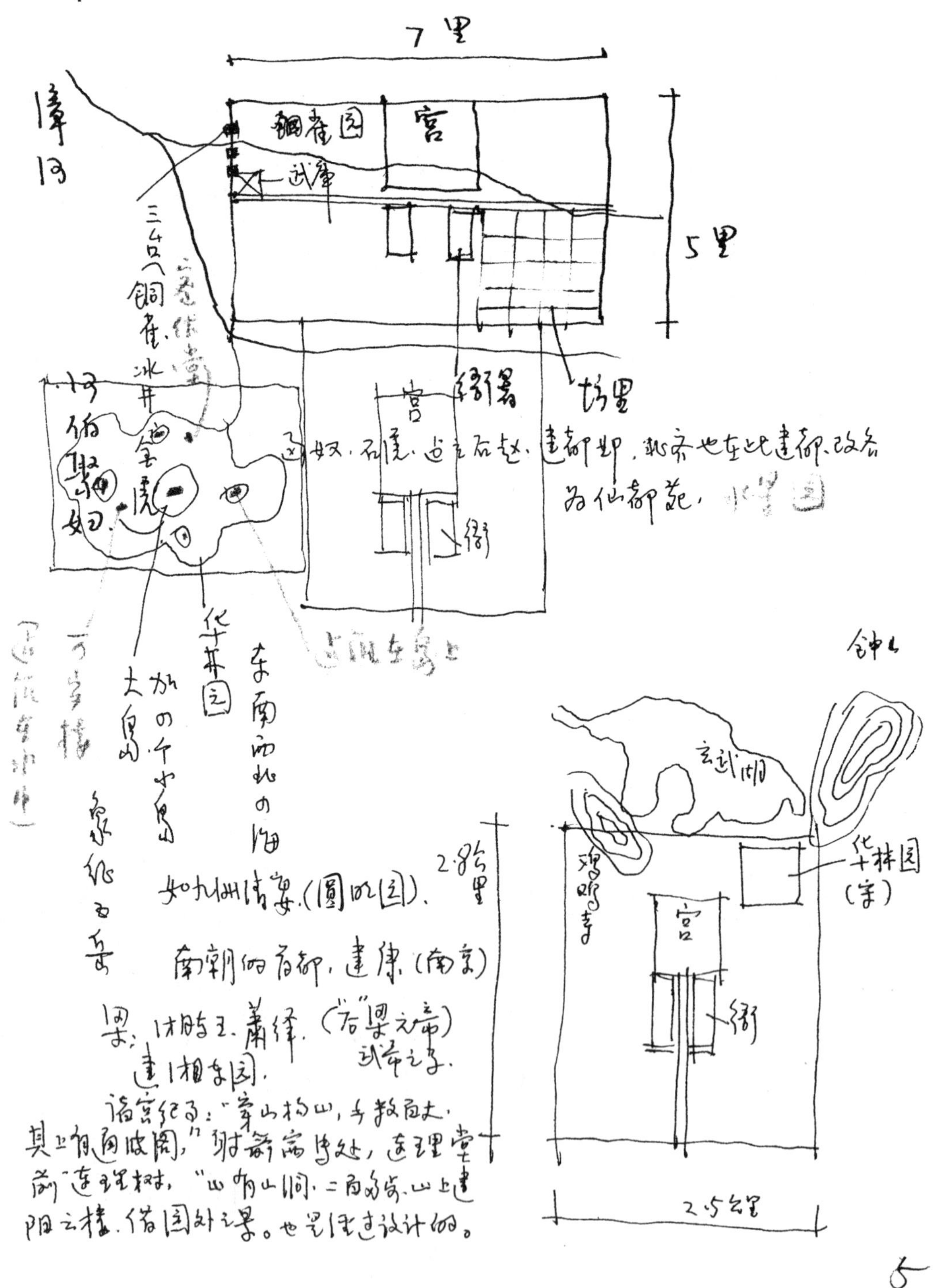

杜牧

寺院园林，"南朝四百八十寺，处处楼台烟雨中。"

园林的转化时期，为"唐宋大发展"打下基础。经过设计规划，形式多样化，叠山石的章法

构园的经营，政权短，每代都搞一个园林，私家园林，宅园与宅邸分开，不是混在一起。

三、隋唐，发展时期，581～907年A.D. 隋文帝统一南北朝，迁都洛阳

唐朝封建社会的高峰，（东罗马帝国）吸收了外国的文化，佛教兴盛，丝绸之路。

贞观之治，（太宗） 开元之治（玄宗初），安史之乱，一直打到长安，逃到四川。

绘画：宗教、人物、山水画，隋，~~[illegible]~~，游春图，展子虔。唐吴道子，大小李将军

王维"诗中有画，画中有诗"工笔，写意。李昭道，李思训（工笔），王维写意山水

兴庆宫，嘉陵山水，吴道子（一天画完）李思训，（数月之绩），汉宫秋月，从宫廷皇家

园林而来，蓬岛瑶台（仿李思训画意）王维比较淡雅，辋川别业，

对于大自然山水的观察，皴法（山石画法），模式画的技法，影响到园林的技法

黄石，湖石，纹理，构图依地，王维山水论："峰 巅；峦；岫，岩；壑；川，涧。

主山客山之分，主多峰，客奔趋，绍兴会稽山，三峡，黄山，佛教兴盛，四大名山（五台，文殊；峨嵋普贤；普陀山（观音）；九华山（地藏王）。五岳是道教的中心

八小名山，好的峰山道教胜地，樟柏等，文人游山玩水，李白，杜甫，足迹遍天下，

对于山水的规律也有所认识，唐大明宫基址，建筑规模很大，楼阁复道，安定的

局面，皇家私家园林都很兴盛，伏天，三天放假两天，往避暑园林，寺院园林。

• 皇家园林：隋文帝建都长安，宇文恺设计大兴城（长安）炀帝迁都洛阳，东南地带

已开发出来，入潼关很险，洛阳是转运站，天宝八年，洛阳的粮仓，已发掘出来583万担

粮食，全国储量的1/2，军事上外围的屏障，一对首都分不开的。洛阳为陪都

军事经济上的发展。

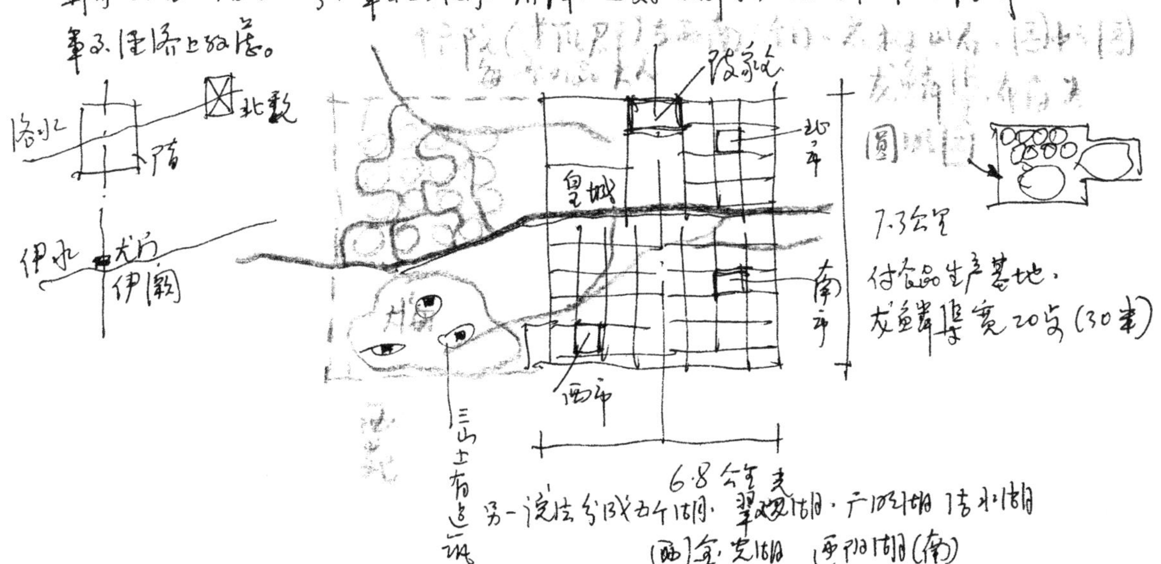

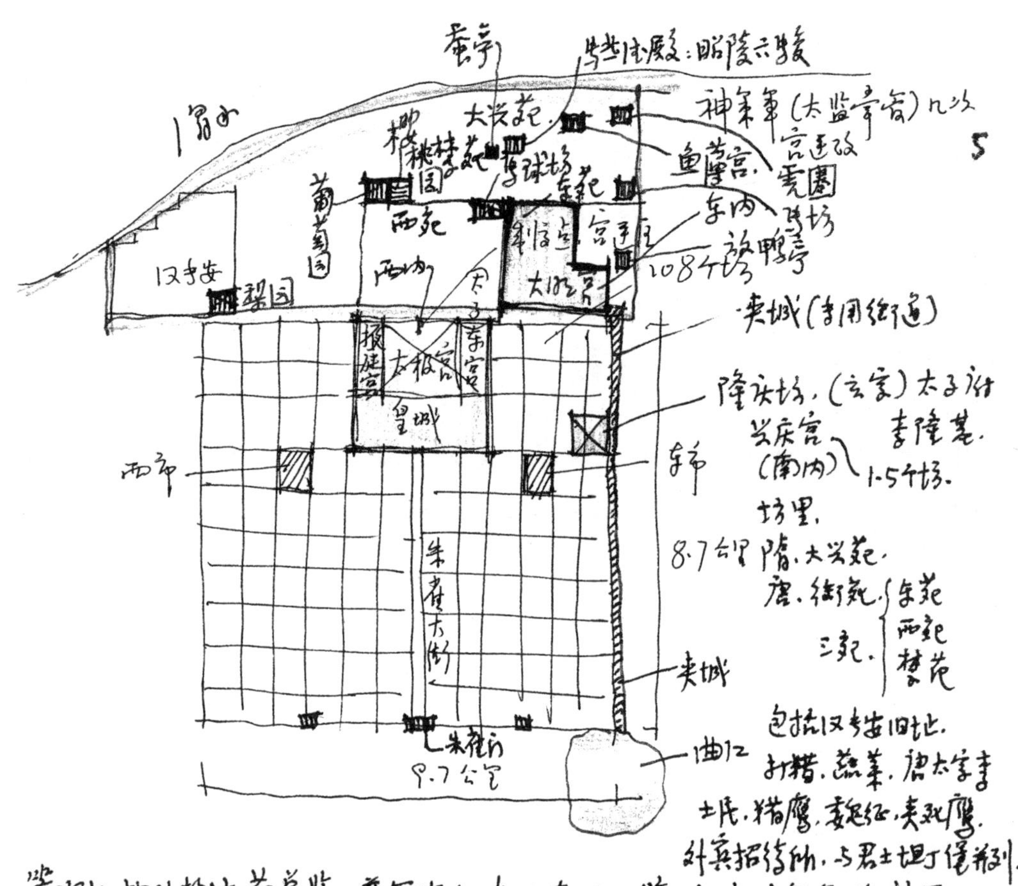

管理机构比较大，苑总监，兼管苑囿，东、西、南、北四监，左、右神策军，驻禁军队。

元朝李好文：长安志，汉长安遗址，在未央宫建通光殿、临渭亭，修禊活动。梨园：教坊司，即皇家歌舞团。唐玄宗为祖师爷。大明宫，贞观八年建成，前宫后苑，湖池、含凉殿。

开元十六年，建成兴庆宫，……十九年，……二层楼，最讲究的一个宫。清·徐松·唐两京城坊考。

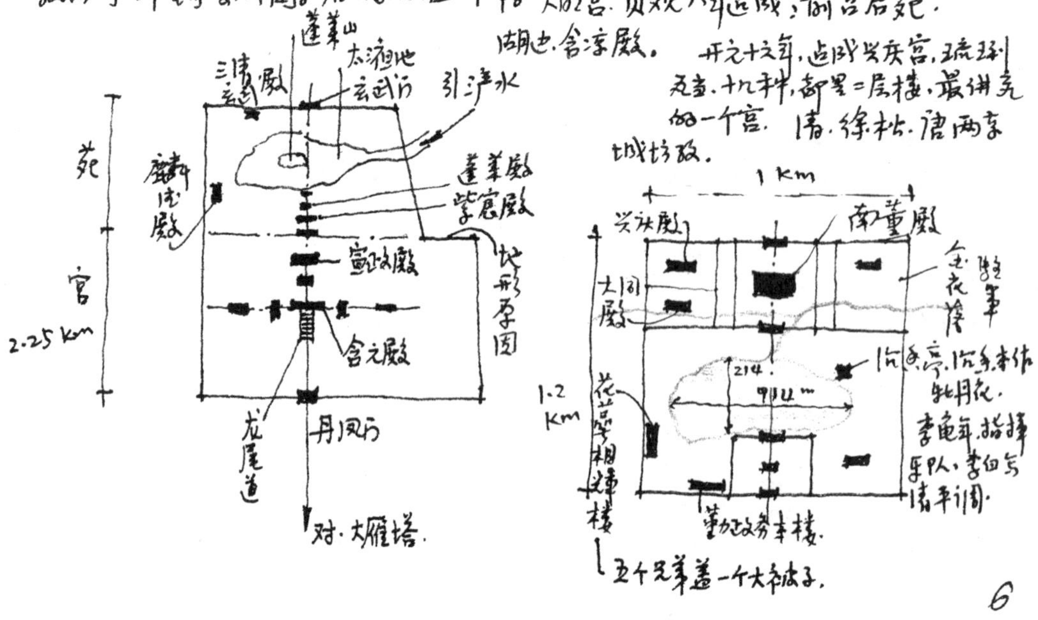

华清宫（离宫）临潼

避暑胜地，安史之乱，成为残墟。

五代，成为道观。明、清时荒废。

西安正东按规划，旅游区。

与圆明园相似。宋敏求，长安志

长汤，九龙汤，皇帝、皇后洗澡的地方

安禄山进贡雕制品，会动。

屋环廻，砌纹石，白香木，做船。

沉香木做山，象征蓬莱方丈。

玉莲花，喷泉。

骊山（二叠，三叠平地较）

温泉，始皇陵

烽火台

骊山汤

苑：天然风景区，山脚，果树园，芙蓉园。

粉梅坛，看花台，马球场，跑马场，瀑布，别馆，道观，信道教，李耳子孙。

王宫楼，长生殿，绿化种植也比较突出。东区，东绣岭，西区，西绣岭。

"长安回望绣成堆，山顶千门次第开"杜牧。天宝年植松柏。"柏叶青青栎叶红，高低相竞弄秋风，夜来雨后轻尘敛，绣出骊山岭上宫。"紫藤，桂花，

芙蓉，石榴，成片栽植，成丛。连理枝，石榴，西瓜，莲，荔枝，牡丹，紫薇（官邸）

私家园林、别墅，宅园。园林化的地主庄园。别业，山庄，墅，园林。皇帝赐的，

贱价收买，强行霸占，东郊与南郊。灞水，浐水，造园离不开水，东郊，贵族，

中宗女儿，长宁公主，李林甫，比较讲究华丽。安乐公主山庄，韦元旦："刻凤蟠螭

凌桂邸，穿池叠石写蓬壶，璇（柏）簷韬下钩天乐，绮缀长悬明月珠。"

南郊，杜曲，韦曲，淡雅，山村，野趣。孟浩然"水亭凉气多，闲棹晚来过，

涧影见藤竹，潭香闻芰荷，野童扶醉舞，山鸟笑酣歌，幽赏未云遍，烟光奈夕何。"

王维的辋川别业，佛教徒，文人画鼻祖，开元做官，安禄山时做小官，兰田县，

利用天然山区，裴迪互相唱和，辋川集序，八达岭，王维休养所，王维手植白果树。

盖了一个工厂，分成几个景区，按地形，绿化，化子岗，竹竹岭，朱萸沜，宫槐陌，

辛夷坞，欹湖，水殿，水阁，种柳，柳浪，白石滩。

李德裕（唐·大官），平泉庄（洛阳），巴峡老长江口，缩写在此园内，平地造园

白居易庐山草堂记（江西）石积小，茅草顶，香炉峰，遗爱寺旁，

池中，白莲与鱼，杜鹃花，虎溪月，香炉峰雪。

瀑布

假山

平台

水池

松

涧

唐诗人杜审言（宴）义阳公主的"山池院"：攒石当轩倚，悬泉度牖飞，鹿麛衔妓席，鹤子曳童衣，园果尝难遍，池莲摘未稀。…

洛阳名园记（李格非）在唐朝旧园的基础上盖起来，可以利用里面的绿化，贞观、开元年间，王公贵族，造园上千所，园林兴盛，寺院园林也比较多，大雁塔的慈恩寺，新科进士，雁塔题名。小雁塔，荐福寺。兴善寺，日本佛教由此来。玄都观，刘禹锡：紫陌红尘拂面来，无人不道看花回，玄都观里桃千树，尽是刘郎去后栽。 公共游览地，二曲，韦曲，杜曲，城南靠近终南山，气候宜人，树木多，杜甫："野寺垂阳里，春畦乱水间，美花多映竹，好鸟不归山。"曲江，长安城东南角，隋芙蓉园，唐，曲江，玄宗时，全理，修夹道，连到兴庆宫。紫云楼，彩霞亭。"锁千门，为谁绿。"三月三，九月九重阳节，曲江会，813年加以修复，神策军1000名，挖湖，现在水已干枯。传到日本，朝鲜，接受中国文化的影响发展起来，奈良王朝，完全模仿长安城，相当长安一半，町——坊里，全盘中化，十九次遣唐使，13次到中国，阿布仲麻吕（晁衡）在中国做官，也盖了很多园林，一池三山，成为一种公式，武陵桃源，曲水流觞，神泉苑，佛教传入日本，禅宗，枯山水，写意，中国的山水画，佛经中的内容，水池中叠石，九山八海石，源于佛经，大海中须弥山中心，七个山环绕，铁围山，四大部洲，八小部洲，小千，中千，大千世界，三千大千世界，永保善宁寺，金阁寺（园）九山八海。

七个山环绕

八个海

一个咸海

铁围山

七金

西方园林的影响，接不住，唐朝也吸引外来的文化，天竺音乐，阿拉伯音乐，"吴带当风，衣出水。"四声，规整式园林的影响，故宫御花园，中国的佛塔←印度翠堵坡。 唐是发展期，宋更成熟了，是一个高潮。五代，宋，908—1270年（A.D）工商业比较发达，坊里制度已破坏，商业大街，张择端的清明上河图，与唐代不同，"东京梦华录"汴梁 茶馆，酒楼，戏院，消防的望火楼，繁华的商业城市。 梦溪笔谈，沈括。 李明仲，营造法式，北宋经验被保留了很多，从宋画可以看出。九十种建筑形式，亭榭，楼亭（水阁）引桥廊，引种，嫁接，洛阳花卉，盛名天下。"洛阳花木记"500多种，109种牡丹，唐已有名，茉莉花，琼花，隋炀帝到扬州去观花，造运河，养花，艺圃，"洛阳花图谱"梅谱，菊谱，世界园林之母，从中国传出，绘画对园林的影响，画院成立，从南唐，画家可以做官，宋徽宗即画家。山水画，北宗，南宗（王维文人画，写意山水，独霸画坛） 外师造化，内法心源，对景造意，不光是模仿自然

7

进行再创造，英国园林是模仿自然。苏轼尊王维为画圣，神似。形似是儿童画

画论，被造园所吸收。郭熙"林泉高致"，李成"山水诀"等画论。

山有主客尊卑之序，君臣朝揖，大小顺逆之意。→大山堂堂为众山之主，南面为主，

阴阳，山以水为血脉，以烟云为神采，以草木为毛发。　高远，深远，平远。三远。

有水活　　以　秀　　　　华。

水也有三远，阔远，迷远，幽远。　苏轼：人禽，宫室，器用有常形，竹木，山水无常形而有常理。"以其形之无常是以其理不可不谨也，世之工人或能曲尽其形而至于其理非高人逸才不能辨。"画与园林，相得益彰。写意园林，模仿天然景观，文人写意园，太湖石大量应用，米芾（fei）拜石为兄，嵌空，漏透，瘦。　960年，陈桥兵变黄袍加身，定都汴梁，交通运输方便，水陆码头，梁，晋，周在汴梁建都，又称东京，军事上无险可守，杯酒释兵权。节度使将领兵权。唐节度使，有兵权。应天府(南京)(北京)大名，(西京)洛阳，

画石筑山，(假山)之北即园林，种了一大片竹林。

后苑（有一仁智殿，有鱼池，左右太湖石二块石的石头叫昭庆神运万岁峰）
艮岳　西石的石叫独秀太平岩）
天波门　景龙门　宫　阊阖门　宜春苑　金水河　延春苑　金明池　朱雀门　相国寺　汴河　清明上河图　琼林苑　蔡河　南薰门　玉津园

• 金明池，水景园，方形的水池，临水殿，飞虹桥，岛上有阁，南岸高台，宝津楼，楼南，射殿，检阅水军的场地，二月～三月开放，百姓可入。

宋画，金明夺标图(宫殿)。

• 琼林苑，靖城，徐化，数十丈假山，(东南)盘道上山，西北石水池，观赏植物素馨，含笑，茉莉，成片梅花，牡丹，以花取胜，设宴招待新科进士。

• 艮岳：很有名，北海琼华岛上的太湖石从艮岳搬来，不到1平方里，宋徽宗即位时，自称道君皇帝，无儿子，八卦中，艮即东北方向，方士说堆山艮岳可生皇子，堆土山，御花园失火。1117年完工，(政和七年)宦官梁师成，太尉，很有才华，宋徽宗亦画家。

① 不是为居住，纯游览性，按山水画原则，平地造园，从造景出发；② 按图施工，按图度地 ③ 花费大量的人力，财力，物力，平江府设立应奉局，花石纲，花木石头，强取豪夺

7.

拓宽河道，拆除桥梁以运花石。役巴蜀间，箄缆缠绕，运太湖石。"御制艮岳记"徽宗叫[illegible]：艮岳记。

北部：艮岳上可远眺数十里。
扬水机械，水上艮岳
漱玉轩，清澌阁。
高阳酒肆。
叠山、理水，经过一番经营。
仿杭州凤凰山。
①总体规划，平地造园。
按景分区。②堆山叠石。
构园经营。

宣和石谱。太湖石与灵璧石。
巧夺天工，石皆激怒，觚角若踶若齧，牙角口鼻，藤萝，树木，斩石开路，飞空架栈阁，凿险开磴道。
造一个大水柜，人造瀑布（紫石壁）

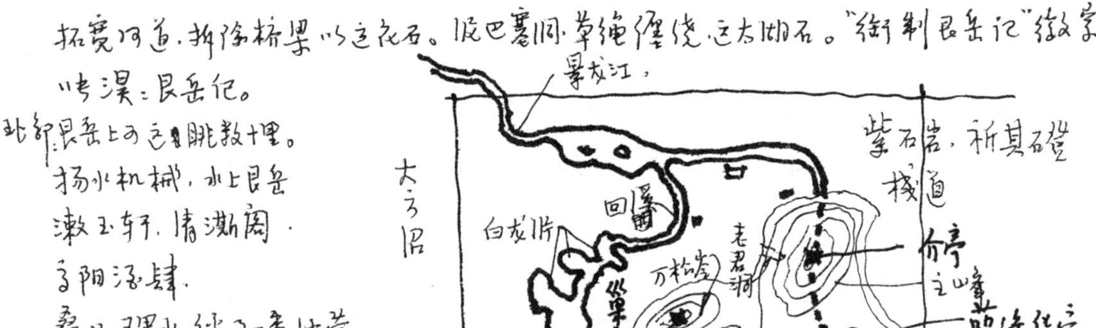

岗阜拱伏，主山始尊，岗峦连续。
布山形，取峦向，分石脉。

摆置：大石头（凤池之西）

为石林，最大的神运峰，封"盘固侯"。命名："朝日升龙""万寿老松""叠翠独秀"十多个洞穴，用雄黄和炉甘石，避蛇蝎，阴天放云雾。更说"山脉之通接其水系，水道之引接其山形。"植物配置，分区式，万松岭，芙蓉城，梅岗，萱、兰、竹、丁香，海棠川，突出各景特点。七十多种观赏植物，农、药、藤、草，成片，单株。珍禽奇兽，从前的传说。金兵围汴梁城，无粮，钦宗，十几万只水鸟放走，杀几十头大鹿，给士兵吃。介亭可望到[illegible]。圆、方、圆中有方。造型形式丰富。诗情画意，划时代的作品。天台、雁荡、庐山、三峡（云梦）、艮岳包罗了各个特点。"虽人为之山"，小中见大，包罗万象。北海琼岛，也受艮岳的影响。

私家园林也很兴盛，书格非：洛阳名园记。20个园子，宅园，在城内，各有特色。与苏州小园很相似。"富郑公"园，利用唐旧园基址，地貌基础，古树可利用。富郑公园是新盖的，园东宅西有第在后。四景堂。

8

湖园。不能相兼有六，宏大·幽静（用格言）
人工；苍古
山石，湖水。
↳能兼六者。

北面幽静的湖区，竹林。
堆假山，南面的水景区开阔。

富郑公园·
四景堂·
住宅
五个亭子·
重波轩
方流亭
天光台·梅台·
卧云堂

• 花木为主题的花园，洛阳花木甲天下，
① 天王院·花园子，牡丹数十万本，
② 归仁园·牡丹千株·桃李·竹。
③ 李氏仁丰园·桃李梅杏，牡丹芍药·紫兰·茉莉
山茶·琼，五个亭子。

南宋时·宋高宗·半壁河山，杭州·临安·六朝时
已开发出来，唐朝已繁华，李密·白居易·
白公堤·(很小一段)·现白堤叫白沙堤。
唐末藩镇割剧·吴越国·钱王，建都杭州·
百年安定，经济文化的中
控西湖的士兵。苏轼造苏堤，建三塔，
↳钱镠 似

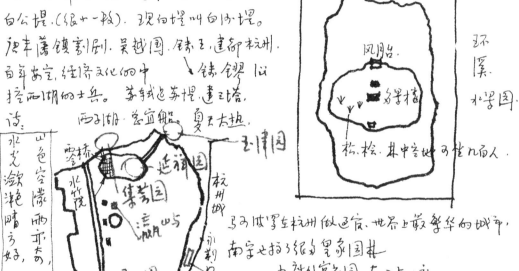

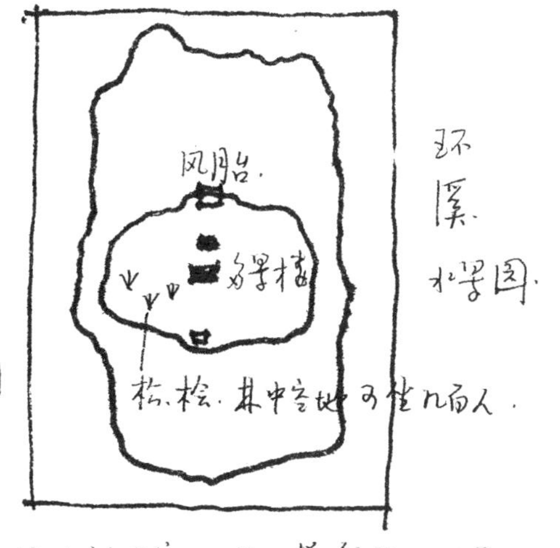

诗：
水光潋滟晴方好，
山色空濛雨亦奇，
若把西湖比西子，
淡妆浓抹总相宜。

西子湖·总宜船。夏天太热·
玉津园
雾桥
延祥园
水竹院
集芳园
瀛屿
杭州城
永新门
屏山园
清波门
聚景园
凤凰山
玉壶园
钱塘江·
宫殿 十九个宫，30个殿，33个堂，七楼

马可波罗在杭州做过官，世界上最繁华的城市，
南宋也搞了很多皇家园林
九座别宫花园，南面有3座·
南宋权相·贾似道，三处别墅，小孤山上
建水竹院·　水乐洞园·山峰顶上盖亭子。
后乐园（原集芳园）赏赐给贾似道的。
修地道通到湖滨、燠馆（暖房）·西桥斜带，一
水横穿。琳琅步归舟（水船）蟠翠堂（古松）
雪香堂（梅）玉蕊堂。
御苑：仿西湖，引钱塘，古塘，桃园，瑶圃，
桐木园，梅园，八卦田，

赵昚 翼王园，占掉了西湖的好地方。皇帝游湖，上百条船。"山外青山楼外楼，西湖歌舞几时休。暖风吹得游人醉，直把杭州当汴州。"

殿前司营。几百个寺院，灵隐寺，昭庆寺。
园林的城市。

沿太湖，扬州、苏州、吴兴、苏州沧浪亭，（宋建）传到现在。民间搜括民间花木。
小户培盆景，大户搞园林。营造法式 浙江杭州喻皓著"木经"。以叠山为职业的工人
吴兴称"山匠"，苏州称为"花园子"。"吴兴园林记"33座私家园林，描写得很细致。
沈尚书园，水池，蓬莱山，太湖石三块，南北二园，北园五个水池，借景太湖，登台远望。

明、清：明中—清中，第二次高潮，遍及全国，经济繁荣，文化发达，自然条件比较好的。
北京为中心，四川，山西晋南，河南，两广，珠江流域，地方风格比较突出，又分三种，
不同民居。①江南：三吴浙、皖南，②以北京为中心，经济不如江南，帝王之都，
皇家的财富，大官的是经济命脉，俸禄。北京西北郊。③岭南，通商口岸，外贸发达
吸收西方的东西，彩色玻璃，贴花工艺。与江南园林差不多。

江南园林：东晋时江南已开发起来，吴越国，安定一百年，经济发展很快，上有天堂，下有苏杭
农业，手工业，纺织印染。已有资本主义的萌芽。商业也发达，文化也发达，有名的文人、
学者、文人画独霸，四大家，四王，扬州八怪，科举状元，文风很盛，自然条件好，堆山
地下水位高，太湖石的产地，黄石产在苏州、无锡一带。气候温和，土地肥润，花卉
繁茂，官僚地主云集几个消费性城市。茶楼酒肆，戏楼，苏州园林七十多座，
解放前江浙南部，一百九十余处，会馆，寺庙，10亩以上11处，5亩30余处。沧浪，拙政
明代的格局，大部分是太平天国以后的建筑，道光、咸丰。
扬州，隋唐已繁华，商业城，诗文，腰缠十万贯，骑鹤下扬州。盐商，康、乾南巡
瘦西湖，船必经之路，为了接驾而盖了很多园林。"两堤花柳全依水，一路楼台
直到山。"24里，到平山堂。王熙凤家接驾。杭州以湖山胜，苏州以市肆胜，扬州以
园林胜。家家户户有假山，水池，烟波楼阁，平山堂距城3、4里，道路有八九里。
人工造，奇思幻想，点缀精丽，皇宫玉宇，十几家园林，连成一片，现在存瘦西湖，
园林已毁。　　无锡惠山，寄畅园，杭州，七十多座。上海豫园。

特点：①精致而又淡雅，为文人水墨写意画，从布局到细部，家具，简洁到极点，又非常
精致。文人山水园。
②具有浓厚的诗情画意，叠峰造极，本人就是诗人、画家，计成、石涛，构园
绘画的理论，用于造园，园主人，找文人给他做参谋。
③小中见大，咫尺山林，再现大自然，游玩，饮宴，看戏，住宿，读书，多功能。
在城市中，又要享受大自然的山水。概括，提炼，艺术加工，一套成熟的技法，叠石技法，
艺术构图，因材而异，洞，峰，壑，峦，成熟的技术，"叠、垒、垫、拼、挑、压、钩（券）
挂、撑" 9

坚固、美观、适用。假山上长大树，土石结合，山上盖房子。技术与艺术结合，现在还很有生命力。从苏州请师傅。园林离不开叠山。理水：聚、散的手法，平桥，空间层次，水口，有源有流。环秀山庄（苏州），瀑布。八音涧，玉琴峡。厅堂、轩、榭亭台、楼阁。营造法原。南方的做法。花木的种植：古、奇、雅，兼而有之。江南园林最好。

著作：园冶：作者计成，字无否，明，万历年生，工绘画，能诗，四六骈文，评价很高（园林设计实践理论，理论水平，艺术修养都有。规划、设计、细部、构造，都有。日本很推崇此书）十篇，图文并茂。兴造论，说园：造园的原则：三分匠，七分主人（能主之人，规划全局的人）"巧于因借，精在体宜" 因势利导，借景，得体，因地制宜。地偏为胜，景到随机不要故意做作。虽由人作，宛自天开。源于自然，高于自然，不落斧凿之痕。①相地，选地，随意地形，节约土方工程，对老树要爱护，房子易盖，竹木难以生长。山林地最好。闹市中寻幽。②立基：布局，宜厅堂为主，先取景，点景，妙在朝南。③屋宇：个体建筑住宅与园林建筑的区别，按时令景观设计。④装折：装修，端方，曲折，互为增补，相间得宜，错综为妙。统一与变化。花格式样100种 ⑤门窗：有附图。⑥墙垣，4种，白粉墙，磨砖墙，漏砖墙，乱石墙。⑦铺地，室外地面，4种，乱石地，鹅子地，冰裂地砖地。⑧掇山，主峰，次峰，洞壑，园山，厅山，书房山，池山，室内山（画中游），峭壁山。⑨选石，16种石头，宋花石纲石。⑩借景。最重要的一条。远借，邻借，仰借，俯借，应时而借。只限于南方园林私家园林。

②一家言，又称闲情偶寄，李渔，字笠翁，1611年生，钱塘人，能诗画，戏剧家，自编、自导、自演。设计北京"半亩园"，"芥子园"。全面的艺术理论，五卷，①词曲，2.戏剧，3.唱歌，4卷.居室部 5卷.器玩部。4卷，五章，1.房舍，2.窗栏，取景，3.匾联，界壁，湖山真意，千峰彩翠，作者意图，点睛之意。昆明大观楼，180多字对联。此君联，蕉叶联。4.山石，别有一番智巧，叠山名手大多能诗善画。叠石成山之法，大半皆无成局，通过作者自己的创造，造型艺术，技术与艺术方面。百衲僧衣（碎石堆大山）不好看。土石结合，可以种树，且不露痕迹，可土多，亦可石多，土石相间。拙政园，土石山较多，晚清时石山用的较多。大商人争奇斗富，用石堆山，格调不高。堆小山也要土石相间，外石内土，包裹办法。漏、透、瘦。无锡寄畅园（明代造，留下来）

③长物志：文震亨作，1585年生，顺治二年卒，苏州人，书香门第。文征明之曾孙。在北京也做过官，也谈到北京的园林，和我们日常生活经常接触的东西，共12卷。

9.

与园林有关5卷。一、室庐：在山水之间最好，在乡村次之，在郊区更次之。离城市越远越好，门庭雅致，令居者忘忧，寓者忘归，游者忘倦。三个标准。园林："雅""古"二字。雅致，古拙，宁古勿时，宁朴勿巧，宁俭勿侈。代表文人的观点，与李渔相一致。二、花木：观赏，树木、花卉，42种，姿态、色彩、栽培、特性、习性，弄花一年，看花十日。虬枝古干，散置草花，四时不断，桃李宜远看，不宜在小园林。杏花不耐久。风雨多。豆棚、菜圃，不要混在一起，另辟一区。

三、水石：园中不可缺，峰峦得意，太华山千仞，一勺则江湖万里。小中见大。怪藤丑树，泉流，18种水的形状。

四、禽鱼：六种鸟，一种鱼，颜色、习性、饲养，与周围天然环境相协调，不要放在笼子里。五、书画。六、七、傢具。八、衣饰。九、舟车。十、位置：画与景色，时令对环境。11、香茗。12、品茶。别有乾坤。日本园林中之茶亭。

履园丛话：钱泳作。慕像。清，嘉庆人。造园如作诗文，曲折有法。前后呼应，最忌堆砌，最忌错杂。没有章法。园既成，要使用得好，否则效果也不好。乡佣村妇，估客狂生，称得游之的。文人的趣味。有钱的富人，只有的手笔俗不可耐。雕刻得玲珑剔透，不雅。扬州最好。厅堂要整齐。书房要秀美。评论园林，北京、南方。另外，袁枚，随园诗话。从王维开始的文人画，称"诗、书、画"为三绝。加上园林为四绝，以园林为背景，如大观园，曹雪芹是四绝的人物。综合皇家与南方园林的特点。也影响到一些商人，皇帝，康熙、乾隆，诗情画意，成为最高境界。文人的生活方式，从小到大，一套套，高度的封建文化发展的标志。叠石艺术从宋朝开始，至此已完全成熟。石头成为园林的要素。张琏（南垣），张然父子，叠山家，山水画家，手法，峰石，洞壑，气象局促，鼠洞蚁穴。因其不通画理，好同小孩玩泥巴。九处主要的峰石，配置土石，作品遍江南，技术水平也很高。如同荆浩的间然，关同的简淡，云林的萧疏。张然搞的北京的畅春园及三海。瀛台。

戈裕良：利用勾带法，发券，拱拱。不再用石板做过梁。

宅园是南方园林的精华，居住，听戏，饮宴，会客，多功能的，是住宅的延伸。内外有别，外宅：一般的客人，大门，轿厅，大客厅。花厅，园林化的庭园，变成一个宅园。与大客厅相连。

内宅

大客厅

轿厅

花厅

大门

入

10

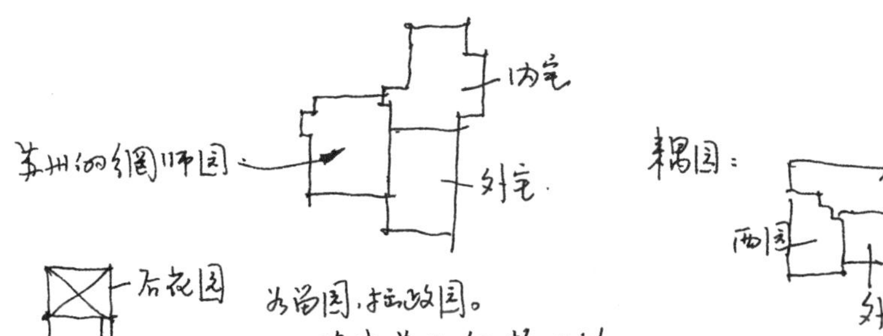

耦园：内宅、西园、东园、外宅

后花园、宅、备弄

为留园、拙政园。

晚清、节日、向游人开放。

乾隆以后，建筑密度加大，但其的趣味比较小一点。"以厅堂为主"

造园的地貌骨架，以湖水，结合建筑花木山石，"造景"。更高的就是要有意境，寓情于景，情景交融。①宗教的寓意，神仙的传说。②绘画。③名山大川。

中国园林是诗人、哲学家、画家创造的。法国园林是建筑师创造的，达不到诗情画意，只有一些希腊雕象。继承我们的创作方法，我们是在传统文化的哺育成长起来的，与自己的修养有关，诗、文、画的水平。三种类型：①内聚的空间，向心的，幽静。以水池为中心，如苏州、半园

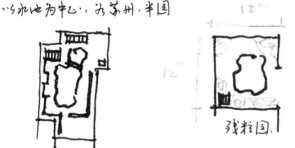

②拙政园，水、假山包围建筑，四面八方可以看，外散的空间。

③庭园，小，观赏用的盆景，点缀，有山不可登，不可游玩，无水池，苏州，30%～40%

残粒园

留园是各种空间的组合，极尽变化之能事。

some example:

● 无锡寄畅园（见上页图）

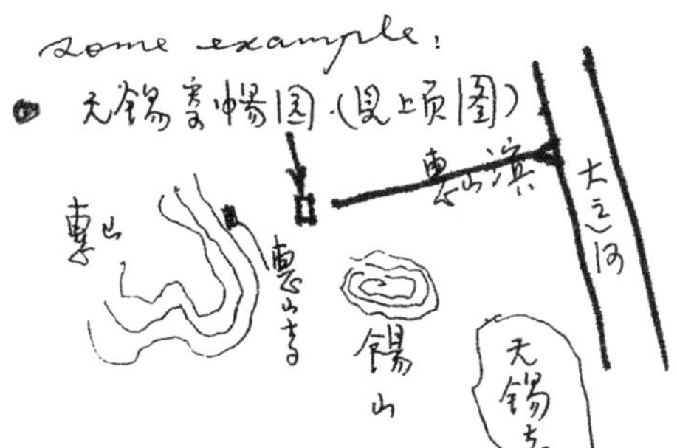

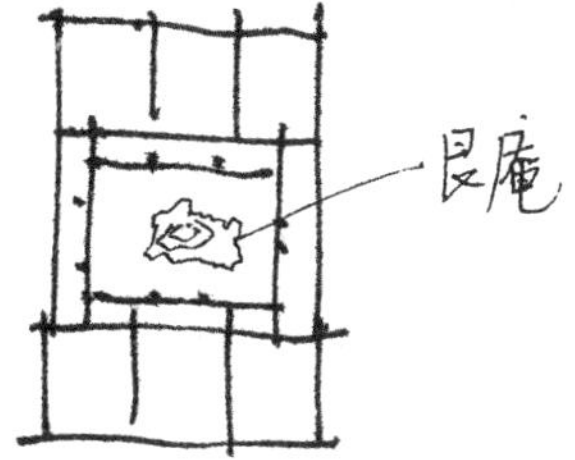

①泉、②石、③竹木花卉、④建筑，不是以建筑取胜，以大的乔木为主。

明正德年建，秦（兵部尚书），又称秦园。康熙、乾隆都来住过。建筑很少，只是建筑环翠楼，山水、树木是主题，苍天古木，借景好，锡山上有一塔（龙光塔），假山堆叠与惠山走向一致，如同余脉。浑然一体，扩大了园林的境界，土石相结合，假山高4～5米，有谷、涧，深山大谷，配合大树，八音涧，叠石非常精彩。理水：划分成两个层次，古树与水阁，桥、水廊，像自然的。谐趣园模仿它。水口泄入惠山浜。引入惠山泉，13个泉。30米长，2米宽。

80.5.17.a.m.

内聚
外散 } 庭园

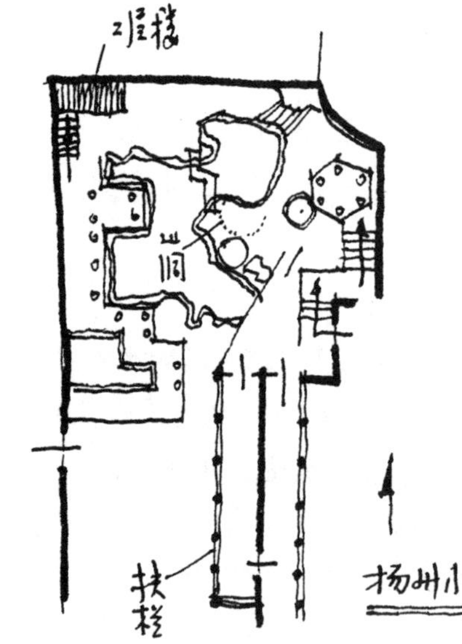

扬州小盘谷

宅园

内聚空间

假山是石涛堆的。

规则园林，不规则水池。

占积不大，气势很大。

水池小，但有层次。

收口处做曲桥。

作成有水口的样子。

假山有六角亭为虚景，

廊为实景。

8亩。

网师园：以一个内聚空间为主，加上几组庭园空间。康熙年间复造，最早为南宋园林。特点：造诣密度大，密疏对比大，似中国的印章艺术。

以水池为中心，有进出水口，北水口有石孔，更增加了层次，南水口有小拱桥，尺度很小。水池虽小开朗。南部以庭园空间为主。

南叠石花台，墙上有漏窗。北：黄石堆假山，又隔又透。

堂与阁成对景为一轴线。基本以单一空间（水池）为主，

周围辅以庭园空间。

最早为南宋园林，康熙年间复造。

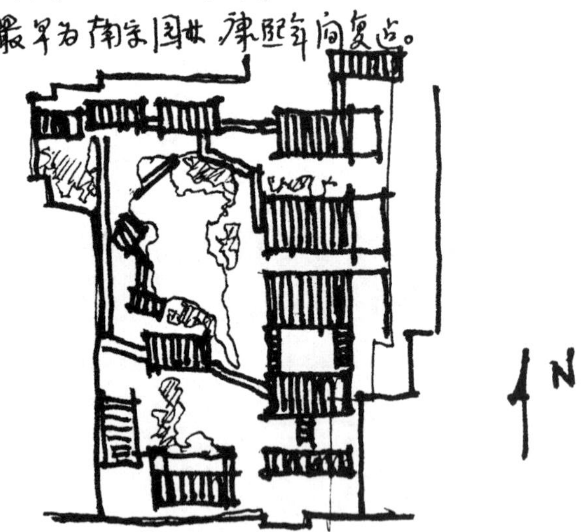

留园：52亩。　　寒　清朝时归盛家。

明朝徐某园，道光年间叫寒碧山庄，光绪年改为留园，住宅在南边
现入口为其备弄，混合型有外散空间，冠云峰内聚，五峰仙馆为庭园式空间。
东半部水池，西北山廊，明瑟楼类似船厅的形式，水池处理不好，又有日光。
冠云峰，冠云楼，浣云沼，　集园林空间手法之大成。

~~北方园林~~：拙政园：

苏州园林中面积最大，62亩，利用水包围，明·王献臣造的。
清为将军府，后为吴三桂女婿的私园，太平天国忠王府。分三部分，中间为外散空间。
园以若干小园和内聚空间形成园中之园。水池三岛，三亭各异，与远香堂成对
景。亭南为内聚，其余为外散。

南部建远香堂，与北面园外风景成对景。
岛依水池避免了模样之觉，两桥障隔增加了层次。
小飞虹、三处障隔，把景次拉开，很幽静。
梧竹幽居，与西成对景。
枇杷园入口，与雪香云蔚亭，东南亭成一直线。
柳荫路曲，三面的起伏，与地形结合，是园林佳处。
西面，36鸳鸯馆，与水池尺度略不适。
"与谁同坐轩"地点，观景与风景结合。　塔影亭与……成对景。
园以开朗空间为主。

岭南园林：

有特殊手法，如假山，近代有彩色玻璃，受外来文化影响，但基本上与江
南园林相近。

北方园林：

北京，蓟州，古代以寺庙园林为主，如潭柘寺。有文献记载的金中都开始，
御苑，行宫。城北有两处风景区，玉泉山芙蓉殿，香山永安寺。
北海1179，修大宁宫，把西北部的水系疏理了，为以后园林打下了基础。
（修金时），把艮岳的太湖石运到琼华岛，布局也参照了寿山。

元大都。
西湖（紫竹院）为调节水库。
周围有园林，别宫。　好山园。　大义寺。

明北京。
城内缺水，造园困难，水只供宫廷，西北部丹陵沜，风景也好，成为佳营

题目：① 颐和园中的谐趣园.
② 〃 画中游.
③ 万山万湖·园林规划.
④ 北海琼华岛.
⑤ 濠濮间·古柯亭·画舫斋.

手抄字·数据·图文并茂.

⑥ 在我国新园林中如何发扬民族传统·风格？
——学习体会.

别墅园林的地方，南方移民集中了水稻，有北国江南风光，寺院园林与宦官园林也集于此。

明清华园（海淀北，蔚秀园南）明神宗外祖父李伟，1582年万历十年建，占地1200亩，水景园。"首以水胜，以堤以北，以……为首"中为大湖，周围有水网围绕，能解决供应问题，建筑讲究，山石名贵。堆叠技巧多，植物以牡丹、竹为名，"绿蝴蝶"

勺园（米家湖附近）万历年间，园主：米万钟，也是诗人画家，爱石，园以水为主，但水小，建筑朴素，像江南民居，建筑接近水面，突出自然风景，石为北京青石，植物为竹柳，风格与拙政园近。

"李园壮丽，米园曲折，李园不俗，米园不酸"

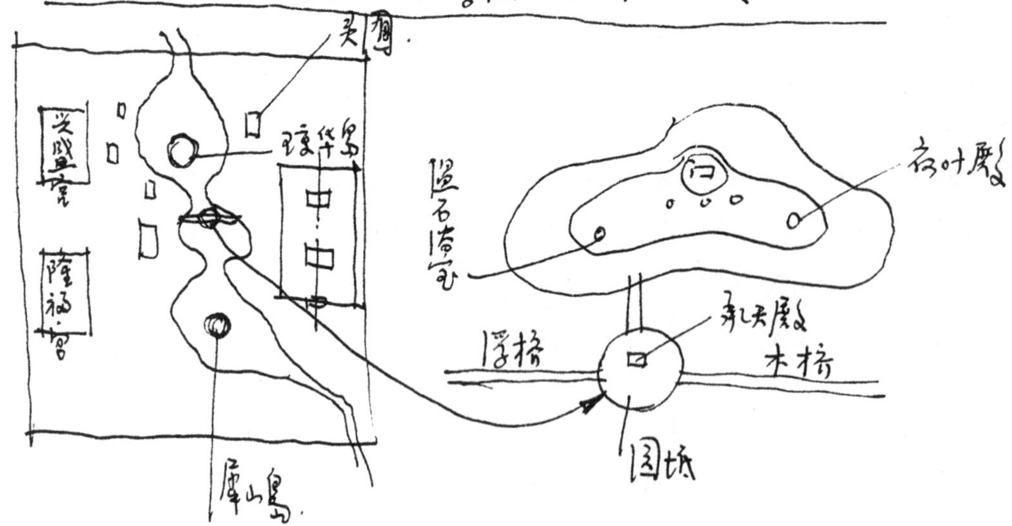

御苑。元时池中有琼华岛、圆坻(团城)犀山岛。一池三山

格局。从《[illegible]》看，湖周围建了好多房子。犀山岛与岸连接起来，成桥园(苴园)。团城东与岸接，承光殿，金鳌玉蝀桥 船坞

广寒殿上可望很远。湖北，太素殿，草顶，殿横跨在水位跌落处，可垂钓。湖西两個连廊，水榭館。

桥西，桥南，再南假山，教坊“[illegible]蓬莱”，上有连廊，扬水上山。

已开南湖。

清朝，私家园林大发展，而北京则全为皇家园林。达到封建后期的高峰。

满族入关，嫌热，希找一地避暑，顺治年间就有此设，但国未安全，国力不继。康熙年间开始建设，扩香山行宫，建玉泉山行宫。

畅春园(清华园旧址)第一处离宫性园林，有宫苑之分。

乾隆47年建避暑山庄，以畅春园为中心，建了许多赐园，圆明园，静春园。

封建社会园林的极盛期。

17.

世界的缩影. 西湖十景. (福海四周) 云黄泽. 佛寺, 印度舍卫城
儒家, 道家的境界. 北方山村. 武陵春色. 陶渊明, 周敦颐. 居士. 内容相当
丰富. 英法联军, 毁掉了北京近郊. 封建文化的集中地. 文津阁. 四库全书,
法国掠去成立博物馆. 也是政治上专制统治的历史的见证. 也是世界历史
的缩影. 以湖水为主. 每天挖山不止。

6000多亩的避暑山庄: 政治上的原因. 主要从政治上考虑. 康熙以后, 安定繁荣的情景.
发展农业生产, 停止跑马圈地. 民族矛盾退居次要地位. 对知识分子. 恩威并施,
文字狱很厉害. "夺朱非正色, 异种也称王" 诛九族. "清风不识字, 何必乱翻书"。
满汉排斥。笼络. 博学鸿词科. 蒙古人的势力并未消灭. 漠南蒙古. 漠北蒙古.
漠西蒙古. (厄鲁特蒙古) 漠南早已归入中国. 蒙古八旗. 漠北, 漠西, 沙皇俄
国从中挑唆. 康熙看到"罗刹"是北部最大的威胁. 稳住北部的边疆, 对
蒙族, 一定要团结. 都在塞外进行, 借打猎的机会召见蒙古王公. 笼络他们。
训练八旗军队. 九十万八旗军队. 后来就逐渐腐化了. 不那么善战. 平三藩之后.
开始是, 八旗是政权的根本. 带了检阅的围猎. 大臣们都去. 住帐篷. 成为一种
制度. 北狩. 南巡. 供应很大. 古北口到承德. 30~40里, 一个行宫. 喀
喇河屯, 风景比较好. 凉风寨, 凉田别墅. 后来规模越来越大. 承德当
时叫"上营", 曾经之提: 的一首诗, 访野老, 问知此草场. 踏勘. 人少. 树木.
泉水. 自然天成. 不要搞太多人工. 棒槌峰.
突出自然的风景. 宁拙舍巧.
康熙47年完成, 36景. 已经是塞外的陪都.
乾隆. 55年左右完成. 狮子沟. 武烈河. 外八庙, 带出庙宇.
体现了民族的特点。接见外国使臣。
特点: ① 利用自然的地形. 加以局部的改造. 2/3以上是山, 平原, 湖泊, 搭配
的很好. 四条山谷. 松云峡等. 冬暖, 夏凉. 山并不高. 显得很大. 160m左右.
湖区的尺度也很好. 恰到好处. 山不高显得大. 山势陡峭. 发挥集之处的作用。
② 水系. 武烈河. 热河泉(温泉), 山谷水, 三个水源。
③ 借景很好. 蛤蟆石. 棒槌峰. 僧帽山, 罗汉峰。
④ 小气候比较好。
三个景区. 湖泊. 平原. 山岳. 模仿江南的风光. 塞外的草原. 蒙古包.
广元宫. (泰山) 四个制高点的小亭子. 点缀在山上. 小园林成为内聚的空间,
青枫绿屿, 空间变化非常丰富. 各有不同特征. 嘉荫 烟雨楼. 舍利塔.
梨树峪. 梨花伴月. 花卉植物, 金莲映日, 诗情画意. 生命力.

3

12

乾隆时造园高潮，二千多峰，江南园林与北方皇家园林，康乾盛世。乾隆六次下江南，游山玩水，二万多首诗，附庸风雅，乾隆遗风，到处是他的御笔、碑刻，园林之乐不能忘怀，宫廷画家，描绘下来，圆明园，清漪园（颐和园前身），避暑山庄比较内向。三山五园静宜、静明（玉泉山）。（香山） 嘉庆，规模就没有那么大了。走下坡路了。慈禧费九牛之力，恢复颐和园。 三海、太液池（元）、西苑（明）明代年间广寒殿塌，改为白塔，为了笼络蒙古。北海保留了乾隆时的格局，琼华岛四周，东南西北四个方向处理得不一样，"塔山四面记"南坡，永安寺，以殿堂为主，中轴伸延至团城

琼华岛 室之有高下，山之有曲折，水之有波澜，室有情，山有灵。

北坡，开阔，恢宏，堆山叠石为主，第一流的作品，看画廊亭，双层抱廊，两个高阁，仿镇江金山寺。南瞻翠晴，北俯碧波。颐和园长廊，水陆，金山亭，异曲而同工也，皆源于金山寺。长卷式的画面。北海静心斋、濠濮间、画舫斋，起承开合，空间序列。

团城

• 圆明园：皇家园林中最伟大的作品，历经百年，皇太子雍正，即位后建皇廷区，泉水很多，扩充福海，5,600亩→3000多亩，28景，用万泉庄的水，又用玉泉山的水，乾隆时，28→40景，实际不止40景，附园，长春园，绮春园。共5千多亩，一个机构管理，嘉庆时又加建房屋。

前朝，后寝，正大光明殿，大宫门，二宫门，衙署，100多组建筑群，风景点，点景，观景，①蓬岛瑶台，外散的空间，②园中之园，③四合院的建筑群。

三个景区，①福海，600m见方，②后湖，200m，九岛，③小园之集锦。

特点之一：平地造园，水面占了一半左右，大、中、小相结合，用河道连成河湖水系，开敞桥，解决游览与交通，挖湖堆山，北国江南，集堆山理水手法之大成，精华之所在，"禹贡九州"普天之下莫非王土，东海三仙山，西北角制高点，昆仑，"紫碧山房"水系从西向东流，象征中国的版图，"移天缩地在君怀" 主园与付园的关系，处理也比较好，水景园，风格，亦比较统一，不重复不雷同，长春园中的狮子林，承德也有一处，就是照之模，取其意，略似其意，模仿而不全似。西洋楼 特殊的景区，天主教的传教士，郎世宁之长，画家，文艺复兴后期，巴洛克，西方规范式的园林 图纸与模样模型，平面与造型比较丰富，尺度比较小，植间鉴，了以外，以内的空间取胜，装修精致，乾隆花园的装饰就是一例，参照扬州的装修。

住宅区规划

朱自煊先生

朱自煊　　住宅区规划　　79.10.9 a.m.

城规，7~8门课，
2 住宅区，3 选址等
4 绿化，5 工业区环保
6 交通，7 经济　外单位讲。

一、发展史，古代里弄，解放后的实例，
二、国外，苏联部分，
规模指标，布局，工程问题，旧区改建，现状现实，讨论式的。
今年研究课题，北京旧城区的改建，"老北京"要保护
住宅是社会问题，最大单项，住宅政策，大的问题，各种社会都如此。
① 与生产力、生产关系的发展有关（带象形字）　东洋城，阶级差别
生产力低，房子窄小，中国是木结构，封建社会476~1840年
里弄的楼房，和布局。单元式（解放后）　国外阶梯式（现代，中国化）
不是偶然的，不能照搬，不同的自然环境，民族特点，北京的四合院
与东北的，南方的，两种类型的周围楼，井干式，安徽，封火墙，
有一千年，一进一进的，徽州民居，最热的，民居，砖墙，穿堂风，天井
小，山多地少，楼房，防盗，防水，徽州住房，不能照搬。
② 大的社会问题，引起规划问题，资本主义社会，无产阶级，贫民窟
污染，拥挤，空想社会主义，功能分区，住宅类型，恩格斯论住宅问题
和政治斗争。社会主义社会也是大的社会问题，十年破坏，生活
与生产比例失调，住宅与公建失调，居住与市政失调，欠债比较多
已成为大的政治问题，住宅会议，（杏林，宋养初）到了非解决

1亿1千万（城镇人口）　190个市，（7600万人）　4亿9千300万m^2
每人居住面积　4.5 m^2/人（49年）
3.6 m^2/人（77年）
89万户不到 2 m^2/人
无房户 104万户
（三代同堂 二户合住，大儿女）130万户
323万户
.50 m^2
161.5万m^2

5 m^2/人（85年）双职工
到底解决问题多，我们学校也存在这个问题。

10

社会FH → 政治FH。

③ 住宅建设，复杂，综合性的建设，老一套，一盘菜，全国都是如此。经济上、技术上、社会上的问题，各行各业提意见，好和提意见。上下水、电讯、热力、建材，新的结构体系，框架轻板，综合的东西。衣食住行，住最难解决。前之门，8千户，周期长，不容易。综合性的领域，改善一点，影响一片。专门的研究机构，建研住宅所，清华大学，北京院，专门搞住宅，研究、设计、教学。需要积累，不能一下出新花样，实践比较难。

④ 住宅区规划是城规的主要组成部分，它的比重很大。广场公建设计，大量的是住宅，住宅与规划紧密相连。四合院（胡同）里弄（连排住宅）单元式。没有按统一规划去建，见缝插针，后因皆非。解放初一定要成片搞，朝鲜搞的比较好，按规划建设。夫家庄、六院（规划设计、施工、分配、管理）管理不统一，部队一圈，盖了食堂。垂阳柳，也改回后因皆非。和平里，小区，标准化，文化节约，抗震，多层多要楼，1.8～1.6倍。分一间房住一辈子，中国人的苦恼了，集体与个体相结合。一个任务，一个礼拜，尽量多盖房。

二、封建社会住宅：汉长安，160个封闭性的街坊（里坊，围墙，商业）商业区，四象建筑（宫院，生活院，井，谯楼）

隋长安 9550m（东西）14条 8470m（南北）11条 大明宫（含元殿）

朱雀大街（147m宽） 155m 六条大街 宫城 皇城

共110坊，长安县，万年县

曲江池 占二坊

5～10公顷，2.5公顷 十字路 一条路 东城贵族，西城百姓

坊，围墙，关坊门。 东，西两市（各占二坊）

220行业，风味店

达官贵人服务的，夫人，12行，4千多家

坊内有手工业作坊，作坊、乐如、腊烛。

吕大防题记、断碑

百万家（人口）、夹城 外国人，驻敌100、宗教人口。

8万家， 南城荒凉，风景好。

100多米宽的街，3米多的坊墙，什么样的空间效果。

寓楚。"百千家似围棋局，十二街似种菜畦。"

宋汴梁：商业大大地发展，临街商业，前店后宅，清明上河图。

望火楼（消防队、井口） 侵街繁荣，破坏隔断。

平江府（苏州）：前面临街，后面临河，江南水乡，鱼米乡

街坊与河道紧密结合，有坊，而无围墙，河、路、桥、组合。

水街，古代文化遗产。

元大都：50个街坊。 蓟门烟树。 日中为市（日中坊）

以街为界，大邑的可以调斗什刹海，前朝后市，左祖右社。店铺与住宅混在一起，封建礼制的思想

明、清北京：

9门，三墙，分坊 几条大路之间住宅区，东西交通很不方便。 汉族住外城 雍和宫。 胡同：70~80m之间，布置一进住宅，40m左右。丰盛胡同→辟才胡同。

55年10月 1.5万人 十八半截、西斜街，

胡同间距50m 会连于居间路（200~250m）

主付食（R=120~150m） 俱乐部、学校、托幼 很缺

一进四合院 北房46%，东、西、南房17%。 5.06m²/人

531人/公顷。 47.84% 建筑基底 40%院子

12.67%胡同。 商业、服务业合理。

居住比较安静，缺绿地、儿童活动、厨房。

大杂院、医疗、市政、道路占地多、绿化、（停车）、
不适合停车。

①、封建社会、生产力发展，和今天很不适应。功能上完全不一样。 综合治理、要保留人们住的小小，封闭的，需要改造。

② 道路、院、开辟通道引入住宅、居住安全、商业均匀分布，空间艺术布局、对比变化、可借鉴中国的特色、气派。

③ 北京八百年历史古城 如何改造、文物、历史北京的特点。 与城墙、牌楼共存亡。
好的四合院如何保留一部分。 高层、多层、明清改造
皇城内不盖高楼。 批判地继承遗产。
巴黎中心区改建、最老区。 雍和宫、国子监。
保护区、影响区。 结合与继承。

里弄住宅：联立式住宅、一楼一底、上海天津较多、汉口也有。 1870年（沪）1900年（津）。 ①历史背景及类型演变、
②个体特点类型、
③总体规划特点、可借鉴之处。

1840年鸦片战争、南京条约、天津条约、租界。 1843年上海开埠、上海嘉定老城是圆形、外滩、北京路以南、最早的里弄住宅（1842年）。 1860年小刀会起义、太平天国、地主、商人、逃进上海、四租界 2万 → 10万人，地价暴涨，楼房、石库门住宅、南方民居的形式、木构架、木楼板、立柱、外包墙。 总体上用了西方的联排式、三开间、进深大、中间客厅

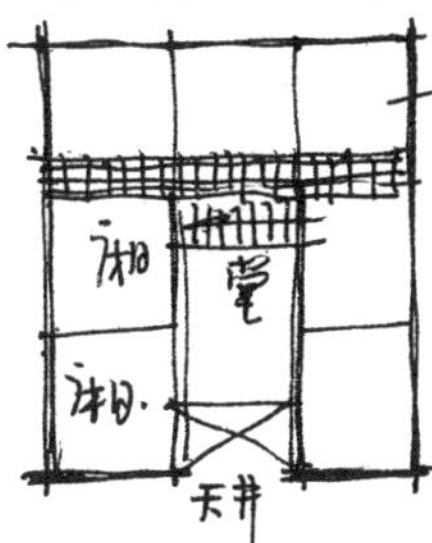

封火山墙、敦仁里、修德里 北京路、中山南路、比较封闭、
天津镇类式住宅、1920年已不适应生活的需要。资、高级知识分子、富商、新式石库门住宅、静安别墅、卧室、起居、现代卫生设备、天井的围墙逐渐降低、（二开间的较多，老的很挤） 宝康里、南京西路×威海卫路 七种住宅类型、楼梯作为枢纽、一开间、二开间的都有。朝向、采光、通风 比较住宅、采光通风较好 前后高与围墙低。

日照。

18~20平米.(亭子间). 7~8 m^2. 佣人房间. 阶级差别很大. 不用木构. 用砖墙了致房防火. 铝. 楼板也已经出现. 模范村. 高级职员. 锦华新村 137.8 m^2/户 3×24m^2. 3×10.6m^2 2×9.6m^2 静安别墅156 m^2.(甲型) 1937年出现花园里弄住宅. 公寓式里弄住宅。平面复杂了。独院式. 两幢一组。钢窗. 铁花缸砖. 阳台与平台. 建筑风格统一。 天津. 桂林里. 错开. 不遮挡.

→ 一幢多户的. 永嘉新村. 甲型 一幢四户. 独立式 乙型. 一幢二户.

中心区拆除了. 向郊区发展。

②个体特点：江南民居. 新式里弄. 户型大. 标准高. 有佣人用. 三间以上的大房间. 16~30m^2. 2~4间的小房间. 150m^2左右. 一开间为主. 一开间半, 二开间主人卧室. 仆人. 厨房. 亭子间. 阶级的差别. 进深大用小天井。解决通风采光. 2,3层多功能用。与楼梯组成家务活动的中心； 前后院分开. 后门. 杂物院. 错层. 上部晒台。 空间利用合理. 大房间层高大. 小房间. 层高低. 又窄. 又矮. 又晒. 亭子间。缩短了住宅间距. 阁楼间。里弄住宅已变成一种商品. 投机. 进深比较大. 节约用地比较好。 14.7m (锦华) 进深. 面宽 6 m 13.6 m 深(淮海方) 解放后. 大部分合住. 分层合住。分室合住. 问题大. 改造方案, 加厨所. 隔断. 9~12公寓。(清华). 一级教授。 借鉴处：内天井. 大进深. 节约用地. 上海蕃瓜弄 武汉的内天井成了垃圾堆. 噪声. 视线的干扰； 联排→ 跃廊式. 喜欢一楼一底隔层停. 平安里(总务)跃廊. 多户型. 高标准。 屯溪：一、二楼联排. 三楼二开间. 四楼单身。 空间处理手法； 新的阶梯式住宅. 北面台阶, 国外 南面台阶 22700m^2(居面)/公顷 [illegible]兰新村. 大家庭. 1万m^2/公顷. 1.6H. 二个月晒不到太阳。

③总体布局特点：总弄. 支弄. 分区安排. 弄和街结合. 沿街商店. 买东西方便. 老虎灶. 烟纸店. 烧饼. 油条铺。弄堂口盖了菜场。以<100m [illegible]分散. 环境安静. 避免城市穿行。 总弄内一些小绿地, 儿童活动. 安静. 安全.(条子型) 丁字形. 封闭形. 井字形. 路铺地面. 无尘土. 很干净. 两旁明沟。每家矮墙. 小的绿地。人口密度太高。绿化. 铺装. 小建筑(国外名称很多) 上海的小区绿地也搞得比较好。 门牌. 依次排列. 节约用地. 40~55% 天津. 50%. 沪. 静安别墅75%. 前后高低变化, 左右参差. 加大进深. 边角用地做为特殊用地. 寸土必争。利用底层作商店. 门面. 商店. 过街楼. 高低层结合. 混合修建. 按总心思盖房子。 层数少. 比不过多层住宅. 60年底. 探讨低层高密度. 搞成的较少。 总的来说. 走不通。 布局上采用里弄手法.(天津拖拉机厂) 龙潭. 国棉纺不按里 桃源新村. 劲松小区。 公建上面以致弄口. 致使商店 (大家庭)

2

43 m^2/户。天津石化总厂

四十年代，半殖民地的特殊产物，基本上不适用当前需要。还是一笔遗产可以研究。同时期有整体性，吸收它的特点，千篇一律，行列压缩日照间距。四合院（封建礼教）里弄（资本主义）

解放后，4亿平米住宅，建设很大，造了新的住宅区，洛阳的涧西区，（反映不错）①成片完整，长春汽车厂②符合我国城市生活，5～6万人口，完整的生活服务设施，1万人左右的小区，住宅团，探索一套经验，存在一些问题④生产生活不配套，住房赶不上人口的增长，公建市政配不上套⑤六统实行不起来，过去搞运动"穷、小、低、省"的简易住宅，来回地摇摆、不要规划，见缝插针，搞得一塌糊涂，土地单位所有制，罗、朝都很严格，阳台不准挂东西，外宾参观都没有地方。⑥片面性地追求用地的节约，压缩住宅间距，曹阳新村，二层住宅，50年代3～5层，七十年代六层，层高降低。（合理）1.85～1.6

广东，0.3～0.5，竹杆握手，2～3月不见阳光。手法千篇一律，东、西、南、北、中，学术研究不够，体制未解决，规划实现不了，时间的保证，搞得比较细致，筑波科学城（日本）商店的平面，那年那月开门总理大臣签字，长官亲去，很多一个礼拜，规划、计划、建设不配套，统建办公室（造型、钱、料、人）仍然统不起来，规划局无权，当然技术上也有问题，首先要有想法，国外住宅区变化、发展很大。

一、五十年代，苏联专家还没来，52～53年来的，邻里单位，neibourhood unit，美国纽约，小学不过马路，800米二丫，无穿行交通，10%花园休憩点，商店在街角上，干道环绕。曹阳新村，（住宅局）按邻里单位做的规划，普陀区，搞了一个丁字路，步行7～8分钟，建筑密度20.2%　278人/公顷（700人/公顷 现北京），56年2期建筑学报，合用厨、厕，结合小的河浜，花园城的感觉，好的朝向，行列式布置，逐年扩大（6万多人，现在），公共汽车已引入，北西路未形成，沪东住宅区→12个村，小学过马路。沪东住宅区，（闵城新村等），为榆林杨浦工业区服务，街坊群，5～10公顷

苏联专家，太上皇，穆欣，搞构图造型，轴线，对称，不讲实效，周边式，西方法，国棉1.2厂，浮仙桥。句括式，街坊，苏联东西是好朝向。KBapTал，空间完整，有院子。和中国的生活，朝南宽，阴角。南方东西向。"合理设计，不合理使用"　6～9 m^2/人，户型很大，几户合住，3～4层，定型化，户室比，K值，好的东西。脱离中国实际，加上大屋顶，人字屋架，和平鸽。2丁型，不顾是地形，大挖土方，651（绵阳）白银市的规划，艺术上体系，封闭，双周边，西方化，1时开闭内外院分开。建筑群，公共设施考虑得很不够，混淆了政治与学术的界限，批判邻里单位的仅动性，旧城改建，周边式也可采用。传→日，现代化的周边式，中心区搞现代

化的设施。住在楼上，还要有庭院的效果。一层车库，二、三层内院。旧城高密度。

56年以后，苏联批判这方面的烦琐装饰，学西方，小区的理论，与邻里单位相类似。

街坊→扩大街坊。59—60年小区，干道划分，无障碍物 1万~1.2万人，二阶十年一贯制学校 0.5公顷 生活设施，不要干道穿行，花园与体育场，日照及通风条件。莫斯科西南区的竞赛之后，三楼一竖，(清华)，风车型(同济) 打破了传统的布局手法。我们也在变化，多地方幸福村(华揽洪) 和平里(四层)，密度低，绿化好(9014) 和平里搞成小区附件，商业街不能集中则院住室，700米长，失败的商业街，文革批表，两边的店铺。

垂杨柳，集中紧凑，便于管理，食堂为中心，小商店，儿童机构；生活方便；适合分期建设 2.5~3公顷，2万m²，风格统一，结合里弄式布局，行列(成组成团布局)好朝向分级布置，绿化均匀，远近结合，成组成团。古城，八角村，高密度，无绿化，不垂直很难看。

团结湖，水碓，呼家楼。水碓比较紧凑。

58年上海提出先成街后成坊，到外国去看了一趟，搞了闵行一条街。城墙高，绿化好，适应对路，轰动一时。大江一条街，总的来讲，街与坊要同时考虑，不能只搞一层皮。前三门月坛(多层街)，公建要配套，5~6万人的规模，否则形不成。街景，广场，气氛。贯东西穿越干道，需要有所改进。不能引到搬运。吸引人流，车流。二环，主路，不搞住宅，搞城关。搞出引商业中心。外部停车。

小结：苏联的规划，搬用了苏联。成街成坊，成团组，生活设施，上海居民新村实例调查，公建设施，层数不断提高，密度加大。

50年代末到60年代中，学术探讨。59~63年三次全国学术会议，刘秀峰风格，无锡，湛江。部署讨论住宅问题，调查，抓骨肉问题，生活，艺术问题，住宅成为主要问题，领导也重视，一度就被忽视杨春茂的总结讲法，比较正确。规划原则：从实际出发，因地制宜；加强调研，不要千篇一律一般化，传统与国外经验；规划与个体设计相结合。组团与邻里圈子，交通噪声的干扰，住宅环境节约用地，市政设施；远近期结合，小院；各种类型的规划。便于适用。62~64年的资料，上海规划院，汪华(上海规划院) 上海10年规划。阎子峰文章，城市研究所付所长。二层楼，里弄与四合院相结合。关键是密度太低。低层高密度。上海居民新村实例调查。总结新村的经验一条街的经验，金山，宝山的生活区。结合上海的情况，看法还不一致。(几个大城市)：规模与结构

3

住宅区、5~6万规模、京、津、沪、一套全的专业商店、五金、医药、服装、文具、五道口、甘家口、经化修理、理发、洗澡、旅馆、电影院、文化馆。小区、一万人左右、1~2个小学、日常、三餐、饮食、副食、粮食和小百货、开门七件事。住宅群、2000人、4~5百户、一个居委会、行政组织配套、这不是人为的实践的设置。道路与公建布局、满足服务半径、4~500m 小区、1~2百m、住宅组团、过境交通不要穿行。②群体布置吸取传统特点、穿行、安静，(邻里关系) 家弄、支弄、干扰较少、安全与保卫好找 ③节约用地、提高密度、4000m²/公顷、(居住密度)、54~57年 7000m²/公顷 1.18~1.2万m²/公顷 过去上海。龙潭、大家庄 1万m²/公顷、团结湖、劲松、1.8万m²/公顷、天津、4万m²/公顷、我们耕地较少。63年天津拖拉机厂、设计完全、24个方案 没有盖。影响不小。龙潭、围墙无人投资。上海桃源新村、拆掉了围墙。66年以来文化大革命、无政府状态、见缝插针、简易楼、三边的标准。有些地方、南京梅山钢铁基地、按规划建设、绿化、公建、一次形成、山坡地、上下错落与道路结合得很好。上海曹杨新村(江湾镇西北) 东北:东风新村(北京)、月坛山。七十年代、盖了不少住宅、大的企业、引进项目、石油化工、宝钢、辽化、武钢、广州、造船。北京搞了统建、团结湖、劲松、征购农田、成片建设、思想手法并未突破。前三门高层住宅成片地区规划、进一步提高密度、搞了对子工程、住宅建设、改变城市面貌。曹溪路(上海)、劲松(高、多层混合) 苏联多层的大空间；高层城墙 静安寺。北京前三门问题比较大。①战略上有考虑、交通干道、临街要安街、②城墙两边的居民、缺少公建、城根。③地铁、空地拆迁盖房子、安置盖住宅、50多幢 ①交通问题大、对居民有干扰、北面噪声大、公建无法搞。②能否搞街道规划、无纵深；③、战争上拉封比较难、5公里、绵成八段、小区(?) 福利设施不能安排、都用的大楼板、底层不能放商店、公建、市政不配套 大部分埋进去了 热力、煤气。沿街都是窗户、放自行车、影响观瞻、以工人为主体的三结合。每一段都是对称的，公司互相都认识了。房子间隔十几米、看不出、成一道墙、挡了不了多少、和平门处怕看中南海，七十年来的阴影、盖了更多的墙，路口处的风口。直接来说失败了，一个风格要看能否吸取这个东西。劲松:高、多层。80[illegible]的倍。上海、高多层结合。

• 旧城改建问题、北京不是新建、用地太紧、拆了几成。北京房管局搞了一点点、为居民解决问题、危积漏的房子、没有投资、菊儿胡同、合同上缘地、后来搞、拆迁户太多、建设很慢。统建也不肯花这个钱、不合理。社会主义住宅、的地段、要接触现代化。

天津地震，六个区的区一片，解决居民住房。俏佳地，郊区远。原区改建。

贵阳路，工业、商业并迁。马路保留。原拆原建。问题：①拆迁量太大，居民不愿意走。

原地装不下人。1:1.8 拆迁比，拆1建1.8m²，否则装不下 ②要体现，人口结构

住宅类型配不上，与新区不一样，做一些典型调查，户室比 ③旧区利用，市政设施

比新区造价要省，不设人防。 143.24元/m²（综合造价） 新区，189元/m²，市政

工程多，有些中低热 218元/m²。 太原解放南路，也只有 1:2 拆迁比，建筑密

度60%以上。 ③解决交通、道路、占地，分批上马。 ④动员搬家的问题，

人搬不出去也不行。周转房，政策、文件、群众，投亲靠友，单位领导，主动或通工具。

早搬早回。 北京旧城改建就要考虑。 唐山现在也不太理想。周期长，再也

不去了。败兴而归，独立门户，体制，地是我们单位所有，三分技术，七分政治。

杨树浦梅园新村，分成小的群组。 常州，火车沿一条街，专用新村。

3. 密度、间距：1.85～1.6 京　1.74～1.2 济南　两栋间见不到太阳。
1.3～1.1～1.2 沪　1.3～1.1 杭州

最容易地办法。绿地、儿童活动用地是什么问题。可密度，但要完善的设施。

4. 千篇一律，地方、气候、新建、改建，都一样，条点结合，行列式，都按那一样的。

束缚了规划人员的思想，口头的变化非常大，结局基本不一样。

金山

室主，原则与60年代相同，问题也没解决，上层建筑问题，规划脱离计划，文化实践

不了。没有设计保险书，没有法和规章制度，学术会议发牢骚，无结论。各个城建部门

的问题。行政会议，各省市建委负责。

○ 徐荣先老师讲　79.10.6. a.m.

住宅区，规划布局，组织结构。 1. 类型组成：（居住区）：位置，工矿企业独立的工人村

矿区、市郊区：居住与工作的关系，卫星城：纯居住的性质，疏散人口，迁到卧城

工作与居住很远，3～4个小时，兑换工作单位，就业和居住相结合，生产、居住区，

如大庆，工矿企业，大专院校，如东城、半边山，这样布局比较合理，优点是

比较多，工厂比较分散，橡胶厂的味，自行车都不同样。 附设就业区，如湘潭

4

工艺美术工厂. 百万庄.（附设机关）. 减少城市交通量; 文化福利行政办公

旧城改建. 前三门是一条街, 不是混建, 朝鲜平壤与大街, 以居住为主.

上海曹溪路住宅. 莫斯科加里宁大街.（商业为主）. 居住+机关+商业. 华盛顿

行政+居住. 揉合在一起. 工作与居住相结合. 建工部. 四部一会; 生产+居住+农田

如大庆. 就近解决. 农工联合企业。

2. 组织结构：组成的关系. 细胞. 原子. ① 发展过程. 街坊. 里弄. 扩大街坊. 历史的过程, 如长安城. 四面街道围起来. 面积小. 2公顷左右. 设施不多, 很少.

曹阳新村. 道路分为小块. 托幼占一块地; 扩大街坊设施多一点. 道路面积太多. 交叉口太多, 汽车走不动; 小孩上学比较麻烦. 穿马路上小学。 20～30公顷的小区（1万人）和邻里单位. 小学上学不出小区, 生活上的方便与安全. 干道包围的面积扩大。 扩大小区与居住综合体。（1.5万人以上.） 东塔. 东风新村. 两个小学一个中学. 扩大的小区.

↳ 干道包围的地区, 称极住宅区. 100公顷左右.（北京干道所包围）

北京垂杨柳. 87.5公顷. 居住用地 20m²/人. 用地. 粗估. 50m²/人 苏联.

75m²/人 朝鲜. 西欧也很多. 大城市用居住综合体. 干道密度（交通）

公共交通站 500m. 1km×1km＝100公顷. 特点 ① 干道包围的面积越来越大.

住宅区不一定干道包围了。 ② 设施不断完善. 托幼. 绿地. 小学

由于生产力的发展, 主要不是政治上的原因. 适应当时的生产水平. 苏联有一定经济实力搞新基建. 短期内建成。否则面貌皆非。3～5年最多十年建成一个城市。东德形成也比较快. 这建设速度很重要。 生活上的发展变化: 托幼. 私塾→小学. 教十几个学生。洋学堂. 5天工作日. 交通工具. 马车到汽车是一个进步. 文化设施. 商业, 不能墨守成规. 要与此相适应. 里弄. 四合院. 大杂院. 安全. 安静已经不复存在. 历史上过去的东西, 不能生搬硬套. 历史上惊人的相似之处, 二层联排式密度高, 标准低。工业化施工技术. 秦砖汉瓦. 壁板. 吊车. 不是凭主观意志历史淘汰的东西。 ② 以什么为基本单位. 生活居住用地. 占的比重很大

如何去组织. 划分. 小区, 居住区或街坊. 西方以小区为主, 汽车方便, 上市中心方便. 最基本的在小区内解决了。 昌迪加尔城 50万人. 6000 ha. 1951年

15万人 3000 ha.

城市划分为小区. 5000～15000人
1.2×0.8公里

喜马拉雅山南麓, 是个文化中心

商业街在小区内部成一系统。75～150人/ha，三层。莱茨(村)布西族村的。/无住宅区一级。只有小区。

根据当地的条件，一般仍以小区为基本单位。小区的规模仍然比较大。小城市内建设量比较小，屯溪、歙县投资才200万元，设施很难配套，有骨头没肉，生活不方便。节地越紧，旧城改建不容易，自然条件现状的限制，少占农田，利用丘陵、山地，地形的限制不能用绝对地概念去套。生活福利设施的布置，粮店7～8千人比较合适，二个小区3个粮店，方便生活即可，满足服务半径即可。

居住、办公、商业、夫妻店、前店后厂。混杂的现象比较多，环境乱了。传统的居住习惯

上海就搞街坊群，新村有中心，并无小区中心。四个新村三个小学。不能硬套，实事求是因地制宜。

(3) 组织结构：住宅区分为小区，住宅区分为住宅组，(住宅区)分为街坊（规模较小时）

公共设施三级配置，正(传)统的办法。

苏联、东欧、中国，此时小区不一定分为住宅组，不一定再设三级服务。

公建均匀分布。有对象，无内容，有的连外貌都没有。

日本新千里新村。

11日. 住宅区分为分区， 住宅区，为了通风， 小区为邻里周院， gezyHUHO 莫斯科

日本泉北（大阪）三个住宅区， 小区用绿化、或道路划分， 7/62年 Арх. СССР

莫斯科奇试验小区。 К50. 牛奶店、食品

Крюково. 幼儿园与住宅组相配套，又把不稳定。

住宅组（有公建） 住宅群（有形无实）无公建，布局上有所划分。

大部分是两级分布， 八田花园地（大阪）2900户/26公顷。

一个小区中心，两个分中心

法国 多层商店小区中心 Алансон. 居住小区

瑞典 魏尔比 没有住宅群划分，公建均匀分布。

英. 哈罗. 八万人、4个住宅区。

天津拖拉机厂. 七个小区，都有中心. 未实现。

住宅区——分区——小区——住宅组 四级. gezyHUHO

Ташкент. 无住宅区中心，只有一片绿地，三个小区围绕中央绿地。

塔什干。

5

二、住宅区分为住宅组.

莫斯科 住宅建筑.（比赛方案）

горький 120га 3万人 2/62. CCCP

北京市十里新村. 推荐方案（莫斯科） 斯科斗中心

三、住宅区——街坊群.

上海曹阳新村. 均匀分布. 垂阳柳. 十字不配套.

中心大部分是街坊群, 周边湖面. 小汽车不方

东拉（清华、北工业大学）街坊群, 顺行的风吹而 十字全街边. 安静. 管理经济

上海彭浦. 23ha. 1.8万.（3万人规划人口） 4个街坊, 不受干道的限制.

南京梅山. 58年~69年 梅山新村. 4.5万人 91.2 ha. 11个街坊

青叶台.（日）130ha. 横滨 （1971~74）中产阶级.

结构选择比较困难, 没有一个绝对的标准. 方便生活, 经济, 布局完整, 分期建设.

住宅与环境影响较大. 西单（西南区）. 东城是一个独立性很强的. 按街坊比较

好的一个原因. 短期内能建成, 做小块文章. 道路通到山坡头. 路路通

用地的形状、方形、长条、弓形. 地形、结合; 现状、限制、旧城; 传统、习惯.

北京与上海不同; 交通时, 小区不要引汽车, 小孩上学不过马路; 四区的规模大小

与整体居住区的布局（包括住宅、道路系统, 组织结构选择）

组织结构: 住宅区型; 小区型; 街坊型, 三种

居住区规模: 街坊大小不一定. 主要讲居住区. 人口规模 用地 " 比较灵活.

受城市总体规划的约束 干线划分 本身的工作要求 1200m 一个

住宅区规模: 干道的间距, 间距; 居民到车站的距离, > 500m 7~8分钟

到住宅区中心. 1000 m. （15分钟） 100m/1.5分, 定期使用的住宅区中心

6万人. 一定的人口配一定的设施. 一级居住区. 5~6万人, 全部使用. 医疗. 体育 文化

二 " 3万人

国外比我们的人口少一些. 4万人, 到居住区中心 314 ha. 196 ha 100ha.

900~1000m 干道间距. ○ 1400m 1000 1000

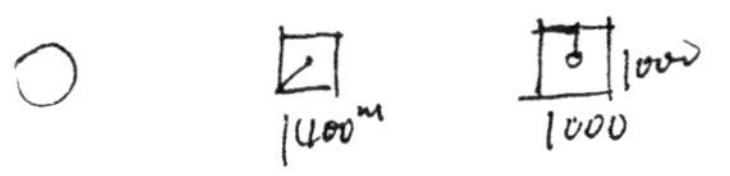

公共汽车站，500m间距，我们是实心小区，国外是空心小区，

20m²/人用地，5万人 100ha　　40~50m²/人 英

大城市干道间距，1公里，100~120ha，

中小　〃　0.8~0.5　　小区的规模，

(6)居住区的位置：2人镇，东德 东风：1.5万人，22.9ha，郊区、市区、城区、近郊区，

(7)、其他用地比例：公建，绿地，居住，道路；不可将道路用地，2T

(8)、规模与建设期限

(9)、经济性，维修管理，

朝鲜　2~5万人
　　　150~350ha

苏，　3~4.5万人
　　　150~200ha

英：　1.5~2.0万人
　　　120~180ha

德：　8~10万人
　　　800~1000ha　＞两个住宅区，

法　　6万人
　　　200ha

3~6万人，100~150ha，　　primary school

小区与住宅组的规模：.．．．.的文章，小区公共设施，小学的规模，与学制也有关，

五年制，班数，每班人数50个，教室拥挤，18~25班　20班，1000个，

90个小学生/千人居民，最小搞一个小学，避免穿过城市干道，1万家 → 200家饮食店

(北京)，北京，800 → 1000m 干道间距，至少4~500米，公共汽车站一站，解放前

10~20公顷，1万人左右，小区的合理规模，街坊的大小就是所谓的。总是地小

区要小，居民弄大一些，否则倒退到老的街坊，影响交通，与分期建设有关。

我们是实心小区，国外是空心小区。

住宅组团，居委会，500~1000户，2000~4000人，十幢 8~10幢 左右，5~6层房子，

每个组团配一个nursery 不一定如此配置，三站，(服务站、红医站、少年活动站)二代(代营食堂，代销点)一所(简易托儿所)，这些都要解决，

R=100~150m　　小区R=400~500m，住宅区1000m

6

住宅组也可分成两团布置。

住宅区规划布局的主要内容：1. 主要道路骨架，12m、9m，小区，6m（7m）、3.5~4m

2. 住宅区中心的位置。

3. 选择住宅区组织结构。

4. 确定绿化系统、公园绿地、体育设施。

结合成一个整体，有机的结合，关键是道路和中心。

主要影响因素和原则：一、城市的总体规划，所在位置，和周围的关系，总体的一个局部。①总体规划对你提出什么要求，居住对象；②位置，城区、近郊区、远郊区，对城市的依赖程度，对周围地区产生影响，为郊区服务。麦克井比，为地区服务，对布局上也产生影响 ③与居民主要工作地点的关系，工作地点在附近，道路主要出入口，公建不在附近，依赖公共交通。④周围的交通状况，关系，对外交通联系。与干道的连接方式。周边式：　穿过式　切线式

⑤周围自然环境，古建、绿地、水面。

二、住宅区本身的现状条件：地形、道路、建筑、工程地质条件，大家庭、小学放在第七层上，打桩。

三、组织结构：　四、交通：车行与步行的关系，合流还是分流。自行车和步行道的分工，五、建设力量，工业化水平，规模，分期建设。

布局原则：1. 满足符合总体规划的要求，2. 合理解决对外交通连接和内部的交通组织，内部交通要成一个体系。3. 正确选择，合理划分居住用地为小区，街坊创造条件。4. 合理组织公共文化福利设施　5. 技术经济合理。6. 充分利用地形，节省土石方量，白银市，总体布局不合理，打了方格网。7. 远近期结合，以近期为主，留有余地，是必要的。8. 建筑艺术面貌，创造条件。

道路系统：道路骨架，合理组织内部交通。1. 功能，对外、对内。2. 交通工具：国外，机动与步行。国内比较复杂，无轨、公共、兽力车、手推车、拖拉机、自行车，速度不同。合流与分流的问题，我们是合流，分流造价比较高，中国不发展小汽车，这个控制

不了，必须为小汽车留有一定的余地，using 清天农车进城时，对车间行车的阻塞。

半环式，树枝式，混合式 与人流车流的交通流向相一致。吸引人流点要切配合。

电影院、公园等；内外交通直接，两二环的时。

复路

主交
两点
端头

梅山，五点
平交

进行交叉，与大车转盘相似

出入口控制一定的数目。

车行与步行分工，

步行要便捷，直畅；

车行要迂回。 车库布置在入口，不要放在尽头，放在复路与干道之间。

面貌，外向，内向，胎兰楚粉，还是内秀比较好。

道路骨架和小区划分相配合。 穿过式小区的处理办法，控制墓控位。

道路成形的选择

文化生活服务设施，集中与分散相结合的方式，形成一个文化生活服务中心。

街、大院式。 两个中心，行政、商业 ⟷ 文化，以公园作为连接点。

中学要安静，干扰，医院，独立地段，绿化、安全防护要求。

住宅区中心的布置：位置选择，适中，1000 m～1.2 km，15分钟步行，方便的交通

货运、车行步行，主要人流集中的地方，主要工作地点，靠近交通站，地形要合适。

与区级公园、绿地相结合，连起带贯。留足余地，不要估的太死，郊区为附近农村服务，不要侵入居住区内部

布点方式：区中心式距离均匀；沿干道式，口袋式；中心沿干道式比较好

控制墓控位，干里新村，这样必须干道穿过住宅区。

其它合适，医院，门诊，住院，门诊与公共中心

相结合，住院就要比较安静，不要和中学幼儿园放在一起。

中学、重点中学不是为本区服务。故应交通方便，但可设在边缘

居住用地的规划：主要是小区规划。小区1~2个锅炉房。用道路划分小区。

用绿化划分小区。混合式。居住用地的分布。镇边。中心是绿地。前面是车站。后面是公园。

层数分区：高层、多层、低层。供电、供水。离中心近的地方多住人。独院式一般有小汽车。

高低层混合建设。分期建设容易统一，造成面貌。绿化在中心，要形成一个系统。改善小气候。

79.12.26. p.m. Wednesday

小区的居住用地。dívition by road. green ground. 苏联规划只好以道路划分。其他国家：公建。建筑群的空间布置：①行列式、②周边式、开敞周边式③自由式。朝向好。行列式容易满足。日照，通风，不一定。南偏东15°，南偏西10°。空间比较开敞。缺点：单调重复。小孩找不到家，容易造成穿行，不安静。

① 成组分区。呆板里求变化，开敞中求封闭。沪东新村。~~row~~ redundant 行车的 train

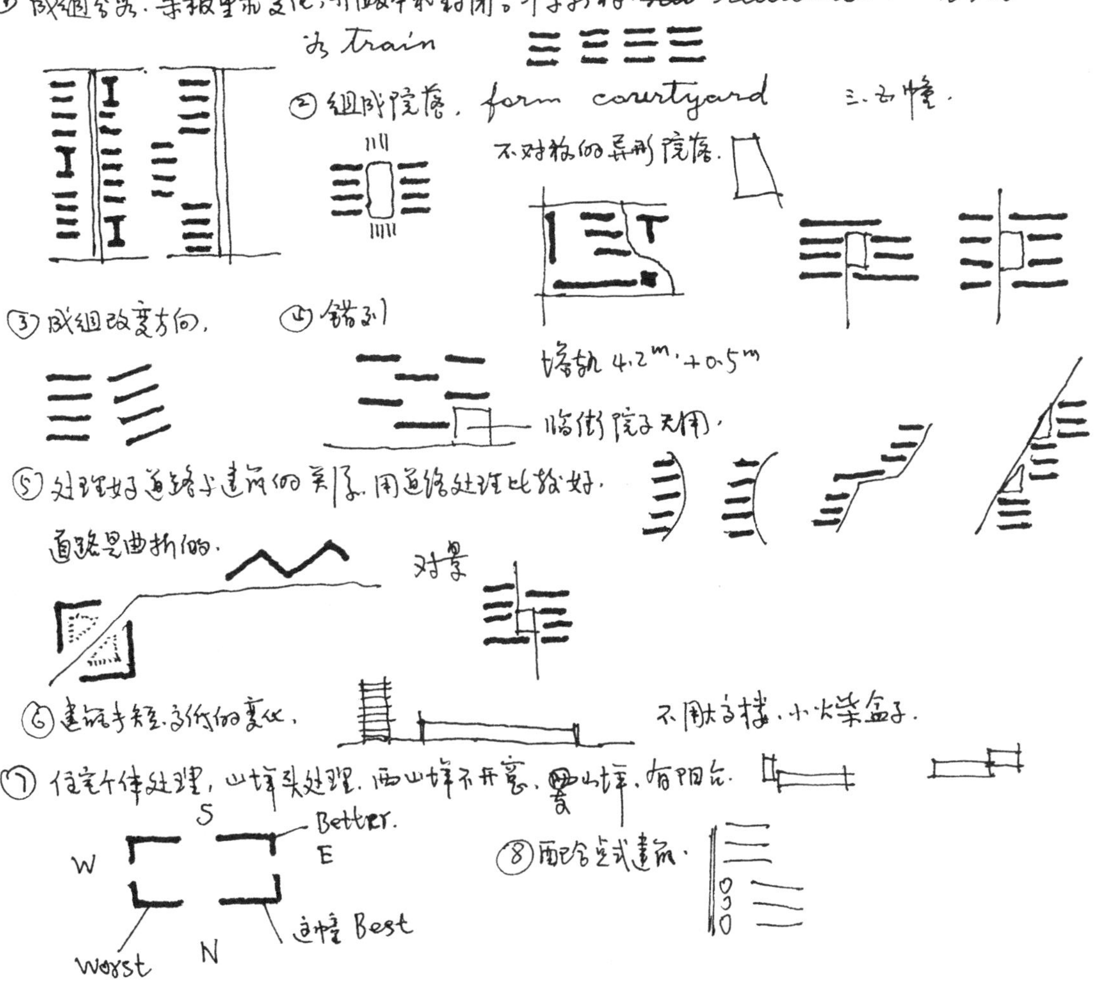

② 组成院落. form courtyard
三、五幢.
不对称的异形院落.
③ 成组改变方向.
④ 错列
塔轨 4.2m+0.5m
临街院子无用.
⑤ 处理好道路与建筑的关系。用道路处理比较好.
道路是曲折的.
对景
⑥ 建筑手法、高低的变化.
不用高楼。小火柴盒子.
⑦ 住宅个体处理，山墙头处理。西山墙不开窗。东山墙，有阳台.
S
W
E
N
Better.
Worst
通幢 Best
⑧ 配合点式建筑.

混合式=行列+周边。适当开敞的空间，不降低居住密度，而获得大一些的绿化空间，少量的东西向，塔式不太流畅。天坛南小区。

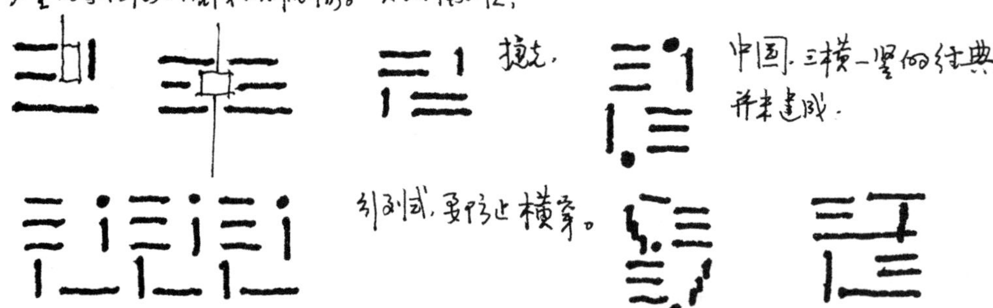

Keep the silence. 人多, noise. 穿行. 路之通. 自行车.

children activity; play ground, Constant build (sand. tube).

play football。 公建不要穿在里面. 食堂的鼓风机.

与街道的关系. 绿化隔声。规划结构上解决路之通. 主要人流从团外穿过。

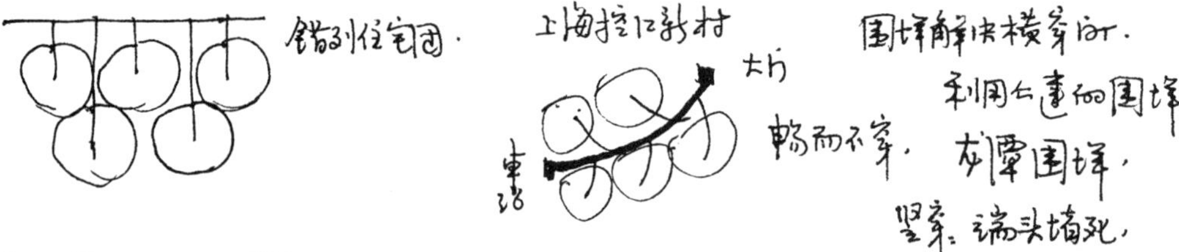

Soviet Union. 居住区：　　　　杨秋华 先生

1. 建筑群，个体群体关系；2. 实例　3. 未来的设想.

工业化住宅，迅速发展，多样化的问题没有解决，千篇一律，受到了严重谴责，没有个性，重复同一类型，忽视当地自然条件，忽视城市规划，有人认为是必然的，有人认为是可以克服的。改善个体，重视群体，空间构图，城市面貌。单独的个体再好也不行。个体住宅有何改进，没有自身的背景，高层，长度的增加成了绿化与环境的统治者，给人的印象很深刻，有前三行。远景，中景，近景，轮廓体形，是很重要的。连接，插入体，塔式+长板式，底层处理，完全不同，入口重点处理。五层的房屋价值是很大的，40%。立面构图，需要加大尺度，道路宽，车速高，空间开敞，按户分格，大尺度的，两种尺度的结合，与人的结合，小尺度，与空间的结合，大尺度，如何更好地过渡和结合。住宅组群，半世纪的历史，摆脱了传统式的周边式和行列式。L成折线+较长。中世纪广场，喷泉即水院，住宅为背景

8

3.5

居民的方便和舒适，决定规模，大人的休憩，小孩子的游戏。间距＝2.5H

院落成为住宅的继续和扩大，高层塔式、板式拥挤，不安宁。院子按公园的标准去做。内外有别，朝院子要开敞，尽端单元要多样化，不能要只有北入口的，要直接面向内院，底层住人不合适，适用于高层。住宅公建占30%（用地），公建的体型比较小，公建也是标准设计。住宅区规划设计手法：18～20公顷小区，70～80公顷扩大小区，200～250公顷，Macca，大片住宅区，规则形与不规则性的。

层数是逐步提高的，随着工业化的发展，比较多数是混合层数，9.5～10.7层（平均层数）

也有全是高层的、高低对比、规划的手法，12层塔＋5层的板式

76～78公顷，3万人，陶一茅，居住综合体，66年，车人分开。

2000公顷，30万人，粗糙，9层70%，16层30%，切尔塔沃诺，1968年始建

维什奈别：12900人，大院子，七个小区，276公顷，新的周边式

西南部，Gabulgokoho

70年代初期

哈斯克大街

高尔基城，75年，莫斯科西南部的，30周年，路易斯堡，伊斯加利，人口期

2～2.5万人，18～19m²/人，4～16层，阶梯式住宅，净密度11000m²/ha 建筑面积

1500～180m²/千人（自停车场指标），厨房8m²（食堂）

两套卫生间，75%儿童入托，7400户住宅，64m²/户，12%一室户，15.6%四"，6%五"

模数加大到6m，框架轻板，三层错列，80年施工。

各方面的水平都比较高。

三、对未来居住建筑的设想

认为大规模住宅质量反映在社会生产需求和成员需求的提高对住宅提出的。

三个阶段：①近期（几年）②近十年 ③远景

住宅与外界关系：①社会 ②自然（卫生）③技术

住宅结构：①最小地区，房间中一种活动，如吃饭

② 个体空间，房间——由几个功能区组成

③ 住户、家庭

④ 整栋住宅

⑤ 住宅综合体

住宅与社会的关系：

1. 住宅发展与社会进步：取决于社会进步主要方向。

2. 功能：① 满足生活生理要求（日光等） ② 社交、团聚 ③ 儿童教育学习 ④ 家务劳动 ⑤ 职业性活动、自学、业余爱好。

功能在未来的变化：① 家务劳动减少，以发展公共福利事业为基础，满足需求用公共服务体系联系住宅，② 文化条件变化导致住宅功能改变。a、由经济发展，创造性劳动可以在家中进行。 b. 科技文化发展缩短工作时间，用来教育儿童，自学。c. 脑力劳动使人与自然接触少了，不利于身体健康，要增加与自然的联系。 D. 消灭城乡生活上的差别，农村住宅在舒适程度上要赶上城市，要保留农村舒适的特点。

3. 家庭变化特点对住宅影响。家庭人口变化，住宅至少适应10年的变化，业余支配时间利用不理想。上下班、家务占用时间多，形成住宅的社会人口的前提。

解放70年来城市居民增长7倍，总人口两倍。

1. 目前人口情况：75年 2.5亿，预计80年 2.7～2.75亿，城市人口 1.75～1.85亿占64%～66% 2000年 3.0～3.5亿，城市人口 2.4～2.5亿，占70%～80%

2. 居民状况：年令结构，将来50岁以上人口将增多。

被抚养人口 69年 15% 80年 17%～18% 2000年 22～24%

性别，女比男多（老年） 青年 男比女多。

教育水平：熟练工人，4～5年调一次级。工程师，2～3年更新一次知识

3. 职业特点对住宅的要求不同。

4. 家庭：社会的第一性细胞，最小社会成员。

① 社会主义条件下的家庭功能：抚养儿童，科技沿续，文化交流，休息，保证日常生活。

② 现在家庭情况 2～3口 55% 4～5口 38% 6口以上的

城市人口 59年 3.1人/户 70年 3人/户

家庭人口	1980年	2000年
1口	11%	10%
2	22	20
3	30	32
4	22	26
5	10	9
6口以上	5%	3%

平均 3.3人/户

③ 人的需求：A. 生物物理要求，饮食睡眠卫生。 B. 社会文化

④ 生活方式的影响：A. 文化水平高的脑力劳动者，收入高，在住宅中从事创作。

B. 中层知识分子，受過高等教育，中等收入，业务活动在住宅附近。

C. 中专或业余教育 社会范围小。

9

D.文化程度较低的，利用集体设施做些业余活动。

住宅与自然的关系：

住宅卫生要求：生理上的舒适和生活上的满意。

舒适comfort是一种环境状态，由生理决定，小气候、空气阳光、住宅环境。

卫生参数准则：

小气候。

	气温	湿度	空气流动率
冬	18~22°C	40%~60%	0.07~0.1m/s
夏	23~26	30%~50%	0.1~0.25

min. 20~30m^3/人　2~3换气/小时。

50 m^3/人　　　当前 8.25~9m^2/人

照明：室内300 lux（自然光）日光灯1000 lux

北纬 50°以南，朝南向为好。　50°北 朝东南。

声学：噪声来源，60~80%干道。要求标准，住宅白天30db，晚上25db。

空间处理：对人的卫生意义，但没有从生物学角度去评定，比如层高对人的舒适程度的影响程度。　若净高2.8~3.0m。

住宅与周围环境：住宅环境是室内空间的继续，人的生活方式对外部环境有改变，社会效果影响着的出现。

近期，空气量20~30m^3/人　SO_2含量低于0.05%。噪声白天30~35db。夜间25 db。

日照，夏3小时以上，冬2小时以上。

科技进步的影响，施工第一阶段 大板55%　砌块5%

滑模2%　盒子4%

小砌块28%　木材6%

设备，供暖，加强围护结构保温。

电力 17层以上住宅用电炉，代替燃气。第二期在苏联实现电力代替燃气。

面积指标：

1人学习休息	12~14m^2
夫妻带3岁小孩	14~17m^2
2人学习	12~14m^2
起居室，带餐桌	22~30m^2
单独餐室	8~10m^2
备餐	8m^2
可吃饭的厨房	10~12m^2
厨房，加备餐	8~10m^2
杂物室	5~6m^2
卫生间　三件	4.5~5m^2

淋浴. $2.5 \sim 3m^2$

洗 $1.5 \sim 2m^2$

住宅综合体：城市的一个基层结构单位.

考虑因素：车库将来大部分放在地下 21世纪初. 200~300辆/千人

远期 300~500 〃

儿童游戏场. $2.5 \sim 4m^2$ 现状

$2.5m^2$/人

大人休息区 $1m^2$/人

杂务院. $0.5m^2$/人

步行路. $1.5m^2$/人

绿地. 占总面积 55%~65%（覆盖面积）

综合体规模各异：

1、小的：农村.

2、高的、大城市. $7150m^2$/公顷（居住密度）底层做服务用房

特大城市改造交通网要考虑。

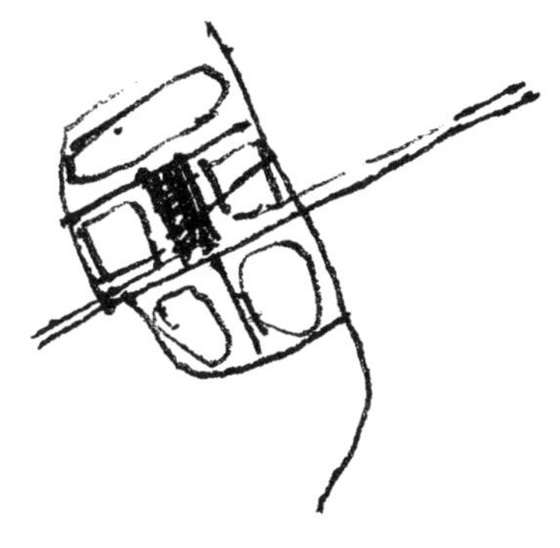

现代建筑引论

汪坦先生

1

现代建筑引论　　　　　汪坦

2个学分　一篇读书报告，一定要读书的，旁人的意见，加以论述。
学会看书，外文书　　十九讲　　第三代　　计算技术，环境控制
各个大师介绍

现代建筑引论——作为视觉艺术的建筑

一、背景：从表面上看，混乱与迷茫（惘）

参考文献

1. Third Generation — Philip Drew　X021.7/WD77 42
2. Modern Movements in Architecture — Charles Jencks　X021.7/WT51 43
3. Complexity and Contradiction in Architecture — R. Venturi　'77年第二版
4. Architecture Contribution to Social Culture (Report at uiA 10/1978) — Kenzo Tange ja 7907-8
5. Form Follows Fiasco — Peter Blake 1977
6. Mannerism and cotemporary Architecture — P. Drew　a+u 7906
7. Post-Modernism　AD 4/'77
8. Architecture of Gray — Kisho Kurokawa　ja 7906
9. Fumihiko Maki 专号 三篇 槇文彦　ja 7905
10. 世界建筑 — 本子刊版

房屋是居住的机器——勒·柯布西　　如何对待这两方面的东西，机器
美学观，轮船，飞机，汽车，很局限，对社会的理解，这就可以救世界
充满了信心，勒·柯布西，走向新建筑，迎接工业化时代，落后，未来和

1

萨格拉姆。

南斯拉夫、一城市，地面解放给步行，或绿化，分区明确，居民并不希望新区，希望到老区。理性与生活相结合。

美国生产力极大地丰富，大经济基础所决定，我们前面已经有了一个到先进的国家。

3、生产力与文化艺术的关系 不是正比例的关系 第三代所苦恼的。

美国的艺术水平不高，苦闷的状态之中，技术万能，但是当前的主子掌管就想解决比例。宝楼与民居相比即为比。作为艺术来看的建筑

丹下健三、墨西哥会议，人口增多，城市扩展 带来了危机，贫困、污染。建筑教育像是医务，向科学技术靠，向人文科学、社会科学靠，两种偏向。雅典宪章的基础，印度的孟加拉，巴西。

远见与能力的建筑师，不是只看到现状

今天的城市比五十年前更丑了。现代建筑带有？，五百年后，究竟为何评价。

二、"第三代"的建筑师，为何分代？后期现代主义，1920年。Post modern

Archigram，影响很大，"建筑+设想"是一个环境适应的特殊形式，绿化良好，空气新鲜，蓬皮杜文化中心就是它的代表作。

功能的适应性，许多地方可以更换，多读灵活性的作法。9层楼的组装，开到田间去。不是建筑语言。Catalogical，编目的方法，调研和现象，把功能分别对待。主要不是目的，而是方法。

2、新陈代谢派，丹下健三（第二代）有分

Metabolism 相似于生物的变化方法，新陈代谢，生长的、渐变的，不是机械的，是渐变的，物质代谢，能量的代谢

细胞式的、纤维式的，加拿大的住宅，蜂窝式的 树枝式的。

"Form follows function."

2

3. Ventur（美）发现了一些观点，作品不怎么样，理论有一套。
主张乱，并存，主张both and，不主张either—or，主张冲突
不主张和谐。Co-existance 并存。gray = black + white
灰的变化，最丰富的阶段。日本文化——灰色的文化。
室内 + 室外。gray 白与黑并存，而不是混合、相加。尺度，大小并存
黑川纪章，比较难的统一 古典建筑也是并存的。东馆与白宫并存。
必须解决并存的东西，来解决和谐的东西。不能把子孙都吞掉了。
和我们过去的意义恰恰相反。灰色是各种颜色的组合，更为丰富的
灰色，强烈的日本民族感。
Ambiguity 双关，隐喻，骑楼，柳，沧海桑田。
重心——存在又不存在，乐会，静场，观众的头影。
奥 oku.（即内部空间）讲究深度，中心广场，道路，街道
东方，用"拓朴" Topology 形态，不是人为的，而是有机的，
不是外加，是本身产生的。"无声胜有声"
5. 日本的民族风格，对日本文化有很深刻的研究，日本建筑并非中国
建筑，善于同化外来文化，不拒绝外来的东西，西方建筑也要日本化，
外来的强有力的东西，我们必须对待。
对称的人，产生了如此丰富多彩的花样消化，舞蹈，杂技，
和谐，不和谐，是补合，而不是拆合。主张向东方与民歌，建筑阅读
阅读乐园，是修辞文法的东西，石头，亭子都有，墙面，关键不是阅读
大量其他信号（丹下健三）镜面玻璃 mirror glass.
油画与速写。
建筑史论文集中，已经写出来了，不用记了。

2

三、作为视觉艺术的建筑：

有人不同意这个命题、环境的过程、视觉艺术的一种，一个单独的建筑不可能成立。广告、绿化、小建筑、把范围扩大，包括了人和汽车，环境艺术，把建筑的范围扩大了。诸侯的审美观，各有各的看法。

生理性与心理性的方面，有共性，社会性，包括的面很广，年代的变化，生理与心理现象，美学的问题有点不可捉摸的。概括是人类征服自然的有力的工具。社会、自然是错综复杂的，必不可少的本领。

人和物两方面，相对于听觉艺术，视点、视线的问题，对象，树，房子、倒影，分析动态的问题，现代艺术，文艺复兴以后，追求动态，丰富了、层次丰富，不是一览就完了，朗然敞堂，visual acoustics

光影的变化，并存的思想，不是传统剃法的，空间处理，这个说法不太完全，视觉上，仍然是处理四周围，古典时空间仍存在，向上直线的敞堂，向上的，开花，现代建筑讲究"虚"的空间。"计白当黑"中国艺术的要素，书法、绘画、篆刻，均是如此，抓实的东西，想着虚的东西。三度空间与二度空间，水墨画的竹子，二度空间，毕加索的动态

时间与空间相互转换，侧面与正面画在一起，雕塑的动态、照像的动态，对象不能动、人可动，凯旋门中的号曲，不同时间的场面放在一幅画上，吹号，奋起、战斗，负伤，不是一下子就看完了，路易斯·康把孩子画成方的，狗画成20条腿，艺术可以把白天画成黑的，

包豪斯，四个立面不是分开的，郎然敞堂更明显了。

人的眼睛的变化，透视是定点的，一霎那的，实际上是动点的，贝律铭用三角形，多灭点的，看的东西就丰富了，千真万确的一刹那，万里长江图，萧卷，多灭点，成无灭点，群众看得懂。

Topological，拓朴，民居，全世界的民居都是如此，环境的特点

(形态)

空建筑与环境的关系。动点的透视，棒锤峰，峰回路转，竹林古刹。藏的布置，在对景上下功夫。美好，的"围"与"透"。
灰色。两个方法的交错，挡住视线，扩大视野，千变万化，二个部分关系的对接，处理上办法都可以用。

路易斯·康 园的东空间，加上光线的因素，圆内有方，方内有圆，成名很晚，50几岁，哲理说的比较多，"白马非马""计白当黑"
学校的共性，变化拿不出来。

绘画，表现方法，画人，汽车，树，科学技术方面，脑筋局限，世界的丰富，把技术与艺术对立起来，实际上是保守的，视野艺术境界更开阔，不要死抱着讲不放。用符号来表达。

计算机技术
实用，经济，美观，内容丰富，复杂，近代规模越来越大，市政的范围越来越大，现实生活中，各种的要求越来越多。大部分时间放在画图上去了，时间越来越宝贵，解决画图的，用现代技术，解决实用，经济、再加美观。系统工程，与电子计算机辅助设计。

系统工程即运筹学的实际应用，德国发明了飞弹，最有效地运用自己的飞机和别的系统。雷达，轰炸机瞄准……，美国北极星导弹用了运筹学，提前十八个月完成，用数学办法来解决，施工与设计管理方面。
共同因素的组成部分，结构和环境，相互之间有关系，模型和数学联系起来，模型即现实的抽象，一个公式代表一个城市，代表一条公路，城市规划用地，五种工业，用地不能超过300亩。

$$\sum_{i=1}^{5} S_i X_i \leq 300$$

用地，用水的标准。

用地标准。

1979.6.
1915(日)

空缺.

材料已知数.

≤ 300

$$0.5x_1+1.00x_2+1.15x_3+1.43x_4+1.43x_5+x_n=300$$

28个未知数. 线性规划. 城市规划不是摆八卦.

能源的局限. 城市规划的趋向. 画城市规划 不能光用视觉.

实质的数学模型.

逻辑运算. 小册子. 二进制与逻辑运算.

算术运算. 算术运算. 逻辑运算. 与或非。命题之间的关系.

A=0 非.

B— 3×7=21 B=1 是.

A=我坐公共汽车
B=我坐电车
C=我在车内看书

(A+B)·C 我坐公共汽车或电车. 在车内看书

或

5

≠×

生活中的命题都可变成逻辑式. 与门. 非门. 或门.

2进位. 1.0. 通电断电. 2=10 3=11 4=100 10=1010

数字关系. 逻辑关系。

逻辑思维. 形象思维。 绘画也有逻辑思维。

说话与唱歌的区别.

网络分析. Net work. CPM.

Pert

关键路线. 关键的二种. 规划与交通运输. 线性规划

交通运输. 医院设计. 用的比较成熟. 工业化住宅.

计算机画图. 不是乱用的.

五间房. A.B.C.D.E

A. 起居室. B. 书室. C. 厨房 D. 浴室. E. 卧室

最优化. 最佳方案

根据数字进行设计.

	A	B	C	D	E
A		8	1	0	15
B			10	0	0
C				0	0
D					10
E					

4

随机 Random　　①　　九个中间放五个，$\frac{9!}{(9-5)!}$

概率论，

A		B
	C	D
		E

20个房间 6×10^{17} 方案，　②

A	B
E	C
	D

方程　季数。

① AB～ $3\times8=24$　② 16

AC～ $2\times2=4$　　4

把所有的可能性摆出来，先把一切不合理的排除掉。

医院设计，英国比较成熟，我们用不上，经济分析，雇用人数占的比较

重很大，1/5的人精简，可以收回全部设备费。我国目前根本无法算。

计算机制图，画施工图。　视点改动，几秒钟就能出来。

视点不移动，房子外形的变换，储存进去。　我国的工业发展水平。

MG 273. E.　规划中，数字化地图，人口，地形，承重力，地下水。

米格27，发动机。　把图重合起来，｜家合署，不同的比重，

进行经济比较，公众参与，纳税公民，

拿到公众中去讨论，结果都出来了。　早晨的时，英国有了现成的程序

人被计算机所控制，记忆，速度超过了人，创造性上不如人。

控制论的认识论，（先入的指）　计算机辅助设计，

假若计算机，闭合环，两个面字生物。　图书馆检索，州准，卡片捆回

结构力学文献，中心在罗马

Design in Architecture

（G. Broadbent　TU2/FB 86）

贝壳即卵鱼在量的庭坝，

计算机，环境保护，国外建筑教育，　涉及环境与能源，建筑是一个局部，不能充

耳不闻，只画人，车，树，规划摆八卦，科学技术的发展，比较复杂的建筑，经济规律更切用，

不依赖新的计算技术是不行。环境科学影响很大，相当近期，社会系好。苏州城，前途危险，

不是美学，而是生存问题。河里的水不能喝，自来水也成问题。随便摆工业，化工业、轻工业造成水质污染。讲讲国外的情况。不能只搞污染，讲的功能问题也比较狭隘，打开思路。生态发生的问题。暖通、给排水，室内问题容易解决，实际未解决。生态 Ecology，一年级大学生都要学这门课，我校也开环境学原理。宇宙空间的理论问题已经解决。能源与环境尚未解决。大学转向环境，讲一点常识。社会发展的必然结果，人口迅速增长，最近几十年增长得特别快。

人口
2000
1960年

亚洲到2000年＝1958年的世界人口，威胁是很大的，人的一生是很短的。资源的消耗与人口是一样的，而资源是有限的。36亿人口，生活水平提到美国75年的生活水平，75倍铁，200倍铅，其他的资源除了铁之外，其他远远不够。美国的浪费，五口人五部汽车。24°C室内温度，太高了。卡特遭到人们的反对。具体是城市人口的增长，认为是人类的危机。人类的无知+聪明，愚蠢得很，苏州是毁灭而不是繁荣。CO_2进入大气层，增加到一定程度，影响地表温度，升高好几度，影响植物的生长。"花房大气"被污染、破坏。生态系统。恩格斯说："美索不达米亚，把森林砍完了，今天成为荒芜不毛之地，砍掉了积聚水分的中心。"湖也被填。土沉入河中的石头缝中，鱼食没有了，鱼也就死了。火力发电站，冷却水的热污染。废弃 Solid waste。美国大的工程，有生态工程师（电站、公路、水系、工地）。宝钢的选址不当，大量的填方，挖一条运河，100个亿，生态问题，舟山群岛的鱼群受到影响。很大的渔场。"相生相克" 水源：很丰富，4千万立方英里（40 million 立方英里）0.5%～0.2%可被人所利用。每人可以用3万升。北京，90升/人·日。水源枯竭，72年瑞士环境会议，人口集中，有水无人，用水极大浪费。415升/美·人日，芝加哥810升，工业、农业、生活三方面用水。自来水送到家，抽水马桶41%，饮水10%，洗衣。标准是饮用水的标准，污水系统及处理场很花钱的，7000万元/年，运转费，40万人，3.7 million gals.（油），320,800,000 kW/hr. 电耗，sewerless，无下水道系统，五六种办法，小型的化粪池。五加仑水箱，伊朗大使馆，大小便分开。污水灌溉，每一吨污水，48～80公斤氮肥，病原体的问题，中国熟食。固体废弃垃圾管道，已成为问题。800万辆废汽车/美·年，压延、压合，电视机，深埋垃圾，焚烧成灰，垃圾道，出口，阴沟，口味。公社来拉。垃圾分类，粉碎压实，抛到海里，又冲回来。高温焚化炉超高温，6000°C，灰做建材。味道，选址。马车拉。钢铁工厂，印刷、纺织，高囊湖地处理。5.4元/人·年，市·美，收集，处理，1.6元/人，仅次于教育费。44000辆汽车。

12月5日~9日。4.5[illegible]

空气污染。1952年·伦敦大雾，死了4千人。SO_2污染。"逆温"现象，高处气温低，上面形成一个盖子，出去走不了。持续了一星期。汽车污染、发电厂。SO_2、CO_2。60亿T. CO_2，全世界·宏观。NO. 碳氢化合物，燃料脱硫，医院的安全保证，对付污染的。废气二次燃烧，接触剂。减少污染，还是多用汽油。环境工程（给排水） 检、监。窗子不能打开，全部使用空调，室内空气使人不舒服。一次投资的重要性降低了。维持费、不是按功能设计。筒中筒的体系。把功能往里面塞，故意能量消耗。密柱体系，层高很重要，果小了。间距1m. tube in tube. S.O.M. 铝合金建筑。北京春、秋不用空调，反而增加冬夏的空调费用。百万元的谈判楼。

10m × 10m　$l=40^m$　　1m × 100m　$l=202^m$　　差五倍。

能源的。美国到2000年，新建200个城市。三层楼建筑。南北、中，能量消耗差五倍。地区的差异，房间的方位。建筑耗能48%。广义的消耗，包括施工、规划的重要性。汽车更新，12年就可以了。但建筑不行。Zeg（零能量消耗）(zero energy growth) 太阳能、原子能，降低消耗。15分钟太阳能，50亿吨石油。吴增菲到美国，几年研究太阳能，都需要辅助系统。一次投资费用高。大面积使用。原子能电站出了问题。步行四十分钟之内，到达辅助设施。或全部在大楼内解决。30个五百层楼。伦敦2000年污染问题不必考虑，主要是停车场问题。北京的停车场问题也存在。我们相当他们20年代的水平，但我们要看着他们。不快也不行。噪声污染。1000Hz。听力衰退，相当65岁的人。调查了苏丹中人、与苏丹的部落，打猎用弓弩（25岁＝65岁）摇摆乐，110几分贝，持续的。听觉大大下降，90分贝以下。噪音会·汽车噪声，十几个城市，环境声学，工厂生产，飞机噪声、飞机场。适度，悦耳的声音，对人有好处。色彩也如此。机械的颜色。

四兄弟：
- Le Corbusier (1887—1965)
- Mies (1886—1969)
- Gropius (1883—1969)
- Wright (1869—1959)

瑞士人后加入法国籍，钟表商，1923年改用此名。现代建筑中有突出的影响，到处宣传自己的观点，被摒弃在建筑界之外，1960年才被肯定。"明日之城市" 1912年~1960年，做巴黎的改建，不只是做为职业。"走向新建筑" 革命若还是建筑师，把建筑当作一件大事，也不只是一种爱好，而是作为改造社会的工具。把地面都解放出来，空中交通，个体建筑也有理想与面分离，要了付出叶的出以后害的。

·理想国

空想社会主义　Oscar Wilde·王尔德"世界地图如果不包括乌托邦，就不值得一看。"有三个名师·Hoffmann·早年画了很多画，画尽了建筑，各式各样的东西，Perret·有名的结构师·P. Behrens（德）设计·灯具和工厂建筑·和Mies & Gropius三个人同学，灯具逐步改革，由繁到简，接近画派的立体主义，音乐·美术文学艺术，有相通之处。建筑为学院派所控制，五个柱式往里套，艺术变为对公式的玩弄，已经没有血肉。纯粹的、明确的几何形体，毕加索、普朗克，立体派画家。

艺术本身有它的形式美，"勒"画纯粹主义的画，色彩鲜艳，线条流畅，初期用直角，机械美学观，推崇飞机、汽车、轮船，房屋是居住的机器，主要拿掉啰嗦的东西，巴黎铁塔，水晶宫，都是工程师设计的，推崇了工程师的美学，学院派已经走头无路了。国联大厦竞赛方案，他代表了建筑的方向。联合国大厦·像克莱勒的新风地区。联合国教科文总部。一生坎坷不平。很勤奋。1936年给非洲建筑师的信。"如何丰富创作能力·不靠订阅建筑杂志，走人家的自然领域去旅行，画树木，信念不是从书本上来的。"到人民中间去，天然地继承了古代的合理的东西，官式的东西有糟粕。忘掉风格而到民间去，已经自然淘汰了不合理的东西，从生活中间找民族形式，不从废纸堆找民族形式，要二者兼顾。终身奋斗的画出来看。朗香教堂的屋顶是贝壳。阿拉伯的小城堡。个人的才能和丰富的积累。现在是创造而不是培养。佳华牌的[illegible]。

二、介绍几本重要著作："走向新建筑""模数"解决比例，美观的问题，和谐为何能达到·Harmony，从音乐得到启发，原始声音是连续的，要记录音阶，搞出了音阶，和声学。"视阶"即他的模数制。视觉范围内的音阶，关键利用了黄金分割·0.618，长方形最美。scale.

关系是1:0.618·红尺·蓝尺。"作得作坏的作品更难了，作好的作品更容易了。"——爱因斯坦.

不和谐的会错，尺度比例，最基本的功夫。

226
183
140
113
86
74
43
27
中心
人手
人坐

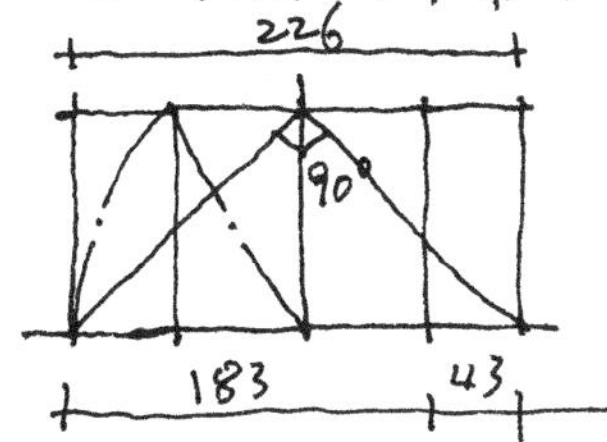

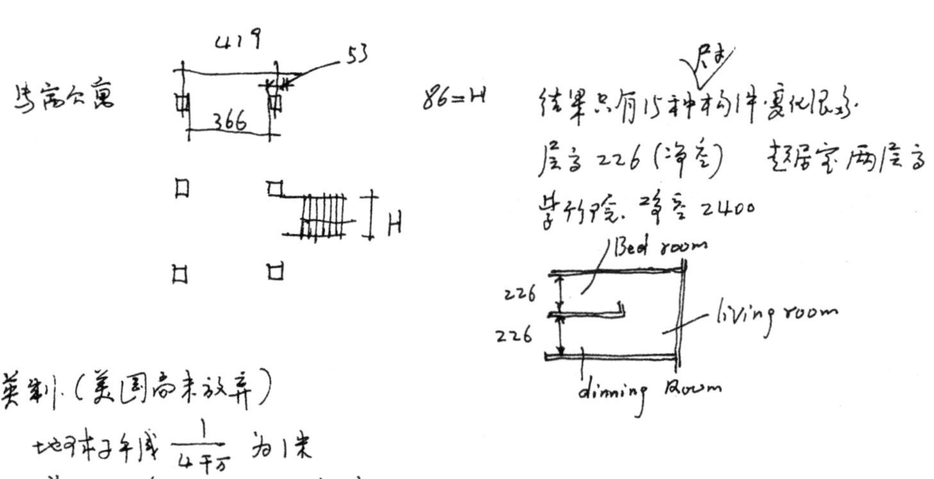

英制（美国尚未放弃）

地球子午线 $\frac{1}{4千万}$ 为1米

英尺＝foot 绝对米制。

“走向新建筑”强调工程师的理性，排他主义，传统历史对他来说作用很小，讲机械美。

regulating line 控制线，对角线平行，即垂直。对雅典卫城的赞扬，不可超越准绳，讲究形式美，人工美，征服自然的美。从伊斯坦布尔中学来的。

中间 2 要

印度—昌迪加尔。

三个柱子三个颜色，二度，三度，空间，十时间

二度黑白，黑白，计白为黑。

白派：New York five 单一材料，不要色彩丰富，讲人工，精确。 黑川纪章（新陈代谢）

读书报告。 布达拉宫。 很美的女特务。 斯卡拉，美国大使馆。 悉尼歌剧院。

作品：马赛公寓，朗香教堂，昌迪加尔。

空想社会主义（傅立叶）公共服务到设施送到家门口。23种户型，26种公共设施。

每户隔离得很好，中心街道，和当初的经济制度不相合。粗砼，不加粉刷，打孔所小孩打架，墙上磨掉皮。格罗比斯很推崇。表情上的要紧，五百年之后。

朗香教堂，视觉声学。

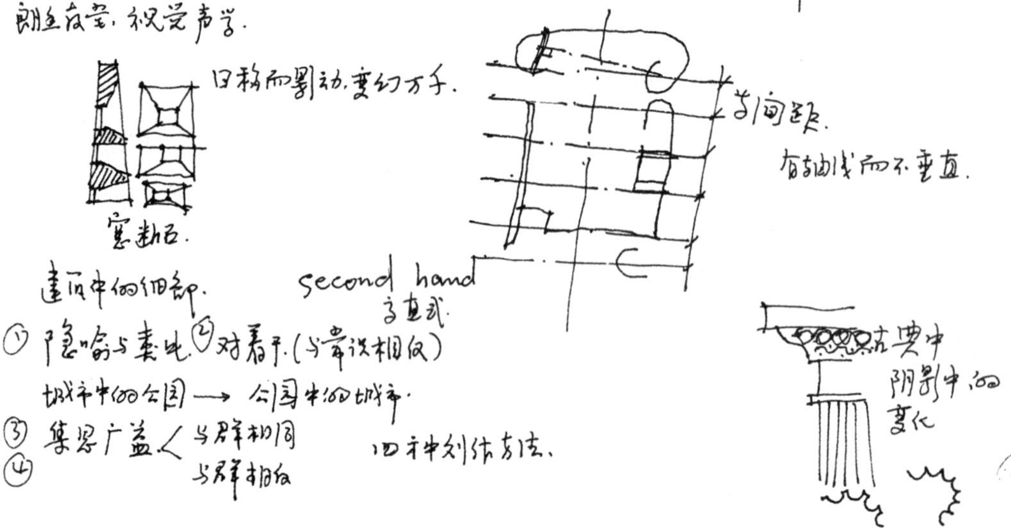

① 隐喻与象征 ② 对着干（与常识相反）

城市中的公园 ⟶ 公园中的城市。

③ 集思广益 ＜ 与群相同 / 与群相反

④

四种创作方法。

Jencks 美.理论家. (28) 29 30 31.
回
《后期现代建筑的语言》第三代理论家.

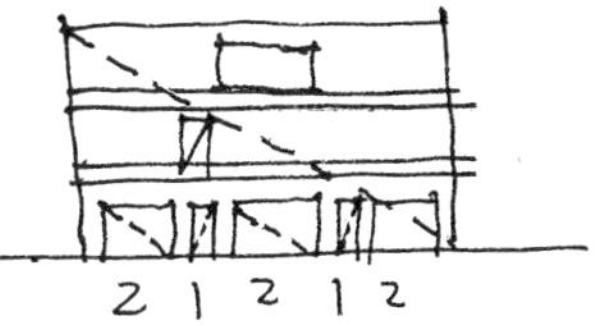

勒·柯布西耶最难捉摸的.

屋顶：水塔.烟囱.做为雕刻

鸡腿. 工程与建筑分家. 雕塑般的建筑. 排他教. 乱石图案.而不模仿自然

救世军总部. 马赛公寓. 50年代前的公寓

瑞士. Le corbusier. 馆. 象一个轮船的作法. 与文艺复兴式的大师.无所不能.

他的才能远远超过了他承担的业务. 粗石. 抹灰的作用是多余的.

贝聿铭.汉华大楼.粗石.搭宝的石子. 文章相当多

Wright: 与Le Corbusier 恰恰相反. 憎恨城市.崇尚自然.也有相近之处.

1869–1959. 原籍.英国威尔士. 生在美.威斯康星. 法国人看不起美国. 没有文化.

美国给莱特以很高的地位. 土生土长. machnics arts. 机械带来了民主.

机器给建筑以更大的创作余地. 1902年已经发表了观点. 1910年. 莱特的钢笔画.大书

法国出版. 欧洲的肯定. (德国的出版商). "科学 Science is inventive but ^creative never." 科学只能发明.永远不能创造.

机器是个工具. 限制是建筑师的好朋友. 实践与理论有矛盾, 并不是言行完全一致的. 自然的原则. 有机建筑. 建筑不是 on, 而是属于 by 地面的. 不是第二性的. "瑞典纸做的房子" 国际派. 方盒子. 没有装饰就是现代化是说不通. 玩弄石的配合. 仍然是装饰. 装饰就是罪恶. 经济基础与上层建筑的关系. 第三代又讲装饰. 与经济力量有关系. 多余的东西就是罪恶. 生活简而一落千丈. 东京帝国饭店. 在东京大地震时. 没有倒塌. 又东山再起. 学传构的. 到 Sullivan. (芝加哥学派的祖宗) 私人家设计. 生活随便. (威斯康星)

Organic Architecture. 有机建筑. 文字难表述. 看作品. 建筑与环境不可分. 威斯康星是个丘陵地带. 与地面是咬合的. 垂直与水平两个方向都咬合起来.

流水别墅即如此. 伸胳膊伸腿. 玩杂技. 垂直与水平相交处做重点处理. 不是一刀切. 平地上的建筑亦如此. 建筑物本身也是局部与整体不可分. 房间与房间咬合. 不能随便切掉一块. 黑川纪章. 房子可以随便拆卸. 有机. 即不可分割之意.

家俱. 陈设. 也是结合在一起. 试探了各种几何形态. 床也是圆的. 六角形的. built in furniture. 六角是事务所的.

一直到细部. 都是咬着. 结合的.

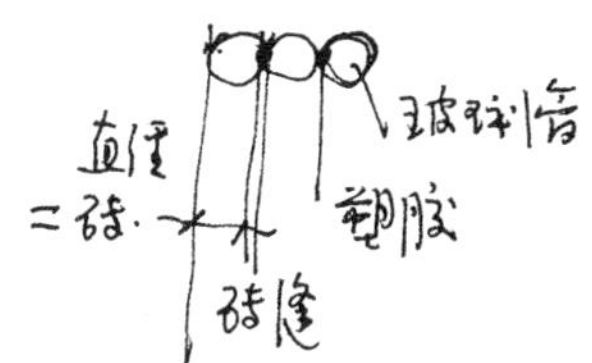

这是有机建筑的原则

化玻. 实心玻璃 又便宜.

空间的流通。一个房间内就不同的高度。用了老子的一句话。 这分强调了它的文理而损害了体的[illegible]。不赞成 Le Corbusier 室内强烈的颜色。损害了空间的东西。

后期现代主义。很少提莱特。死了二十年，影响并不大。后来叫宽。（并不是自然的。不可能模仿他我们。不是建设家的发明。"Late modernism" 写一本书 "近期现代主义。（继承性的）接受现代主义。 Post 是反的，本人受的这个教育，也有一半现代主义的影响。学校的教义。实际的影响，自己的理想。 Mannerism 手法主义。学它表面的东西。（词穷）成熟有好处，成熟以后变为教条，就不好了。成功以后，就不想改进了。本仍到各学地位之高，气愤了创造力。很多伟大的如此。美国没有民族形式。"构图发产生"）

有机建筑。即民主。民主制度的产物。古典建筑是集权的产物。意大利 Zevi 推崇莱特著……十五点。

2. Nature：大自然。建筑是生长出来的。要与环境相结合。"材料的本性" in the nature of material. 反对模仿。木有木性。Taliesin。学校。（用土结，屋毛）木材锯而不刨。砖是人工的。石头不用方整石。

3. Vernacular (folk) 民间，乡土风格。与当地的东西很一致。草原住宅。芝加哥当地风格。

4. 建筑教育：反对学院派，把原则教给学生，而不能教给死的教条。学院派就是本本主义。他同时也反对国际主义。日本的帝国饭店，装饰繁琐。也反对包豪斯。不上课没有老师。喜欢乡下人，种地，盖房子，天天改房子。建筑的灵感是从劳动，体力生活里来。进画图房，一个专视，一周平面。每个星期六一起吃饭，布置饭厅。60个学生。讲建筑哲学，是一个生活环境。圣诞节，和他的生日，送礼。学生的设计，一年两次。象他的东西，他很不喜欢。推崇你的原始的想法，不那么驯服的，一个人，要创造。喜欢"野马"不要"乖马"，主张学不听老师的。

作品：草原住宅 (Prarie) Robie house，代表作。Usonian，美国人。

大体十字形，烟囱为中心，living room，起居室，卧室很小，多窗

有一根主轴线。

② 屋檐深远，大得惊人。

③ 强调水平线

各行间的水平线

地面的节奏

木材不加油化，加防腐剂。拉成开关。无汽车库。5500 美元。中产阶层。Usonian。

失意的建筑师。 东京帝国饭店 对传统形式的态度。1923年东京大地震，防震措施。

60英尺深的混凝土桩。8英尺深的回填土。大水池，防火 "对日本文化的尊敬的爱好"

西方文化代替日本文化，可能是一个大的悲剧 现代化与民族形式 我47年去的。

古根汉姆展览馆，47~52年。园的螺旋形顶，上大下小，功能上缺陷，走廊坡。

抽象画的 学不学究。纽约不让莱特盖房子，纽约建筑法规

7

+几层的大厅。

周围的房子都大。Hall → Mall。非常像城市。

1936年，流水别墅。木地板上铺石头。时代的代表作。

莱特的影响如何？越来越淡薄。搞了一个世外桃园。没有关系去美国，不愿意进城做乡下人，坚持莱特的观点。灰派、银派、白派（新·勒柯布西耶主义），把社会性淡忘去。讲手法和构图，你们如何运用？

对莱特的评价：赛斯，1940年，新艺术展览会，最大的功绩在早期"1910年，新艺术运动，摩尔斯，取材于自然进行装饰，已经到了强弩之末，进行繁琐的装饰，这是一种普遍的规律。生气 → 成熟 → 僵化或烦琐。政治、艺术均如此，一盛一衰。几乎没有例外。新生状态时是革命的。巴洛克在初期是很有生气和创造力。当时建筑界变成一个空虚的状态。"看到了莱特的作品，从未有过的力量，思想的与众不同。建筑上觉醒了。"
"破匣子"。房子不是一个六面体。"水平的方向式"灵活空间，流动空间。

V. Scully，写了书，路易斯·康是他捧出来的，讲莱特的传统。"属于全世界了，不只是美国的建筑师。美国的人生活没有一种安全性，没有根，没有家，这种土壤产生不了文化。莱特针对这种情况做了大量的住宅，对他生的土地要有感情。没有建筑师的建筑，建筑教育对头脑中加了一些清规戒律。群众艺术，有很多有益的东西。elite专家集团，行家。行家的观点与群众观点的对立。但近来不要群众了也不行。群众的位置摆得太低。这正是行家所缺少的东西。1910年，时承上启下的作用。格罗皮乌斯、密斯都受他的影响。流水别墅又受欧洲的影响，新材料、新结构的影响。"不是总是持怀疑、否定的态度，到了晚年，沿着自己的道路前进。"建筑是无绝对静止的，不断增减的。象生物一样。探索的精神。40~50年代的学生都是不好的，都在捧他。看不到他的传统，只学了莱特的表面。路易斯·康又重新探索新的道路。

Bruno Zevi（赛维）赞成。讲空间和有机建筑，十五条。莱特死后十五年，"莱特的语言"新的条条框框。总结了七条：① List. 清单，功能的清单，功能表

最原始的清单。no.

给空间以光线的那房子。

zero degree，一切从0开始。

芝加哥地方建筑的代表。

② dissonance 不合谐。

柱脚是不平的，每根柱子不一样。要各自的特点。

反对调性，无基调。

③ anti (perspective — 三维空间.)

1979.6.4
1915年12生 Junes 金克斯.

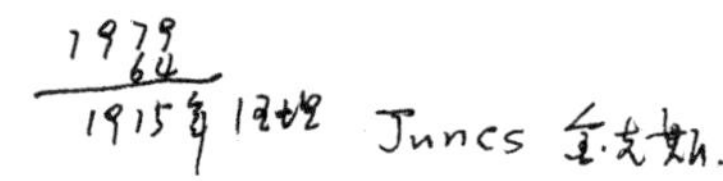

抽象构图.

④ 四度空间的分解.

墙 室 墙 室 墙　　墙 室

⑤ 悬挑结构，悬壳结构.

⑥ 空间的时间化. Temporalizing space. 静止的空间表现——集权主义
动态 〃 ——民主.

⑦ Reintegration 重新组合. 从民间的喜闻乐见来的. Pop. arts. 通俗艺术 占了优势. Pop. Architecture. 在美国风行一时.

Klumb. 莱特学生.
从活动、从生活开始。沙漠中盖帐篷。生活是源，作品是流。
"不要盲目地追求大。设计什么样的房子都可以盖出来。不要象展览会一样炫耀建筑，浮夸，不是扎根于生活中间。展览会的东西可以乱想。

Neutra.

路易斯·康 Louis KAHN (1901—1974) 第二代，影响很大. Osel

1955年找新出路，破旧立新，国际主义建筑已经缺乏生命力了。生于俄国的一个岛上，1905年到美国去了。温丘里等是他的学生，成名很晚，一直在教书 Paul Cret的学生. 杨廷宝、梁思成都是他的学生，新古典主义者，杨廷宝是他非常宠爱的学生。成绩卓著，在他的事务所，在经理部画渲染图。湖南大学教布士比亚，平、立、剖，一样不缺，严格极了，典型的巴黎美术学院。

一. Form 形式. 日本A+U. 路易斯·康大全.
形式是不可借的。白马非马。→ 形式 是抽象，共性，概念.
form — what — 概念性的
shape
学校不象学校。学校即：大树底下有一个人在讲道理。这就是学校的起源。
design → How.
这就不是设计，而是作曲. Compose
Banham.

二. Nature. 自然. 有局限性，不易区别的，不是艺术. 艺术可以把一个车轮画成方的，把一个狗画成50条腿。艺术高于自然。空间的光，空间是光造成的光，即使是黑暗的空间，也要有一线光。关键在处理光。

主体主义的房子，不讲究材料的质感，反对主体主义的作法
手卷——长江万里图，视点不固定，真实感不是透视感，移动视点，轴视图.

8.

颐和园的测绘图——手卷，是两度空间，不是三度空间。

黑川纪章自称反派，要自有主张。勒柯布西，城市集中主义者，莱特则相反。

Light：微差，人的感觉，黑屋子加一个小亮窗，更能体会到它的黑，科学与美学是有区别的。 Rowan. 62年4月写了一本书。

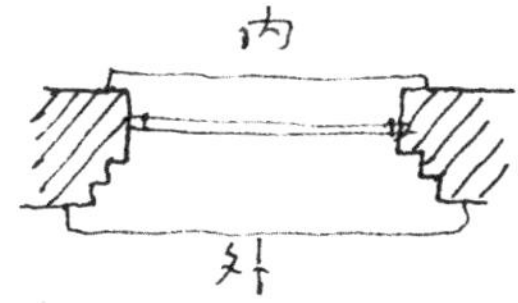

古典建筑的厚墙，现代建筑，墙薄，窗大，室内外光线的差别越来越小

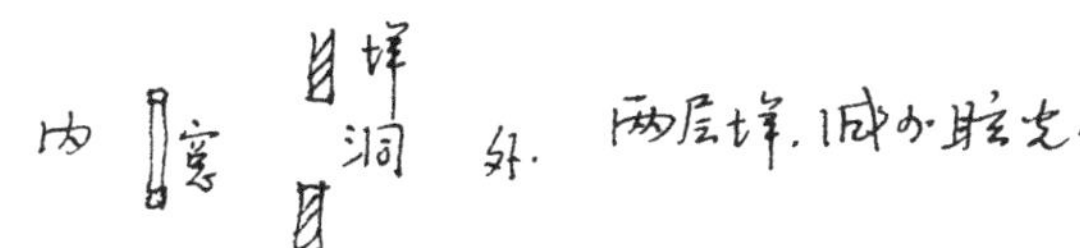

两层墙，减少眩光。

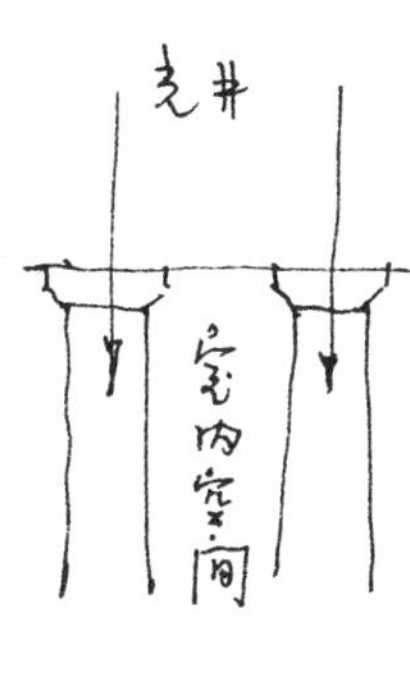

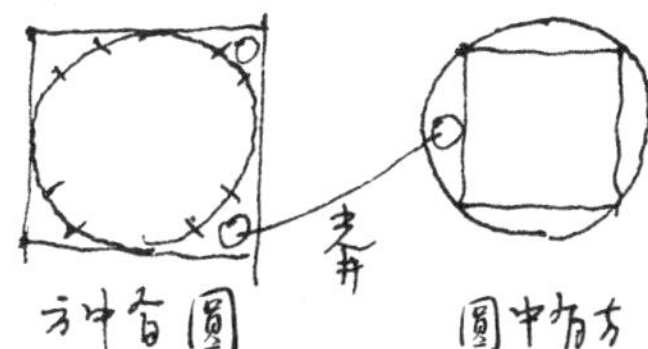

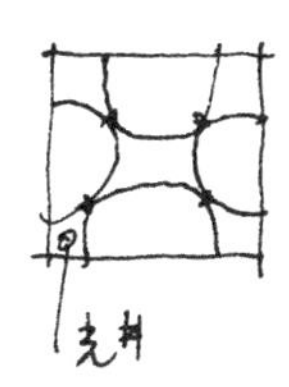

建筑：即有思想的空间。当然要满足适用要求。激发你生活的愿望。

建筑存在于功能满足之后，绝不只是满足业主提出的要求，你要想在世界上表达什么？ Preform. reform. 教堂附属一个学校。

先定的形式 二次设想

学校

church

说他是真正的形式的创造者。

What is a spoon?

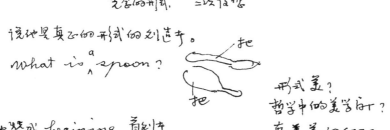

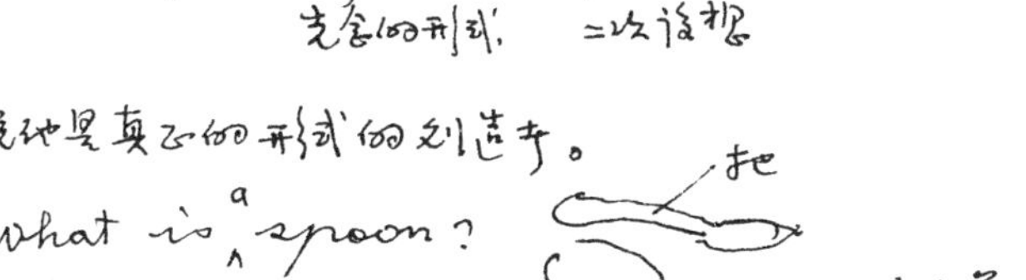

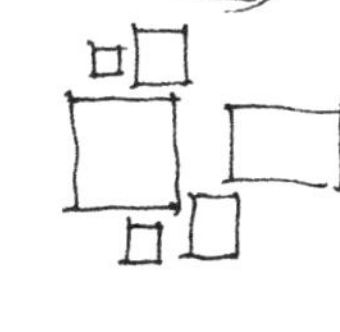

形式美？

哲学中的美学统一？

真善美的统一？

他赞成 begining 首创性

性格美，外貌美。 帕提农非常美

Paestum，与帕提农一模一样。比例不好，线条，雕塑都差些，路易斯康说这个美，帕提农是从它来的

勒柯布西耶，爱画草图，密斯，精雕细刻。

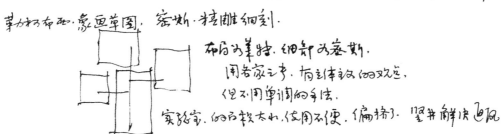

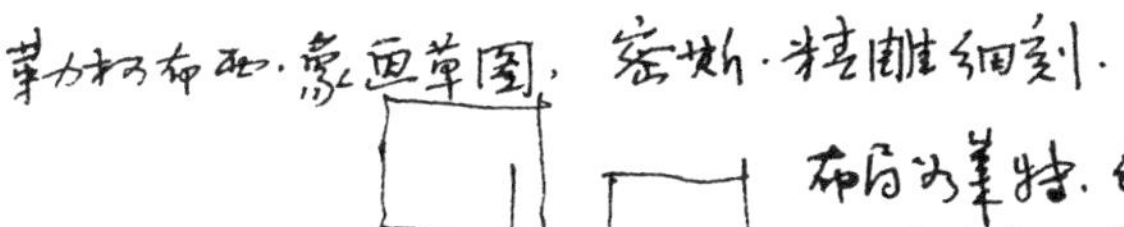

布局为莱特，细部为密斯。

用各家之长，有主体设计的观点，

但不用单调的手法。

实验室，的面积太小，使用不便，偏移了。竖井解决通风

Louis Kahn 1901—74 路易斯·康

1. R.S Wurman E. Feldman: — 1962
2. E. Fratelli: — Zodiac 8 P15~25
3. — 专辑 A.A May '69 P1~99
4. C. Jencks: Modern movement… '73 P186-
5. W.H. Jordy: Medical Research… A.Rev. 2'61 99-106
6. Jan.C. Rowan: Wanting to be P/A April '61 131-163
7. R. Banham: On Trial 2 A.Rev. Mar'62 203-6
8. V. Sculley: Light, From and Power A.For. Sep'64 162-
9 AA Dec'62-Jan'63 1-40
10. A. Temko: Salk Institute AIAJ Mar'77 42-49
11. M. Bottero: From Le Corbusier to Kahn Zodiac 16'66 120-
12. W. Jordy: Kahn at Yale A.Rev. July'77 37-44
14. STanford Anderson: Lou Kahn in the 1960 P301-
15. Fumihiko Maki: Contemporary Classic 同上 P315-

后来用水平夹层的通风管道．铁道是铁道．创造是创造．悉尼歌剧院．
达卡的砖拱式建筑，拱壁不拱。很少用玻璃，就是洞。巴基斯坦的民族
形式，勒柯布西耶"为我所用"，路易斯康是"尊重地方"，中世纪建筑的气氛。
室内外的过渡，室子外平，镜面玻璃，室间墙（合在做的）耶鲁大学艺术馆．
"情·意·趣"封建士大夫的，都是内容，以意为主，承上启下的第二代建筑师．
青年建筑师对他评价好，建筑表情上的内容，气氛，而不只是功能，功能
以外的内容。

密斯： Mies Von Der Rohe（1886年生于德国— ~~1969~~ 没有内容的展览馆
对古典的东西也很喜欢，37年到美国，在此之前已有名。巴塞隆那，1929年．
1930年吐根达住宅，包豪斯的主人．I.I.T. 伊利诺理工学院（37~58年）
他追求"通用空间"，李卜克内西和卢森堡的纪念碑，不是政治迫害不是左的。
强调技术，和材料，个人的特点是无关紧要的，"没有科技的发展就没有
现代建筑。"理性的，不追求有趣，而追求好。

9

钢和玻璃建筑即密斯风格、还有砖和砼，他代表了美国建筑。大玻璃盒子。所有的结构暴露在外，结构是最完整的，从顶到底直到最小的细部。应该研究过去的建筑，在特殊的历史条件下，如何处理建筑物。对称形式比较多，放在一个台子上。"不要翻筋斗""少即多"形容他的设计"almost nothing""纯"没有多余的东西。少是千锤百炼的结果，进行很多方案比较，决不见异思迁。"universe space"我只知道建筑好，找一个环境把它摆下去。对于结构、材料的知识（教育），椅子摆了不能移位。

6

密斯：这就是时代的意志。个人的痕迹很少。时代的特点，是有的。1920年以前，有时代的和地方上的特点，不以个人为分类特点。到资本主义发展到一定阶段，个人的风格就比较突出了。今后也不见得个人风格的突出。（社会主义制度）。1肯定的时，"建筑与时代"技术、材料、钢、玻璃、细柱子、薄壳，这就是时代。结构主义，玻璃盒子为了暴露结构形式是结构与施工的自然结果。苏联的达达主义，（否定了过去的一切）。荷兰的风格派几何构图。

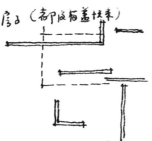

构成主义。　　De Stijl

reflection 反射作用。（未实用）。现在有了镜面玻璃。

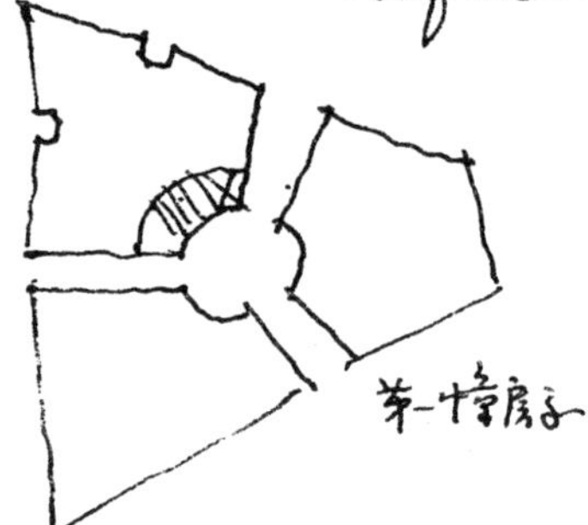

第一幢房子

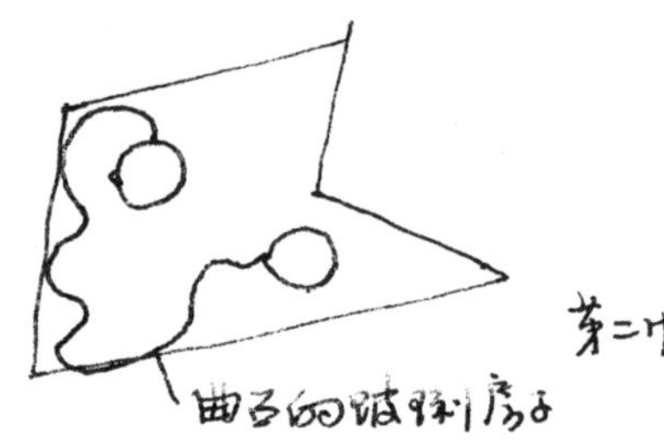

第二幢玻璃房子。

曲面的玻璃房子

变形与变位，与自然形态与差别。打开了一种局面，总有一些人要过一些年。

bone & skin。骨与皮。钢框架结构。

没有一点啰嗦的地方。

另外两幢砖房子（都没有盖起来）

砖房子。

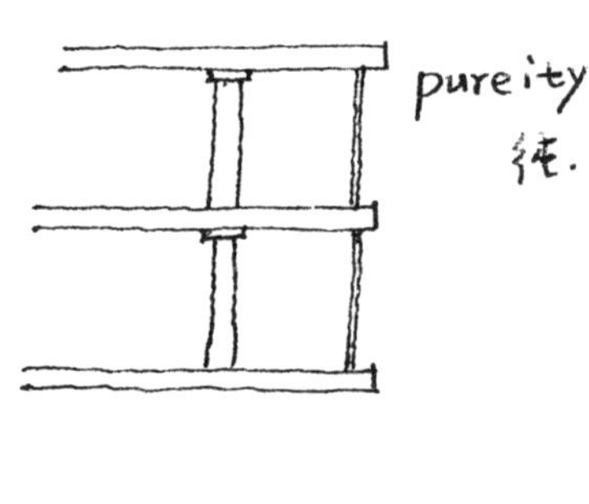

pureity

纯。

以上五个方案，影响很大

斯图加特展览会。"National style"

① 代替了过去的轴线，用框架结构的规律

② 外观轻、薄。skin.

③ 不要装饰，而用色彩和结构的细部。

1926年，李卜克内西的纪念碑，是一个不能长久的时代的角色。

并存。古老的广场，放一个玻璃盒子。

巴塞罗那。吐根哈特住宅，I.I.T.

毁坏了，剩下了十几张照片。

尺度感。模型失真，做放到模型的……

湖边公寓。

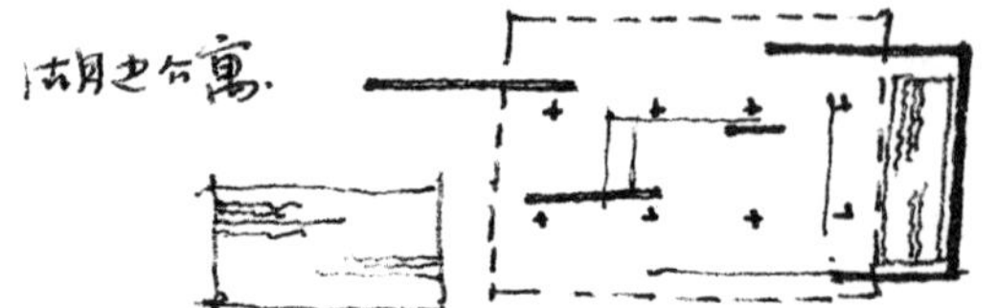

10

密斯摆像俱很认真。 总图上摆位置亦如此。

互相锁住，成了空间。

Court House. 庭院住宅。

都有前后院。

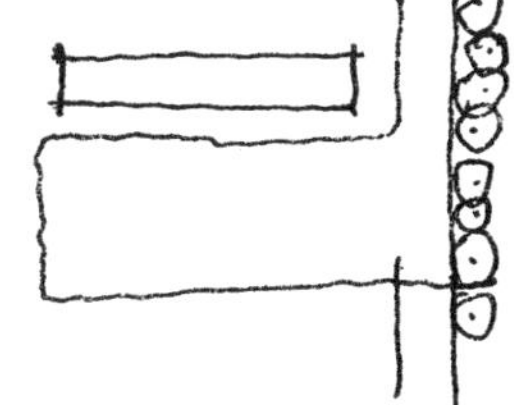

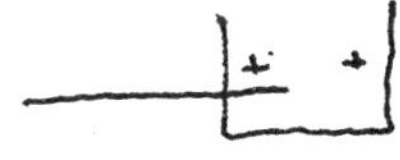

I. I. T. 系主任。

伊利诺斯工学院。 24′×24′ 方格网。

门窗的样子也很少。房子的高低变化。

冷静不亲切。 砖外面贴一根不落地的钢柱。

装饰作用。

做了两个方案。

小住宅。Farnsworth 四面都是玻璃。

女主人。在森林中，四面风景都很好。架空的。如巢。为鸟

湖边公寓。

西格拉姆大厦。办公楼。精益求精。不是见异思迁。变戏法。风格统一。干净利落。

进行多方案比较。 知识和技能。为人。材料。功能。精神。

密斯并不满足仅仅有的功能。有所舍弃。有丑才能有美。败笔。

有所舍才有所得。

格罗比乌斯：1883～

1908～1910年。 包豪斯学校。 巴黎美术学院

他一生的主张。Team work. "集体创作"。 学生名人很多。鲁道夫。贝聿铭。

↳ 生活发展，技术发展的必然结果。往社会上跑。

旅行。人越来越不能掌握那么多技术。群众缺乏视觉的教育。一个人的创造性构思

是在象牙塔中推敲，还是在集体中讨论。集体创作，包括到各个工种。一直坚持到最后

TAC. (The Arch. Cooperative) 联合建筑师。 主张集体创作。群众路线。联

系实际。到予制构件厂去。群众中有新鲜的东西。懂得工厂里的基本知识。

被称为功能主义者。他自己不承认。工程完了 Arch begins at the end of

他曾经反对过功能主义者。曾经是表现派 engineer.

近代建筑史 汪坦先生 J1-2-1-7

孙[illegible]讲 [illegible]

交响乐队只能有一个指挥。 赞成圣马可广场，不赞成圣彼得。 集体创作的好。

谐调不等于向右看。

包豪士学校。 芝加哥大楼

neutral style 中性审美风格。

苏联，无产阶级文化派。 包豪士的美学观点，也受到它的影响。

荷兰的风格派。 De Styl. Doesburg 到过包豪士，说格罗毕斯是温子

文艺的文化就是战胜了自然。今天的代表就是机器。机器美学，对工艺美术、建筑有参考的作用。“风格派的重要性” A.D. 79年. Februry.

圣彼得也不是一个人做的，几个大师的作品。 Unity in Diversity

多样统一的代表——圣马可

提倡下意识的创作，脱离要抽空。受到风格派的影响，虽然反对风格派。

包豪士学校：接受当时的技术条件。technology. 壶把

Form follows Fuction.

Form follows technology.

大量生产的要求，时代的要求。

Fine arts. 高级艺术 绘画、音乐

aplied arts 应用艺术 } 平起平座。 提高建筑艺术的地位。

各教授、各艺术家。包豪士学校建筑，因此而闻名。从事工业——大工业。应运而生

△ 建筑是许多人协作的关系。中世纪是学徒式的，不主张学校。莱特也是这个主张。

师傅与徒弟的关系。连生活也是密切相关的，生活融为一体。现在学校是形而上。

Mies Van der Rohe

1. Philip C. Johnson: Mies Van Der Rohe
2. Paul Heyer: Architects on Architecture P27—
3. Werner Blasser: Mies
4. Jencks: Modern— P96
5. William H. Jordy: The Place of Mies in American Architecture

Gropius:

1. The new architecture and the Bauhaus
2. The total scope of architecture
3. The architect — Citizen and Professional
4. S. Giedion: Zodiac 8 P49
   Walter Gropius — Work and Teamwork
5. G. Dorfles:
   Walter Gropius Today Zodiac 8 P35
6. Paul Heyer: Architects on Architecture P197
7. C. Jencks: Modern movement in Architecture P109

通过做来学习，学手艺，而不是通过看来学习。 2角美金/呎³ 造价，包豪斯，很便宜。设计方法，由内而外，不是由外而内，以功能分析开始；构图灵活，打破了中轴线，各个立面都很好看，经过推敲，用对比的手法，虚实、高低、长短、材质（玻璃墙面、不透明）。新材料新结构，轻，萧条时候遭到压制，当时这些建筑的出现是很了不起的事。开了时代的风气之先。后来称为国际派，功能主义，并非初衷。1928年离开德国到了美国，哈佛任教。T.A.C.（协和建筑事务所）"研究生中心"与包豪斯有类似处。联系廊的手法，美国驻雅典大使馆，巴格达大学，反对各里思想，一鸣惊人。

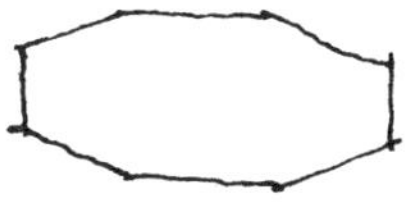

切掉四个角，体量不怎么大，分为六个小的面。弟子遍天下。工业化问题，标准化，提倡高楼，平顶做为一个理论问题来探讨。坡度象征着住宅，生活亲切的象征，也不去掉，也无女儿墙。影响及于全世界。

丹下健三. Kenzo Tange

67岁，影响大，他和路易斯·康，5～10年，日本建筑现代化与民族形式结合比较好。1. 重视技术，technology，技术革命影响到所有的领域，东京exhibition，新陈代谢派，黑川纪章

原因是强调现代技术，这是一个潮流。scale．讲 human scale mass human scale mega 规模越来越大．技术上无所不能．电子计算机．electron computer．traffic problem．新陈代谢派．不是象 — Mies 那样 emphass a little machnig beauty。

② 强调传统：tradition　　Catalyst 接触剂 不是复古主义的同构．触媒．化学反应完成后更此原，不应象用装饰品那样对待传统。"从传统中的缺点上下手" shortcoming．去其糟粕．可以超越它。对日本古典建筑很有研究．日本神社。

③ 全世界增加30亿人口．(20年内) 居住问题如何解决。共70亿人口．社会责任感，文化水平与科技水平不一定是一致的．文化水平不如中世纪，物质生产高于中世纪。缺乏对文化方面的重视．现代的城市不行。雅典宪章基本上是正确的．今天仍然应该发挥作用。昌迪加尔(印)．巴西．首都的规划．建筑师要勇敢地去展开．解放思想．敢于设想城市的未来。雅典宪章的不足之处一是城市结构．一是符号．把功能的标准化与特点的标准化．宏观一下中世纪的城市，有共同点；符号．统一起来．共同的抽象的东西。凡蒂里：鸭子：duck．功能主义．用标志．arrow point，标识．字号．表格。城堡代表居住建筑的象征．摩天楼是大商的符号．20年代平屋顶是住宅，信息．符号是两种表现手法。　现代城市要发展巨大的尺度。现代教育的缺点．强调科技．强调人文科学．心理学．生理学。建筑设计．本身技巧．tachitecher．只会说不会搞建筑设计。不能把外围的东西，代替了本职工作。重新估计 Beaux art．建筑师的职业技巧，不能放弃我们的根本。

日本．丹下健三

1. Philip Thiel: City Hall at Kurashiki
A Rev. Feb '62 107—

2. R. Boyd: An Architect of the World　A I A J June '66 82—

3. T Farrell: Two Tents in Tokyo RIBAJ ja '65 35—

4 P/A D '64 176—

5. AIAJ O '60 45—

6 Tokyo City Hall Rec April '61 134

7. 新建筑(日)专号 1976

8. Kenzo Tange 1978 瑞士版 TU 207/FK96

9. Kenzo Tange:

Architecture Contribution To Social Culture

(Report at UIA 10.1978) ja 7/8 1979

10. 黑川纪章 kisho kurokowa: (1934—

11. Architecture of gray ja June '79

矶崎新 Arata Isozaki: (1931—

The Japanese Concept of Apace-Time ja Feb '79

Kamioka Town Hall ja ja '79

12. 槙文彦 Fumihhiko Maki: (1929—

Japanese City Space and the Concept of Oku (奥) ja May '79

13. Mare Treib: Scenario For a Place " " "

14. Hisao Koyama: F Maki & Cultural Inclusiveness

15. Philip Drew: The Non-assertive Architecture of "F Maki SD 7906

黑川纪章 Kisho kurokawa

灰色阶段. 黑白灰. 新陈代谢派的创始人. 认白为黑

藕断丝连。灰处是建筑的周边地区. 旅馆. Mall

白 灰 黑

十九层高的有盖的大厅. 这就是"灰". 内院加上盖

双关: Ambiguity. 用的很多. 骑杨、柳; 沧海桑田.

Rubins

杯子

两个人的脸的侧面，双关。

日本建筑，受中国建筑影响很大，但决不是中国建筑。对外来建筑、文化，不是拒绝，而是吸收、同化，战后受西方文化的影响，终究要被日本所同化，有一个强烈的民族感。剽悍得很。文化上也如此。 管道部分与使用部分。SAR。住宅体子，城市中的设施，周期不同，即'寿命有长短'，更换，而不是死亡，着眼点是动态的。伦敦的停车场，20年后将占1/5的面积。

矶崎新 Arata Isozaki

(41) 到过中国。政治上摆脱了苏联的影响，建筑上未摆脱。有些Mies的意见看不出是美术馆。Universal space，强调了形式的独立性，手段为一定的目的服务，生产的目的性，手段越来越丰富，手段成为目的。画画就是为了画画，为艺术而艺术，音乐、绘画都如此，印象主义、立体主义、超现实，有意识地摆脱掉目的。旋律不需要了，节奏就是目的。玩弄技巧，到了成熟阶段，这是一种堕落。借题发挥，没有site的观点。这是对他的评价。"日本的时空概念" Japanese space & time conception。音乐占据时间，建筑要占据时空。78.10~79.1 巴黎展览会。不同于西方的空间概念。"ma"中文意思是"间"，时间的空隙，用时间表示的距离。日本人对距离很敏感，两个现象之间，两个停顿之间。日本人不讲两度空间，时间是无往而不生，"间"主要指的意思是"虚"，appear & disappear 之间，比较象征性的，庭园中常用沙子、卵石，沙子象征大海，石块象征岛屿，怀念祖先、渔民、海边的装束。花开花落，光阴流逝，"感时花溅泪，恨别鸟惊心。"迷宫式的室内布置，两个空间的界限是模糊。镜面玻璃。"闭门推出床前月，投石击破水中天"

镜面玻璃。成名之作美术馆。象征性的乱石。反映下面的倒影。

精巧、细致是日本文化的特点。比较含蓄、深刻，内含而不是外向，推崇Maki，而不推崇丹下健三。日本神社十分精致。

2

槙文彦 maki

54年，格罗比斯访问日本。"灵活性，伸缩性，多用途空间，专制节点。内外墙都可以拆卸。苏州的老房子。西方尚未做到的，日本已经做到了。利用地形。Topo 拓扑

奥 おく (oku) 中心的意思，是虚的，隐约存在的一个中心，"裏"，暗示出来。

地形等特征，与自然的配合。形制学。不是用几何、人为的办法。不用"划分"的办法。

流通空间是多层次的渗透。

磨砂玻璃

12月15日。

坂仓准三

ALVAR AALTO 阿尔托。芬兰建筑师（1898~1976）。在美国 M.I.T 教过书

在美国的作品很少，主要作品在芬兰。现代建筑中讲人性化。humanism.

不写文章的。"I'm going to build" 建筑即是房子。他的建筑为小人物的。

现代技术发展降低了精神质量，标准化的同时，只看到技术，看不到精神。现代世界的坏了。old fashion; modern fashion, What is your model? my asistant answered him "one cm, or little than one cm" Fresh air is the most expensive. The thick of building is the cheapest.

When a man is a child he need to be educated in Architecture. (pupil)

English pupils was taught in literature painting & Architecture.

standard, modernilize, industrialize, are needed.

His works feature is opposite Le cabusier but Aalto is kind 温和. complicated is different from Miss's "less is more"

"line". break box. 打破盒体. irregular method

多空间，多灭点，多边形的房间，墙变复杂了。

维堡图书馆

在声线的分析基础上

线的表现力超出了。他着眼在"器"而不是在"无"。轮廓线是最传统的一条线。

大屋与实相比。多直式　人大会堂。在广场上是从底的。

线的本身是有性格的。格式塔。(格) gestalt. 给以其分

柔软、流畅、女性、运动。

黄色统计的、兰绿色是，圆形是完整的。乱与不乱，以乱衬托不乱。不定的形状。

教堂的塞了没有一个一样的。5个

church.

协调相当多，3000人小镇的市政厅，亲切的广场。比路面高出一层。安静安全。

lay on a cline 放在一个山坡上。liberary 红砖做的。

市政厅的入口

forest.

Saynatsalo

S. town

不是纽约那种心理状态。不要多扎，一览无遗。中世纪的生活气氛。

维堡图书馆 famous work. 已经毁了。层叠联络有。

导向，与采光。阅览时无影，漫射，既无眩光，也无阴影。

sun light

lamp

剖面

Imatra 教堂。考虑音响联系的影响。

三部分，有分类活动部分

教堂

平面

Newyork exhibition

· Finland pavilion:

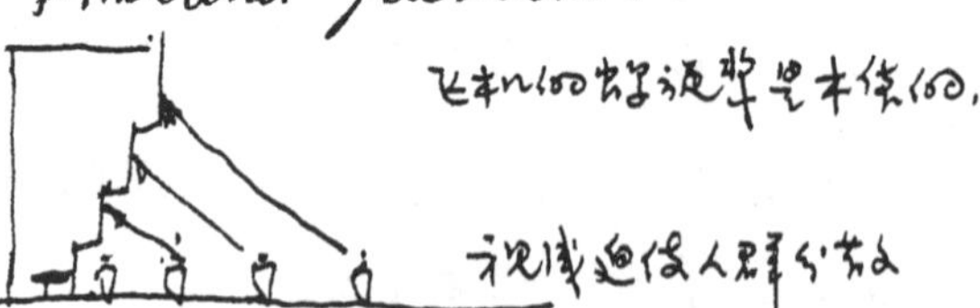

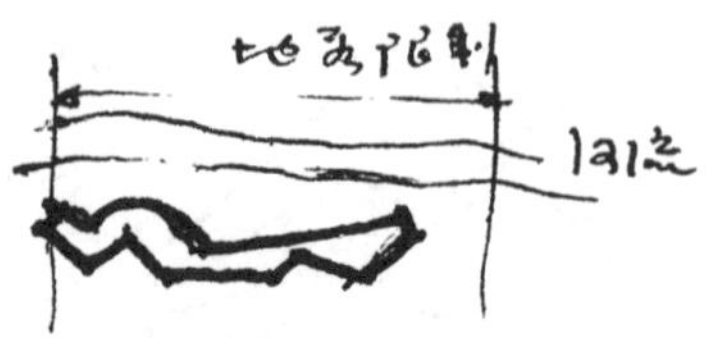

M.I.T.的学生宿舍，小、便宜。每个房间都有好朝向

3

对于技术的比较不重视，重视文化与美学的，这是有缺点的。文章要不通
雅俗共赏，技术艺术并存。介绍高层建筑。1932年帝国大厦，40层以上很少人敢去
租，一年多后用建成。6层；12—16层；20层 高楼的概念也在变，高楼、造价高、结构
来也不同的合院辩证。研究低层高密度。

高层建筑：两样的建筑比较。每个（2倍）房间都要有直接采光。

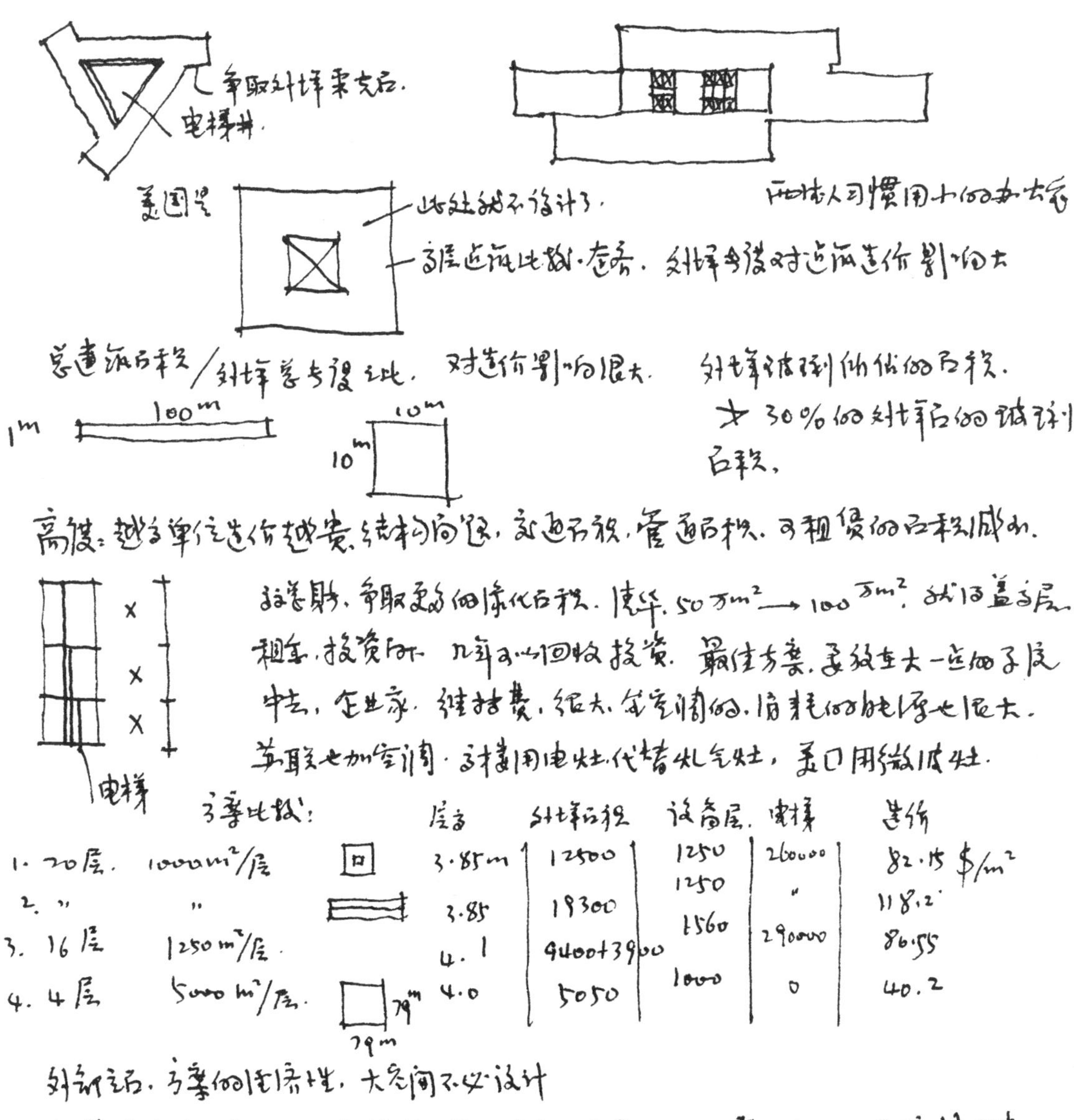

总建筑面积/外墙面积之比，对造价影响很大。外墙往往到价值的面积。

★30%的外墙面的造价到面积。

高度：越高单位造价越贵，结构问题，交通面积，管道面积，可租赁的面积减少。

投资者，争取更多的经济化面积。使平50万m² → 100万m²，就得盖高层。租金、投资者，几年可以回收投资。最佳方案，要放在大一点的尺度中去。企业家，维持费，很大，冷空调的，消耗的能源也很大。苏联也加空调，高楼用电灶代替煤气灶，美国用微波灶。

方案比较：

			层高	外墙面积	设备层	电梯	造价
1.	20层	1000m²/层	3.85m	12500	1250	260000	82.15 $/m²
2.	"	"	3.85	19300	1250	"	118.2
3.	16层	1250m²/层	4.1	4400+3900	1560	290000	86.55
4.	4层	5000m²/层	4.0	5050	1000	0	40.2

79m 79m

外部空间，方案的比较性，大空间不必设计

要懂些结构。R.C. 15层框架、剪力墙体系。水平风力、地震力成为主要控制因素。
实际上已经盖到60多层， 92层(已设计)、52层已建成，可以与钢结构相竞争

25.4 2.5

10

代替了钢结构。很多楼不要看死了。华中工学院，长江中的三峡船，可以节省钢材30%。核心，剪力墙、剪力筒 承受水平力。其他构件不受水平力的影响——密柱外墙。 筒中筒。柱间距缩小 6'0" 成为一个窗间墙。梁和楼板不受水平荷载。52层楼，楼板厚 3.5吋（9cm），造价相当于35层的剪力墙体系。突破了15层的限制。斜撑直接放在密柱之间，省掉了钢窗料。建筑与结构的关系之间没有明显的界限。多层房屋的摆动，即刚度问题。

② 框架与剪力墙结合，共同作用，使刚度加强。

③ 加剪力带。刚性

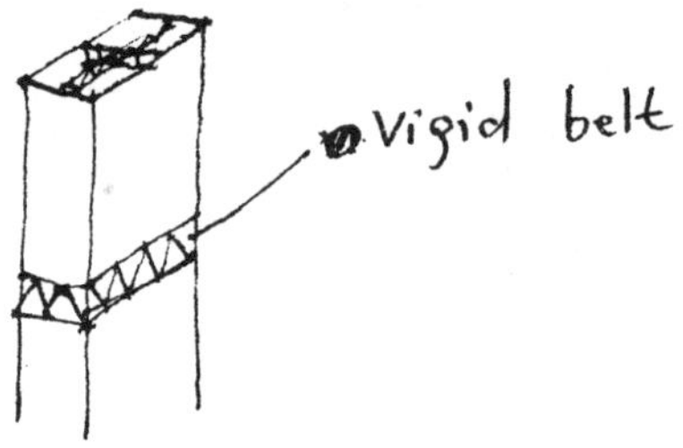

汉考克，100层。

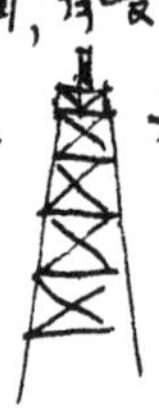

相当于35层传统作法的用钢量。柱子加大，改为斜撑。

Sears，74年建成，442米高，芝加哥，75'×75'的管子组成。

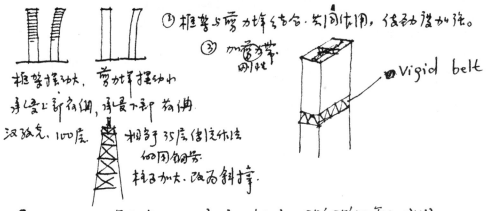

structrue conception is very important for architecture.
Mathematics " " more " than ~~compu~~ calculation.

筒中筒，用钢做内筒，外表用R.C，钢结构的工期更快。砖的高楼，可做20层。

I.I.T. 700英尺高的砼砌体的楼，瑞典，12～16层。高楼没有问题，基本理论没有突破。配筋砖砌体，"偏承砖"不可能的，与农争田。根本不是那么回事。

休斯敦的52层的R.C，已经典型化了。贝壳广场。地质条件只能做35层楼。

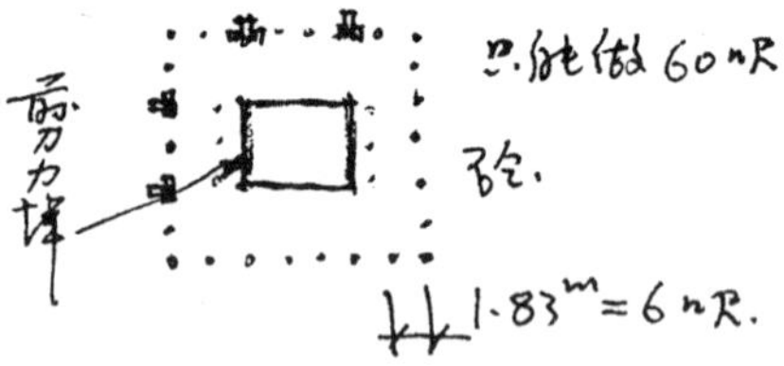

只能做60呎深，楼的重量=挖掉土的重量。轻砼代替了一般的砼。

S.O.M.的特点：建筑结构的一致。高楼，大跨结构

温度应力，风力，地震问题

楼板的防火问题，喷了一层蛭石，达到2小时的要求。

basement，8呎3吋厚，比原来一样大出20呎。

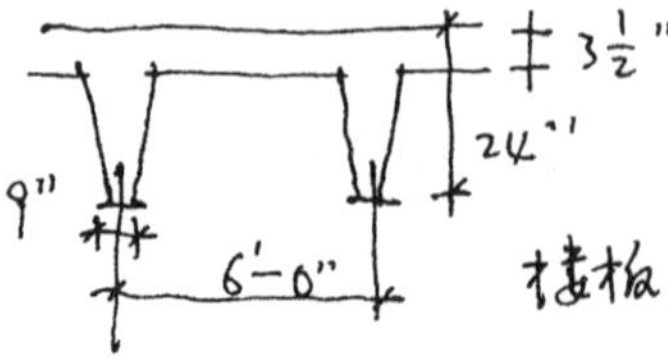

楼板。

含钢量差别太大，产生徐变，（一次加偶），这样加的可以不放层。内柱就必须放层，改变砼的弹性模量。

4

一般的（核心）筒，只相当25%~50%的筒的作用。

73年第一期建筑译丛。

剪力墙延伸，外筒，超过100%的作用。

4.6美元/呎²

汉考克：100层。（46~92层是公寓，七层电梯，下面办公，商业房间）

清华主楼，10层，10公斤的压力，暖气片，千管，5楼加一道。

12呎半了（办公）

8呎8吋了（公寓）

18呎（设备层了）

斜撑，进行了种方案比较（用computer）。

46层，sky-lobby，转换站，

水压不要超过6 kg/cm²，即60m了水箱，减压措施，

北京市，2 kg，总干管，实际10几kg，（2里用水）减压泵，减到4 kg。

无水箱供水，多台的泵，风速。

Soviet Union：international conference 72年。

moscow chief architect，高层建筑。

人口大发展，范围不扩大，居住面积大大增加，主路是高层建筑，里面是和鱼，16层以上。

克里姆林附近不建高层，沿着6带搞高层，74 zone的中心

Volume — Space，不是一个高层建筑，而是一组，建筑群的体量空间，不是孤立地发展高层建筑。"没有规划讲高层没有意思。"村布西。五十年代的八大建筑，这是历史上的风格阶，不加否定，坚持工业化，装配化，不是唯一的形式，现场浇制，现浇浇制相结合。苏联集中供暖的城市，电气改为用电炉，减少污染。电费便宜一半，工万居民的城市住宅区，绿化，文化建筑，地下建筑，social plan，生活与工作的关系等。

高层建筑对健康有影响，生病的多了。低层了要很的多矮，并优比更大了。中心的剧院的住宅住宅上的问，统计角度，市政建设的费用，早投入使用是很大的问题，澳大利亚，6~7个月建成。读书阅读

Philip Johnson 1906— 80年1月5日，最后一讲。

历史是非常肤浅的。late modernism 晚期

past modernism 后期，代表人物 Venturi

rather than.

both and 兼收并蓄 建筑的矛盾性和多样性。

而不是 either or 而是是，非此即彼，形式美的相对独立性。

form follows form

form follows function.

form is determined by function.

诗与画的界限。Architecture is a fixed music.
尖雅、形式主义、现实主义、自然主义，音乐大多是非现实主义，绘画大多是现实主义的。建筑中的自然主义——隐喻，飞机场。人间还有些依赖。
从形式到形式。小提琴的表现力相当大，很多建筑我们看不懂，为形式而形式。
Johnson is a rich man. 不受社会的影响，想学哲学、绘画、钢琴家，偶然地成为建筑师。50年代以前，他是个功能主义者，international style Miss的信徒。50年代以后，来了一个anti，但仍为Miss辩护，受严格的口[illegible]主义的训练，包豪斯的最后n个人物，他认为Miss是最强有力。
他的名作：glass house（自己的住宅），玻璃的房子，有一个圆形洗澡房。
Miss的西格拉姆edifice是Johnson与他合作设计的。
"I am old. I want history." Architect ~~can't~~ 不能不懂历史。从古典中得到inspiration（灵感），不是Neo—新
从头从真空中开始，而是从历史开始，最好的样子是Miss。从实践中也发现自己的理论的缺陷。They are no ruler, only fact

taste 口味。 " 要求，only prefer
take " 选择 " 选择

anti-Miss ~ less-Miss
为"less is more"辩护。西格拉姆是办公楼的经法。湖滨公寓的发展。三点创作、达到转换空间的目的。用最经济的手段达到最大的效果，角柱的处理。设计西格拉姆，Miss都要哭，法规和业主的种种限制。个人的理想很不容易实现，他是很严肃地对待自己的信仰，要信虔。
功能的折衷派，先功能，后形式，把功能塞入形式内。
tick：① foot prints 脚印，approach，sequence
接近 序列
教堂、神坛；住宅、生活、起居。
② Cave 洞，房子是个隐蔽体，所有的建筑都是内部完全在西方很昏暗 Cup 的特点是中空。
③ Sculpture 雕刻，象雕刻那样处理建筑。
建筑不光空间处理，也是体量的处理，这是从属的。建筑是一个过程，只有在时间中才能理解，是一个process 过程，不同的space，与照像的画面不一样，追求一系列的印象的叠加，play time.
wall is secondary.
从属的。

5

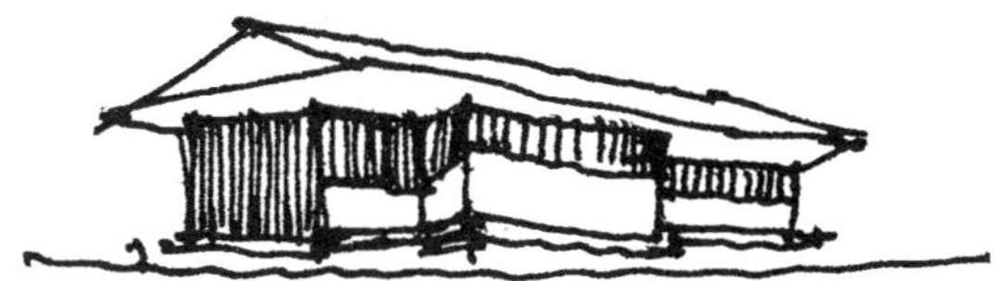

城市交通

郑祖武先生

祖

城市交通. 9:00 a.m 联系教室, 郑祖武. 1.

Tuesday 二楼 1215 (清华学堂) 七个题目.

教务处郭.

1. 道路网
2. 交通流
3. 道路通过能力
4. 运量交通量的预计.
5. 路面结构
6. 交通自动化.
7. 交通标志.

自动化控制 automation control

资本主义国家, 小汽车很多, 并不现实, 交通秩序良好, 自动化控制起了很重要的作用。mark. 路牌.

交通量的计算, 调查, 道路通过能力.

公共交通: ① bus & trolley bus ② 无轨电车. 西欧, 北欧没有, 不是广泛使用, 苏、罗用无轨。 Tube, underground. 很多大城市都有

④ 地铁. 近100个城市, 70~80万人口的城市也搞, 客运量, 一小时, 一方向.

单方向高峰小时, 运输能力. 4~5万~6万人/hour ; 公共汽车 1万人/hour

车速: 35~40 km/h 车速: 17公里/h.

旧金山. 1/3在地下。 地铁比重: 20~50%, 东京, 莫斯科, 500万人,

占运量一半以上. 地铁造价比较高. 天津, 郑州搞了一点.

⑤ 市郊铁路。二线干道, 二线通郊.

6~10条. 市中心有车站. (旅客站)

费城有14条. 6~10个旅客站.

与地铁. bus 结合较紧.

~~havicany~~ Transportation traffic

重型有轨交通工具. 纽约. 巴黎, 莫斯科,

单独运输通路, 不受红绿灯

的控制, 高架或高架桥式的.

20%~50% 的客运量.

⑥ 轻型有轨车辆,

有轨电车, 京, 津, 沪领导都认为是落后的东西, 也不落后, 受红绿灯的控制. 西德很多城市都有, 法兰克福, 慕尼黑, 这些都不是叮当车. 轨道也不好. (北京)

丹麦. 哥本哈根, 荷兰. 海牙. 阿姆斯特丹. 美. 费城. 西方也在提倡.

不是密集的建成区, 三环以外仙桥, 到未来, 到颐和园, 造价便宜.

6

加轨电车＝3～4倍的公共汽车的客运量。
" 汽车＝50% "

③ 新型：气垫、悬空、扩大范围的使用，未能很大使用。

二、交通与规划与建筑布局的关系：

① 道路网布局与土地使用规划，是二个主要方面。
② 从交通角度，居住区与工作区的关系。
③ 大的客流集散点，与城市干道网的关系。
④、交通枢纽与布置卫星镇的关系。 平行型、放射形、环形。
⑤ 市中心的交通运输与环境的关系。 艺术、体型。
广场、停车场、地铁出入口、车站、绿化，都与环境有关。
⑥、公用停车场、车库、与公共场所的关系。⑦ 大型的公共建筑，旅馆建筑
机动车辆增加，这是必需的。 美、建筑带有地下车库及停车场。
国外大城市，中心不能停车， 农村四万人车辆开进市中心，
车辆进入

⑧ 小区规划，内部外部交通的关系， 公共交通的场站
⑨、充分利用、地铁、车站， 发挥地铁的作用。 北京 10万人，
布置公共建筑，和公共交通的结构， 慕尼黑 30万人，
⑩、两相邻地区的交通连接，用一条地铁连接起来。

三个名词：

① 车行道、车行带。

车速，	车宽。
$30^{km}/h$	2.7m 慕尼黑 3m宽的车行带，
40～50	3.3m
60	3.5m
100	3.7m

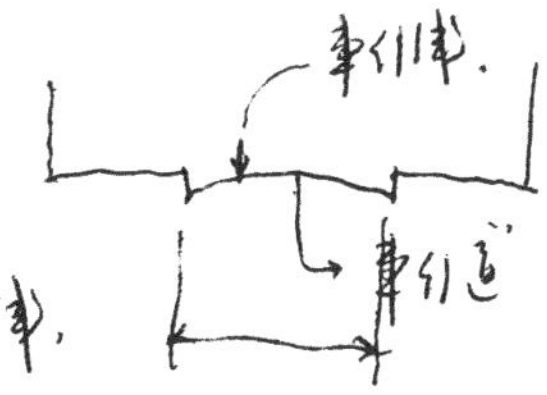

车行带。
车行道

② 高速路： 立交，
城内：受到种种限制，
城外，高速公路，不受限制，比较理想。

③ 自动化控制，提高交通量，较低大使用。 79年开始搞最高峰的自动化控制
安装了红绿灯 两千七种变化， 路口检测器， 我们科园，
反映到 control 上， 中心控制室， 车速提高20%～30%的通过量
搞成一条线，提高10%～20%，国外广泛地搞，限定与路口很困难的，

2.

城市道路网规划。巴黎 莫斯科 华盛顿、北京、几个城。

巴黎环城路，全部立交，60~73年，13年建成，国防上，措施上好，最理想的。36.5 Km长，比北京三环小一些。

47 Km

法国巴黎道路局，桥梁专家。 北京建环线，250万人（圈内）

电影，利用旧城墙，修的环路。 发展史，

垃圾。 6千车/时 按11条放射干道路（已有六条建成）。

8 〃〃

警 中 80 Km 200万辆（巴黎） box 桥梁

20 〃 全环上占的比重大 电缆

道路地、立地下、人从附下过去 居住建筑 双层窗、减少噪音

立交体育场

道路网规划，是城市规划的重要组成部分，与生产，生活有关，与土地使用规划结合技术，总图，工作区与居住区接近，商业服务业，建筑布置相适应，内部道路网，客流要放直、要分散，大公共建筑，有联系，又不干扰，

南京、交通干道、在一起，很方便，互通的，避免建在干道交叉口。（新建）

封建时期城址，长安街，北京饭店，民族饭店，三叉口 规定，限制，

巴黎，莫斯科，一千年历史。

内容 ① 原有道路网的改造与发展

② 〃 调查与充分利用，60年代初，开始调研，采取措施，效果显著，我们78年开始注意，"充分利用现有道路的通过能力"研究七个城市，天津，广州，兰州，沈阳，武汉，我们刚开始，力量分散。

几何图形：① 放射路+环路，环形放射路，Paris、华盛顿，莫斯科。

② 方格式，北京，西安，棋盘式，成都，桂林，中心区之道。

斗门街道式，华盛顿，纽约，费城，巴西利亚。

③ 无一定格局。

近30年来，特点是，延伸放射路，建设环状路（中部或外围）

方格网+放射状路，北京6→10条，北京加环路

巴黎 2000年历史，塞纳河，岛上发 760 Km² 大巴黎，

1000万人

中心区，
105 Km² (36.5 Km 环内)
250 万人.

市区：700万人.　　78年：320万辆汽车，(大巴黎)
　　　　　　　　　　　　200 "　(市区)

戴高乐、凯旋门为中心．路为14．连接来的．　香舍里榭大街 70m左右．

凯旋门广场 → 协和广场　其它 50m 宽左右．　6个车行道．

协和　"　　　广场与绿化结合．环岛式的交通．

口京　"

意大利 "　　① 中心区保留原状，不予改建，文物古迹．

星形　"　　　很多、标准、体型丰富，属于保护范围，控制内部

的标准，不准拆除．无停车场．利用现有道路，采取疏导，改为单行道

相互干扰小，提高倍的通过量．70%～80%，manage control 交通管理

路口也好处理，中心区不能停车．

6m　3.5　停车

1/5～1/6 的收入，停车费，自动计时00

② 环路的规划、建设：大城市的途径．

规划期限，30年　　我们20年．　　巴黎，3个环路．

内环，大部分平交

中环：(36.5 Km)，全部立交．60～80 Km/h．100m 宽．因地制宜，路堑，cut　14.7 Km

外环：西部修了一部分，七十亿法郎，1987年完成
　　　　　　　　　　　30亿人民币

(伦敦，700万人．中环，平交，绿化带
莫斯科 130 "　　中环，12处立交，28处平交．)
　　准备全部立交

挡土墙，直墙．
二次过塞那河，
公园绿地，一个湖，王子体育场 } 隧道式 6 Km

路堤 16.4 Km
(6.4 Km 高架桥)

南部 6车行道．
其它 8 "
20万辆车/日．
工程很大，效果好．
伦敦，莫斯科也要仿
有大部分平交．

巴黎郊区：高速路：11条 标准，6车道，120 Km/h．
　　　　　　　　　　　　　　　　　100 " 大桥
　　　　二级线：
　　　　有的　：平交．
　　　　地方　：2车行道．

现有道路：900个信号灯路口，全部自动化，分区控制，
　　　　　　　　　　　　　　　　　　　　24区
　　　　180个(北京)．大型中央控制．

有右行

无左行

7日/10月

October 7/80.

主要的处理，市中心，简单的立交。

30% 别墅，住宅，华盛顿。

哥本哈根．丹麦首都．海岸．1100年．九百年的历史。{地区 2580 km^2，人口 120万}

本世纪初开始规划．道路系统为骨干．手掌式．1947年完成方案 {市区 86.6 km^2，人口 51.5万}

60年代初已建成．交通枢纽用十字形

5个放射路＋5个环形路．多数干道4个车线．巴黎多数干道6车线．

1978年．道路长度．780 km．80%的交通量集中在主要干道上．管理．秩序都不错。中心区，都改为单行线．1~1.5 km直径范围内改为步行街．此范围内住十万人．很多人迁往郊区别墅．低收入迁入公寓。

中产阶级，住郊外．现中心区1万人．改为商业、办公区．6万人上、下班．

1962年改步行街．上、下班．11点 a.m. 以前．送货可以通行。

1700个车位的停车场（公共交通）．也有自行车停车，保留自行车路，和人行道（4~5 m）。

步行街改的很好．行人很多．我国的情况．更是如此．武汉、广州、沪、中心区的行人都严重。海牙．法兰克福．慕尼黑．也作步行街．中心区到市区的边缘，充分利用原有道路．加宽．放射线 → 高速路的设想与实践．

最拥挤的一条．改为通高速路．一段高架桥．隧道（800米）400套房（500）拆掉．400 m长内．独院式．20 m^2 居住/人．拆与建．2500万元丹麦

1亿/公里造价．＝人民币．3000万元/公里．甚至造价高．不这样做了．

完全依靠自动化控制，全部绿化带．40~45 km/h．下一个路口仍是绿灯。标准齐全．欧洲共同体．共同的标准300~400多种比较．50种．提高通过量、维持秩序很好作用。

郊区去路．都是高速路．手掌式．边缘33 km环状路（高速路）

已建成高速路系统．布局完整．每条路．4条车线．过环路有红绿灯．

也有堵车情况．10分钟．10 km．十字形立交、各种形式．苜蓿叶式和较丁字形的。环路在市区边缘．巴黎．伦敦．慕尼黑环路在市区中部．平交、绿化带，伦敦不是全部高速路．

8处立交

160万人

8

73万人．阿姆斯特丹．34 km 环路（边缘）．西部已建，100 km/h．

60万人 鹿特丹（荷兰）45 km 〃 〃（〃〃），全部建成 4．6．8．车道．
世界第一大港． 90～120 km/h

法兰克福（德） 井字形（〃〃）高速路．规划

莫斯科． 〃 〃

柏 林 〃 〃

conception：不修则已，一修即高速路．

27期：Paris．
London．中心区，主要，简单式的．
巴．莫．基．伦敦．华．六个城市都是简单的．

华盛顿：1800年建成．市区．178 km²．（特区）
人口 76万人 300万人（地区）

1961．国家 national capital planning commette
〃 〃 region 〃 〃

两个机构．
1961）由议会付诸通过，规划委员会，各方人士．代表性，群众性，
→2000年规划．政策七条：①．特区内紧缩地发展．比较新的老城，无旧城改建的问题．
②．建立新的独立的城市．距．70英里以上．（100公里）
人口30～50万人（2000年）③．建设．向往发展．向几个方向延伸，依恋侵发展．
④．从市中心向外．分散地建设 new town
维比间一定的距离，⑤．距市中心 30英里，造一个环绕的卫星镇
⑥．沿市区的边缘．完成社区．Community
填平补齐
⑦．沿交通走廊，布置一些城镇．
Corridors

华盛顿道路网：棋盘式，方格网．间距．600呎（200～300 m）
〃 〃 60 m．（曼哈顿）
〃 〃 100 m（北京小胡同）

东→西 南→北
A．B．C． 1．2．3．4．排列． 放射角度．交叉点的效果不好．交通阻塞严重．

国会．白宫．林肯纪念堂 杰斐逊纪念馆．中心华盛顿纪念碑．

12条放射线．林荫路．Park way 比较发展．

1959年．建环路．不规则的椭圆形． 60英里/时．
距中心16公里
全长 80 〃， 沿环路发展机关．又发展，2间是

成为繁忙的交通线．车流饱和，另规划大的环路．内部又搞小的环路．

free way

4.

700万人中心位.

11条放射路. 高速路. 上.下班 200万人. 130万人的郊区. 宾州. 马里兰州. 开小汽车来的. 严格的交通管理.

单个车停进城 2个出城 (上班)

2 " 4 " (下班) 也是充分利用现有道路的一种方式。

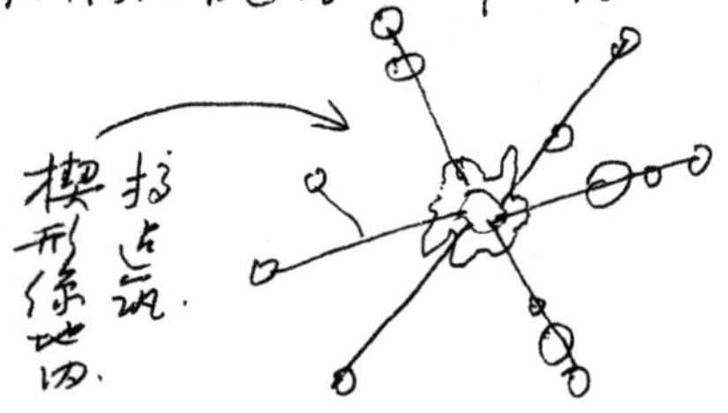

0.5~2 du/acre

2.4 "

15~30 "

居住密度.

park & ride

巴尔的摩. 费城. 高架网路.

楔形绿地

指状.

两个卫星镇. 法国埃夫里. Paris. 5~6个卫星城

evry. 人口25万. ⟶ 40万(近期)

100万m². 中心区. 为交通方便. 成十字形.

布置.  宽200~400 m 两个商业中心. 高层建筑. 办公楼.

市场. 成货物齐全, 比市中心还好. 音乐厅. 文娱体育设施齐全. 大学生区. 老人区, 工程师区. 各种人的. 周围绿带兼作停车用。25m²/人. 绿地面积. 大小不同的公园组成绿地网. 东京塔楼. 住宅. 巴黎西南部. 组织立体交通 bike. 行人. 立体交通很突出. 无车区。小区出来. 自行车行。行人与车行也完全分开。

格林比亚镇. Columbia. 13700 acre

neighbour hood 100r.

Village center

bus way

neighbour hood.

interstate way.

Village collecter

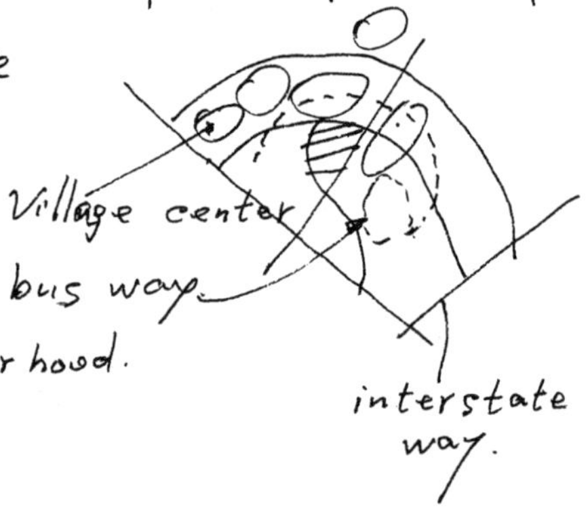

4070 m² = 1acre.

13700

居住	7400	acre
工商业.	3100	"
保留	1800	"
办.商.	500	"
村镇	800	"
永久绿地	3200	"
地场	500	"
停车	1500	"
村庄	1000~1500	

9

3万户——居住单位。

独立式 1.5万。
花园式公寓 1.5万。
村社 2～4千。
邻里 700～1.2千。
→80年 11万人。

3.66人/户。

密度 2.5户/acre。
交通 150英里干道。
小公共汽车 〃 14～16英里。
3分钟走到汽车站，占35%。
商业与工业，吹，占地。 商市区 180万呎^2
村社中心 3～5万〃
邻里地块 4.6万呎。
80年 3万人就业（工业1万，商服务业 2万）
7～9千中学
20～25 小
40 教会。
100英亩，大学保留用地

- 北京：

1、人口与版图。 16800 km^2 （九区九县） 38%平原，62%山区。
规划市区 800 km^2。 旧城区 62 km^2（凸字形）。
建成区 340 km^2。
总人口 870万（79年底） 市区城市人口 400万。

2、历史沿革：辽金元明清。

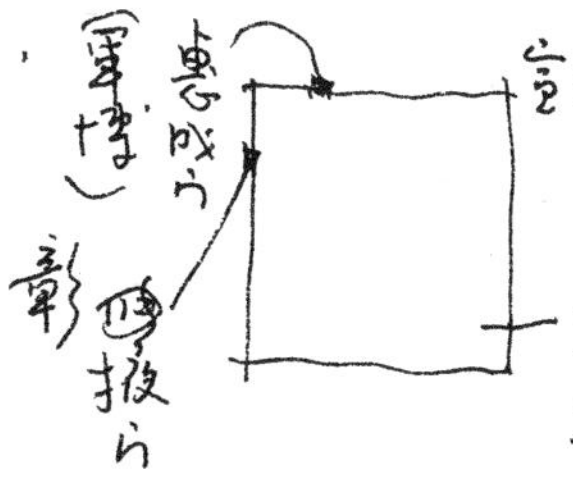

宣武门
金中都（1115～1234）
元大都，土城黄亭
齐化门（朝阳门）
（1279～1368年）
明：（1368～1644年）
清，（1644～1911）

3、道路交通现状。

1977年底，市区，2131 km 干道
1618万m^2 面积
郊公路 7278 km
1185条。

5

公共交通，2900辆（404辆无轨）

营业路线条数，120条，（市区）

20亿客运人次/年　　600万次/日。

14万辆各种机动车。　　400次/人·年。

320 〃　自行车。　2.5次/天。　　350次～400次/人·年。

900～1400次/人·年。（国际、大城市）　　线路到边性不够，换车次数多。

月票，90万张/月。

占客运量的80%以上。

4. 城市总布局：旧城为中心，住宅与办公

平均运距，4.16公里/次

少量的工厂，很多文物

市区　3.26 Km

东郊，纺织工业区，汽车，棉纺。

郊区　8.6　Km

西郊，重工业区，石钢，工厂，重电机。

地铁，24 Km，营业，4年时间

北京站 → 苹果园。

东北郊，仪器，仪表工业

3.4 Km/平均站距，65～69年

南郊，易燃，易炸，木材，火柴，屠宰场

地铁二线，16 Km，搞了九年多。

现在搞设备。

西北郊，大学，科研，风景区。

西郊，办公单位，

都配有一定的居住区。

北郊，搞科学城，体育设施，东郊，体操，游泳馆小，

5　原有道路网的格局：

故宫为中心，方格网式棋盘形，南北，东西向，基本对称，放射性大街道

三海，八海，东西向的干道比较少，长安里胡同，100米左右，一个。

小胡同多，不能充分为交通服务，交叉口多了，外城斜街比较多，方格局乱。

干道占居住用地的7.5%，除掉故宫，天坛等。

密度2.66 Km/Km²　　干道＋胡同，占12.6%，（生活＋工业用地）

密度，14.25 Km/Km²

打通了东安街，崇文门，朝阳门 → 阜成门，

8 Km长的中轴线，钟楼 → 永定门，　棋盘＋环形＋放射式。

北京

① 主干道 —— 中轴线 30 Km。

② 次

③ 支路

东单 → 西单 3.7 Km。

10

英国：分类 ①城市高速路。
② 多种用途道路（ⓐ不允许有建筑物出入口）ⓑ没有停车带
ⓒ 很少有细交叉口交通
③ 多种用途道路。ⓐ 可以有建筑物出入口。ⓑ 有停车
ⓒ 允许公共汽车停车。 ⓓ 高峰时间限制卸车
ⓔ 引入步行路。 ⓕ 限制停车。

美国城市道路分类。
① 高速路
② 一般干线
③ 内部道路
④ 其他……

纽约。曼哈顿岛区。共五个区。800万人。800 km²。
高度集中。 其它四个区并不挤。绿地。空地。
① 州际公路。高级公路
② 主要干线
③ 林荫路。（park way）
④ 街道与连接性的道路

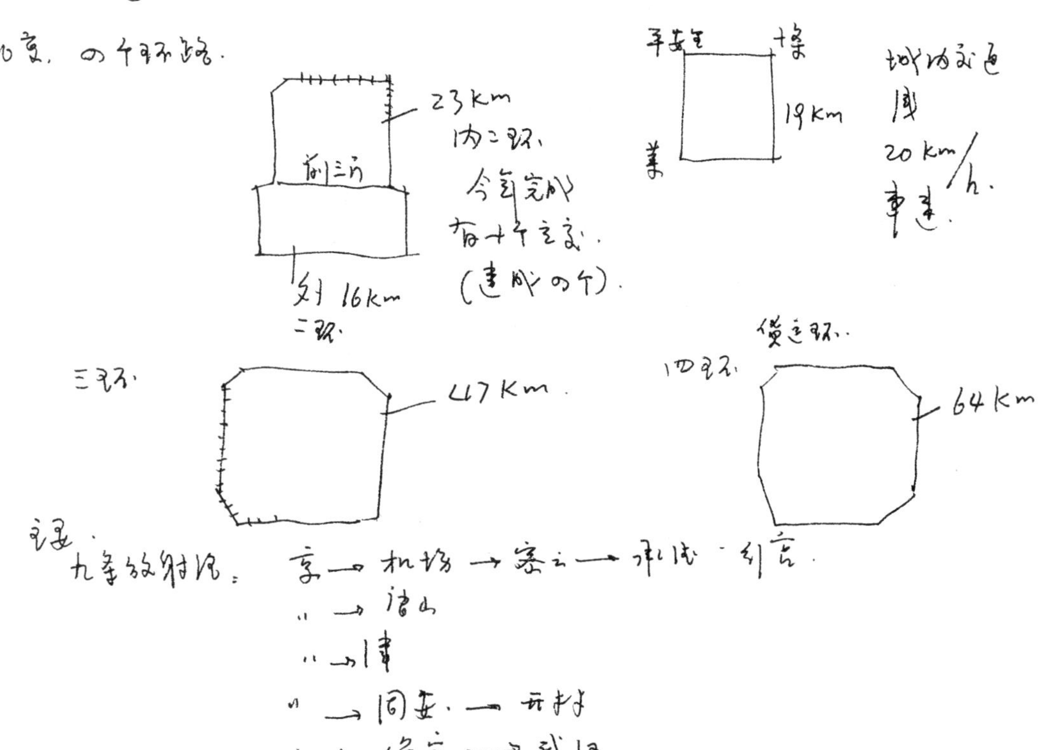

京 → 太原.
" → 蓟县
" → 八达岭 → 沙河口.
" → 丰润 → 内蒙古

快速路的3条，京津．京唐． 4~6条快速路，加一条三环

• 次干线：南北小街．330 km
  ……内路．

• 支路：180 km.

道路网密度：700 m 左右一个路口．（长安街）

公共交通站路．500~600 m 一站．居住区的安静．
700~800 m 一站．

600~800 m 间距一条干道．（稀了一点）
500~600 m " " 3~4 km/km² 密度．

欧洲、苏联． 英国是自控．20年以前．控制波带．40~45 km/h．
700~800 m．较好．

曼彻斯特根．丹麦．首都．中心区实行小街．中心区边缘．自控．
郊区 高速路3条．

700 m 见方．的居住区．原来内部可以通行．道路不考虑侧，

内部不是通行．

荷兰：800 m~1 km．之内不准有穿行交通．

苏联指标．600~800 m 旧城 间距．
800~1200 m 新区．

曼哈顿 60 m 间距．
华盛顿 100 m~600 呎 > 纽约与华盛顿．认为不如西欧．

兰州．400~500 m．

9、道路宽度与横断面布置．

前门大街 40 m．内市，珠宝市 只要宽度．60~70 m．

大栅栏．30 m 被侵占了．主要街道．朝阳门大街．40~50 m
现在 30 m．

被侵占．

2000 年，13%~14% 机动车年递增率 50 万辆左右．

街道绿化，埋设管道．日照间．层数．62 km² → 800 km²

长安街 100~120 m．

60~80 m．主要环 6~8 个车行线．慢车道．5~8 个
主要放射线．

40~50 m．次要干线 4 个车行线

11

30m 支路，2个车行线。

道路占地：20%。（生活工作用地）　北京的道路宽一些。

道路面积率。日本，占生活居住用地的比重（50年代）田中角荣改造论。

纽约 35%（没有院子，路宽一些）

华盛顿 43%

柏林 26%

巴黎 25%

伦敦 23%

名古屋 22%

东京 13%

京都 12%

大阪 10%

8000万m²房子

1000 〃 道路。

根据红线指的。

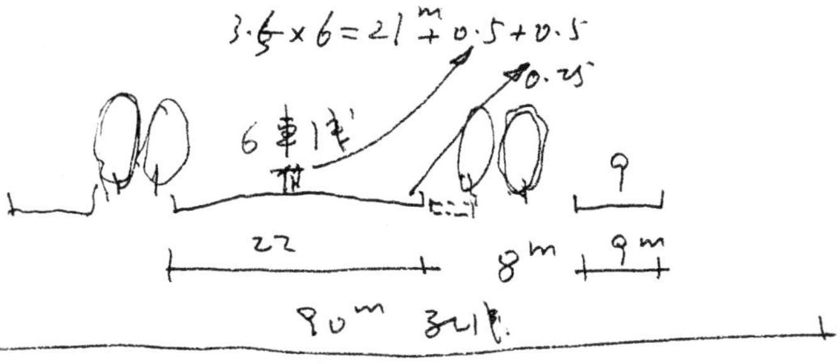

$3.5 \times 6 = 21^m + 0.5 + 0.5$

0.25

6车道

前三门大街。

22　8m　9m　9

80m 红线

有地铁，管网

东二环

6　22m　6　8　40m

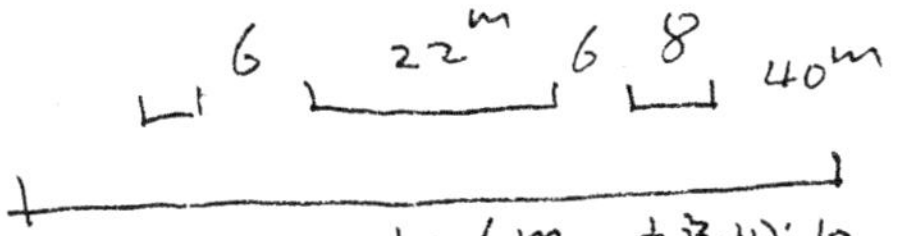

106m，护城河，改为暗渠。

南三环

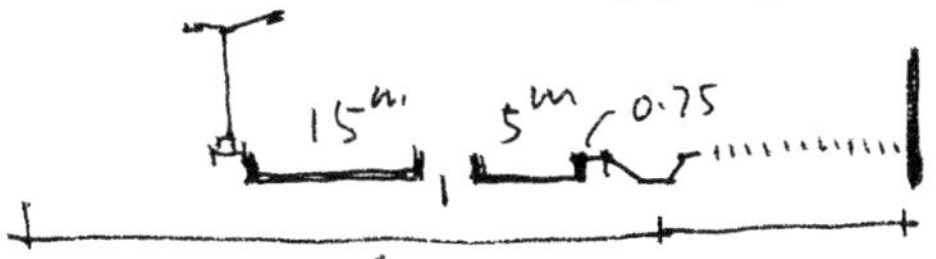

15m　5m　0.75

80m

机动车与自行车分开。

隔离带，1.5～3m，

路灯，树。

交通事故减少 50%

速度提高 25%

西三环　3车道

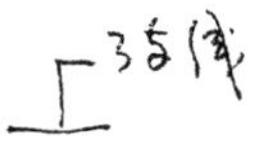

月坛北街 10+5+2+12m+2+5+9

45m

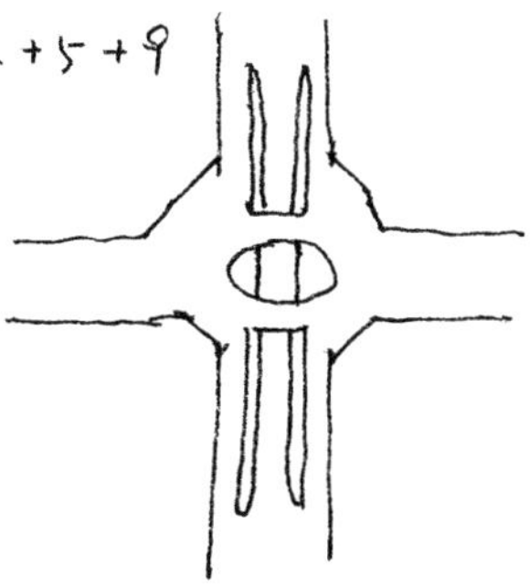

朝阳门立交。

二环路十个，

复兴门头，

4公顷地，

二层，拆不坏房了，

500万元　大行车辆不，环岛式

建国门，7公顷

1千万元，

三层。

没有经济制度，

没有完备，

立交搞的大了一些，

官方的办法。

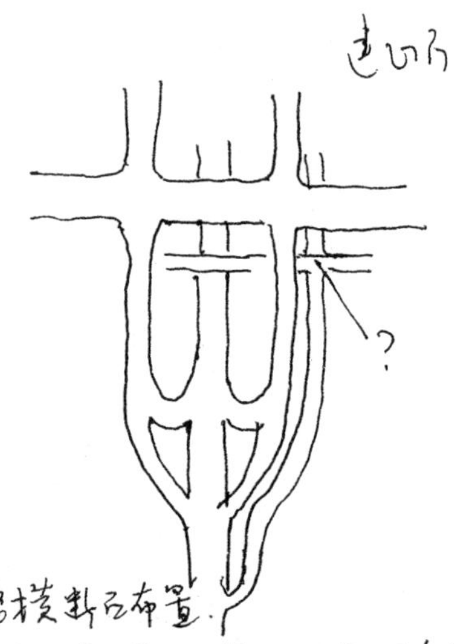

道路横断面布置.

公交线路网，
系统性不强，
外地停车场，四个，
大队扣的。

- 现有道路的利用与改善：不要只修新马路，中心区拆不起，50~60年代，小汽车成灾，和汽车作斗争的历史，交通工程学，现代化设施，控制与管理，提高通过量，解决交通阻。简单的自动化控制，单点定周期，180个交叉路口，东京，79年春→东的，大幅取消黄绿灯，提高通过量20%以上，阻车时间减少50%，4分一个周期 400秒→150秒，线路、区域控制。

健全交通标志 60→300→400种
北美. 西欧.

① 危险警告
② 禁令性
③ 劝告
④ 交通设施.

改善现有的路口.
〃〃〃〃 道路：隔离墩。

80.10.21. a.m.

高速路：国外广泛采用，我国没有。有些路可以分期建设，近期标准低些，远期改为高速路。目前看法也不一致。两侧是标准最高.

1. 标准横断面与交叉处理.
2. 数据处理.
3. 两侧概况
4. 附表。

高速路：1. 路堑式、下降式
2. 路高式，土路堤，高架桥，(日本) 东京→名古屋
3. 地平式的.
4. 混合形式.
5. 特殊式.

12

四、立体交叉、三种形式

2.3人/1辆车（西德） 93%的居民有车，每家两部（美国）

农村发展多一些，公路与道路建设，进入新阶段。主要为客运服务，也有货运。

以高速公路为骨干， 900 km 250～400 km 450万 km² 6700 km 高速路 纵横各几条

法国 460 km

free way（美）全部立交

express way（个别地方平交）

park way（花园林荫路）不能有货运

欧：motor way（高速，拖拉机，自行车不能上，立交）

个别地方，环岛平交（英）

高速路与快速路

美：连续不断的交通

京沪：发展高速路3条，中山环路，北京：五十年代就开始发展

成都→峨嵋山 150 km /4个小时，几个县镇，分期实现

桂林→阳朔 60 km

道路的分级形式 ①没有平面交叉 ②出入口有控制 ③组成：车行道、隔离带、立交（立通城道）

速度：不一致 西德 140 km/h（平原区）

120 〃（丘陵区）

建议 130

实际 160～170 km/h 无限制

英：112 km/h

荷：50～70 〃（市区内）

70～90 〃 〃

90～120 〃 郊区

丹：90 〃（市区）

110 〃 郊区

美：50～70 英里/h 市

60～70 〃/h 郊区

西德，标准高，路型完整，30年代开始搞

路面的平整度很好，沥青路，水泥路，表面粗糙，细的颗粒

汉堡→慕尼黑 350 km，纵断平顺，四个车道

交通标志齐全，一定距离一个出入口，服务设施齐全，200～300 m 一个电话柱

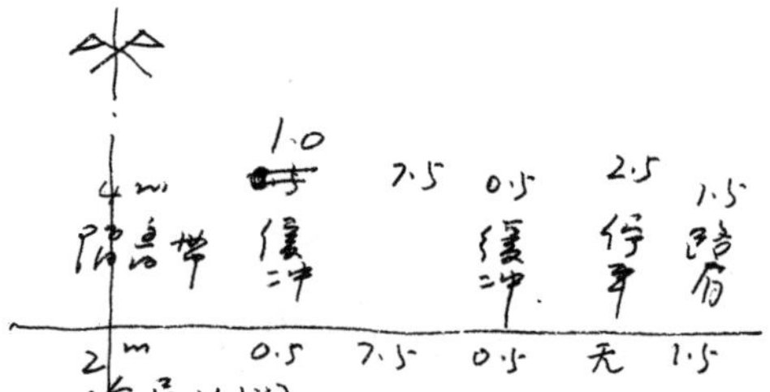

8.

4m 1.0 7.5 0.5 2.5 1.5

隔离带 缓冲 缓冲 行车 路肩

2m 0.5 7.5 0.5 无 1.5

(涂层护栏)

4~6个车行线.

3.75m/每车道　　美国. 6~8车行线以上.

纵断面. 地平式的.　1km的地方性 道路相交. 简单地交叉. 轻型结构.

所有交叉. 不做装修.

苜蓿叶式.(四环式) 的立交式的交叉.　3个~4个/350km

英国喜欢采用环岛式的交叉.

二. 设计数据.　γ_{min} = 1400m 〉平原　没有直线段. 曲线段.

$\gamma_{理想}$ = 5000m

γ_{min} = 1000~600m 丘陵.

桥梁. 高速路在下面.　5300座/6700km中 428座 >100米.

4800座上跨式的.　60 "

间距. 800~1000km.　3等结构. 占 10%

附设: 出入口: 1个/8km.　1个停车场/6km.　小吃、厕所./12km 〉 造价低的

加油站/25km　服务所/50km.　几百米一个电话.

道路养护站

西德. 6710km./联邦高速路　29万km (小路. 不列国级)

32290km ""公路

65325 州 道 "　1.9km/km² 道路网密度.

65727 地方 " "　高速 石砼路 1939km 28.9%

≈17万km　地沥青 3201 " 47.7 "

沥青砼 1571 " 23.4 %

桥梁: 总数 2.4万座. 800km长. 14.3 百万m².

钢砼桥14700座 67%

预应力 6300 " 26

钢+砼的 3000 13 %

桥 600~700座/

高费用 = 桥 + 隧洞 + 挡土墙 / 车道

附表: 75年. 24小时.

<5000辆	3.3%
5000~9999辆	10.7 %
1万辆~19999	20.8 %
2万辆~29999	31.1 %
3万"~39999	21.7
4~	13.4

高峰小时占 10%

4000辆.

1车道1小时通过1000辆

西德：

交通事故	伤人事故数	死	伤人数
1953年	251 618	11449	315 157
1960	349,315	14406	454 960
1967	335,552	17084	462 048
1970	377,610	19193	531 795
1973	363 725	16302	488 246
76	359 696	14804	480 599

车辆、道路在增加

事故却减少。

安全带、枕后软垫。

交通安全委员会。

control. 控制

management 管理。

5600人死/年 北京 77年　　520人/28年　　79年又回升了（北京）

城市高速路：还没有一致的规律。都是地平式的为主，横跨次要路跨线桥。

日本多架桥式的，沿河道布置。

美：路堑式，下降式，噪音小，造价低，市容影响小，便于做立交。

②桥式 不干扰城市交通，在城市道路之上，跨过，造价高，噪音大，市容影响大。

③地平式，沿铁路，河道布置。

④联合式，下降，桥高，隧道

⑤特殊式，隧道式，交通量大，不均衡。

路堑式，下降4~5m，净空限4.5m，英国5.5m，做立交方便。

为建筑物服务的平行的辅路，单方向的。

出入口，变速线

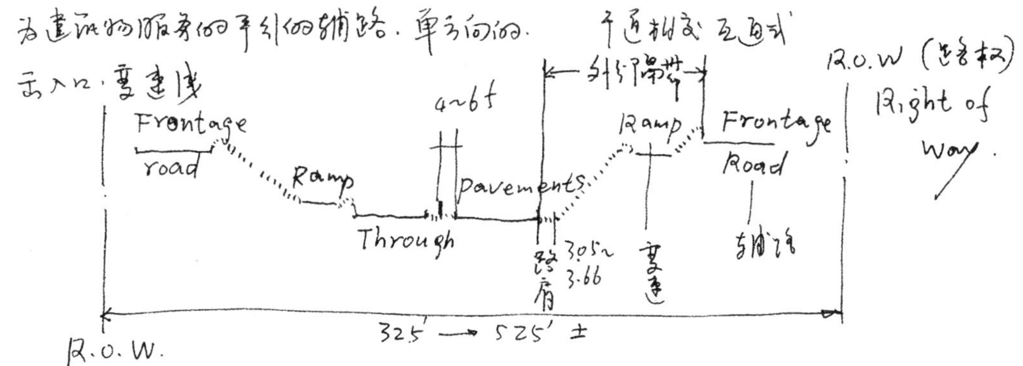

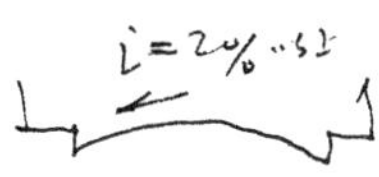

路肩，用红色，紫色的材料。

曲线超高：

离心力

隔离带中间隔栅

稍宽一点，为了以后加宽用。

4车行线，4.88m 隔离带

6 " 7.3m "

理想数字，实际上做不到。

曲线上隔栅，加宽，视距缩小。

外分隔带 = 路肩、边沟、边坡或挡土墙 → 到辅路。（24.4~75）
边界带 = 车行道 → 建筑物的距离。

边坡 1:3 1:2 或挡土墙 2:1.5

一般单行线 frontage road  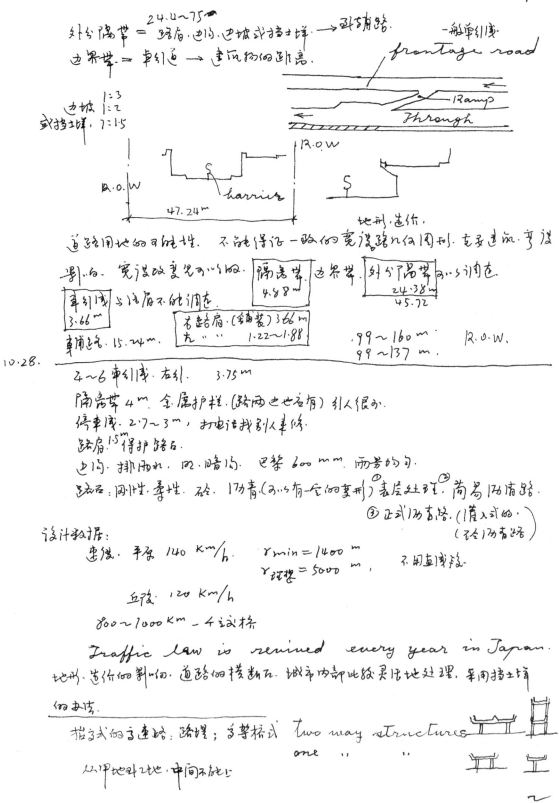

Ramp
Through

R.O.W

R.O.W

barrier

47.24m

地形、造价。

道路用地的可能性。不能保证一致的宽度路线的因素。重要建筑、环境影响。宽度改变是可以的。隔离带 4.88m 边界带 外分隔带 24.38m 45.72 可以调整。车行线 3.66m 与路肩不能调整。右路肩（全铺装）3.66m 左〃〃 1.22~1.88

辅路 15.24m。 .99~160m 99~137m. R.O.W.

10.28.

4~6车行线。右行。 3.75m

隔离带 4m. 金属护栏（路两边也有）引人很少。

停车线 2.7~3m，打电话找别人来修。

路肩 1.5m 保护路面。

边沟。排雨水，明、暗沟。巴黎 600 mm。雨量均匀。

路面：刚性、柔性。砼。沥青（可以有一定的变形）①表层处理。② 简易沥青路。③ 正式沥青路（灌入式的。（砼沥青路））

设计数据：

速度。平原 140 Km/h. r_{min} = 1400 m $r_{理想}$ = 5000 m，不用直线段。

丘陵 120 Km/h

800~1000 Km — 个立交桥

Traffic law is revised every year in Japan.

地形、造价的影响。道路的横断面。城市内部比较灵活地处理，采用挡土墙的办法。

挡土式的高速路：路堤；高架桥式 two way structures one 〃 〃

从甲地到乙地，中间不能停

minimum cross section

right of way without ramp.

下部空间的断面图. 3.66m 车行线

0.30m 路缘带. 隔离带

左路肩 1.22 右路肩 3.05 (4车") 3.88m 隔离带·理论值

" 3.05 " 3.05 (6车线) 7.32m

结构→边沿最小间距. 4.75m

35.36m (4车线)
45.11" (6 ")
52.43" (8 ")
理论值.

Tokyo→大阪. 420 km.

对环境. 体积比较大. 城市内尽量少用.

4车线 (16~18m) 日本. 没有隔离带与路肩.
全宽

伦敦. 中环路. 搞了一段高架结构. 16~18m. 也无隔离.

纽约. 曼哈顿岛一圈高架路. 实际没那么宽.

中国可以搞一点高速路.

· 路堤式:

分行隔带 18.29m
24.38m (一般)

辅路至边沿 15.24 (一般)
12.19

边坡 2:1.

关于 三. 地平式高速路. 平原地区. 交叉处理的很好. 比较困难.

23Km 内二环. 十条放射线. Moscow. 花园环路.

直接交通. 比较省一些.

along railway & river

比较合适. 护城河边搞快速路.

复兴门. 二里环路. 从下面走.

urban center: 西单. 南北从下面走.

10.

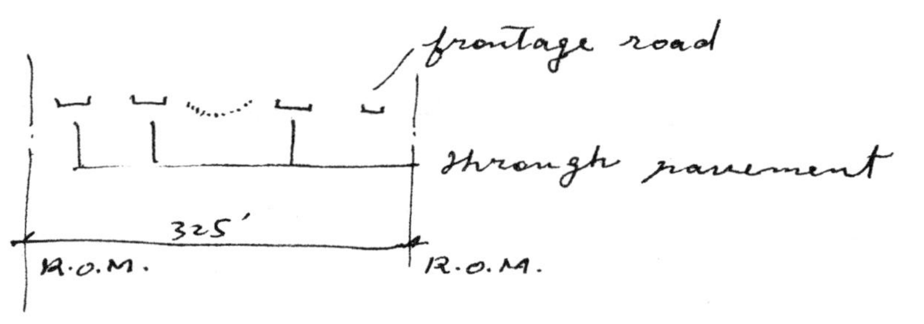

4. combination freeway. 联合式

起伏的地形. 变化的横、纵剖断面.

3. 特殊式: 1. 反向交通流的高速路. 交通分布在高峰时间不平衡.

设计道路,需要分开上、下行.(横断面不对称).

上班进城的多,下班出城的多. 自动控制,改变信号.

2. 中间分开的.

3. 隧道式的

14' to 16'

2.5' 24' 10' 2.5'

5'

44'

or. 30' = 26' + 1.5×2. minimum

Typical Two lines tunnel sections

立体交叉: 点、线.

道路相交·采用立交. 形式很多. 100多种. 地形、交通.

多数十字交叉. 也有少数. T字交叉.

↳ 5种. 7 ha.

① 苜蓿叶式·互通式立交: 容量大·单线行·平线交叉·占地大·圆形·偏圆形.

② 菱形: 美国多用,要占地小. 左转交通,需设信号灯.

③ 定向的立交: 美、法、荷. 四层. 占地少. 造价高. 采用不多.

④ 环形互通式. 英国广泛采用. 法、日. 广州一处. 朝阳十条. 安全行. 两直行.

⑤ 简单·直通式立交 重庆二处 长江公路桥.

英国广泛采用.

interchange separation 互通立交.

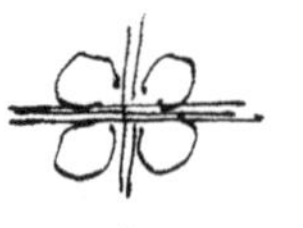

四层

directional interchange

交织

rotary interchange

Diamond interchange

3

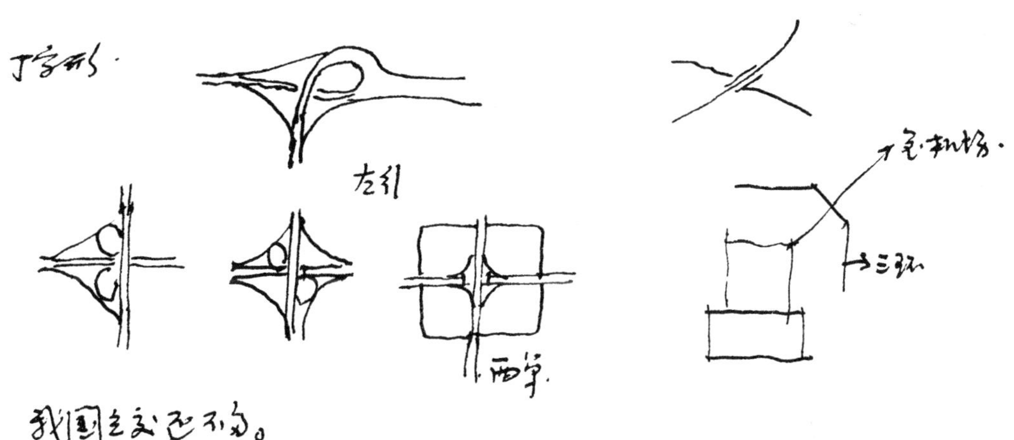

我国立交还不够。

A handbook for transportation planned

高速路	50		70	60 英里/小时
快速〃	50		60	50
	中心商业区	边缘区	居住	商业区外围
主要干道 双向交通 有停车线	25	30	35	25
主要干道 双向交通 无停车线	25	30	35	25
主要干线 单向交通	25	30	35	25

（设计车速）

最大车速

美国认为100万人口城市最经济合理。

高速	1750辆/时	1750	1750	1750
快速	800	1040	1100	1000
干道双.停车	400	550	550	550
干道双.无停车	600	800	800	800
干道单向	700	550	900	650

车辆/时.

每条车行线，用平均车速与通过量的关系.

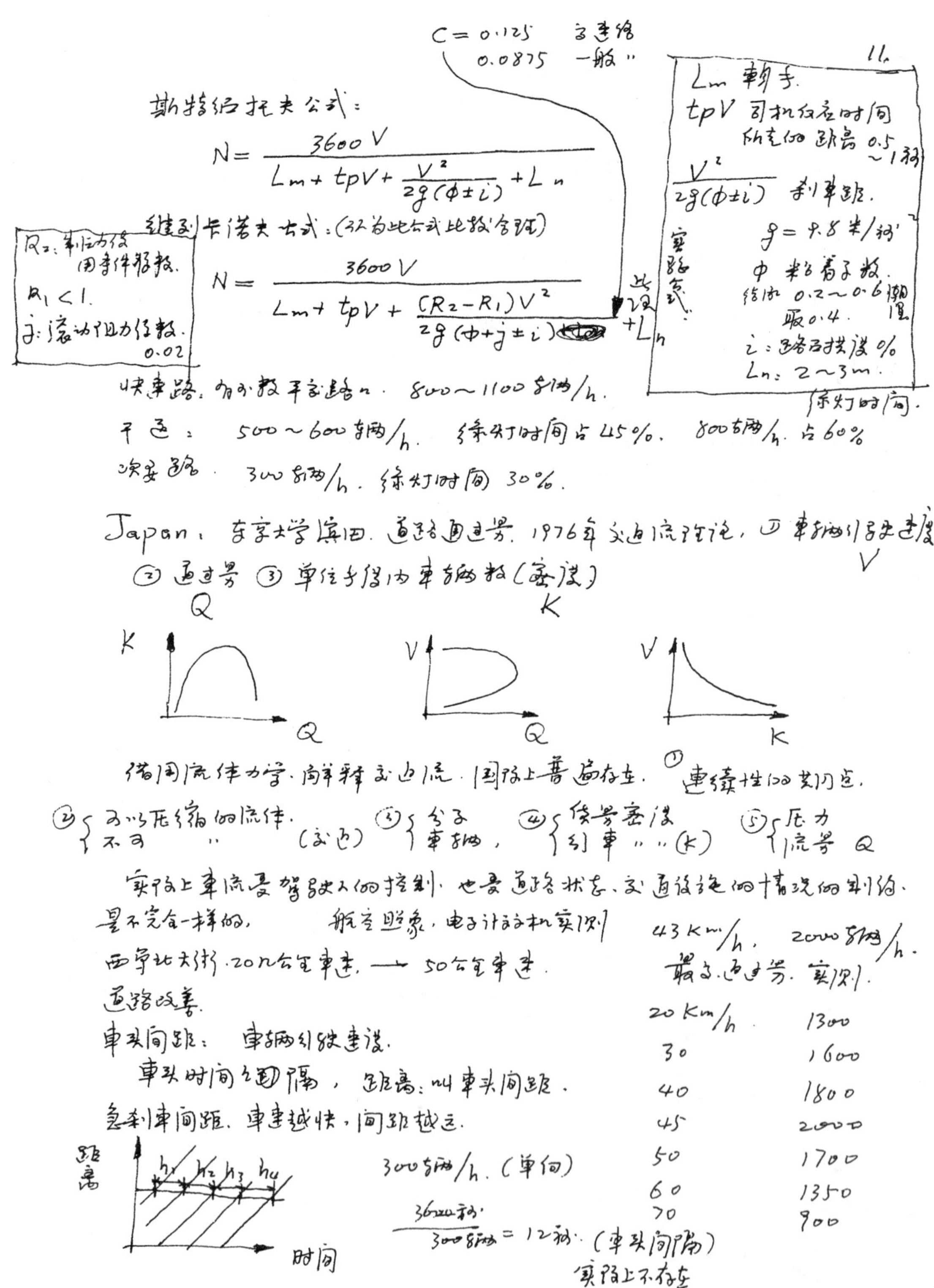
C=0.125 高速路
0.0875 一般"
11.
斯特络托夫公式：
N = 3600V / (Lm + tpV + V²/2g(φ±i) + Ln)
继到卡诺夫公式：（认为此公式比较合理）
N = 3600V / (Lm + tpV + (R2−R1)V²/2g(φ+f±i) + Ln)
R2：制动力系数
R1<1.
f：滚动阻力系数 0.02
Lm 车身长.
tpV 司机反应时间所走的距离 0.5~1秒
V²/2g(φ±i) 刹车距.
g=9.8米/秒²
φ 粘着系数.
行驶 0.2~0.6 潮湿 取0.4.
i：路面坡度%
Ln：2~3m.
快车路：有分数干道路n. 800~1100辆/h.
干道：500~600辆/h. 绿灯时间占45%. 800辆/h. 占60%
次要道路 300辆/h. 绿灯时间 30%.
绿灯时间.
Japan，东京大学滨田 道路通过量 1976年 交通流理论，① 车辆行驶速度 V
② 通过量 Q ③ 单位长度内车辆数（密度）K
K Q
V Q
V K
借用流体力学，解释交通流，目前上普遍存在。① 连续性的判断.
② 不可压缩的流体. 不可 "（交通） ③ 分子 车辆， ④ 质量密度 引车 "（K） ⑤ 压力 流量 Q
实际上车流受驾驶人的控制，也受道路状态，交通设施的情况的制约，是不完全一样的。
航空照象，电子计算机实例
43Km/h，2000辆/h.
最高通过量 实例.
西雅比大街 20几公里车速 —→ 50公里车速
道路改善.
车头间距：车辆行驶速度.
车头时间间隔，距离：叫车头间距.
急刹车间距，车速越快，间距越远.
20Km/h 1300
30 1600
40 1800
45 2000
50 1700
60 1350
70 900
距离
h1 h2 h3 h4
时间
300辆/h.（单向）
3600秒/300辆 = 12秒（车头间隔）
实际上不存在
4

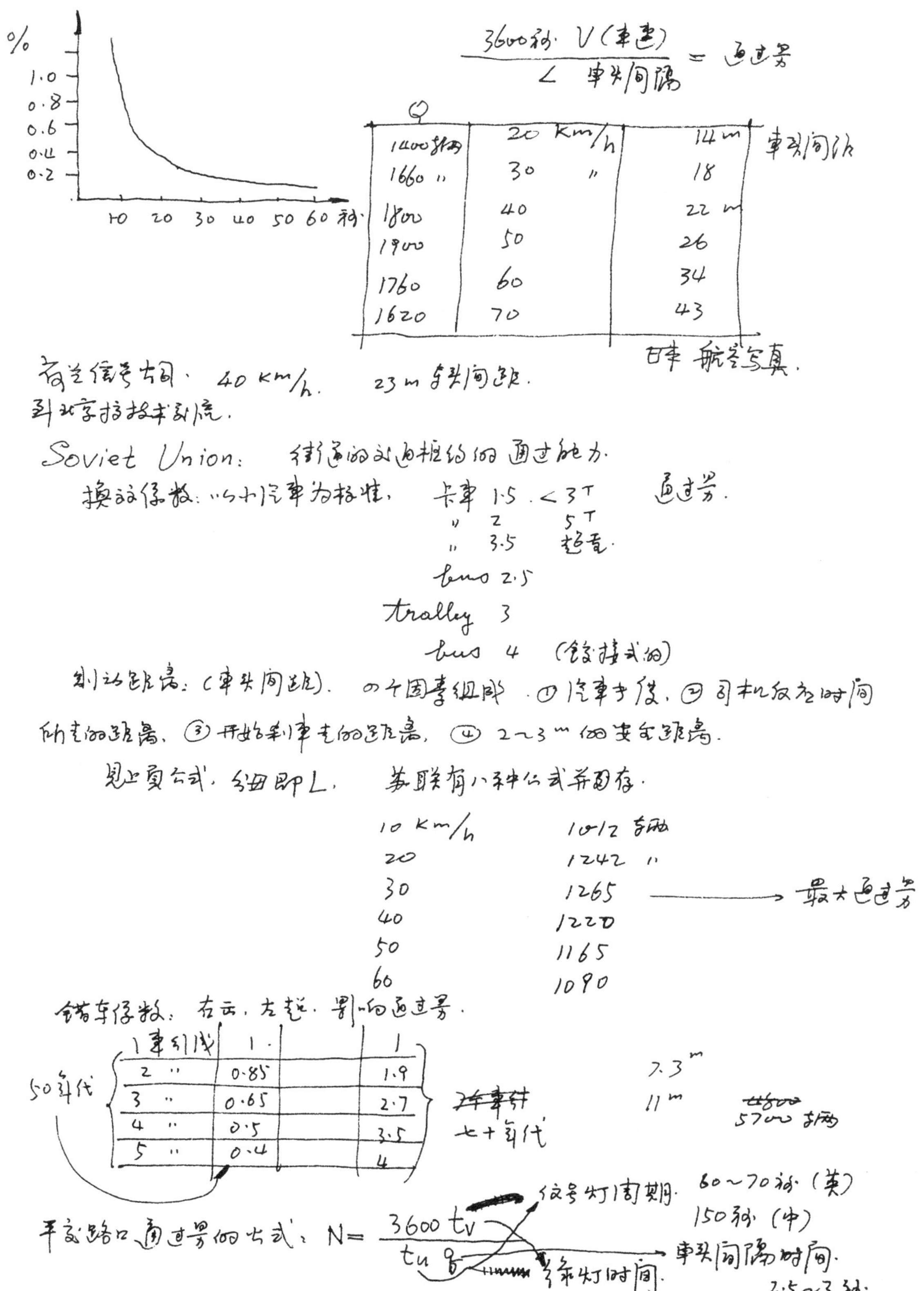

$$\frac{3600\text{秒} \cdot V(\text{车速})}{L\ \text{车头间隔}} = \text{通过量}$$

Q		车头间隔
1400辆	20 km/h	14 m
1660 〃	30 〃	18
1800	40	22 m
1900	50	26
1760	60	34
1620	70	43

日本 航空写真.

有无信号方面. 40 km/h. 23 m 车头间距.

到北京科技大学院.

Soviet Union: 街道的交通枢纽的通过能力.

换算系数: 以小汽车为标准, 卡车 1.5 <3T 通过量.

〃 2 5T

〃 3.5 超重.

bus 2.5

trolley 3

bus 4 (铰接式的)

制动距离: (车头间距). 四个因素组成 ①汽车长度. ② 司机反应时间所走的距离. ③ 开始刹车走的距离. ④ 2~3 m 的安全距离.

见上页公式. 细即L. 苏联有八种公式并列存.

10 km/h	1012 辆
20	1242 〃
30	1265 → 最大通过量
40	1220
50	1165
60	1090

错车系数: 左云, 左转. 影响通过量.

50年代

1 车行线	1	1
2 〃	0.85	1.9
3 〃	0.65	2.7
4 〃	0.5	3.5
5 〃	0.4	4

~~7车车行~~ 七十年代

7.3 m

11 m ~~4800~~ 5700 辆

平交路口通过量的公式: $N = \frac{3600\, t_v}{t_u\, g}$

信号灯周期. 60~70秒 (美) 150秒 (中)

车头间隔时间. 2.5~3秒.

绿灯时间.

example:

60 km/h = 16.7米/秒

司机反应 1秒

汽车长度 5 m.（大·小车）

ln 3 m.

$$N=\frac{3600\times16.7}{5m+t_pV+c+3m}=1230辆/h$$

$$N=\frac{3600\cdot2.5}{t_n\cdot\beta}=600辆/h$$ 比较接近实际，很影响交通。

60秒·2.5秒

实测、理论、公式，三种方式，高速公路相当普遍，航测，电子计算机16孔实际的通过量。材料基本一致，苏联与他们有所区别。

Peking 各类道路的通过量。今天看来数据偏低。

干道间距 400~800m.	400~600辆	
快速路	800	"
次要道路	600~700	"
高速路	1300	"

50年代采用的数据。

1979年，通过量调查，（市政院）

大型车辆，31条路普查，七条路整理

汽车成队走。

	间距	
30 km/h	27.8 m	1045辆/h
35	32	1094 "
40	36	1111 "
45	40.1	1122 "
50	44.1	1134 "
55	48	1141

1100辆/h 左右。

車头间距时间，1977年3月，十汽车接对实的車队，西单6次，绿灯时间25秒，通过9辆车， 2.78秒/辆

	22秒	9辆	2.44 秒/辆
西单 ↑	35 秒	12 "	2.92 "
	83 秒	34 "	2.44 "
	73 "	37	1.97 "
东单 ↓	98	33	2.96
	29	16	1.81
	23	10	2.3
	18	8	2.25
			2.47 秒 平均

5

结论：① 道路通过量，用电子计算机→实测，比较有效的。

流体理论，交通波理论。

实验公式，不够精确。

车辆计数仪。

② 建议数字。

高速路，区间段　1200～1600辆/h　2000辆/h max

一般干道（平交口）　500～600辆/h。

③ 一般干道，采取措施，60%绿灯，→ 800辆左右

道路两侧出入口，停车 40%

单行线，1000辆/h。

④ 混合车流折成当量，< 15% 不算（美）

西德，卡车很少，95%小汽车，没有卡车的问题。

未能利用数学显示。

下周二

December the second Tuesday.

重点建设三环路。北部，东南部，二车道，北部，西北部，6车道，西南部，东部4车道。700辆每/小时，高峰，单方向，多数卡车。路开始宽，主交，6车道3000辆

〃 4 〃 2000〃

15～20年内足够用的。

提高现有道路通过量的研究，130%的增长 机动车（速度 6～7年增加一倍） 原有道路建设

10% 〃 自行车。

饱和状态 20～25 km/时，平均，东京，西的。

一方面修新路，完善道路系统。

改善现有道路，增加设施，为改善局地进行。

国外都重视充分利用现有道路，城区内的改建是很困难的。

市区 128个主要路口（78年）北京调查
34个堵塞，
62 饱和
32处 2年的占1/4左右。

十个因素：① 改善道路，依引速度加高，Q↑ 1200～1600辆/时 max. 2000 〃 60km/时 45～60〃

② 自行车与机动车分开（300万辆，14万辆）。V↑，Q↑，减少事故。

③ 采用，单行线，专用线，反向交通流，管理措施

④ 保证干线通畅，限制道路两侧出入口，停车，占道（采取措施）
绿灯时间长。

⑤ 交通法规，宣传教育，全部等（事故速度）
安全措施

13.

畅通安全

(6) 交通指挥·交通线的畅通、安全.

(7) 信号灯采用最佳全循环时间

(8) 绿波带·区域性的交通信号灯控制

(9) 加宽路口

(10) 〃〃 合理布局，适当解决左转车辆的通行。

① 我国尚未有高速公路. V=50~60 km/时. (今后100车速)

② 54.5km. 15条路. 77年. 事故 866次/年. 三块板. 四条. 9km. 92次. 10.2次/km (56.5%)

11条. 1块板. 45.5km. 774次. 18.1次/km. (100%)

互不干扰。72年. 20条路调查. 3块板比1块板. V↑25%

自行车受群众欢迎的，用白线限制困难，执法不够严，各地都有，广州·武汉也在搞.

长安街. 东单—建国门. 全线封闭. 根据路况设置。bus 不方便 V↓. bike 不自由.

③ Paris. 曼哈顿. Tokyo. 单行线. 不要对开车. 双向交通. 都有超车道.

单行线. 只有一个超车线. 路口的交通组织得好. 四个车线相会. 对车用绿波带比较有利. 只考虑一方向。 English 1000辆 600〃 Q. 单行单线

U.S.A. 700辆·(单) 400辆 (双) 20~60% ↑Q.

双向交通流，住在城里. 早 → 出城 晚 ← 入〃 方向不平衡系数. 3~4倍.

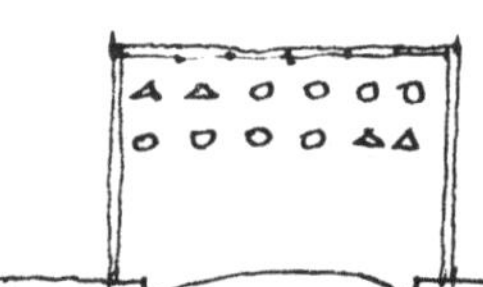

④ 长安街治理改善方案. 5~6m宽 非行车 → 3.5~3.6m. 北京饭店. 民族饭店.

只能右转. 快慢车分行. 次要路口(南北口) STOP 减少红绿灯.

60%的绿灯时间.

⑤ 正式的交通法规. Japan. U.S. 每年加以修改补充. 不断更新法律.

内阁首相是交通安全对策委员会的主席。我国尚未制定。进行电视教育.

车辆的安全装置. 司机安全带. 摩托车带钢盔.

⑥ 专设的机构. 规划设计部门. 交通管理部门. 68年维也纳会议. 纳入法规

6

西德.

300多种 281种丹麦 　　　　　　诱导性的 　　　施工统场

(70种.危险并出. 　管理.规划.100种. 　　双方告性的.100种. 　交通设施

British 75年. 6种类 80种并出. 62种规定 　指示方向60种. 情报性.57种

高速路25种. 　交通标.55种. 　Σ337种.

交通部.标志反通讯处.统一的连续性的.统一指挥.不能市省对立.不间断.

重要路口.反光的信号标志. 城市以外的公路.指反光柱.(边界). 公路>5.5"要分车道

禁止超车的划实线. 路口.箭头指示方向. 高速公路护栏. 重要系危险系标志.

我国.60多种.设置不全. 78年以来.中央通线.对V.Q的影响.无一定的指标.组织

编排.安全.

人工控制和单点定周期自动化控制. 　红.绿黄时间 　(1977年8月) 8:30上午 ~9:30

路口		红灯时间 时间	%	绿灯时间 时间	%	黄(绿)灯时间 时间	%	平均
人工控制	东单	38'41"9	64.5	12'59"2	21.64	8'18"9	13.86	8'40"
	崇文门	39'12"5	65.35	12'12"2	20.34	8'35"3	14.31	
	东四	39'10"	65.28	11'59"5	19.99	8'50"5	14.73	
定周期自动控制	东单	25'45"	42.91	25'45"	42.91	8'30"	14.18	7'30"
	崇文门	26'00"	43.23	26'00"	43.33	8'00"	13.34	
	东四	26'45"	44.58	26'45"	44.58	6'30"	10.84	
		26.10"	43.5	26'15"	43.5	7'30"	13	

1979年4月.

人工控制和自动化控制定周期时间

平交路口		周期	东西绿黄		南北绿黄	
人工控制	东单	310" 240"	150"		60"	
	崇文门	165"	90"		75"	
	东四	230"	110"		120"	
自动化控制	东单	143" 150"	62"	8"	64"	9"
	崇文门	144"	69"	7"	62"	6"
	东四	149"	75"	9"	85"	10"

15周期/时 　24周期/时.

(3). 平交路口是主要的.大量的.趋于自动化.78年来在广州.单点定周期,北京100多处

手动控制. 西单.单点全自动.一条线绿波带.对交通量进行调查.

$\frac{8.5分 \times 60秒}{15} = 34''$　　$\frac{7.5分 \times 60}{24} = 15''$

人的排除.车辆排的长.　　2.5秒/辆.　　每小时绿灯时间. 1575秒/2.5秒=630辆/时

阻车时间.减少50%.　周期宜的合适，Q↑

信号灯 T 60秒.（25秒红 25秒绿 10秒黄）$\frac{3600 \times 25}{60 \times 2.5}$=600辆/时.

T太长时对Q不利，T太短,黄灯次数增加,也不利.

卡车.公共汽车.起动性能差.　T：60~100秒.　英70秒.　苏.90秒

次要道路.不是服务.T可以短一些.50~60秒.

⑧.绿波带与区域控制.电子计算机控制.路口设感应器.（磁感应,超声波）

controler→电线→中心控制室 computer→controler→信号灯

一般时间.高峰时间.上午.下午.晚上.　program 储存在 computer 中.

20年前慕尼黑试搞了.适用于重要干线上.次要道路服从主要干道路.V=40~45km/h.

↑V & Q.　效率↑10~20%.（与单点定时周期相比），V不等.二个方向.

路口情况也不同.4~5个路口.就会碰到红灯.华盛顿.路口密

78年.东来顺.宣武门.和平门.前门.王府井,台基厂.交通部科研院.公安局研究所

天津.武汉.沈阳搞.距离.700米左右.均衡.Q.差不多.　慕尼黑.700~800米

路口距离.比较合适。　区域性控制.

Jurnury 9th. Tuesday.

干道交叉口加宽的例：莲花路口加宽.　1978年.东三环.

80m红线.　14m路宽.加宽至15m.（16.5m）

（每边50cm路缘板）

把慢车线分开去.

每边7m.　区间 2个×3.5m

路口 4个×3.0m

半壁店

6km

半小时

大北窑

上海安和新路.↑70%~80%

甘家口.↑70%

三环路上.bus stop 改为港湾式

去一排隔离带.　4车道.16m左右是合适的.公安局.科研的意见.

自行车也是这样做的.

二个侍自发.路口外150m长.

提高50%，路口的多短.决定黄灯时间。

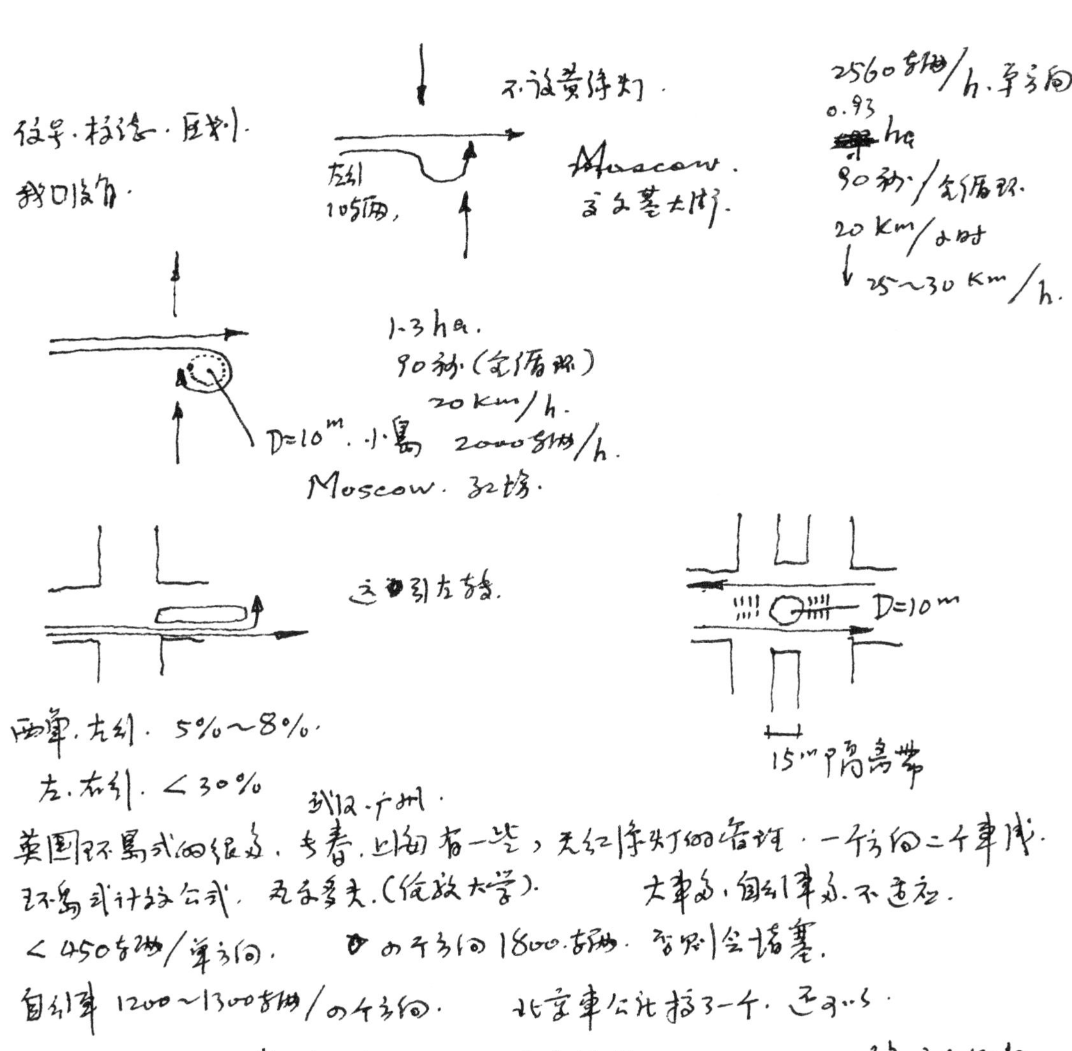

1973年晚6点到7点.的交通流量. 巴黎.交通枢纽

到达地点 出发地点	A	B	C	D	E	F	G	H	I	全部
A	260	0	590		708	40	92		14	1470
B					只有一种交通					
C						〃				
D	398	6	16		594	242	10		134	1400
E	1774	124	1018			286	248		502	3592
F	28	48	170		38		0		14	298
G					只有一种交通					
H	370	82	50		436	50			74	1062
I					不了解情况					
全部	2566	260	1844		1776	618	310		738	8182.

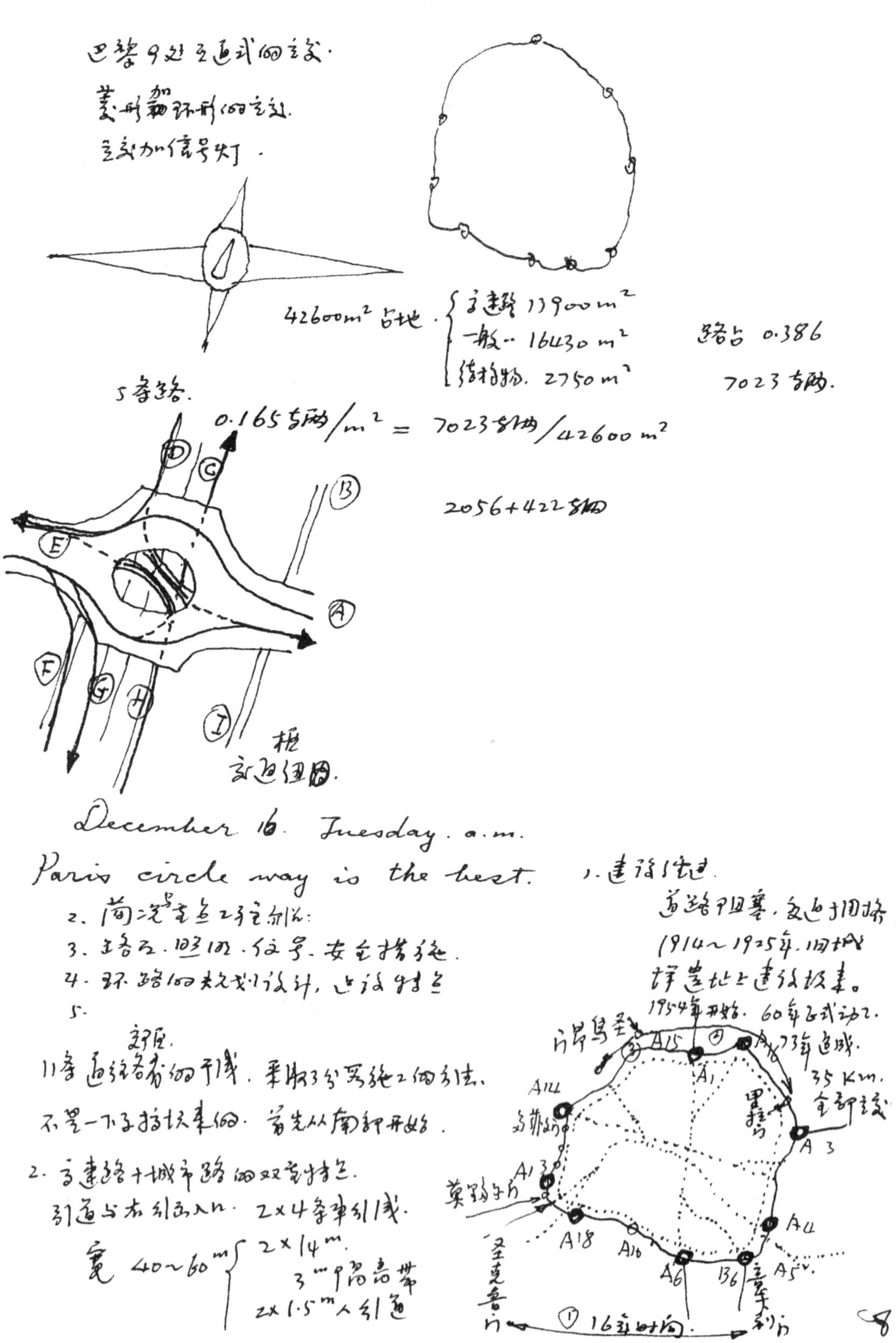
15.
菱形加环形的立交.
立交加信号灯.
42600m² 占地.
高速路 13900m²
一般.. 16430m²
停车场. 2750m²
路占 0.386
7023 车辆.
5条路.
0.165 车辆/m² = 7023 车辆/42600 m²
2056+422 车辆
A
B
C
D
E
F
G
H
I
December 16. Tuesday. a.m.
Paris circle way is the best.
1. 建设情况.
3. 道路立交、信号、安全措施.
4. 环路的规划设计, 与设计特点
5.
11条通往各处的干线. 采取了多种措施的办法.
不是一下子搞起来的. 首先从南部开始.
2. 高速路+城市路的双重特点.
2×4条车行道.
宽 40~60m
2×14m
3m 隔离带
2×1.5m 人行道
道路阻塞, 交通拥挤
1914~1925年. 旧城
1954年开始. 60年正式动工.
73年建成.
35 Km.
全部立交
A1
A3
A4
A5
A6
A13
A14
A15
A16
A18
B6

第一期工程，2×6车道，7Km。 $i_{max} = 4\%$ r_{min} 大 300^m。

限制 $V_{max} = 80Km/h$。

多样化的工程处理，隧道、路堑，高架桥 6.5 KM

5.8 KM　13.6 KM　9.1 路堤

允许货车+拖车

高限 4.75^m

两次跨过塞那河，
〃 9组铁路线
〃 17条地铁线
〃 65条放射路（公）

9座立交桥与外省公路连接起来（互通式）

①	285^m	塞那河上游，路面分割，四孔连续梁，各5个车道。
②	312^m	塞那河下游。

③ 意大利门立交桥，与B6放射路连接起来。

④ 奥斯里桥。

⑤ 凡尔赛公园桥，分割，跨三个展览大厅

高架桥 868^m 28跨

⑥ 巴蒂纽尔公墓桥。

438^m 12跨

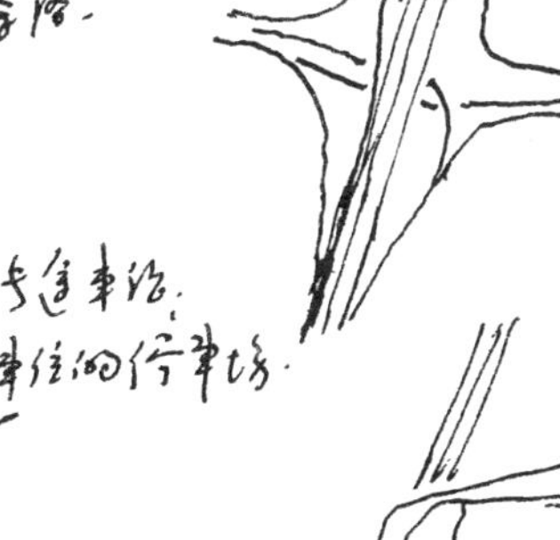

⑦ 北部，四层高架桥，夏布尔门，A1高速路+15条路。

⑧ 风里门　二层

228m。

⑨ 东部，巴黎奥林比克+A3高速路，地铁车站，专运车站

2650车位的停车场

⑩ 凡尔赛地区，二段隧道式

220^m 230^m

⑪ 伯尔西门立交 +A4。

东岸，三层

占地8ha

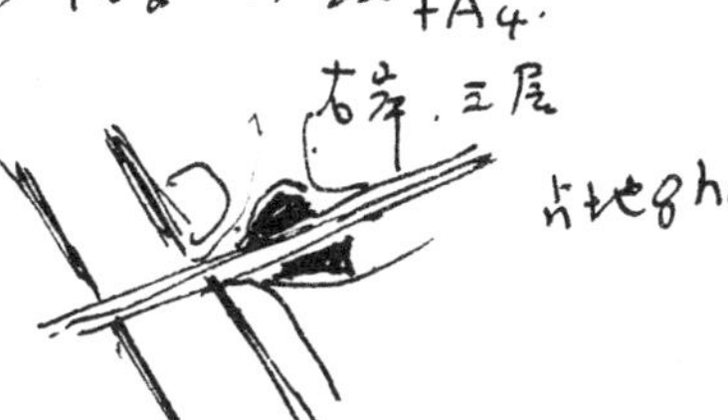

⑫ 跨西部地区，电气火车、编组场、金属高架桥，490^m 73股道。比昂库桥结实

330^m高支柱 斜拉桥 6跨 $110^m+5×80^m$

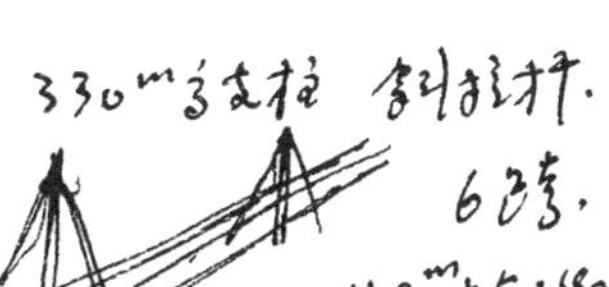

⑬ 西部圣克鲁门，175^m 100^m 地下隧道，体育馆通道 4个花园广场。2条斜街 王子体育场

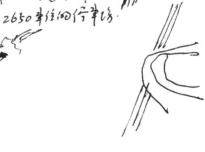

16.

⑭. 跨（伯努里）森林地区，364m 隧道，上面停车场。
974m 〃 上面湖面，高尔夫球场。

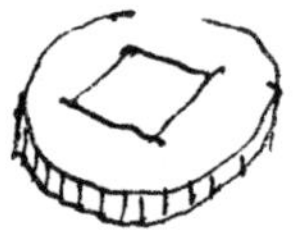

⑮. 梅森河谷 + A14.
完全的规划，商业大楼
会议大厦
1000床 hotel.
1500 parking

⑯. 墨林河.
520. parking

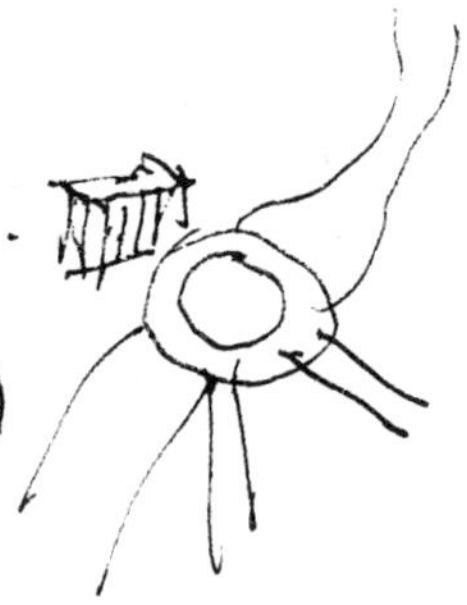

⑰. 东南高速
525m
300m 跨铁路桥

[3]. 道路、照明、信号、安全措施

↓

沥青路面，不粘，粗糙，小石子。 δ=60cm，北京 60cm

① 35~37cm 砂石（天然级配） 底层，强度高，透水。炉渣。

②③. 二层 16~17cm 密实的底层。 碎石 + 沥青。 34cm

④ 7~8cm 沥青砼。

Light：两侧照明，12~14m 高。 ④ 35m 700W 国形荧光灯。 65 流明/m².

白昼照明。

40m 高灯，7根。

隧道中采用阶梯式的照明，不同功能（3种）路段。 普通不同荧光灯，低压钠灯，入口处 〃 1500~2000 lux.

信号：引导人们注意，安全，顺利通过。 指示板夜间能反光

环路的出入口，坡道处，左侧出入， 各种桥，路堤

红色标志说明地区的名称，几个牌子。 国际通用的交通标志

栏杆好几种形式，城市内用的，高速路。 [2 环路，九个立交，引形比较粗糙，建国门比较好的 25日通车] 护城河。

安全护栏，跨线桥，旱桥，简单的护栏， 隔离带，双护栏。

4mm 的钢， 98.7km， 半弹性。

[4] 规划设计：道路与环境的结合，很注意保护周围的环境。

①. 保持原有城市系统，独特的建筑风格，并随环路，放射线到市区入口。

9

选花地也填了一些.

名胜古迹.协调环境。②.城市风景.增加绿化系统。森林公园.地下隧道

近原湖水,重新种上树。 艺术风景区 2000万/km.(一般地铁) Peking

14.2万株.植树.隧道顶.斜坡(绿化)

100 ha.草皮. 花园广场.绿地面积有所增加。

③不能在环路两侧建住宅,防止噪声. 35~50m宽. 拆除建筑. 绿地范围.

噪声研究.路堑.挡土墙.消音作用.隔音墙.双层窗.茂密的植物.

④结合城市改造.往百货.大饭馆. 15万2千辆 13个 parking near railway bus

⑤工程建设十分关注,不同的形式.与地形地貌,路肩周地制宜.宽窄不一。

有些段为的引道和立交.

使用效果:改善了巴黎和对外的交通.71年解决了30%的交通量. R=7km.

35km. =5条放射线. Q=2倍. 8车道 等于十几条放射线.

材料载重.36T.卡车. 80T履带式车. 两辈的交叉未定,先加宽路面.15m→30m 两道.三层,立交.

地铁:underground.

1. 历史.概况:1863年.英London. 至1963 29个城市修了地铁.63年至今.60个城市

2. 必要性.依据. 地铁大发展.100万人以上,现在九十万人口的

3. 线路网布局. 城市也修.纽伦堡60万.斯图加特70万

4. 组成. (芬)赫尔辛基 70万人

5. 有关技术指标. 长度 >100 km 8个城市 纽约.393.5 km 1978年 77年

6. 运营方式. 伦敦 358.8

7. 地下建筑与地下管道的关系. 巴黎 252.3

客运量与bus.trolley bus 莫斯科 150.8

17.45亿人次 东京. 14.34亿人次 东京 137.6

20. " 北京. 芝加哥 143.

12. 纽约 13.48 " 旧金山 114

11.85 巴黎 6.88 华盛顿 157(90已通车)

19.7 莫斯科 17.

17.

必要性和依据：投资大．工程量大．对交通影响大．是重要的组成部分

规模．土地使用规划．三环路以内已填满，分散集团式．丰台．石景山．清河等．

客流量．美国近十年又大量发展地铁．小汽车多．还是不能满足交通需要．运量大

速度快的交通．轻型的有轨电车．东京每年几十公里。伦敦400 km．巴黎250 km．

旧线的改建．通风．照明．自动化设施．快速地铁线．慕尼黑．法兰克福．有

长期规划．　4～6万人/小时．单向．　　bus．1万人/小时．单向．

35～40 km/小时．　　16～17 km/小时．Peking

错开上下班时间．客运．提高8%．每年增加几百辆bus．

天津比北京还要挤。发展公共交通，不搞小汽车．

客流量到多大．才能修地铁．> 6000人/小时．单向．苏联党．

巴黎．伦敦．纽约．四个城 > 8000人/ 〃 〃 　法．

华盛顿．1万人/h．单向．已建成．

大的客流集散点．park．office．station．department public building

建设的可能性：尽可能与城市干道相结合．与地下管线．地质、通风的关系．

三．线路网的布局：纽约．伦敦．巴黎．无统一规划（早期）．近几十年都是统一规划

进行建设，美．西德．日．东京．莫斯科均如此。因地制宜，而无理论

与统一格式，可分为三类．几十万至百万人口．规划几条相交的线．

港湾城市．沿海岸线布置；　平原区的大城市．环形放射式．（Paris Moscow）

京、沪．地铁规划．

华盛顿．77 km 地下．
13 km 高架
67 km 地面

旧金山、51万人次．/1986年．

需要预测客流量的依据，

北京78年．客流量现状．

统计调查．中学生．　2.2万人/单向．h．天安门．前门街

1万左右/单向．h．其它主要大街．

原来画过100多个方案．西直门→颐和园．修一个半地下线．

10

设计进度与计划。勘测学、气候、水文。

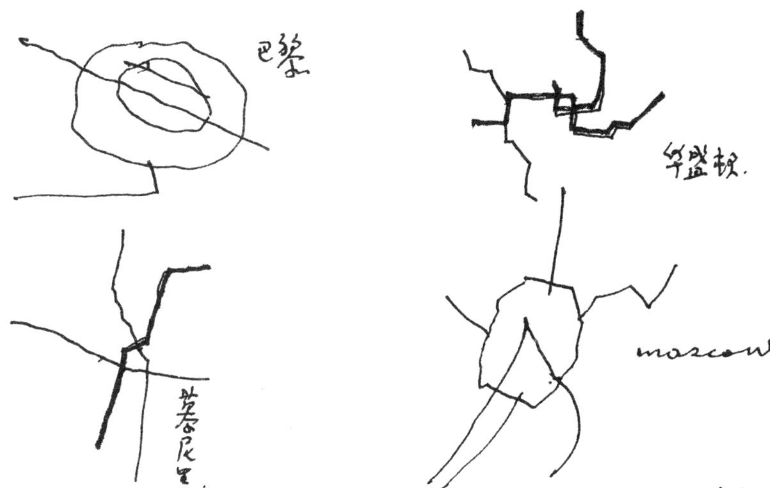

东京，8条线，166 km 77年。 72年规划，570 km。很大的力量修地铁
莫斯科，3条贯通，一条环行，4条放射，200 km，共8条线

天津，3 km。 北京 240 km 规划。(16+24=40 km)

郑州修了一段。 十年间搞的非标准设备，公安交通总公司，运营管理处。

上海、广州、沈阳，都在规划。 地下线、架空线、地面线相结合。

rapid transit system

中心区，地下区。
周边郊，架空，地面。

37 地下
40 高
43 地面 } 113车站。

52 44 地下
8 地面 } [illegible]。

组成：二线
四线，长途、短途、快车、慢车。岛式的、侧式的，后者比较方便。（八角村、苹果园）

6节～8节车。

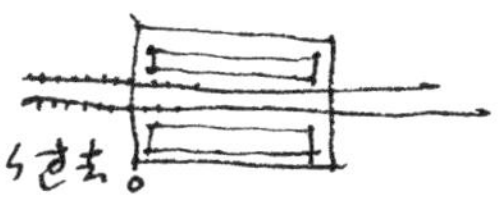

埋设深度，浅埋，几米。 板下 2.6m，地下管道可以过去。

天津1米，太浅了。

深埋：moscow，土质情况，第三纪土壤，100万年前形成的，不含水层。

防原备战。

伦敦，30m深，粘土层，不含水层

地下铁深基，地下室，工程设施完成。

北京东郊，100米以下，第三纪土。 实际各国浅埋为主的。

出入口与通风亭，四个出入口，太多了，可以在道路转内。 欧洲也用露天的。
气候、社会条件。

用机械通风，冬、夏反向。

给水、排水。 适当防原备战也是必要的。

18.

地下铁道附属机的情况。

• 通风与供电. 内部再关系. 与市内电话. 交流变直流电. 750V.
照明、通风供电.

• 讯号: 重要的部分. 机械自动化再关锁. (信号集中闭塞) 30年代地下铁路
监测。 电子计算机. 指挥机. 自动通话.

五. 技术指标: 限界: 与供电方式有关. 3子, 第三轨轨.
4200~4300. (净宽. 净高)

4210

运送量 4万~6万人次/h.

速度. 70 km/h 设计. 35~40 km/h 实际运行.
110 km/h. 60~70 .. (小站·先进的)

转弯半径. 300米. (200米)

行列车次数. 40对/h. 间隔1.5分钟.
先进的. 60对/h. 1分钟 (华. 旧金山, 巴黎 快速线)

车站间距. 300~400m. 优缺. 早期. 1km, 1.5~1.7km 一站. 现在.
影响车速.
旧金山. 3.6km. 隔海岸. 太长, 影响客运量. 北京1.4km.
莫斯科 16km, 35万人/天. 北京. 24km. 12~13万人/天.
站要与客流量数字相结合. 1km~1.5km 比较好.

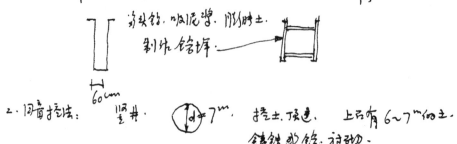

六. 建设方式: 施工方式很重要, 受地面建筑的影响, 地下管线的限制.

1. 明挖法 2. 暗挖法.

① 敞口放坡明挖. 28.5m 6.5×10.5 10m 1.5 1.5 13.5 1:0.75

② 打桩(钢板桩) 13.5m 天津采用. 北京·新石[illegible] 围堰 10 8m

③ 地下连续墙. 米兰法. (意大利)

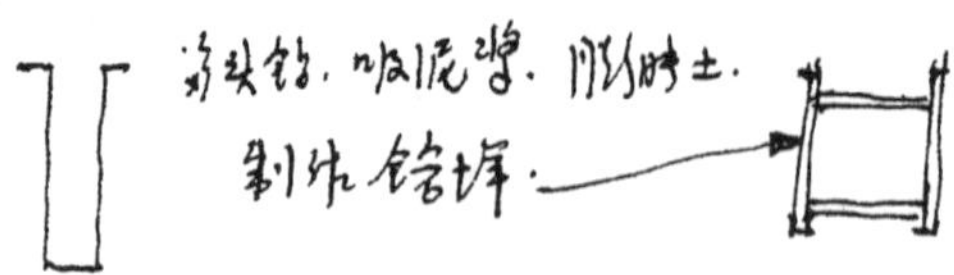

60cm

2. 隐蔽挖法: 竖井. 7m. 挖土. 顶进. 上面有6~7m的土.
铸铁或钢. 衬砌.

11

各类暗挖比较 2500 ¥/m 花费. 6000 ¥/m 明挖. 支撑防护.

① 盾构暗挖法。

② 灌浆·固结法

Paris

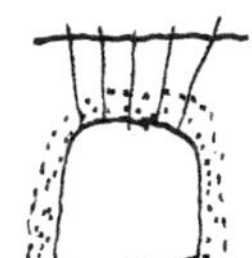

③ 矿山开挖法.

岩石层.

施工方式很重要.

七·5 地下道路与地下管线的关系.

① 施工开槽. 建筑物基础的安全. 安息角33°左右. 钢板桩. 矽化法.

出入口·通风亭和建筑物的结合.

临时支架。吊埋一些管道.

本身的管线的引入·引出.

10km/500处地下管线.

日本人有一专人处理地下管线。

城市经济

谢文蕙先生

城市经济

1. 清华，谢文蕙老师　第一届城市规划研究生，　80.3.5.　①

人·地·钱，　人口城市化道路，工业化，　20学时。

人口理论，（小册子）。人口研究，（北大）

43亿2100万／79年底

44亿。

城市人口经济问题：

一、世界人口的城市化．（39%）产业革命后人口的发展．

	1750年	1750~1800	‰	1800~1850 人口总数(亿)	‰	1850~1900 人口总数	‰	1900~1950年 总数	‰	1950~1970年 人口总数	年平均增长‰
全世界	7.9亿	9.8	4	12.6	5	16.5	5	24.8	8	36.3	21
亚洲	4.98	6.3	5	8	5	9.3	3	13.55	8	20.6	23
非洲	1.06	1.07	0.2	1.11	0.7	1.33	4	2.17	10	3.4	28
拉丁美洲	0.16	0.24	8	0.38	9	0.74	13	1.62	16	2.8	29
北美	0.02	0.07	25	0.26	27	0.82	23	1.66	14	2.3	13
欧	1.67	2.08	4	2.84	6	4.3	8	5.72	6	7.1	8
大洋	0.02	0.02	/	0.02	/	0.06	22	0.13	16	0.19	22

1776年美独立　饥饿·瘟疫·战争．政治·经济·科技，医药．

1979年联合国公布．	全世界	发达地区	发展中地区	非洲	亚洲．	拉美	欧洲	中国	美国	苏	日	[illegible]	洪都拉斯
79年世界人口估数	43.21亿	11.73	31.48	4.6（24年翻番）	24.98	3.5	4.83（17.3年）	9.82	2.2	2.64	1.15	720万	310万
出生率	28	16	33	46	29	35	14	18	15	18	15	47	47
死亡率	11	9	12	17	11	8	10	6	9	10	6	14	12
自然增长	~~61.68~~ 17（36年翻一番）	7	21	29	18	27	4	12	6	8	9	33	35
预计2000	61.68	13.49	48.2	10.7	35.9	5.97	5.21	11~12	2.6	3.11	1.28	1400万	620万
15岁以下　%	36	25	40	44	38	42	24	39	24	26	24	47	48
60岁以上	6	10	4	3	4	4	12	4.8	11	9	8	3	3
寿命	60	71	56	47	57	62	72	68	73	70	75	52	55
城市人口　%	39	68	28	25	27	61	68	12.5	74	62	76	19	31
平均每人口民产值．美元	1800	5210	490	450	650	1240	4910	240~270	8640	3010	5640	500	450

（左侧批注：发达地区的3）

20万/天世界增长．27%．发达地区．　老龄化，升学就业问题．

人口对流．人口爆炸性危机．欧洲劳动力恐慌．

《中国的城市建设》．工业化而非城市化的道路．

1

50年入清华。

中非。

76年
223亿亩耕地　5.6亩/人。澳。40～50亩/人。欧、亚。4亩地/人

瑞士0.9。荷兰0.9。日本0.7　中国。1.55亩。
　　　　　　　　　　700斤。　　400斤。

美好的理想实现不了。资金积累慢。科学文化上不去。

1:1.3
1:2（亚洲非）
剑桥　被接养。

中小学普及率90%　大学生5%～10%
　　　　　　　　　美〃　22.3%
　　　　　　　　　菲　　9.6%
　　　　　　　　　印尼　2‰
中小学入学率<60%。非洲<30‰
中国。小学94%
　　　中学 $94\% \times 88\% = 82.72$
　　　高中 $94\% \times 88\% \times 50\% = 41\%$
　　　大学 $5\% \times 94\% \times 88\% \times 50\% = 2\%$

（二）世界人口城市化：人口膨胀，城市危机。1200万美元、人口普查。16台电子计算机。
城市的比重，城市的均匀分布，城市建设水平。

1. 城市化的发展历史。生产力、生产关系的发展，战争、政治、宗教。
西汉。长安30万人。唐长安100万人。　埃及首都底比斯，22万5千
罗马。公元前1世纪，35万人　伦敦11世纪1万8千
　　AD. 1～2世纪100万人。
　　AD 11世纪。5.5万人。
1750年产业革命。1900年确立资本主义。英。1851年。50%的城市人口。1900　70%
亚非拉城市殖民化。美1790年　24个城市。移民。1890年　1348个〃

2. 现在世界城市化的特点。
进入城市化的空前发展时期，20世纪伟大的人口迁移。科学技术突飞猛进，数量增多，规模扩大，比例猛增。矛盾尖端现代资本主义生产方式，对生产力仍有一定的促进作用。

	世界人口	城市人口	百分比
1925	19.3亿	4.05	21%
1950	25.1	7.19	28.7%
1977	42	16.5	38.7%

1900年，10万人以上的城市，38个
1950年　〃　484个　多年54
1970年　〃　844（我国190个）　1979年192个我国，没有

②

中国.
49年 10.6%
79年 12.5% (5000万人)

50年, 百万人口, 71个(世界) 49年 5个 中国 千万以上人口.
70年 157个 70年 13个 "

39% ——→ 50%.

2. 世界城市类型多样化. 七类
1. 首都国家政治中心
2. 工业为主的城市
3. 运输中心
4. 由非工业向工业过渡
5. 新建工业城市
6. 农业与林业的地区组织中心
7. 疗养中心城市

中国.
行政中心
加工工业
采矿工业
交通运输
风景游览
革命历史纪念
边防要塞

美国
1. 工业
2. 零售商业中心
3. 批发 "
4. 非专业化城市
5. 运输中心
6. 采矿
7. 大学城
8. 旅游

日本
1. 政治文化
2. 地方中心
3. 轻工业
4 矿业
5 工业
6 水产
7 游览
8 居住

(二) 3.

世界城乡人口构成的变化: 20世纪伟大的人口迁移, 城市生育率低, 城市的机械增长.

50~60年代, 城:乡 2.4%, 能源危机, 城市失业, 减缓的趋势,

60~70 " " 1.5% 我国. 53~78年 54.6%城. 62%农. 乡村大于城市.

盲目的流动比较少. 受到控制. 农村的经济的发展大筹. 尚未控制住。1950~1975年世界城乡人口构成的变化.

	1950	1960	1970	1975
全世界	28.7%	33.9	37.5	39.3
	5.2		3.6	1.8
发达地区	53.6	60.5	66.8	69.8
	6.9		6.3	3
欠 "	15.8	21.	24.9	27.2
		5.2	3.9	2.3

城市人口占的比例.

欧洲 4.8亿人口, 投资饱和。向大城市集中, 中小城市发展慢。

50年, 10万以上城市, 4亿人, (大中城市). 占 57.5% (总城市人口)
60年 " 6 " 59.6%
70 8.6 61.7%

大城市比较经济、文化教育发达, 产值高.

科技、科研发达，城市合理规模，有人认为城市要大发展。

4. 大城市(百万以上人口)的发展，墨西哥、阿根廷，武汉还要发展。

50年 48个(百万以上人口) 1.3亿　中国：49年 5个

75年 91个 2.6亿　79年 13个

全世界大城市分布：

1977年 100万以上	个数	占城市总人口 %	占世界城市人口 %	总人口
全世界	106个	100	100	43.21
美国	6	5.7	7.3	2.2亿
苏	11	10.5	9	2.64
欧	14	13.2	13	4.8
加拿大	1	0.9	0.5	0.3
澳大利亚	2	1.9	2.3	0.14
中国(包括台北)	14	13.2	12.1	9.82
日本	9	8.7	9.1	1.15
印度	8	7.6	8.7	
其他国家	41	38.7	3.8	

不能让农村包围城市，而应城市带动农村，不能走以钢为纲的老路，而应农轻重。

5. 不同地区城市化程度的差异：70年～75年 城市人口占的比例。

	70年	75年	
欧洲	66%	68.5%	增加2.5
北美	74.2	76.5	2
苏	56.7	60.7	4
日本	71.4	75.2	4
拉丁美洲	53.7	57.6	4
东亚	23.	25.1	2

（苏、日本、拉丁美洲：城市发展快。）

78年，500万人进城(知青、落实政策)。欧洲已进行200年。

3. 世界人口城市化是个老过程：由农业转向工业，是生产发展的趋势。城市人口占总人口的%

1776 独立	1801	1851	1881	1901	1921	1939	1950	1955	1965	1976
美	4	12.5	28.6	40	51.4 (70年)	56.4	64	—	72	74
苏	—	—	12.1	12.8	—	26.3	—	—	44.6	60
英	32	50.1	67.9	78	79.3	—	80	78.5	77.6	60
法	20.5	25.3	34.8	40.1	46.7	—	—	55.9	—	70
西德	—	—				70	78.3	—	—	88
日本	—					37.6	37.5	57.8	68.1	72

工业化、现代化和富裕的程度，正向联系。

③

城市人口比重	国家个数	平均国民总产值（美元）
60%以上	34个	3858 美元/人
40～59	43个	2155
20～39	39个	700
19以下	42个	310

中国

产值：240～270元/人（邓）

收入：183元/人（陈慕华）

收入=产值·70%

国民总产值：创造的社会财富，我国是累进的，国外包括服务业。

〃 净产值：不包括服务业。

〃 收入：产值扣除间接税，

新加坡 100%城市人口，2890美元/人（产值）

科威特 56% 12700 〃

罗马尼亚 48% 1580 〃

捷克 67% 4090 〃

巴西 61% 1390 〃

阿根廷 80% 1730 〃

墨西哥 64 1110 〃

中国 {
城镇规模设置的规定：Town, city， 55年、63年中央规定。
2 商业人口，>3000人，非农业人口70%以上，或2500人以上，>85%
3200多个镇，县辖，
城市，10万以上设市，<10万人，省会、重点工矿区，也可设市。省辖市213个 直辖市3.

联合国：10万以上为城市。 <10万人为镇，

美国：都市化地区，中心地区>5万人，居住密度，>1000人/英里²，叫做城市。

苏联：1000—2000人，>70%，叫镇。 1万人以上皆为城市。

英国：3500人以上皆为城市，聚集的居民点。

法国：5000 〃 〃

印度：5000 〃 〃

城市分类	我国	朝鲜	苏联
特大城市	100万以上	70万—100	100万以上 50～100
大 〃	50～100万	20～70	25～50 10～25
中城市	20～50	5～20	5～10 2～5
小 〃	20～10	<5	1～2 1以下

二、我国社会主义人口城市化道路：

1. 解放前人口的发展：西汉，平帝元始，公元二年，5959万人。

唐 740年 4804万

明 1393年 6054万

清 1764年 20559万

1949年 54877万

2000年人口增长率 1‰

3

鸦片战争

1840年　41200万

1949年　54877万

109年．2.6‰人口增长率．

1936年．出生 38‰　死亡 28‰　增长率 10‰

2. 建国以来，我国人口的发展及特点．

50年代．20‰～30‰（增长率）

54.55年人口高峰．批马寅初．多生了二千亿．

63～64年

66～71年生的了1亿2千万．26‰

73年　23‰

79.78年　12‰

四川．70年．31.21‰

78年　6.06‰

8年降了25.15‰　少生3650万

每年　3.14‰

两种生产一起抓．

两上一下。农、轻上，人口下。

90%城市妇女．只生一个

70%农村育令．"

20～50岁育令期．中国．另51%

1/4为育令妇女

社会科学成为基点．关联就在国有了变化：①经济构成（社会服务）；②社会构成（人口构成）

植林。③工程措施，④建筑布局。四个方面的研究．

美国的人口研究中心．布郎．四个专家．①经济学家．②社会学．③工程技术．④建筑学家

（规划布局）。　43.21亿．　联合国．43.36亿　80.3.16．美国．3.14日．19点12分

美国普查局．　人口统计报告　45亿．人们且庆祝这甚么会

我国城市人口的特点：①人口总数基数大．9亿8千2百万

超过1亿．印度6.6亿　今后沉重的负担．

日 1.15

苏 2.64

美 2.2　8.59亿

巴西 1.2

印尼 1.4

非洲 4.5亿

欧洲 4.8

30岁以下的人．63%．6亿多人

② 增长快净增人口多：

57年生　2166万（罗马尼亚）

63年生　2953万（加拿大）

65年生　2700万

78年生　1744万（北朝）

79年　1200万

63年 33.5‰　科威特 37‰

苏 8‰　肯尼亚 38‰

东德 0

法 4

奥 −1

西德 −2

墨 34

印 19

巴基 30

(26)

3. 人口增长过多、过快与四化的矛盾：①耕地少，粮食紧。16亿亩/49年，3亩地/人

占用了2亿多亩

印度 4.2亩/人，粮食自给。
英 13.6 〃
印尼 2.1 〃
世界 5.2 〃
日 0.7 〃 亩产700斤稻。

14亿9千万亩 1.5亩/人

中，73年进口 160亿斤。

日本，40%进口，400亿斤

49年 2700亿斤	＞2.5倍		479斤/人
79年 6202亿斤			630 〃
		55年	600斤/人
粮	南		1800 〃
	英		1241 〃
	美		2714 〃

中国人口1亿人口粮不足，三北

40%人营养不足。

78年 1639肉
美 246
法 178
英 120
加 186
日 160
联邦德 252

② 国民经济收入少，速度慢。

	50年	76年	倍数
中	39.5美元/人	137.4	3.4
美	1746	7028	4
日	195	4193	21

国民收入：美元/人

③ 建设资金积累的少，扩大再生产慢。生儿育女，1/3 0～16岁

农村 1600元
小城镇 4800元
大城市 6900元

用了1万多亿，养6亿人。

国民收入总和的30%

④ 升学就业困难大，形成社会问题。待业不能安置，600多万僵局。上海，5‰的低能人。

国民总收入 2%～3% 教育经费。

印度 7%

加、美、瑞典，340美元/人。

中 1.49 〃

印 2.31 〃

6%的儿童不能入学

12% 小学生不能升初中。

50% 初中上不了高中

95% 高中生念不了大学。

全校 1亿5千小学生。

〃 7千万中 〃

〃 86万 大学生

万人大学：1000个，50个/万人指标

5万元/1个工人（拖拉机厂）

8万元/1个工人（钢厂）

3万元/〃（电厂）

美（万人） 456 大学生/万人

日 185 〃

英 187 〃

中 6 〃

印尼 2 〃

4

⑤出现的问题是增长慢。消费基金 53~78年，增长2.8倍。
人口 〃 66.7%
物价指数。 人均 〃 1.3倍。（58%用于新增的人口）

棉布、養猪，世界第一。
粮食，第二
煤，第二。
坚决控制人口增长是我们实现四化的战略措施。
①指标、人的生产，有计划按比例。85年，5‰ 2000年 0
②、对2000年人口的预测。 11亿~12亿
控制论科学的介入社会科学。钱学森、宋健、七机部二院。
育龄妇女一生生几个小孩。

	胎率	2000年人口数	2080人口数	最高峰 人口数	最高峰 年份	
75年	3	14.14	42.6			
78年	2.3	12.82	21.19			
	2	12.17	14.72	15.39	2052	72年
	1.5	11.25	7.7		2027	47年
	1	10.5	3.7	10.54	2004	24年

78年，65岁以上 4.8%
2000 8.9% 7亿6千万劳动力
[illegible] 16.2 〃 6 〃 8 〃 （2020年）
（二）解放前，
我们城市人口的变化。
1. 封建社会：州、府、县，是政治、经济文化中心，在生产发展的经济中心
交通发达，兼作 都，军事防守。
齐国，临淄，7万户，300 BC.
西汉 长安，10万户，30万人。
唐 〃 30万户 100万人，面积5000多万（10万户以上的城市十多个）
北宋，10万户以上的40多个，汴梁26万户。
明代 北京，66万9千人/6000多万 官僚、地主、商人、手工业者。

消费性城市。
2. 封建殖民地、半封建、近代工业开始出现，②偏为帝国主义掠夺的城市。
近代的城市建设，电厂、电车、给排水。 沈阳 42年 156万人。
〃 现在 249.8万
①几个口岸发展，租界，民族、阶级矛盾。 49年 80万
上海 49年，556万人。
79年，553.5万市区。
③ 封建传统的城市，太原、西安、成都。 50~100万

⑤

④ 工矿、商业、交通、唐山、焦作、大同、阳泉、郑州、徐州、蚌埠、四平、石家庄

47年设市的城市，69个。特大6个 大10个，中19个，小34个。5000多万

16%的农业人口。

(三) 近卅年来我们城镇人口的发展。

	47年		79年
特大	6	→	13
大	10	→	27
中	19	→	60
小	34	→	116
	69		216个

30年来，2000万，招工1800万。

每年农业劳力70万转入城市。

好多家庭妇女没有就业，58年把家属也就业了。煤矿引出这么多人，这样，城市不可能从农村大量招工。

三十年来，分为四个阶段。

49年，5765万城镇人口。(不准确)

16%的农村人口在城镇中。

城镇人口，4900万。

10.6%，5000多万 5亿4千万
54877万

79年 98200万。1亿2千万城镇人口。

12～13% 12.5%

增加了六千多万 绝对数大，百分比小。

城市自然增长70%，机械增长30%

世界各国没有这样的，我们的户口控制很严。武汉，48‰，最高，75年下降到2.3‰

济南，重庆，45‰。

上海，每年生20万。

① 49～57年，三年恢复、一五计划，难忘的1956年，薛暮桥，城市人口增长最快
4458万/年 机械增长56%。40‰的出生率 57年9749万，八年增加了四千多万
6亿多，将近16%。沈阳市，52年66%机械增长，57年33%机械增长
石家庄 52年38% 〃 〃 56.8% 〃

② 58～65年，二五和三年调整；大进、大出、大好、大落，58年前后从农村招工，
60年1亿3千万，2500万农民进城。61年动员陆续回乡2000多万。“[illegible]”
65年1亿

③ 66～73年，(三五、四五)政治原因，对流，知青上山下乡，900多万，牛鬼蛇神回老家。
支左部队的家属，72年招工，73年还是1亿多。

④ 74～78年，五年增长1000多万，每年200万，78年回城500万，落实政策，归去来兮
回顾过去，预测未来。

城市人口发展的制约因素。

① 受工业发展的速度和规模的制约。

5

		国民总产值的增长%	工业产值的增长%	农业产值的增长%	国民收入的增长%	工业职工收入增长%	农民收入增长%	城市人口增长%
恢复	49 52	2.1	34.8	14	19.3	34.7	14.1 }	7.1%
一五	53 57	10.9	18	4.5	8.9	19.6	3.8 }	
二五	58 62	0.6	3.8	-4.3	-3.9	1.8	-5.9	10%
调整	63 65	15.7	17.9	11.1	14.5	21.3	11.5	-9%
三五	66 70	9.6	11.7	3.9	8.4	12.3	3 }	1.5
四五	71 75	7.8	9.1	4	5.7	8.2	}	
							卅年	2%

156项.起了骨干作用. 8.70%(58~78)

②与计划生育有密切关系,78年 8.6‰(城市自然增长率)

160万/年,城市自然 60年代.

97万/年 70年代.

③.受农业商品粮的制约. 50~57年. 7%增长率每年. 205亿斤.

58~60年.

57年3900亿斤

62年3200亿斤

60年2870亿斤 } 减产26%.开始进口粮食. 73年进口160亿斤 61年 116亿斤.

78年 " 155 " 城市化不可能快

51年 2874亿斤

④ 政治因素.与政治变动的关系非常密切.精简机关.下放干部 1750万知青

上山下乡.800万回城

(四).我国社会主义城市化道路的分析:百家争鸣.现代化,工业化,城市化,不能仅仅着眼于城镇人口的比例的提高,合理分布,城乡关系的协调.中长期规划未公布大、劳、少、农。我国城市化是一个相当长的历史过程,北大.南大,经济地理系.北京经济研究

①工业化而非城市化的道路.日本研究生,独特的道路.消灭三大差别.中国的出路是农村的出路.已经否定了一五的苏联式的道路.共产主义的.村镇居民点,园林化,城市农村一体化,工农一体化。苏联30年代的城市虚无主义.狠左、幼稚病.不是个人意志所决定.生产力的发展,生产关系的改变.不能连续过渡.3~4亿的农业劳动力。

②.城市不断向大中规模发展是客观经济规律.工业各部门特别领导、人为地控制是违反经济规律的.不要搞开发内地.没有经济实力.1000美元/人,开发不了.58年.三五.大小三线.先富起来再说。我主张先发展起来,上海社会科学院.全员劳动生产率比全国高50%以上,每百元固定资产所提供的产值比全国高1.6倍,每百元的产值提供的利润.比全国高50%,工业总产值占全国的12.9%,1%的人口.

⑥

口岸，工业总产值（占全国的）29%，财政收入，占全国的17.1%，培养了不少科技人才。

从苏联的经验说，也是要控制大、中城市，30~40万以上，大城市的发展不以人们意志为转移的客观规律。

城市规模 万人	每一个居民的市政公用设施费用		每一工作人员平均产值 %	资金回收率 %
	不计投资一批年	计投资一批年		
2以下	100	100.1	90	86
2~5	101.7	100.3		86
5~10	107.1	101.1	97	94
10~25	110.8	100.	100	94
25~50	112.0	101.01	100	96
50~100	112.0	100.	108	122
100以上	112.9	100	138	181

不能单独控制发展。

③ 正确，大、中、小城市发展，与农村集镇发展，协调发展的城镇体系。

城建部，搞理论的人，要搞两个结合。1. 大中小相结合，以中小为主的城市发展，生产的发展，地区的联系，银川，19万人，在区别对待。特大城市，坚决控制人口和用地规模，⑪成都124.7万人口。大控制，小发展，控制、革新，工业结构的改革，

⑪ 成都 124.7
⑧ 重庆 173.2
⑨ 西安 141.8
⑤ 武汉 238.2
⑥ 广州 206.5
② 北京 409.3
③ 天津 345.9
⑬ 太原 107.5
① 上海 553.5
⑩ 南京 140.2
④ 沈阳 249.8
⑫ 长春 115.9
⑦ 哈 181.8

向高精尖发展，采取合理布局。重点搞科研和文教，知识技术人材，商品生产太不发达。兰州，七个卫星城集中精力打歼灭战，要配套。上海，卫星城占35%工业产值，在卫星城落户的40%，住的人25%，要通勤。

b. 大城市，27个，很快要突破百万大关，80万以上的9个 昆明、兰州、乌鲁木齐、包头、济南、青岛、鞍山、旅大、抚顺。商业服务跟不上去。

50万 洛阳。

c. 中等60个，20万城市，阳泉。交通不畅，水源不足。条件好，农业条件好，交通好。重点进行建设，发展50~60万，鞍山30几万。开展区域规划，不要搞条条块块。厦门、合肥、南昌、桂林。

d. 小城市116个，10万左右，千万不要遍地开花。谁有资源发展谁，延安6万，格尔木9万。深圳、福建发展。

6

1947-1949年 我国不同规模城市人口所占比重变化

年代 / 比重 / 分类	1947 城市个数	1947 城市人口比重%	1952 个数	1952 比重	1964 个数	1964 比重	1973 个数	1973 比重	1976 个数	1976 比重	1979 个数	1979 比重	
>100万人口	6	41.8	9	43.8	13	45	13	39.5	13	38.3	13	36.7	-5.1
50~100万 大	10	25.6	10	15.2	18	18.9	24	23.5	25	23.9	27	25.5	
20-50万 中	19	18.9	23	16.1	43	20.8	48	21.2	53	22.6	60	23.9	+5.7
<20万 小	34	13.7	115	24.9	95	15.8	96	15.8	95	15.2	116	14.9	+1.2
合计	100	100	157	100	169	100	181	100	186	100	216	100	

(2). 重点建设中小城市。这个方针应该继续坚持，经济效果很差，三线搞的不是城市，那叫羊拉屎，搞自然村，与中小城市背道而驰，根本思潮。一是比较讲，屋，搬用苏联，大城市，多指标，9m²/人～25m²/人，现在实际3.5m²/人，备战，大城市大马路，大广场，大男征购土地， 贵阳77万，地无三尺平，50～70m宽大的马路，四川德阳，50万人，（现在5万人）脱离实际，离成都60公里。大分散，小集中，洞。卫星照片，清华礼堂，违反现代化生产的基本规律，该搞的中小城市也不搞），如渡口，攀枝花，64年规划10万人，80年33.4万人，某生矿的开发利用，水泥污水处理，包到市中心去，距成都757公里，距昆明396公里，这个地区的政治，经济，文化中心，接触的人占$\frac{1}{4}$，不要人为的政治方向，多研究点经济实际。湖北省的资料：全省人口增长77%，城镇人口增长160%，鄂西三线，武汉重点，238万人，扩大武汉，大城市优势。 黄石，32.4万，襄樊21.7万 宜昌25.1万 小城6个，沙市，16.8万， 261个城镇，三线，8.6%（城占全）49年 12.1%（78年） 工业人均产值：78年

武汉为	100%	246元/人
黄石	131%	288元/人
沙市	178%	100元/人
荆门	191%	
襄樊		211元/人
宜昌		102元/人

越小越好，到85年，标准，给排水，道路，桥梁（无住宅）
武汉原材料，外地运输入，运费高，黄石运费低。
沙市位于江汉平原， 武汉的土地征用费用大，修的桥多，
这第二个长江大桥，提出中小为主。

罗马尼亚：中央的方针，合理配置生产力，工业化，同时城市化，控制大城市，多建小城镇，30年来建100个小城镇，600多万农民→进城，2万人口的小城镇增加了三倍， 一个布加勒斯特， 10~17万（中）17个

陕西、湖北与他们相似。

苏联1917年，这1174个城市（2万人以上） 50万以上，45个，>100万 18个

1971年新建900多个，10万左右，边远地区。 株洲 5千人(49)→27万(80年)

集体经济在城市化中的作用：不能只抓全民大企业，初级的社会主义，长期的集体经济与全民并存。（薛暮桥）党校报告。探索中国四个现代化的道路，不是仅仅看到现代化的骨干，不能丢掉，3.精英。大、中、小，土洋结合。集体制工业占1/4，职工占1/3，产值1/5。山东省，集体产值38.3%，江苏占33.6%。农业发展也好，城市化也好。投资少，上马快，调动地方积极性，依靠群众，自力更生。生产灵活，补大企业的不足。转产容易，利用大厂的边角废料，综合利用。可以按市场需要进行。广开就业门路。为现代化积累资金。山东，65~78年 9.4%工业年增长率，集体 10.3%。长春市，二轻局系统，集体 73.8%职工，利润70.4%。 四川：58万人到集体经济工作，1万元/人，60亿元。 旅大市，79年 4479人(回城)到集体 七万人。大20倍。谁去解决待业问题。威海（山东），吉安（吉林），全部解决，集体经济。

(4). 发展遍布全国的农村的集镇系统：几千人到1万人，10几里→30几里。

农业地区，公社中心、中学、中技校，150万个社队企业（公社办32万）职工人数2800万占9.5%（农村劳力），78年431亿（~~工业利润~~） 29.7%（社队总收入）

推动了农业，容纳解脱出来的劳力，3个人的活，5个人干。进行农付产品的加工，接近原料产地，造纸厂，白洋淀的芦苇，皮革厂，节省市政投资。河北辛集，2万4千人，40.5%非农业人口，50%以上住在农村，我国无锡搞市政建设，辛集中学，文化中心，国家根本没有投资。因地制宜，不争水、电、地。直接地为农业服务。

城市，发展技术密集型的工业，（没有几个工业）。农村搞劳动密集型的，剩余。德国、美国，劳动力缺，积累资金物化劳动，我国搞人化劳动（活劳动）。

方针政策，农业不能单打一，棉、油、麻、丝、茶、糖、烟、药、山货，农林牧付渔。

江苏省，地方工业支援了农业，78年社队工业产值占17%，78年农业投资2.9亿，积累资金2.2亿（自己拿的）良性循环。71%的小农具，自己生产的，基建材料，73%（砖瓦、灰砂石）。11%的劳力在社队企业，每人分到10元，上交税3.7亿，培养了农村的技术力量，这是一个非常重要的环节。无锡县试点，农、工、商一体化。农村集镇要大大发展。

全国 2136个县（镇） 5万个公社，设5个公社1个镇，每个镇1万人，共1亿人

五、对我国2000年城镇人口的预测：

(1) 可能提供的劳动力：① 现有人口的自然增长，生了四千多万，每年150多万。

8.7‰ 5‰(85年) 0‰(2000年) 还要生1000万左右。

3‰ 90年

7

上海. 4‰. 增加30万人
南京. 4.6万/年.
绍兴. 73年. 0.79‰　　-2.39‰. 50年代大量外流，人口老化，年青人走了.

② 农业能解脱的劳动力：

每个农业劳动力供养人口	美	苏	日	中	罗马尼亚	印度
77年	59	10	18.8	3.23人		
" 负担的耕地	918	36		5.9亩/人	40	19

8亿人口.
农村劳力. 3亿.
2000年4亿劳力.
约1/2个亿解脱出来
估华亿3. 15亩+23亩地.

③ 可能提供的商品粮：征购的粮. 14%~20% 不能靠征购过头粮
30年. 递增 3.5%（粮）　　6300亿斤/79年.　12500亿斤/2000年.
15亿亩. 8~900斤/亩.　85年. 8000亿斤　　640斤/人.→8~900斤/人.
15%征购. 1800~2000亿斤商品粮. 养活2亿城市人口. 现有城市人口1亿2千万.
2亿→2亿5　占 29%左右. (21)

3. 1. 基建投资. 侵蚀的.
6400亿/30年. 为了扩大再生产。固定资产4200亿. 浪费了不少。扩大再生产2500亿.
投资效果低. 改变了就起了作用。　比例. 积累率. 国民总产值. 先维持简单再生产。"一五"时. 24%. 3年投产. 57年比52年工资提高42%, 工业增长18%. 农业4.5% 城市人口7.1%
后来头脑发热. "二五"时. 积累率 39%, 太高. 农业-4.3%
国民收入 -3.9%　工业. 3.8%. 城市大进大出. 大起大落
79年积累率36%.　80年. 30%. 上头就是革命, 下马就是右倾. 最近几年. 控制. 革新. 改造. 1990年. 中期规划.
35个企业。在建项目. 65000个. 大中项目1733个　需要3700亿 十年才能建成
关停并转.
苏联 23~26%的积累率, 最近几年. 南斯拉夫人回来了.
1美元=1.5元

55年.	93.2亿元
56"	148.0
57	138.29
58	266.9
59	344.65
60	384.07
71—75年平均	300亿元
78	457
79	360
80	241.5

中央基建投资.
不包括地方. 厂矿投资。

② 城建投资：华通保需. 市政. 供电.　1000~1500元/城市每增加一个人.
南京. 梅山. 900元/人.　东北 1500元/人. 暖气. 煤气. 北京劳动生产率低
唐山重建.

⑧

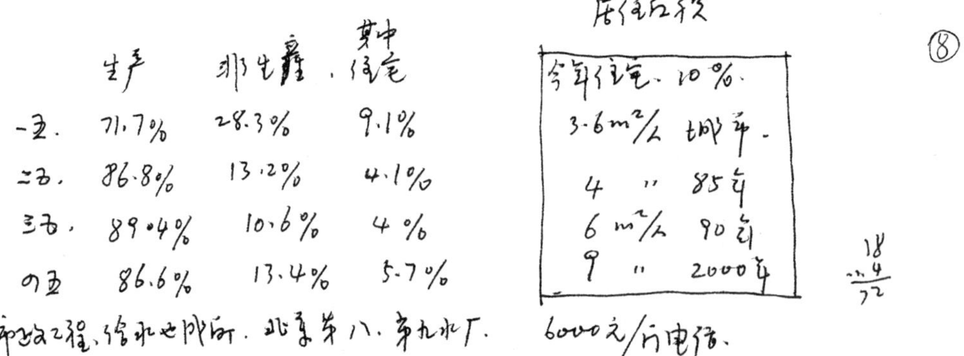

	生产	非生产	其中住宅
一五	71.7%	28.3%	9.1%
二五	86.8%	13.2%	4.1%
三五	89.4%	10.6%	4%
四五	86.6%	13.4%	5.7%

居住面积

今年住宅 10%.
3.6m²/人 城市.
4 " 85年
6 m²/人 90年
9 " 2000年

18
×4
72

市政工程,给水也欠帐.北京第八、第九水厂. 6000元/户电话.

(六)我国城市分布的合理分布:

1. 解放前,沿海,沿铁路.资本.人口.工业.剥削帝国.偏集沿海.土地30%. 辽宁→广西.

工业占77%.城市人口65%

人口%	1947年	1964年	1973	1976年
东部沿海	65.3	53.3	47.83	47.8
西北西南	34.7	46.5	52.17	52.2
全国合计	100	100	100	100

沿铁路线,东北新疆.
京、津、唐, 沪宁, 辽沈. 76%在三个城市
三个城市群, 镇江 常州 无锡 苏州 280Km. 70%.

3. 城镇合理分布.一五时期,还是不错.中小城市.先富起来.

多兼顾. 安云、延安,没有电灯. 铁路、工业,到深圳去.沿全部

三、我国城市人口年龄构成与劳动构成的分析:

(一)年龄构成:社会调查,科学分析.

1. 年龄分组:六组.学制.退休年龄.就业.

~~1956~~ ~~1964~~
学龄前 10%~12%
中小学 21%~24%
60%~65% 55%~58% 劳动
13%~16% ~~60~65%~~ 7%~9% 老年
17%~24% 2000年 抚养

	1956	1964	1975
① 0~3 入托	14.81	21.42	6.19
② 4~6 幼儿	8.4		6.37
③ 7~11 小学	9.57	24.5	12.12
④ 12~16	7.05		13.07
⑤ 男17~60 女17~55 劳动年龄	54.41	49.26	55.65
⑥ 男61以上 女56以上	5.76	5.99	7.6
未成年组	39.83	44.75	36.75

就业时, 大.老城市,老年人多.未成年的人少.劳动力不够,补充进来.
新工矿 " 少 " 多.(男工女多)

3. 年龄构成与定额指标的关系. 120~140托/千人 64年.小学.
80~130 " 74年
60~90 " 远期指标.

8

北京 76年，95~100座/千人，小学。
上海 50 〃 小学，现在，二个小区一个小学。
鸡西 双鸭山，十棵菊。

（二）劳动构成：自主人口，（就业的人口）农业，工业〈生产性 非生产性，还应占很大比例

社会的劳动的分配在各部门按比例。Marx。

1. 分类：① 劳动平衡法：苏联，基本人口：不是为本城市服务的；服务人口：

生产建，服装厂；被抚养人口，17岁以下，家庭妇女，待业人口，伤残人员。

② 劳动比例法：农，非农〈劳 非劳〈生产性〈工业，基建，农，林，水，气，
非生〈商，服装，饮食，公用，中小学，
金融，机关，团体。

2. 城镇人口劳动力构成的变化。

① 劳动人口与非劳动人口的比例变化。解放初20%~30%。过得官员，资本家，地主，商人，学数人士，劳动人口，鞍山，40%

美日被为自主人口。闲散人，家庭妇女就业，

现在上升到40%~50%。工矿占60%

现在又有待业青年。老城市，省会，行政，文化中心。

南京50.6% 济南50%。带眷子较多。中小城市，岳阳，55.4%，镇江，60%。农业在农村。

带眷子较低。 北京，49年 26.5% 52年 40.3% 60年 41.7% 70年 42.5% 75年 53.9%

78年 60.5%（劳动人口）

② 基本人口与服务人口的比例的变化：基本人口占总人口10%~20%。鞍山，32%

74年 56%

工矿，小城市，30%~50%，镇江，48%。

行政，风景旅游，30%。各个城市都要搞生产，杭州，会破坏了风景。桂林。

先生产，后生活，服务人口下降，10%~15%（目前）。南方多一些。九江22.8%，咸阳6.7%

风景旅游，15%~17%。桂林14%。社会劳动家务化，广东茂名。59年 82.6% 基本人口。

74年 14% 服务人口。

61% 基本人口

25% 被抚养人口。

职工增加132.8%

商业 74.1%

58年~62年，非生产投资

占基建投资 13.1%

63年~70年 2.2%

71~78年 4.8%

就业年组：44% ⟶ 36%

老年组：7%

未就业者：7%

	生产者占总职工%	非生产性工人占%	生产工业职工	非生产商，服务，饮
南京	74.3	25.7	54.8	11.5
济南	73.3	20.7	57	10.1
鸡西	83.8	16.2	73.5	8.6
岳阳	79	21	38.6	9.1
镇江	80.1	19.9	53.6	10.1

⑨

3、某些国外人口劳动构成的比较。

	工业职工占职工总数 %	商业职工占职工总数 %	服务职工 %
东京	30.8	30.5	14.2
伦敦 ~~纽约~~	29.2	12.2	18.8
纽约	26.3	23.4	23.9
巴黎	37.4	18	12.7
西柏林	41.6	17.5	15.6
罗马	25.6	31.6	5.6
埃及 亚历山大	58.8	20.1	11.9
印 拉合尔	44.5	32.7	19.2

劳动生产率高，生活水平高。

4、预测2000年各类人口的变化：基本人口下降，服务人口上升，文教增加。

	近期1985			远期2000		
	基本	服务	抚	基	服	抚
特大	30~40	18~20	50~55	30~35	20~25	50
省会、大	35~40	16~18	50~55	30~35	20~25	〃
工矿	30~40	14~16	40~45	35~40	20±	〃
风景、旅游	35±	19~20	40±	30±	20~25	〃
县城	40±	13~15	50~60	35±	20±	〃

(三)、城市人口发展规模的推算方法：幅员广大、新建、老城市，九种办法。

1. 劳动平衡法：城市总人口（规划期内）$=\dfrac{\text{基本人口绝对数}}{1-(\text{服务人口}\%+\text{被抚养人口}\%)}$ 适用于新建城市

2. 劳动比例法、南京大学经济地理系，主张此法。

$$\text{城市总人口}=\frac{\text{工业职工绝对数}}{\text{工业职工占劳动人口}\%(1-\text{非劳动人口}\%)}$$

3. 综合分析法：根据国民经济计划、叠加

城镇总人口＝（城镇现状人口＋规划期内人口自然增长数）＋（增加带眷职工数×带眷系数＋单身职工）－规划期内调出人口数。

4. 工业产值法：城市总人口 $=\dfrac{A}{a_1 a_2}$ 　A是工业职工；a_1 工业职工占在职人数 %；a_2 职工总数占全市人口 %

$A=\dfrac{\text{产值}}{\text{劳动生产率}}$。南宁现有人口38万，工业职工8.6万，$a_1=44\%$，全市产值8.1亿，十年以后，产值达到25亿。（计委）

劳动生产率 $=\dfrac{8.1\text{亿}}{8.6\text{万人}}=0.94$ 万元/人

10年后　〃　2万元/人。　$A=\dfrac{25\text{亿}}{2\text{万/人}}=12.5$ 万人

$a_1=45\%$　　$a_2=57\%$　　总人口 $=\dfrac{12.5\text{万人}}{45\%\times57\%}=48.7$ 万人（否定的办法）

5. 日本的等差级数法：$P_n=P_0+nr$　　P_n：n年以后的总人口；P_0 现状人口；r. 每年人口增长率

公式 $r=\dfrac{P_0-P_t}{t}$（过去若干年的情况）

6. 等比级数法。$P_n=P_0(1+r)^n$

$$r=\sqrt[t]{\frac{P_0}{P_t}}-1$$

比较符合实际。

9

7. 回归预测分析法：一元回归、~~多元~~、$y=b_0+bx$

多元回归：$y=b_0+\sum_{i=1}^{n} b_i x_i$

第二专题：城市用地经济分析　　　　工业民用建设

一、城市用地分类：建成区与非建成区，集中成片的用地、统一的市政设施。

非建成区：城市用地中，插花的菜田、农田、农村居民点、社队企业、山丘、池塘。

3. 建成区的紧凑度与分散系数。①城市布局用地紧凑度：$\frac{\text{市区连片用地面积（城市建设已占地）}}{\text{建成区用地面积（建成区轮廓面积）}}$%

长春99%　无锡70%　桂林55%　韩愈：江作青罗带，山如碧玉簪。

②分散系数：$\frac{\text{建成区范围面积}}{\text{建成区用地面积}}$ ≥1　长春1.2、无锡1.7　桂林4。

（二）郊区范围。确定郊区范围的因素：满足近期建设的需要，远期建设的要求。蔬菜副食品的供应。　2. 郊区范围的人口指标：农业人口一般不超过20%

实际上大大超过。无锡：62年22.9%，75年28.6%人口，用地未扩大。

常州　64　20.6　76"　31.2%人口。　"

全国绝大部分30%左右。

3. 郊区的用地指标：工业配套、农林牧副、旅游。现状1:3~4＝城市：郊区。

石家庄1:4。今后控制至1:4~7。北方多一点。

（三）、城市建成区用地内容：1. 工业用地、铁路专用线、卫生防护林、附属设施、水电汽管道

2. 对外交通：铁路、公路、车站、码头、港口、路边防护带、汽车公司用地。

3. 仓库用地：国家、省、地方、中转、外贸、日用品供应站、油、粮、木材。以上三项为生产用地

4. 生活用地：①居住用地：小区和街坊。②公共建筑：商业、文化、中小学、医院

③道路广场，市级、区级，到工业区的，④公共绿地、市区级开放的绿地

大江大湖不该在内。

5. 市政公用设施：统一经营、水厂、水源地、污水处理、变电所、防洪排水

6. 非本市的行政机构：外地驻本市的办事处。

7. 大专院校、科研用地。

8. 特殊用地，军队、监狱。未发掘的文物保护地。

9. 其它，苗圃，破碎的闲散地。

（四）、非建成区用地。农、菜、果、饲养场、山丘、空地、河湖、水面、农村居民点、社办企业。

二、我国现状城市用地分析、72年

矿区、专业、小城市用地多。

阜新 172.66 m^2/人　马鞍山：113 m^2/人

兰州：147.5 m^2/人　西安：57.08 m^2/人

哈尔滨：63.74 m^2/人　沈阳：69 m^2/人

新建城市，土地利用差。老城市比较紧凑

无锡 72.07 m^2/人　本溪：119.9 m^2/人

南宁 48.28 "　呼市：112.6 "

分项	统计城市数	每1建成区人口占地面积	占建成区用地%
建成区总用地	132	61~80m = 32个 81~100 = 30个 101~120 = 20个	
工业用地	50	11~25 m^2	21~35%
生活用地	50	26~40 m^2	31~60%
仓库	47	2~6	4~9%
对外交通	47	4~9	5~7%
四项合计		40~90 m^2/人	95%

英国：203m²/人 大工业城市 241m²/人 大港口 322m²/人 小城市 274m²/人 新建小城市

每年1万5千公顷的用地，城市化。

美国：500m²/人。 41.99m²/人

(二) 工业用地：国外 17%～33%，本溪 35%，青岛 23%，哈尔滨 12.27m²/人，阜新 109.4m²/人

承德 7.23m²/人

(三) 生活用地：比较普遍，国内外相似。国外 40～60%，北方居住较低，密度小。

呼市 46%，邢台 11.08m²/人，营口 50.9m²/人，沙市 13.8m²/人。

(四) 仓库用地：各城市差别也比较大。是否交通枢纽，淮南 3.3%，张家口 14%，皮货、土特产药材。国外 3～5%，周转率很高。徐州 22.18m²/人，平均地址较高。

(五) 对外交通：高速公路、铁路并不高，但占地不少。镇江 18.4%，集宁 14.7%

21.51m²/人

沙市 1.01m²/人，接近于耕地。

(六) 生产用地(二、四、五)：生活用地：			
0.7～0.9	=	1	省会
1.1～1.4		1	工矿城市

我们到城里去时。生产用地无定额。

(七) 生活用地内部的分析。

分项	占生活用地 %	每居民用地 平均 m²	国家定额 m²/人 80年
居住用地	46～65	14～26	16～20
公共建筑	16～28	4～7	8～10
绿化用地	<10	<2	6～8
道路用地	5～22	2～7	10～12
合计		26～40	40～50

西安：12.55m²/人，3～5层。

青岛：13.8 "

萍乡：39.4 "

历史上南方商业较发达。

绿化：3～4m² 市1/3
1～2m² 居住区
1～2m² 小区。
4m²/人以上只有五个城市
<1m²/人 13个城市。
0.65 " 沈阳。
0.9 " 石家庄，宝鸡
1.2 " 北京
6～9 " 日本 近～远
15～20 " 苏
18.9 美 洛杉矶
16.9 费城
40.8 华盛顿
22.1 巴西利亚
70.5 堪培拉
47.9 土耳其 安卡拉
68.3 斯德哥尔摩
73.5 伦敦
15.1 日内瓦 14.5 奥斯陆(挪) 4 新加坡
11.4 罗马 22.8 伦敦 1.5 汉城

西安：道路 9%，长春 19.7%，呼市 8.03m²/人

无锡 1.94m²/人 现代生产、生活的要求，思想、手法均不到。

工业用地定额。

三、城市用地的节约：

(一) 用地不断扩大，与人均地少的矛盾。69～216个城市。

5000～1.2亿人口，10.6～12.5%人口。49年占 3.4%

(城市用地，占耕地，14亿6千万亩) 79年 80m²/人×1亿2

=1350万亩，占现有耕地 14亿9千万亩，9%(占耕地)

英国：11.9%(占国土) 西德 10.9% 荷 13.8% 美日 30%

每年在26英亩/时，城市化。

北京，人口 1.7倍，占地扩大三倍。兰州，人口扩大 3.8倍

南京 " " 二倍。 用地 " 3倍

→ 38km² ～104km² 武汉 33.5～153km² 武汉

49年 现在 / 总用地

宜昌 34~156 km^2 比人口还多。

49年、2.7亩耕地/人。79年、1.5亩/人。开荒、4.88亿亩。 建设占地 4.68亿亩。

① 基建、城建、铁路、公路、军事、工厂矿山、占 2亿亩。 700万亩/年。

② 水库、盖房、办企业、田间道路、1.5亿亩。

③ 洪水、弃耕、还牧。

北京、郊区、41万亩、占地45万亩。 3.36亩/人、49年。 1.69亩/人 现在。

海淀、4分地/人 浙江省 7分地 四川、8分地。 广州、1.5亩/人、1亩地、7个人就业、40天1茬。

佳华、16亩地、15万元、40m^3木材、200T水泥、100T钢材、联和国家建造旅馆、

三旗营、23亩地。

二、节约用地途径：

① 有偿地占用土地：采取经济措施，农业部订土地法、门前投资，土地是一项、北京盖冷库、 石景山搬到延安去。 经常情况电厂、 纽约、3万美元/m^2

东京 2 〃 /m^2

香港、3万港币/m^2

采用经济法则。

② 确定工业的合理指标与合理规划

对工业区的规划很不重视，大而全、小而全、小农经济的经营方式。专业化与协作化。商品化。自给自足。

三、生活用地的合理节约：苦乐不均。① 适当提高建筑密度、日照间距、

② 旧市区的改造，不该降低密度。3.6m^2/人 南宁、 省一级 5.66m^2/人。

地一级、4m^2/人、铁路 3.4m^2/人。 商业、市、1.96m^2/人、大院如何打破？

多接近雪中送炭，少接近锦上添花。专家楼、书记院、

四、制定城市用地法规：以往法规条例很少，经济立法。用人权、广就业、低工资、

珍惜自然资源、土地、什么都可以买，搞了特区。台湾的录音机，

城市建设造价论

一、城市建设造价估算的范围和内容

二、 〃 资金的来源和分配、

三 〃 造价估算的方法。

四、降低城市综合造价的途径。

20~25年期间，为了进行方案比较而用的，苏联的方法、五十年代，经济专家

当组长，估算很重要。近期5年的估算、工业建设投资、作为上报审批的文件。

现实可能性。这几年也没有搞、南宁市要三个亿、和经济不挂钩、什么也做不成。

生产性投资、"骨头"投资，我们不管，我们只管"肉"的钱。非生产性建设：

七个方面：①给排水，生产、生活有时分不开，②供电，电厂、变电站，输配电，

③道路桥梁，包括厂前区外面的，④用地开发投资，防洪、防潮、填湖开山。工厂征购土地，不计在内。⑤住宅，⑥公共建筑，为本市服务的，

⑦园林、绿化。⑧供热，集中供热、煤气。单项概算，综合平衡，克服不合理现象。

二、来源和分配：①城市维护费，三项费用：a 公用事业附加税，水、电、机动车、公园门票、动物园赔钱，北海赚钱，颐和园季节性强，稀有动物。b、工商业附加税。

c、国家市政拨款。城建总局管，20～40亿左右，专款专用，不单搞新建，材料要列入国家计划，一般市就有三项费用。700个县又给了三项费用

②、基建投资，大中型项目中投资中拨一部分，有些单位自己干。

③工商业上交利润提成5%，小城市、和直辖市不准取。550万人以下也不给。只有26个城市有。

④中央、省、地区的专款补助，武汉发大水，包头大山洪，桂林开放

唐山地震，苏州环境治理，武汉大桥。

⑤、地方自筹，最重要的来源，辽宁大企业多，住宅多，清华也搞自筹。

2、合理分配：20%的基建投资，来搞城市建设，市政投资2%～3%，中小5%～6%（大）特大城市10%

其余的投资，住宅和公建，地铁、交通、隧道。

不要搞胡椒面，没有水围城村了，洛阳家家有水缸。道路，安居住宅，公建建排不上队，文化部，1～2亿给县城盖电影院，图书馆，中小型电影院、剧场城市解决住宅问题。

三、估算方法：方案比较阶段，抓着大项，根据城市特点，地面水与地下水投资很不同，北方用地平坦，南方丘陵、沼泽、坡地开发投资大，西南，少占良田，占坡地还田，好几个工业区，电厂在负荷中心，高压线不太贵，分为新建和改建两种类型，新建市，跟着主要工业走，人、地，生活区造价估算。今后面临旧城改建，新的小厂、分项配套、填平补齐，每人用水量，千人指标，短缺缺口，近期的规划定额。

2、拿一个综合指标：①人均指标；②用地指标

南京梅山900元/人
安庆 1500元/人

当前的指标。

项目 / 单价	住宅	商业选点	中小学	影剧院	医疗	其它	市政	公用	园林	合计
米²/人	7	1	0.8	0.1	0.4	0.2				
投资 元/人	700	100	100	15	50	20	150	200	50	
累计 元/人	700									1385元/人

285 公共　　400 市政公用

4. 填平补齐。

完整城市：哈 936元/人。
南京 1578元/人。
包头 887元/人。
中{株洲 1020元/人。
南宁 770元/人
石家庄 1090
小{烟台 646 〃
牡丹江 572 〃
德州 583 〃

元市政费、19年累计
北京 575元/人
南京 451
厦门 519
用地投资指标：万元/km^2
石家庄 919
太原 768
烟台 347
包头 90

城市大、人口密、营建高。道路、交通、净化费用多。

四、降低造价的途径：① 确定城市合理规模、规划布局要紧凑、不要搭空架子、如银川搞100万人规划、实际19万人。② 建设、六统一：规划、投资、建设、施工、分配、使用。唐山仍然搞封建割据，管理要跟上去。③ 减少城市经营管理费用、防损、折旧、经久耐用。经营费占建设投资%（按年损耗） 不要用一次投资者。

住宅	6%~12%	8~15年
市政	20%~30%	3~5年
交通	35%~50%	2~3年（汽车）

小区规划的计算。

清华的学生，经济管理、企业管理，[illegible]为代表，中央定计划。

后记

明年2015年是我们清华大学建五班毕业五十周年。在同班好友应朝的鼓励下，我整理了三本小集，影印出版，以飨亲友。一名：朝华夕拾集，即国英笔记，是我在清华本科六年、研究生三年的课堂笔记。二名：金鳌玉蝀集，即我的硕士论文。金鳌玉蝀桥为北海和中南海之间的桥梁。三名：蓟门烟树集，是我的诗文、速写、水彩画集。

书名为同班好友马国馨院士所题，马院士为北京市建筑设计院总建筑师。我1979至1982年在清华读研时，他东渡日本，师从丹下健三。他说我是二进宫。我说他的书法，兼工行草，又具篆意，堪称马派，独树一帜。我班女建筑师吴亭莉，03年有一首"赠马院士"诗：招牌马国馨，誉多不压身，疑君有二脑，才智感过人。在此奉和一首以表谢意。"班首院士马，馨香溢京华，豪爽又仗义，亲朋满天下。孝悌继齐鲁，翁婿一枝花，家有贤内助，孙儿一生俩。"

序为同班好友应朝所作。应朝为北京核二院总建筑师，出身上海编辑世家，是我班的"名记"。名著有"建五班为什么这么好？"请允许我仍引用吴亭莉同窗的诗："赠应朝学友"：应朝不赶潮，核中转到老，东西復南北，車辚马萧萧。"奉和如下："应朝不显老，古稀能领跑，文章又治印，弓箭常在腰。"在此对诸位同窗学友表示感谢。

我的生平：1941年2月5日，即辛巳年正月初十，晨九点，我生于北京东城钱粮胡同3号，即现在的东城区政府办公楼西侧。六岁上小学，即东四清真寺西侧的喇叭胡同小学，读到三年级；1949年因儒芳园澡塘经营不善，全家返乡，回到河北定兴县百楼村读四年级，1951至1952年在南旺完小读五、六年级，1952至1956年在定兴初中读了三年初中，1956至1959年在北京四中读高中三年，1959至1965年在清华大学建筑系读建筑学专业，本科六年，梁思成先生为系主任，吴良镛、汪坦先生为副系主任。1965至1970年在建材部北京水泥设计院工作，1970至1979年单位搬迁下放至邯郸水泥工业设计所搞设计。1979至1982年考入清华大学建筑系建筑学专业读研究生，师从朱自煊先生，论文题目是：《北京六海的过去、現在与未来》。1982至1988年在天津水泥工业设计院搞设计，1988至2001年调至北京冶金部建筑研究总院任高级建筑师和副总建筑师。退休后返聘到中国工商银行营业办公楼工程指挥部任总工。其中2004至2005年在中国银监会大楼办任专家组长。2006年12月至2010年10月在中国工商银行总行二期工程指挥部任总工。2010年11月至2013年在北京泰德制药公司二期项目组任总工。2014年在中冶建筑设计院任顾问总工。

我做的设计与工程：贵州水城水泥厂，山东鲁南水泥厂，非洲卢旺达水泥厂；新加坡PSA工程；柬埔寨金边毛泽东大道工程；上海宝钢二期工程指挥部；南京解放军国际关系学院2000座礼堂；邯郸峰峰邮政大楼；中国工商银行营业办公楼总行一、二期工程；北京中日友好老龄康复中心，北京泰德制药二期工程，等。

与境外的设计公司合作的工程：美国SOM公司（工总行一期），美国PPA公司（工行二期，由贝聿铭长子贝建中及吴佐之等人设计）。美国克林斯塔宾斯公司（泰德制药二期，马笑猗等），美国F.S公司（江苏淮安西游记主题文化公园工程）。

我的家庭和亲友：祖父田鹤年，出身粮商，父亲田世芳，1937年被土匪绑票，贖回后，全家迁至北京東四，儒芳园澡塘任经理。母亲和淑菊，河北定兴南章村人，出身书香，识文墨，通数理。父母已逝。叔父田世棣，90岁，西北民族学院教授，現居深圳。子：田国年，孙：发发，現居美国。大姑：马田氏，老姑：田淑贞已病逝。

妻：熊筱娃，湖南桃江人，武工大毕业，给排水专业高工。長女：田悦，外孙女：田萱妮，現居西澳珀斯。二女田炘，現居北京。

我们建五班的诗人韩江陵写了"乡愁"和"乡梦"，我也奉和了二首，如下："乡愁"和龙凤山人：乡愁啊！是故乡天上的云，透过夕阳的余晖，望见了壮士的狼牙山。乡愁啊！是老家地下的河，穿越了三千年的易水，听到了荆轲悲壮的歌。乡愁啊！是土路两旁的青纱帐，走读在乡间的小道上，我们曾遇到过狼！乡愁啊！是故园的葡萄架，收获了秋天的硕果，浇灌了春天的鲜花；忘不了的乡愁，在过年；斩不断的乡愁在祭奠；忘不了的亲切乡音，斩不断的亲情思念；已经砍光了的古木参天；也已拆完了的庙宇古建；还想见村上的袅袅炊烟，仍想吃家乡的薄饼香甜；虽已走过祖国的名山大川，也看过欧美亚澳的古屋新建；仍然想叶落归根，长眠于父母身边；若不能如愿以偿，就把身心全部捐献！

"梦乡"奉和龙凤山人"乡梦"：我梦见故乡的山，翻越了紫荆关的十八盘；穿过了巍峨的太行，望见了五台、佛光的云烟。我梦见了故乡的水，夏季暴雨带来了山洪，冬天瑞雪又封闭了拒马河，我从独木小桥上走过。我梦见故乡的云，云端里布谷鸟在唱歌，它催促麦收三抢的农民，"老头儿喝口"丰收的快乐。我梦见故乡的庄园，东、西券门上铭刻着："和为贵"，居仁由义和益寿延年。我梦见故乡的青纱帐，用镰刀割下了黝黝的黑豆，用小镐刨倒了红红的高粱，用汗水收获了玉米的金黄。我梦见了故乡的鸡鸣，黎明即起，洒扫院庭，漫漫冬夜的狗吠，幽幽长夏的蝉声。梦乡啊！一枕黄粱的故乡梦，几十年悠悠的还乡路，走出了一个调皮的少年，归来了一个古稀的老翁。梦乡的乡梦，我的一个小小的梦想：定兴县定会振兴，贤寓乡和谐宜居，西楼村会有百户楼房。

我争取再活五到十年，倘能生存，仍要奋斗。我的遗嘱是：死后不开追悼会，骨灰一半撒入大海，一半装入石制花瓶，埋入祖坟。建筑书给建筑人，文史书给二女儿，国学及书画给长女和田蕾妮。遗产留给老伴和二个女儿。明天阴历五月廿九日是我母亲103岁冥寿，以此纪念！

田国英

2014年6月25日

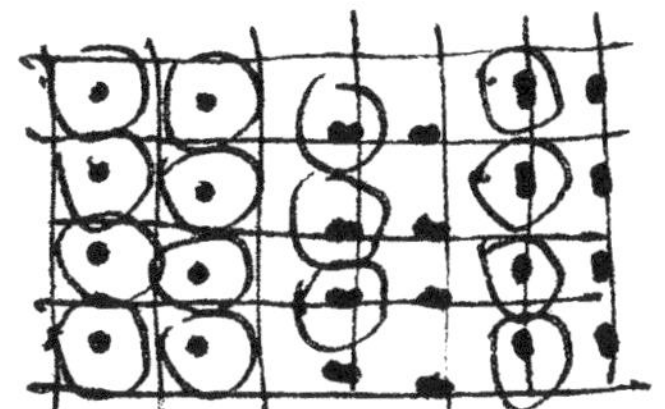

图书在版编目（CIP）数据

朝华夕拾集——建筑学专业笔记 / 田国英作. — 北京：中国建筑工业出版社，2015.4
ISBN 978-7-112-17902-2

Ⅰ.①朝… Ⅱ. ①田… Ⅲ. ① 建筑学—文集 Ⅳ. ①TU—53

中国版本图书馆CIP数据核字（2015）第047815号

责任编辑：张惠珍　率　琦
书籍设计：张悟静
责任校对：李美娜　刘　钰
封面题字：马国馨

朝华夕拾集
建筑学专业笔记
田国英　作

*
中国建筑工业出版社出版、发行（北京西郊百万庄）
各地新华书店、建筑书店经销
北京圣彩虹制版印刷技术有限公司制版
北京圣彩虹制版印刷技术有限公司印刷
*
开本：965 × 1270毫米　1/16　印张：26¾　字数：675千字
2015年4月第一版　2015年4月第一次印刷
定价：69.00元
ISBN　978-7-112-17902-2
（27160）